航天科技图书出版基金资助出版

卫星极化微波遥感技术

张庆君 等 编著

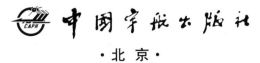

中国宇航出版社

·北京·

图书在版编目(CIP)数据

卫星极化微波遥感技术 / 张庆君等编著 . -- 北京：
中国宇航出版社，2015.3
 ISBN 978 - 7 - 5159 - 0898 - 4

Ⅰ.①卫… Ⅱ.①张… Ⅲ.①卫星遥感-微波遥感-
遥感技术 Ⅳ.①TP722.6

中国版本图书馆 CIP 数据核字(2015)第 047059 号

责任编辑 赵宏颖

责任校对 祝延萍　　　　**封面设计** 文道思

出　版
发　行　**中国宇航出版社**

社　址　北京市阜成路8号　邮　编　100830
　　　　(010)68768548
网　址　www.caphbook.com
经　销　新华书店
发行部　(010)68371900　　(010)88530478(传真)
　　　　(010)68768541　　(010)68767294(传真)
零售店　读者服务部　　　　北京宇航文苑
　　　　(010)68371105　　(010)62529336
承　印　北京画中画印刷有限公司

版　次　2015年3月第1版
　　　　2015年3月第1次印刷
规　格　787×1092
开　本　1/16
印　张　24.75
字　数　469千字
书　号　ISBN 978 - 7 - 5159 - 0898 - 4
定　价　198.00元

本书如有印装质量问题，可与发行部联系调换

作者简介

张庆君，博士，中国空间技术研究院研究员，博士生导师。1993 年参加工作，历任载人飞船总体室主任，载人飞船副总设计师，资源 1 号系列卫星、海洋 2 号和高分 3 号卫星总设计师，中国空间技术研究院陆地资源领域和微波遥感领域负责人。长期从事航天器总体设计、卫星遥感等技术研究工作。参与了神舟 1 号至 6 号飞船的研制和飞行试验，主持研制并成功发射了资源 1 号 02B 星、02C 星、03/04 星和海洋 2 号卫星等多颗遥感卫星。获得国家科技进步奖特等奖、国家发明奖一等奖、国防科技进步奖一等奖等多项奖励，2009 年入选"新世纪百千万人才"国家级人选，2014 年入选国家"创新人才推进计划"中青年科技创新领军人才。

序一

　　遥感是一门用非接触手段获取被观测目标信息的技术。微波遥感由于其所具有的全天时、全天候探测能力，且在对目标宏观结构和组分物性的散射与辐射特性上，不同于其他电磁波谱段，在地球观测、空间探测及军事等领域发挥着重要的作用。

　　现代微波遥感技术，自20世纪五六十年代从对空雷达和射电天文发展而来，迄今已经从理论研究和技术突破走向全面的应用，并成为气象、海洋、环境等业务应用和地球与空间科学研究的重要数据和信息获取手段。我国微波遥感从20世纪70年代开始起步，经过近40年的发展，已经先后作为气象卫星、绕月卫星、海洋卫星和环境卫星等轨道飞行设施的主要探测手段获得广泛的应用，在国民经济、社会发展、国防建设和科学研究中发挥了重要作用。

　　在遥感科学中，一种目标的特征信息主要表现在该目标电磁波的四种要素，即其幅度（强度）、相位、频率及极化特征等主要电磁波要素的变化中。微波遥感技术发展及其广泛的应用已有半个多世纪，概括起来，科学家和用户们的主要关注点集中在如何从目标的电磁波四要素中深入提取能反映目标真实性的基本信息，其中幅度、相位、频率响应信息相对较早地提了出来，并成功地应用于遥感中，而极化信息的提取由于技术和理论的限制，近十几年才做到全极化信息提取，从而使遥感在理论和技术方面有了本质性的提高，遥感真正成为全电磁波信息技术。

　　极化微波遥感是通过发射和接收不同极化方式的电磁波，获取目标每一像元的全散射矩阵。与传统的单极化微波遥感相比，散射矩阵蕴含了更丰富的信息，能反映地物对不同电磁波的响应。因此，全极化微波遥感技术在目标探测、识别、纹理特征提取、大面积地物分类以及目标参数反演等方面有广泛的应用。

　　张庆君教授担任遥感卫星、特别是海洋卫星总设计师多年，在实践中总结和研究分析，将探测技术升华到理论高度，编写了《卫星极化微波遥感技术》一书，这种从理论到实践并从实践中总结升华到理论的做法，是张教授高深的理论水平和创新思维能力的体现，值得称道。《卫星极化微波遥感技术》一书从微波遥感卫星工程研制角度，对各种微波载荷的总体设计技术进行了分析和梳理，由多位多年从事卫星微波遥感研究的工程研究人员编著而成，具有很高的专业学术水平和工程实用价值，相信会对促进我国轨道飞行体微波遥感技术的发展在理论和实践方面起到有力的推动作用。

中国工程院院士　姜景山

2015 年 2 月 8 日

序二

在我国首颗海洋动力环境探测卫星——海洋2号卫星圆满完成在轨探测任务之际，很高兴看到《卫星极化微波遥感技术》付梓。

2011年8月16日，海洋2号卫星发射升空，在轨运行三年有余，获取了大量高精度全球海洋动力环境数据，达到国际同类卫星先进水平。海洋2号卫星是我国首颗集主、被动微波遥感器于一体的遥感卫星，也是目前国际上唯一一颗在轨运行的可全天候、全天时同步获取全球海面高度、有效波高、海面风场、海面温度等多种海洋动力环境参数的卫星，应用于海洋、气象、防灾减灾、渔业、军事及科学研究等领域。海洋2号卫星在海洋环境监测与预报、海洋调查与资源开发、海洋污染监测与保护、海洋权益维护、海洋航行保障、全球气候变化和海洋科学研究等方面应用成果显著，在国内外均取得了巨大的效益，同时在研制中突破的关键技术也对我国航天技术起到了推动作用。

《卫星极化微波遥感技术》一书，集中反映了海洋2号、高分专项等微波遥感卫星研制过程中卫星总体设计、雷达高度计、散射计、辐射计、合成孔径雷达等载荷总体设计、数据处理和应用等方面先进的设计理念，是多年来卫星微波遥感技术研究的结晶，对于后续加速发展新型卫星微波遥感技术有重要参考意义和引领推动作用。本书以系统和顶层设计的角度、紧密围绕卫星极化微波遥感工程技术问题开展研究，理论联系实际，充分结合卫星"天地一体化"工程思想、"投资在天，受益在地"的应用理念，进行卫星总体设计、载荷研究、数据处理与应用以及新技术展望，具有先进性；填补了卫星极化微波遥感有关方面的书籍空白。作者以独到的视角诠释了卫星极化微波遥感技术，是一部难得的有重要参考价值的工程指导著作，同时也是一部非常有特色的教科书。

我相信，本书不仅会加强广大微波遥感卫星设计人员对极化微波技术的理解，提高我国微波遥感卫星的总体设计能力，而且对我国国防科技以及其他相关应用领域也具有重要的参考作用。

中国工程院院士 张庆源

2015年2月23日

前　言

公元前 11 世纪的一天，周公和商高进行了一段精彩的对话。周公问："窃闻乎大夫善数也，请问古者包牺立周天历度。夫天不可阶而升，地不可得尺寸而度，请问数安从出？"商高答："数之法出于圆方，圆出于方，方出于矩，矩出于九九八十一。"其实我们从事微波遥感道理一样，大家对于光学遥感比较容易理解，因为我们的眼睛与光学遥感原理一样，直接可以对感知的目标进行识别解译，而对于微波遥感大家都比较模糊，感觉就像周公问商高一样"天没法用梯子上去，地也没法一段一段丈量，那么怎么才能得到关于天地的数据呢"，其实古人商高对微波遥感的疑惑已经给了我们确切的答案——"数的产生来源于对方和圆的认识"。

如果想了解微波遥感的起源和基本知识，可以阅读微波遥感权威 Fawwaz T. Ulaby 编写的《Microwave Remote Sensing》，如果想了解合成孔径雷达基本原理，可以阅读杨士中的《合成孔径雷达原理》，如果想了解雷达遥感应用基础知识，可以阅读郭华东的《雷达对地观测理论与应用》，如果想了解微波遥感极化方面的信息，可以阅读 Jong－Sen Lee & Eric Pottier 所著的《Polarimetric Radar Imaging：From Basics to Applications》。本书的侧重点是基于卫星的极化微波遥感工程技术问题研究。极化是微波遥感的一个重要研究方向，工程上如何在理论研究基础上实现卫星总体设计、载荷研究、数据处理与应用是极化微波遥感卫星的关注重点，有关这方面的书籍很少，本书是多位工程研究人员根据多年从事卫星微波遥感研究积累的大量经验编撰而成。

本书的策划、审定、统稿由张庆君统一负责，唐治华研究员、徐浩博士、刘亚东博士、刘杰博士等分别参与相关章节的编写、审校，并得到了姜景山院士、张履谦院士、蒋兴伟研究员、张廷新研究员、马世俊研究员、常际军研究员、张润宁研究员、陈文新研究员的鼓励与指导。本书的校对、供稿还得到了多年从事微波遥感技术研究的同仁的大力支持，他们是中国科学院电子学研究所禹卫东博士、中国科学院空间科学与应用研究中心许可博士、中国空间电子信息研究院王小宁研究员、国家海洋局卫星海洋应用中心林明森博士，以及中国空间技术研究院遥感卫星工程中心多位同事，在此表示真诚感谢！最后还要感谢中国科学院对地观测与数字地球科学中心、中国资源卫星应用中心、民政部国家减灾中心、水利部信息中心、国家气象局卫星气象中心、北京理工大学、西安电子科技大学、中国海洋大学、北京航空航天大学、清华大学、国防科技大学、武汉大学、华中理工大学、哈尔滨工业大学、中国科技大学等单位的协助、参与。

　　在成书的过程中，由于时间紧迫、作者水平和经验有限、且微波遥感技术飞速发展，书中存在的不足、缺点和错误，敬请读者批评指正。

编者

2013 年 12 月于北京

目　录

第三部分　微波载荷技术篇

第四部分　处理与定标篇

第五部分　应用与展望篇

缩略词对照表

AASR	Azimuth Ambiguity Signal Ratio	方位模糊比
A/D	Analogue to Digital	模数变换
AGC	Automatic Gain Control	自动增益控制
AIT	Assemble Integration Test	总装集成测试
AMTI	Aero Motive Target Indication	空中动目标指示
AOCC	Attitude Orbit Control Computer	姿态轨道控制计算机
ASIC	Application Specific Integrated Circuit	特定用途集成电路
ASR	Ambiguity Signal Ratio	模糊比
ATI	Along Track Interferometry	沿航迹干涉
ATU	Adaptive Tracking Unit	自适应跟踪单元
BAQ	Block Adaptive Quantification	块自适应量化
BER	Bit Error Rate	比特误码率
CP	Compact Polarimetry	紧致极化技术
CPA	Co—Polarization Attenuation	同极化衰减
CPU	Central Processing Unit	中央处理单元
C/V	Calibration/Validation	定标验证
CS	Chirp Scaling	调频比例
DC/DC	Direct Currency /Direct Currency Converter	直流/直流变换器
DCT	Discrete Cosine Transformation	离散余弦变换
DDS	Direct Digital Signal	数字直接信号
DEM	Digital Elevation Model	数字高程模型
DINSAR	Differential Interference Synthetic Aperture Radar	差分干涉 SAR
DN	Digital Number	图像灰度值
DORIS	Doppler Orbitography and Radiopositioning Integrated System	多普勒地球无线电定位系统
DPCA	Displaced Phase Center Antenna	相位中心偏置天线
DTED	Digital Terrain Elevation Data	数字化地形高程数据
EMC	Electro Magnetic Compatibility	电磁兼容性

ESPRIT	Estimation of Signal Parameters via Rotational Invariance Techniques	旋转不变技术估计信号参数
FFT	Fast Fourier Transform	快速傅里叶变换
GEOSAR	Geosynchronous Synthetic Aperture Radar	地球同步轨道合成孔径雷达
GMTI	Ground Motive Target Indication	地面动目标指示
GPS	Global Position System	全球定位系统
G/T	Gain to Temperature	地面站品质因素
HH	Horizontal/Horizontal	水平/水平
HV	Horizontal/Vertical	水平/垂直
HRWS	High Resolution Wide Swath	高分辨率宽测绘带
IFFT	Inverse Fast Fourier Transform	快速傅里叶逆变换
INSAR	Interference Synthetic Aperture Radar	干涉合成孔径雷达
ISAR	Inverse Synthetic Aperture Radar	逆合成孔径雷达
ISLR	Integrated Sidelobe Ratio	积分旁瓣比
ITU	International Telecommunications Union	国际电信联盟
LNA	Low Noise Amplifier	低噪声放大器
MGC	Manual Gain Control	手动增益控制
MIMO	Multiinput Multioutput	多输入多输出
MSJos SAR	Multidimensional Space Joint observation Synthetic Aperture Radar	多维度 SAR
MUSIC	Multiple Signal Classification	多重信号分类
NET	Noise Equivalent Temperature	等效噪声温度
NEBC	Noise Equivalent Backscattering Coefficient	噪声等效后向散射系数
OBDH	On-Board Data Handle	星上数据管理
OCOG	Offset Center Of Gravity	重心偏移的重新跟踪算法
PHS	PIN Shift	二极管移相器
POL-INSAR	Polarization Interference Synthetic Aperture Radar	极化干涉 SAR
PRF	Pulse Repetition Frequency	脉冲重频
PRT	Pulse Repetition Time	脉冲重复时间
PSLR	Peak Sidelobe Ratio	峰值旁瓣比
PSK	Phase Shift Keying	相移键控
QAM	Quadrature Amplitude Modulation	正交幅度调制
RASR	Range Ambiguity Signal Ratio	距离模糊比
RCMC	Range Cell Migration Correction	距离徙动校正
RCS	Radar Cross Section	雷达截面积

RD	Range Doppler	距离多普勒
SAR	Synthetic Aperture Radar	合成孔径雷达
SBR	Space-based Radar	天基雷达
SLR	Satellite Laser Ranging	卫星激光测距
SNR	Signal to Noise Ratio	信噪比
SRC	Secondary Range Compression	二次距离压缩
SSH	Sea Surface Height	海面高度
SSPA	Solid State Power Amplifier	固态放大器
SSS	Sea Surface Salinity	海表盐度
SST	Sea Surface Temperature	海表温度
STAP	Space Time Adaptive Processing	空时自适应处理
SWH	Significance Wave Height	有效波高
T/R modules	Transmit and Receive module	收发组件
TWTA	Travelling Wave Tube Amplifier	行波管放大器
TZDS	Total Zero Doppler Steering	全零多普勒牵引
VH	Vertical/ Horizontal	垂直/水平
VV	Vertical/Vertical	垂直/垂直
VQ	Vector Quantification	矢量量化
WT	Wavelet Transformation	小波变换
XPD	Cross Polarization Discrimination	交叉极化鉴别率

第一部分　基础篇

第1章 绪 论

1.1 引言

雷达一般是利用电磁波，通过目标的散射并接收回波，对未知目标进行反演，获取未知目标信息。

雷达技术历经半个多世纪的发展得到了重要应用。特别是雷达探测技术已发展得较为成熟，它能准确地探测到动目标的存在（见图 1-1）。由于雷达成像能提供更加丰富的目标识别信息，有利于目标认知与分类，同时其良好穿透能力确保了它能全天候全天时地工作（见图 1-1），雷达探测与成像和光学与红外遥感一起成为相互鼎立的重要信息获取手段，得到了广泛应用。

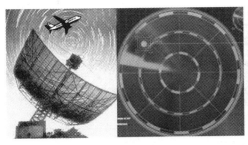 

(a) 雷达探测 　　　　　　　　　　　　　　　(b) 雷达成像

图 1-1　探测与成像示意图

雷达成像技术具有多样化的特点，目前存在着合成孔径雷达（Synthetic Aperture Radar，SAR）成像、逆合成孔径雷达（Inverse Synthetic Aperture Radar，ISAR）成像、干涉合成孔径雷达（Interference Synthetic Aperture Radar，INSAR）成像、实孔径雷达成像、分布式雷达成像、多基雷达成像和多输入多输出（Multiinput Multioutput，MIMO）雷达成像等多个雷达体制。

合成孔径雷达成像是在真实孔径雷达基础上发展起来的，由于真实孔径雷达分辨率低，而 SAR 采用大时宽带宽积信号，利用脉冲压缩技术获得距离向高分辨率，结合 SAR 运动产生的虚拟线阵获得方位向高分辨率，从而得到目标区域的二维高分辨率图像。可见，纵向分辨和横向分辨是通过不同手段获取的，那么能否存在一种成像方式，使得采用一种手段便可完成二维的目标成像呢？分布式雷达和 MIMO 雷达即是满足该种需求的成像雷达（这里所谓的分布式成像是指利用空间上充分展开的多发射机和多接收机同时进行目标观测的一种成像方式，着重强调的是多发射机之间和多接收机之间相对于目标的空间展开性）。ISAR 技术通过目标运动以时间序贯的方式完成目标多角度的空间采样来提高方位分辨率，这两者的方位向分辨均以雷达与目标之间存在相对运动为基本前提，这一特点在特定场合下使得 SAR 获得了广泛的应用，但同时也限制了 SAR/ISAR 的应用场景，尤其是针对某一特定区域的连续凝视成像，利用 SAR/ISAR 无法实现。而凝视成像则可以较好地避免相对运动这一问题，实现对目标的不间断探测，如若在单传感器（比如面源）直接构造具有成像分辨能力的系统，将显著地降低系统的复杂度，这不仅可以避免运动成像带来的困难，还将直接打破分布式雷达必须以空间展开为成像基本前提的瓶颈，有可能带来一种新的应用方式，因而具有潜在的应用价值。在这方面的尝试中，传统的实孔径雷达凝视成像，在同一波束照射区域内，仅依靠天线波束实现目标分辨是极其困难的，目标成像分辨率必然受限于天线孔径。毫米波焦平面阵列成像本质上即是多个单波束的非相干固定组合，这种组合方式直接限定了波束场的分布属性，这与单波束的实孔径雷达成像并没有实质区别，焦平面阵列成像的空间分辨率仍将受限于焦平面天线孔径。实孔径和焦平面雷达阵列成像均受限于天线孔径，使得它们仅适用于对分辨率要求低或近距离成像的场合，严重阻碍了实孔径凝视成像的发展，20 世纪 90 年代以后实孔径凝视成像逐渐被合成孔径等高分辨雷达成像所取代。目前除了雷达成像技术得到空前发展外，雷达专业测量技术、被动微波辐射测量等多种微波遥感技术也在大力发展中。

　　微波遥感频段在电磁波谱中的位置如图 1-2 所示。

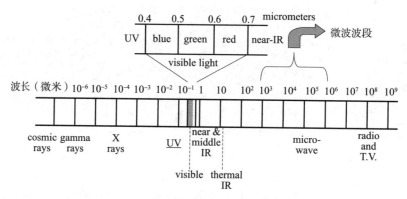

图 1-2　微波频段在电磁波谱中的相对位置

　　常用微波频段、频率范围、波长分段如表 1-1 所示。

表 1-1　频段范围分布

频段	频率范围/GHz	波长范围/cm	
P	0.3～1	100～30	分米波
L	1～2	30～15	
S	2～4	15～7.5	
C	4～8	7.5～3.75	厘米波
X	8～12	3.75～2.5	
Ku	12～18	2.5～1.67	
Ka	18～27	1.67～1.11	
V	27～40	1.11～0.75	毫米波
W	40～110	0.75～0.27	
mm	110～300	0.27～0.1	

任一类型的主动式微波雷达成像均要通过发射信号形成辐射场，辐射场照射到目标上，形成散射场，并逆回雷达进行接收和反演（电磁逆散射）。电磁逆散射过程是一个场与目标相互作用的过程。充分获取待求散射体信息对电磁逆散射来说是至关重要的。当把散射体视为一个黑箱，把描述散射体参数看做黑箱内部未知量时，那么相应的辐射场和散射场就成为与黑箱联系的输入和输出量。图 1-3 为散射体黑箱。

图 1-3 散射体黑箱

不管是相控阵天线还是多波束天线阵列，均可以等效为一个相位中心，即天线辐射始终为点源辐射，当辐射信号为固定周期的宽带信号时，不同时刻形成辐射波场分布基本一致。因此，不同的取样时刻，该辐射场与目标相互作用的结果使回波中包含了基本相同的散射场信息，同一波束内的回波没有包含可用于目标分辨的额外信息。增加照射次数仅能使同一波束内目标回波中的杂波和干扰得到抑制，增加信噪比，而对目标的成像与反演没有实质的收益，即使发射变周期的信号，其目的也只是为提高抗干扰能力。

由图 1-4 可见，固定照射仅能提高接收信噪比，却无法增加目标冗余信息量。显然，作为输出量的体外散射场不仅与辐射场有关，而且还被印上了黑箱内部未知量的标记，为了充分地获取内部信息，就需要寻求一种目标能充分调制辐射场，且能体现最大差异化特征的信息获取方式。这些方式除了可以利用信号的空域信息、时域信息和频域信息以外，还可以利用电磁场的矢量信息，即极化信息，作为第四维的电磁波有用信息，为提取目标结构、属性等提供可识别信息。

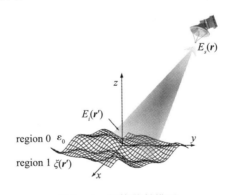

图 1-4 物体散射模型

1.2 极化雷达成像发展概述

极化是电磁波矢量传播的固有属性，极化信息描述的是电磁波矢量在传播方向的横截面上随时间变化的旋转特性，能够充分反映电磁波的矢量特性，因此也成为了处理时域、空域和频域以外的目标感知信息。深入研究极化电磁信息可以显著提升雷达探测性能,扩展微波遥感的应用领域。从发展历程上看,雷达极化学科经历了四个阶段;从发展趋势上看,全极化、高分辨及多维度成为雷达极化发展的必然趋势。

第一阶段:极化雷达理论建立阶段。

早期的极化雷达成像主要关注的是利用极化雷达回波获取比普通雷达回波更多的目标识别信息,该阶段从 20 世纪 40 年代一直持续到 50 年代末。此后,Sinclair、Kennaugh 等人在极化雷达成像的理论研究方面取得了一系列突破。

然而,由于受极化雷达工程实现技术水平的限制,对极化信息处理的水平还比较浅显,对极化信息在目标检测、目标分类、目标识别等领域的应用潜力尚缺乏足够的认识。

第二阶段:极化应用技术突破阶段。

该阶段从 20 世纪 60 年代一直持续到 70 年代初,Valenzuela、Plant、Alpers 等人的持续深入研究,揭示了极化信息在 SAR 和散射计等主动微波遥感中对海洋波浪和洋流进行遥感观测的巨大价值后,即开始了对极化雷达遥感蓬勃的发展和应用,极大地拓展了微波遥感应用领域。特别是美国在低空防御和空间探测等项目的需求引领下,研制了大批空中/空间极化探测雷达(如 Millstone Hill 雷达、AMARD 雷达等)。这些极化雷达在目标检测和目标识别方面显示出了不可低估的性能提升,直接催生了第三个阶段的极化雷达成像研究热潮。

第三阶段:精细化雷达极化理论完成阶段。

20 世纪 70 年代一直持续到 80 年代初,雷达极化理论由先前的关注目标分类方面发展为关注目标细节和目标属性的理论研究。对目标感知信息获取后,重点反演目标的高分辨图像,包括目标结构、目标多维度散射信息提取等方面。

自 1970 年起,以 J. R. Huynen 的博士论文《雷达目标唯象学理论》为典型代表和开端,之后关于极化分解和极化信息获取(散射矩阵获取)的理论越来越成熟,以 1986 年 Guili 发表雷达极化学长篇综述性文章为成熟标志,窄带雷达极化问题的研究已基本发展成熟。

第四阶段:雷达极化全面应用阶段。

特别是从 1985 年美国喷气推进实验室(Jet Propulsion Laboratory,JPL)研制成功正交极化体制的机载 SAR 以后,极化雷达成像即进入了高速发展时期,该雷达对极化特征图技术、极化散射分解技术、极化数据定标技术、极化散射机理等方面起到了重要的推动作用。欧洲方面,欧洲空间局(ESA)、德国宇航中心(DLR)在 20 世纪末也相继研制出了多部机载极化 SAR,在多极化技术、高分辨极化成像技术、高精度定标技术等方面取得了重要进展。机载极化雷达成像技术的成熟为星载雷达成像奠定了坚实的基础,美国、欧洲、日本等相继研制出了应用于卫星平台的星载极化雷达。而这一阶段的典型特点是极化雷达成像开始转向全极化和高分辨方向发展。

总之,经过近 70 年的发展,雷达极化成像在微波遥感领域已经引起了广泛的关注,特别是随着人们对目标识别需求的越来越精细化和对目标电磁特性认知理解水平的逐步提高,促使雷达体制发生快速的变革,单极化、低分辨转向多级化、高分辨成为发展的必然趋势。高分辨雷达成像技术显著提高了雷达目标图像的空间分辨率，对目标细节的刻画和描述提供了技术手段；而多极化则能够使得高分辨技术描述的目标图像结构信息更为全面，正是因为多极化对目标的形状、属性等信息进行调制和反映，通过极化回波信息的提取，可获取目标表面粗糙度、对称性和取向等其他维度参数难以表征的信息，对全面感知目标特性具有不可替代的作用，其意义主要体现在以下几个方面。

（1）多极化提供更加丰富的目标信息

电磁波可用幅度、相位、频率以及极化等参量作完整表达，目标对电磁波的调制效应就体现在其幅度、相位、频率以及极化等参量上。单极化测量只能获得目标单极化状态下的极化特性，全极化测量获得的散射矩阵可以完整描述目标的极化特性，因此，相对于单极化测量，全极化测量能提供更加丰富的目标信息。图 1-5 为长城的多极化 SAR 图像。

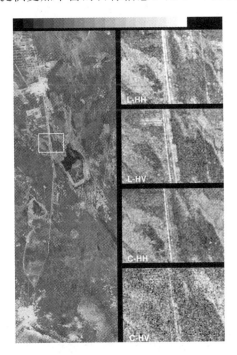

图 1-5 长城的多极化 SAR 图像

（2）通过极化合成可得到任意收发极化组合的响应

如 360°范围内的任意收发线极化组合的响应；任意收发圆极化组合的响应；任意收发椭圆极化组合的响应等。

（3）利用散射矩阵可获得目标的极化特征图

极化特征图是目标极化响应三维图，便于理解目标的散射机理并将其可视化。

（4）可用于减小相干斑

对于单视图像，通过将散射矩阵的各个量最优组合可形成一个减少相干斑的实图像。

对于多视图像，通过将散射矩阵的各个量最优组合可产生减少相干斑的 HH、HV（或 VH）和 VV 图像。

（5）用于图像对比增强

通过寻找最优的收发极化组合可增强两种不同类型目标之间的对比度，从而更易于将其分辨开。

该手段还可用于抑制单极化干扰信号，使有用信号与单极化干扰信号的对比最强。

（6）进行伪彩色合成

通过将合适的几种极化组合方式进行伪彩色合成（图 1-6），可用不同的彩色将不同类型的目标区别开。

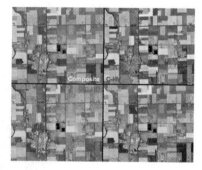

图 1-6　极化伪彩色合成

（7）用于目标分类和识别

基于单极化数据的分类性能强烈地依赖电磁波的极化状态，极化信息对目标分类和识别能力改善有极大的促进作用。

使用极化信息的分类和识别技术主要有：基于最优极化状态的分类方法、基于散射模型的分类方法、基于极化特征图的目标识别技术、基于极化状态距离的目标识别技术、基于伪本征极化的目标识别技术、零极化目标识别技术、极化域谱特征目标识别技术等。图 1-7 为极化目标识别。

（a）极化总功率①　　　　　　　　　（b）C-P 目标分解的结果

图 1-7　极化目标识别

---

① SPAN= | HH |² + | HV |² + | VH |² + | VV |²。

根据 LightSAR 工作组的研究结果，森林长势和生物量、土壤湿度、雪密度观测测量等应用需要四极化 SAR 数据。

根据 SAOCOM 项目组的研究结果，森林长势、湿地测量、地球和大气相互作用研究、海冰厚度测量等应用需要四极化 SAR 数据。

1.3　典型星载极化微波遥感系统

1.3.1　星载极化 SAR

代大海等人综合调研国外极化 SAR 结果后总结，于 1994 年 4 月由 NASA 利用航天飞机送入太空的 SIR‑C/X‑SAR，采用了多项新技术，是当时最先进的 SAR，其主要特点为：1）第一部多频段成像雷达；2）第一部高分辨率多极化成像雷达；3）采用相控阵天线，其下视角和测绘带都可在大范围内改变。主要应用于环境监视和资源勘探等商业目的。

ENVISAT 由欧空局于 2002 年 3 月 1 日成功发射，卫星的寿命为 5 年。作为 ERS‑1/2 SAR 卫星的延续，ENVISAT‑1 数据主要用于监视环境，即对地球表面和大气层进行连续的观测，供制图、资源勘查、气象及灾害判断之用。它继承了 ERS‑1/2 AMI 中的成像模式和波模式，具有 5 种复杂的工作模式，增强了在工作模式上的功能，具有多极化、多入射角、大幅宽等新的特性。图 1‑8 为 ENVISAT 飞行图，表 1‑2 为 ENVISAT（ASAR）卫星系统主要技术性能。

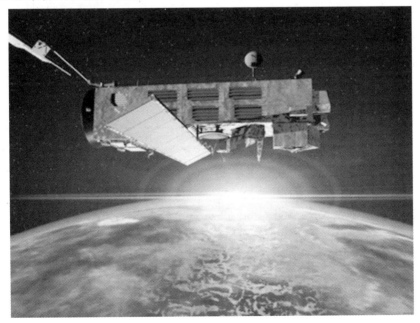

图 1‑8　ENVISAT 飞行图

表 1 - 2　ENVISAT（ASAR）卫星系统主要技术性能

参数		性能			
轨道		高度 800 km，倾角 98.55°，太阳同步			
轨道周期		100.59 分钟			
重返周期		35 天			
频段/频率		C 频段/5.331 GHz			
入射角范围		15°～45°			
工作模式		成像模式（Image）	交替极化模式（Alternating Polarization）	宽幅模式（Wide Swath）	全球监测模式（Global Monitoring）	波谱模式（Wave）
成像宽度		最大 100 km	最大 100 km	405 km	约 400 km	5 km
极化方式		VV 或 HH	VV/HH 或 VV/VH 或 HH/HV	VV 或 HH	VV 或 HH	VV 或 HH
视数		4 视	2 视	12 视	7 视	单视
分辨率		30 m	30 m	150 m	1 000 m	10 m
辐射度分辨率		≤2.5 dB	≤3.6 dB	≤2.0 dB	≤1.6 dB	≤2.3 dB
辐射度准确度		≤1.6 dB	≤2.0 dB	≤1.5 dB	≤1.8 dB	≤2.2 dB
点目标模糊比	方位	26～30 dB	19～28 dB	22～29 dB	27～29 dB	27～30 dB
	距离	32～46 dB	26～41 dB	26～34 dB	25～32 dB	31～46 dB
分布目标模糊比	方位	23～25 dB	18～25 dB	20～25 dB	25～28 dB	23～35 dB
	距离	17～39 dB	17～39 dB	17～31 dB	17～31 dB	21～48 dB
噪声等效 sigma°		−22～−20 dB	−22～−19 dB	−26～−21 dB	−35～−32 dB	−22～−20 dB
下行数据率		100 Mbit/s	100 Mbit/s	100 Mbit/s	0.9 Mbit/s	0.9 Mbit/s
功率		1 365 W	1 395 W	1 200 W	713 W	647 W
天线类型		主动相控阵天线			
天线尺寸		10 m×1.3 m			
信号带宽		约 16 MHz			
脉冲重复频率		1 650～2 100 Hz			
平均功率		647～1 395 W			
质量		830 kg			

先进陆地观测卫星（Advanced Land Observing Satellite，ALOS）于 2006 年 1 月 24 日成功发射。ALOS 采用高分辨率和微波扫描，主要用于发展陆地探测技术，在测图、区域性观测、灾害监测、资源调查等方面作出了贡献。相控阵 L 频段合成孔径雷达（Phased Array Type L－band Synthetic Aperture Radar，PALSAR）在试验极化模式下，可获取分辨率 24～89 m，幅宽 20～65 km 的正交极化图像；在精细分辨率模式下，可获得分辨率为 14m 的部分极化图像。

RADARSAT－2 于 2007 年 12 月 14 日成功发射，卫星发射质量为 2 200 kg，寿命设计为 7 年。为了保持数据的连续性，RADARSAT—2 继承了 RADARSAT—1 所有的工作模式，并在原有的基础上增加了多极化成像，3 m 分辨率成像，双通道（dual—channel）成像和动目标探测（Moving Object Detection Experiment，MODEX）。RADARSAT—2 的用途是给用户提供全极化方式的高分辨率的星载合成孔径雷达图像，在地形测绘、环境监测、海洋和冰川的观测等方面都有很高的实用价值。

TerraSAR—X 于 2007 年 6 月发射。目的是建立一个运作的星载 X 波段 SAR 系统，生产商业用途的遥感产品，以及为科研人员提供高分辨、多模式的 X 波段 SAR 数据，以进行科学研究和应用。TerraSAR—X 有几个很显著的特点：分辨率高、多极化方式、卫星重访周期较短等。分辨率高意味着能提供地面目标更加精细的信息。多极化有效地提高了 SAR 对场景信息的获取能力，为进一步分析、识别和检测目标提供了有力工具。

Cosmo—SkyMed 卫星星座由 4 颗 X 波段合成孔径雷达卫星组成，具有雷达干涉测量地形的能力，是一个可服务于民间、公共机构、军事和商业的两用对地观测系统，能够在任何气象条件下日夜观测地球。2007 年 6 月，首颗 Cosmo—SkyMed 雷达卫星发射，其最高分辨率为 1 m，扫描带宽为 10 km，具有雷达干涉测量能力，具备全天候、全天时对地观测的能力，卫星星座特有高重访周期、1 m 高分辨率等优势，能够广泛应用于农业、林业、城市规划、灾害管理、地质勘测、海事管理和环境保护等领域。

1.3.2 星载极化雷达高度计

目前用于专业卫星测高的雷达高度计基本上都用 VV 单极化工作模式，装载有雷达高度计的卫星主要有：美国的 SEASAT—A，欧空局的 ERS—1、ERS—2 以及后续的 ENVISAT—1 等综合遥感卫星；研究海洋大地水准面、海面地形和海浪的 GEOSAT 及后续星 GFO—1，TOPEX/POSEDION[①] 及后续星 JASON—1，CRYOSAT 等。先进的雷达高度计代表是 ENVISAT—1 和 CRYOSAT 装载的雷达高度计，一个是双频体制，并采用了先进的自适应跟踪算法；另一个是采用合成孔径干涉式测量方法，提高了测高精度和定位精度。

装载在 ENVISAT—1 上的 RA—2 雷达高度计是在 ERS—1/2 的 RA—1 雷达高度计技术基础上发展起来的，同 RA—1 相比，主要区别是 RA—2 采用了双频工作体制，另外为了实现稳健重新跟踪，设计了一种叫做重心偏移的重新跟踪算法，这种跟踪模型增强了跟踪器的健壮性。

RA—2 雷达高度计在轨工作测量原理见图 1—9，主要技术指标见表 1—3。

---

① TOPEX/POSEIDON，Topography Experiment/Project d'Observatoire de Surveillance et d'Etudes Integrees de la Dynamique des Oceans，意为托佩克斯—海神卫星，海洋地貌实验—海洋动力学综合监视与研究观测卫星（美国和法国合作研制的海洋卫星）。

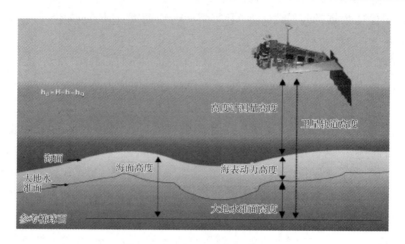

图 1-9 RA-2 在轨测量原理

表 1-3 RA-2 主要技术指标

仪器参数	指标	精度
高度	764~825 km	<4.5 cm
后向散射系数	-30~50 dB	<0.4 dB（偏差），<0.4 dB（残留）
有效波高	0.5~20 m	<5%或 0.25 m
工作频率	13.575 GHz（Ku），3.2 GHz（S）	
极化	VV 极化	
带宽	320 MHz，80 MHz，20 MHz（Ku），160 MHz（S）	
PRF	1 795.33 Hz（Ku），448.83 Hz（S）	
脉宽	20 μs	
中频带宽	6.4 MHz	
数据率	100 kbps	
质量	110 kg	
功率	161 W	

1999 年欧空局启动了地球极冰探测卫星 CRYOSAT 计划，其主载荷干涉合成孔径雷达高度计（Synthetic Interferometric Radar Altimeter，SIRAL）是在欧空局已经发射升空的 ERS-1/Altimeter，ERS-2/Altimeter 和 ENVISAT/RA-2 等雷达高度计的技术基础上进行重大技术创新的新型雷达高度计。SIRAL 采用了干涉技术和合成孔径技术，因此能够极大地提高对海冰的观测分辨率（方位向）和测高精度，同时还可以兼顾一定的陆地观测。因为干涉技术的应用，可以极大地提高由于卫星姿态的变化引起观测角度变化所造成的测高误差的补偿能力。但是由于 SIRAL 采用天顶点观测，因此无法获得地表的二维图像。非常可惜的是在 2005 年 10 月 8 日的发射中，由于俄罗斯火箭的原因发射失败了，因此欧空局决定再次研制 CRYOSAT 并于 2010 年成功发射。图 1-10 给出了 CRYOSAT 卫星的外形图。

随着应用领域的扩展，未来采用多极化工作方式亦成必然。

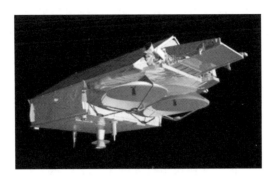

图 1－10　CRYOSAT 卫星外形图

1.3.3　星载极化微波散射计

目前星载微波辐射计以 VV、HH 双极化工作为主，冯倩调研表明主要的卫星包括 Seasat－A 散射计（SASS），为扇形波束体制，它利用 4 个天线波束对海面风进行观测，观测带 2 km×750 km，空间分辨率 50 km×50 km，风速测量范围 4～24 m/s，风速测量精度达到±2 m/s，风向测量精度达到±20°。1996 年 8 月，NSCAT 装载于先进地球观测卫星（ADEOS－1）上，同 SASS 相比，NSCAT 有三个方面的改进：1）NSCAT 微波散射计能测量海面 25 km 的海面后向散射，反演出海面 50 km 的风场矢量；2）在与卫星成 65°夹角方向增加双极化探测天线，增加不同方位观测数据，改善风速反演精度和风向多解消除算法；3）对回波信号采用数字多普勒滤波处理技术，能自动调整天线足迹，解决了 SASS 存在的面元配对问题。

NSCAT 由于 ADEOS－1 的故障于 1997 年 6 月失效，为了填补业务应用的空隙，美国 NASA 研制了快速测风卫星（QuickSCAT），星上装载了一台 SeaWinds 散射计。该卫星于 1999 年 6 月成功发射，设计寿命两年，此后由日本 ADEOS－2（2001 年 11 月发射）接替。图 1－11 为 NSCAT 外形图。

图 1－11　NSCAT 外形图

SeaWinds 散射计的运行价值在于不仅继续为海洋学研究提供了全天候、大范围的海面风场数据，而且还将风场数据应用到数值天气和海浪预报模式中，以提高海岸带天气预报的可靠性。由于 SeaWinds 散射计比其他已运行的散射计扫描刈幅都要宽，达到 1 800 km，且星下无盲点，因此，它可以为热带气旋和台风等灾害性天气系统的监测和研究提供宝贵的数据来源。

SeaWinds 质量为 200 kg，功率为 220 W，平均数据率为 40 kbit/s，采用直径为 1 m 的圆盘状抛物面天线，它有两根桁条绕卫星天底方向以 18 r/min 的速度旋转。它每隔两天重访一次，可观测到 90% 或者更多海域。它的风速测量精度是 ±2 m/s，风向测量精度为 ±20°，空间分辨率是 50 km。其在轨运行如图 1 - 12 所示。

图 1 - 12　SeaWinds 外形图

随着测风精度要求的提高，采用全极化微波散射计是大势所趋，目前 NASA、ESA 正在开展全极化散射计的先期论证工作。

1.3.4　星载极化微波辐射计

目前星载微波辐射计以 V、H 双极化工作为主，自 1978 年第一台星载微波辐射计 MSU 投入业务运行以来，国外发射了许多装载有微波辐射计的各类遥感卫星，比较典型的有：美国 NOAA 系列和 DMSP 系列气象卫星，日本 AMSR 系列海洋卫星，以及俄罗斯 MTVZA 系列对地观测卫星。AMSR－B 是一个具有 5 通道的全功率微波辐射计，其中两个通道的中心频率分别为 89 GHz 和 150 GHz，另外 3 个通道的中心频率均在 183.31 GHz 的水蒸气谱线处，具体是 183.31 GHz±1 GHz/±3 GHz/±7 GHz。每个通道中心频率的具体数值及其在真空中随设备的温度不同而产生的变化量已经测量过。卫星专用传感器微波探测仪（SSMIS）是为国防气象卫星（DMSP）研制的新一代微波辐射计。SSMIS 有许多新的并且是独一无二的特征，其中最为突出、最为重要且有代表性的就是它综合了 DM-SP 发射过的微波辐射计 SSM/T－1、SSM/T－2 和 SSM/I 的功能，进行了一体化设计。SSMIS 已经于 2003 年 10 月 18 日发射成功。它的观测频率从 19.3 GHz 至 183 GHz，有 24 个探测通道，扫描方式为圆锥扫描。此外，还有 SEASAT－A 上的微波辐射计（SMMR），ADEOS－2 上的 AMSR，EOS Aqua 上的 AMSR－E。SMMR 的观测频率从 6.6 GHz 到 37 GHz，10 个观测通道，扫描方式为圆锥扫描。微波扫描辐射计（AMSR）的观测频率从 6.9 GHz 到 89 GHz，有 14 个观测通道，主反射面直径达 2 m，可以提供较高的地面分辨率，扫描方式为圆锥扫描。AMSR－E 的观测频率从 6.9 GHz 到 89 GHz，有 12 个观测通道，与 AMSR 相比少了 50 GHz 的通道，天线主反射面直径为 1.6 m，扫描方式为圆锥扫描。还有一类微波辐射计专门用来为雷达高度计提供校准数据，此类辐射计一般不进行扫描，典型代表有：TOPEX 海洋卫星上的微波辐射计 TMR，ERS 系列卫星上的 STSR/M。

随着 2003 年 1 月搭载在科里奥利（Coriolis）卫星上的 WindSat 发射升空，标志着微波辐射计跨入了一个崭新时代。WindSat 是第一台能够获取电磁波全部 4 个 Stokes 参数的全极化星载微波辐射计，由美国国家极轨业务环境卫星系统（National Polar—Orbiting Operational Environmental Satellite System，NPOESS）和美国海军联合出资建造，研制目标为通过测量来自海面的全极化微波辐射信号，全面测试和评估被动极化型微波辐射计反演海面风场（风速和风向）的能力，从而为 NPOESS 原计划于 2010 年形成业务风场反演能力的圆锥微波成像探测仪（Conical Microwave Imager and Sounder，CMIS）的研制降低风险，该项目涉及仪器设计、算法开发、定标和验证等多个方面。与前述传统微波辐射计仅能测量大气辐射的垂直和水平极化亮温相比，WindSat 可以在 10.7 GHz、18.7 GHz 和 37.0 GHz 频率上测量大气辐射的全部 4 个 Stokes 参数，以及在 6.8 GHz 和 23.8 GHz 频率上测量大气辐射的垂直和水平极化亮温。图 1－13 为 WindSat 效果图。

图 1－13　WindSat 效果图

1.4　小结

微波与光学遥感相比，微波测量中存在特殊的极化信息含量，可以通过极化组合来增强信息，获取信息量越丰富，分类精度越高，因此无论 SAR、雷达高度计、微波散射计、微波辐射计，还是盐度计、湿度计、气象雷达等各类微波载荷都必将向多极化方向发展，多极化是微波遥感的重要发展方向之一。

第 2 章 极化基本原理

2.1 极化基本原理概述

2.1.1 波动方程

根据经典的麦克斯韦方程组，电磁波的时刻变化和传播规律可以统一表示为

$$\nabla \cdot \boldsymbol{E}(z,t) = \frac{\partial \boldsymbol{B}(z,t)}{\partial t}$$

$$\nabla \cdot \boldsymbol{H}(z,t) = \boldsymbol{J}_T(z,t)$$

$$\nabla \cdot \boldsymbol{D}(z,t) = \rho(z,t) \qquad (2-1)$$

$$\nabla \cdot \boldsymbol{B}(z,t) = 0$$

式中，$\boldsymbol{E}$、$\boldsymbol{H}$、$\boldsymbol{D}$、$\boldsymbol{B}$、$\boldsymbol{J}$、ρ 分别是电场强度、磁场强度、电感应强度、磁感应强度、电流密度及自由电荷的体密度。

式（2-1）代表的波动方程有无数个解，在进行理论分析时，通常假定电磁波为单色平面波，传播空间中不存在自由电荷，波的方向为 $+z$ 向传播，可以求得电磁波电场强度的时域表达式

$$\boldsymbol{E}(z,t) = \begin{cases} E_x = E_{0x}\cos(\omega t - kz - \delta_x) \\ E_y = E_{0y}\cos(\omega t - kz - \delta_y) \\ E_z = 0 \end{cases} \qquad (2-2)$$

写成矢量形式为

$$\boldsymbol{E}(z,t) = \begin{bmatrix} E_x & E_y & E_z \end{bmatrix}^{\mathrm{T}} = \begin{bmatrix} E_x = E_{0x}\cos(\omega t - kz - \delta_x) \\ E_y = E_{0y}\cos(\omega t - kz - \delta_y) \\ E_z = 0 \end{bmatrix} \qquad (2-3)$$

式（2-3）中忽略了电磁波的衰减，即电磁波在无损介质中传播。ω 为电磁波的传播频率，k 为波数，有 $k^2 = w\,(\xi\mu)^{1/2}$，δ_x，δ_y 分别为 E_x 向和 E_y 向电磁波初始相位。正交基下选择 k 的方向为 z 向。

由此可见，$t = t_0$ 时。任一电磁波均可分解为幅度和初始相位不同、传播方向相互正交的正弦波。如图 2-1 所示。

E_x 和 E_y 合成后的电磁波 E 如图 2-2 所示。

由图 2-2 可知，合成后的电磁波在空域上是沿着 z 向螺旋前进，这种螺旋前进的特性若在 $z = z_0$ 处横切，可以描绘出电磁波在截面上的矢量特性。极化正是利用了电磁波的

这种矢量属性，描述了电场矢量在传播截面上随时间的运动轨迹。

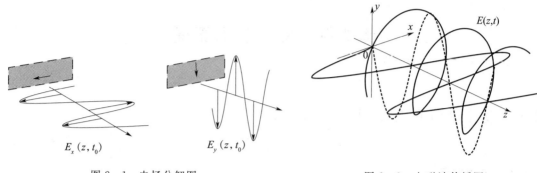

图 2 - 1　电场分解图　　　　　　　　　　图 2 - 2　电磁波传播图

2.1.2　极化方式

2.1.2.1　极化方式

常规定义的极化方式有三种，分别为线极化、圆极化和椭圆极化（见图 2 - 3）。

（a）线极化　　　　　（b）圆极化　　　　（c）椭圆极化

图 2 - 3　极化示意

（1）线极化

线极化是最简单的极化方式，它的特征是在某一时间 t_0 电场矢量是与 x 轴夹角为固定角度 Φ 的平面上传播和振荡的正弦波，此时电场表达式中的 E_x、E_y 的初始相位 $\delta_x - \delta_y = 0$。图 2 - 4 所示为线极化。

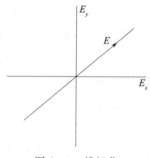

图 2 - 4　线极化

（2）圆极化

当 E_{0x} 和 E_{0y} 的幅度相同，且初始相位角相差为 $\pi/2$ 的整数倍数时，此时的电磁场矢量为圆极化特性，它的典型特点是沿 $z = zt_0$（zt_0 为电磁波在 z 轴上传播的某一时刻点）进行切面，电磁矢量的旋转形成的轨迹为一个圆，矢量的模为常量（图 2 - 5）。

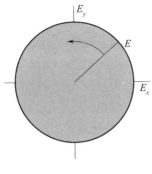

图 2-5　圆极化

（3）椭圆极化

椭圆极化为除线极化和圆极化以外的方式，沿 $z=zt_0$ 进行切面，电磁矢量的旋转形成的轨迹为一个椭圆，从 z 轴来看，电场矢量的终点形成了一条绕 z 轴旋转的螺旋轨迹（图 2-6）。

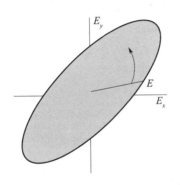

图 2-6　椭圆极化

2.1.2.2　极化椭圆

椭圆极化作为一种普适性的极化方式，沿 $z=zt_0$ 进行切面，E_x 和 E_y 合成后的电场矢量 E 沿时间的轨迹为一椭圆，该电场矢量椭圆的参数关系式为

$$\left(\frac{E_x}{E_{0x}}\right)^2 - 2\frac{E_x E_y}{E_{0x} E_{0y}}\cos(\delta) + \left(\frac{E_y}{E_{0y}}\right)^2 = \sin^2(\delta) \tag{2-4}$$

上式即为极化椭圆方程，极化椭圆给出了电磁波的整体的极化状态。电场矢量 E（z_0，t）在固定的切面，随时间 t 的变化而变化，呈现出旋转运动，并最终形成极化椭圆，极化椭圆的形状可以用以下参数表述。

（1）椭圆幅度

椭圆的幅度由椭圆的长轴和短轴确定，其关系为

$$A = \sqrt{E_{0x}^2 + E_{0y}^2} \tag{2-5}$$

（2）椭圆方向角 φ

椭圆方向角 φ 表示椭圆的长轴与 x 轴的夹角，其中

$$\tan 2\varphi = 2 \frac{E_{0x} E_{0y}}{E_{0x}{}^2 - E_{0y}{}^2} \cos\delta$$

$$\delta = \delta_x - \delta_y \tag{2-6}$$

$$-\frac{\pi}{2} \leqslant \varphi \leqslant \frac{\pi}{2}$$

（3）椭圆率角 τ

椭圆率角 τ 用来定义椭圆的旋转方向，定义为

$$\sin 2\tau = 2 \frac{E_{0x} E_{0y}}{E_{0x}{}^2 + E_{0y}{}^2} \sin\delta$$

$$0 \leqslant \tau \leqslant \frac{\pi}{4} \tag{2-7}$$

由图 2-7 可知，$+\tau > 0$ 时为左旋极化，$-\tau < 0$ 为右旋极化。

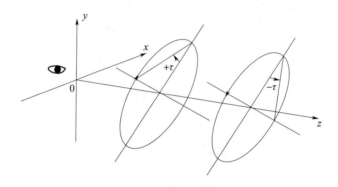

图 2-7　极化椭圆

2.1.3　入射电场的极化状态矢量描述

该节的极化状态矢量的描述是指入射波的极化状态。

（1）琼斯矢量

极化椭圆给出了电磁波的整体的极化状态，但其表达式复杂，为了用最少的信息量描述电磁波的极化状态，可以引入琼斯矢量（Jones 矢量），基本推导建立在单色平面电场基础之上

$$
\begin{aligned}
\boldsymbol{E}(z,t) = \begin{bmatrix} E_x & E_y \end{bmatrix}^{\mathrm{T}} &= \begin{bmatrix} E_{0x} \cos(\omega t - kz + \delta_x) \\ E_{0y} \cos(\omega t - kz + \delta_y) \end{bmatrix} \\
&= Re\left\{ \begin{bmatrix} E_{0x} \mathrm{e}^{j\delta_x} \\ E_{0y} \mathrm{e}^{j\delta_y} \end{bmatrix} \mathrm{e}^{-jkz}\, \mathrm{e}^{j\omega t} \right\} \\
&= Re\left\{ \boldsymbol{E}(z) \mathrm{e}^{j\omega t} \right\}
\end{aligned}
\tag{2-8}
$$

$\mathrm{e}^{j\omega t}$ 为时间传播分量，在表示极化状态时可以不用考虑，琼斯矢量 $\boldsymbol{E}$ 可用 $z=0$ 处的电场矢量 $\boldsymbol{E}(z)$ 表示。

$$\boldsymbol{E} = \boldsymbol{E}(z) \big|_{z=0} = \boldsymbol{E}(0) = \begin{bmatrix} E_{0x} \mathrm{e}^{j\delta_x} \\ E_{0y} \mathrm{e}^{j\delta_y} \end{bmatrix} \tag{2-9}$$

即，电场的极化状态可由电场分量的初始相位角度表示。

水平极化电场可用单位琼斯矢量 u 表示为

$$\hat{u}_{\mathrm{H}} = \begin{bmatrix} 1 \\ 0 \end{bmatrix}$$

即在电场矢量中仅剩余 E_{0x} 分量。

垂直极化电场可用单位琼斯矢量 u 表示为

$$\hat{u}_{\mathrm{V}} = \begin{bmatrix} 0 \\ 1 \end{bmatrix}$$

即在电场矢量中仅剩余 E_{0y} 分量。

$+45°$ 线极化电场可用单位琼斯矢量 u 表示为

$$\hat{u}_{+45°} = \frac{1}{\sqrt{2}} \begin{bmatrix} 1 \\ 1 \end{bmatrix}$$

$-45°$ 线极化电场可用单位琼斯矢量 u 表示为

$$\hat{u}_{-45°} = \frac{1}{\sqrt{2}} \begin{bmatrix} 1 \\ -1 \end{bmatrix}$$

左旋圆极化可用单位琼斯矢量 u 表示为

$$\hat{u}_{\mathrm{L}} = \frac{1}{\sqrt{2}} \begin{bmatrix} 1 \\ j \end{bmatrix}$$

右旋圆极化可用单位琼斯矢量 u 表示为

$$\hat{u}_{\mathrm{R}} = \frac{1}{\sqrt{2}} \begin{bmatrix} 1 \\ -j \end{bmatrix}$$

用极化椭圆参数则更能形象地描述出椭圆的极化状态。琼斯矢量可表示成椭圆极化参数的二维复矢量函数，式（2-10）中 α 为绝对相位项，表 2-1 为极化椭圆参数与极化状态对应关系。

$$\boldsymbol{E} = A\mathrm{e}^{+j\alpha} \begin{bmatrix} \cos\varphi\cos\tau - j\sin\varphi\sin\tau \\ \cos\varphi\cos\tau + j\sin\varphi\sin\tau \end{bmatrix} \tag{2-10}$$

表 2-1 极化椭圆参数与极化状态对应关系

椭圆倾角 φ	椭圆率角 τ	极化状态
0	0	水平极化
$\pi/2$	0	垂直极化
$\pi/4$	0	$+45°$ 线极化
$-\pi/4$	0	$-45°$ 线极化
$(-\pi/2\cdots\pi/2]$	$\pi/4$	左旋圆极化
$(-\pi/2\cdots\pi/2]$	$-\pi/4$	右旋圆极化

极化参数与椭圆的方向角、椭圆率角直接联系起来，能够直接刻画电场矢量的旋转状态，因此属于对极化状态相对形象的描述。采用初相的表示方法和椭圆极化参数的表示方

法是一致的，下面以＋45°线极化为例进行说明。

对于＋45°线极化，椭圆倾角为 $\pi/4$，椭圆率角为 $0°$，由极化椭圆方程中椭圆倾角公式和椭圆孔径公式可以推得，此时 $\delta_x = \delta_y$，$E_{0x} = E_{0y}$，即 E_{0x} 和 E_{0y} 幅度相同，初相相同。这与单位琼斯矢量 $\boldsymbol{u}$ 所表示的物理含义完全一致，即在 $z=0$ 的切面，任意时刻，$E_x(t)$ 和 $E_y(t)$ 均保持着完全一致的振荡状态，因此，合成后的极化电场必然是倾角为 $45°$的线极化。

（2）斯托克斯矢量

如上所述，琼斯矢量的基本推导是基于单色平面电场的假设，这从极化状态的角度来看，琼斯矢量适用于表述完全极化电磁波，而对于自然界更广泛存在的不完全极化波和完全非极化波，则需要引入一个新的矢量矩阵描述其极化状态，该矢量称为斯托克斯（Stokes）矢量。

从雷达的相参性角度，由于琼斯矢量包含了相位和幅度信息，才能表示成复变量形式，因此要求雷达属性为相参雷达。但实际雷达应用中，非相参雷达应用也很广泛，而非相参雷达只能进行入射波功率的测量，因此这类入射波的极化状态无法用琼斯矢量表述，也需要引入 Stokes 矢量进行表征。

琼斯矢量 $\boldsymbol{E}$ 的共轭转置的外积为

$$\boldsymbol{E} \cdot \boldsymbol{E}^{*\,\mathrm{T}} = \begin{bmatrix} E_x E_x^* & E_x E_y^* \\ E_y E_x^* & E_y E_y^* \end{bmatrix} = \frac{1}{2} \begin{bmatrix} g_0 + g_1 & g_2 - jg_3 \\ g_2 + jg_3 & g_0 - g_1 \end{bmatrix} \tag{2-11}$$

式中，$\{g_0, g_1, g_2, g_3\}$ 即是斯托克斯参数，并将斯托克斯矢量定义为

$$\boldsymbol{g}_E = \begin{bmatrix} g_0 \\ g_1 \\ g_2 \\ g_3 \end{bmatrix} = \begin{bmatrix} E_x E_x^* + E_y E_y^* \\ E_x E_x^* - E_y E_y^* \\ E_x E_y^* + E_y E_x^* \\ j(E_x E_y^* - E_y E_x^*) \end{bmatrix} = \begin{bmatrix} |E_x|^2 + |E_y|^2 \\ |E_x|^2 - |E_y|^2 \\ 2R(E_x E_y^*) \\ -2Im(E_x E_y^*) \end{bmatrix} \tag{2-12}$$

式中　g_0——入射平面电磁波的总功率；

　　　g_1——水平极化或垂直极化分量功率值；

　　　g_2——倾角为 $45°$或 $135°$的线极化的功率值；

　　　g_3——右旋圆极化和左旋圆极化分量的功率值。

对于完全极化的单色平面波，则上式可用极化椭圆参数简化为

$$\boldsymbol{g}_E = \begin{bmatrix} g_0 \\ g_1 \\ g_2 \\ g_3 \end{bmatrix} = \begin{bmatrix} E_{0x}^2 + E_{0y}^2 \\ E_{0x}^2 - E_{0y}^2 \\ 2E_{0x}E_{0y}\cos\delta \\ 2E_{0x}E_{0y}\sin\delta \end{bmatrix} = \begin{bmatrix} A^2 \\ A^2\cos(2\varphi)\cos(2\tau) \\ A^2\sin(2\varphi)\cos(2\tau) \\ A^2\sin(2\tau) \end{bmatrix} \tag{2-13}$$

可获取与琼斯矢量对应的几种典型的极化状态斯托克斯矢量。

1）水平极化单位斯托克斯矢量

$$\boldsymbol{g}_{\dot{u}_{\mathrm{H}}} = \begin{bmatrix} 1 \\ 1 \\ 0 \\ 0 \end{bmatrix}$$

2）垂直极化单位斯托克斯矢量

$$\boldsymbol{g}_{\dot{u}_{\mathrm{V}}} = \begin{bmatrix} 1 \\ -1 \\ 0 \\ 0 \end{bmatrix}$$

3）+45°线极化单位斯托克斯矢量

$$\boldsymbol{g}_{\dot{u}_{+45°}} = \begin{bmatrix} 1 \\ 0 \\ 1 \\ 0 \end{bmatrix}$$

4）−45°线极化单位斯托克斯矢量

$$\boldsymbol{g}_{\dot{u}_{-45°}} = \begin{bmatrix} 1 \\ 0 \\ -1 \\ 0 \end{bmatrix}$$

5）左旋圆极化单位斯托克斯矢量

$$\boldsymbol{g}_{\dot{u}_{\mathrm{L}}} = \begin{bmatrix} 1 \\ 0 \\ 0 \\ 1 \end{bmatrix}$$

6）右旋圆极化单位斯托克斯矢量

$$\boldsymbol{g}_{\dot{u}_{\mathrm{R}}} = \begin{bmatrix} 1 \\ 0 \\ 0 \\ -1 \end{bmatrix}$$

2.1.4　极化散射

　　入射电磁波照射到目标上时，一部分入射波的能量被目标吸收，另外一部分则通过电磁感应作用，形成感生电流，进行二次辐射，形成散射波，因此，散射波的特性与入射波的特性很可能不同。散射波是经过目标对入射波的调制而形成的，因此包含了丰富的目标信息。从极化信息层面，散射波的极化特性虽然取决于入射波和目标特性，但不一定与入射波的极化特性一致，目标对入射波的极化特性具有变换作用，这取决于入射波的频率、目标形状、尺寸、结构和取向等因素，如图 2-8 所示。

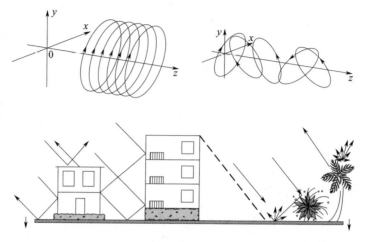

图 2-8　极化散射示意

由 2.1.3 节可知，单色平面电场的极化特性可用琼斯矢量表示，即入射波电场和散射波电场均可用琼斯矢量表示。由于散射波是由入射波和目标特性共同确定的，那么散射波琼斯矢量 E_S 可与入射波琼斯矢量 E_I 通过某一特性参数进行关联，如式（2-14）

$$E_S = \frac{\mathrm{e}^{-jkr}}{r} S E_I = \frac{\mathrm{e}^{-jkr}}{r} \begin{bmatrix} S_{11} & S_{12} \\ S_{21} & S_{22} \end{bmatrix} E_I \qquad (2-14)$$

式（2-14）中，$\dfrac{\mathrm{e}^{-jkr}}{r}$ 是由电磁波远场传播特性引起的幅度和相位变化。S 为散射矩阵，S_{ij} 为复散射系数，S_{11} 和 S_{22} 代表相同极化引起的散射特性，即"同极化"项，S_{21} 和 S_{12} 代表正交极化引起的散射特性，即"交叉极化"项。一般而言，极化散射矩阵的元素为复数，对互易介质，有 $S_{21} = S_{12}$。

极化散射矩阵给出了入射波琼斯矢量与散射波琼斯矢量之间的关系，这是对于单色平面波。对于非完全极化的电磁波，如同入射波需要用斯托克斯矢量表述一样，散射波电场的极化状态也需要采用斯托克斯矢量形式。需要用一个矩阵来建立起散射波斯托克斯矢量与入射波斯托克斯矢量之间的联系，这个矩阵就是 Mueller 矩阵，如式（2-15）所示

$$g_{E_S} = M g_{E_I} \qquad (2-15)$$

g_{E_I} 为入射波的斯托克斯矢量，g_{E_S} 为散射波的斯托克斯矢量，M 为 Mueller 矩阵，可表示为式（2-16）

$$M = R W R^{-1} \qquad (2-16)$$

式（2-16）中

$$R = \begin{bmatrix} 1 & 0 & 0 & 1 \\ 1 & 0 & 0 & -1 \\ 0 & 1 & 1 & 0 \\ 0 & j & -j & 0 \end{bmatrix} \qquad (2-17)$$

W 为极化散射矩阵 S 的 Kronecher 直积

$$W = \langle S \otimes S^* \rangle = \begin{bmatrix} S_{11}S_{11}{}^* & S_{11}S_{12}{}^* & S_{12}S_{11}{}^* & S_{12}S_{12}{}^* \\ S_{11}S_{21}{}^* & S_{11}S_{22}{}^* & S_{12}S_{21}{}^* & S_{12}S_{22}{}^* \\ S_{21}S_{11}{}^* & S_{21}S_{12}{}^* & S_{22}S_{11}{}^* & S_{22}S_{12}{}^* \\ S_{21}S_{21}{}^* & S_{21}S_{22}{}^* & S_{22}S_{21}{}^* & S_{22}S_{22}{}^* \end{bmatrix} \qquad (2-18)$$

Mueller 矩阵 M 与极化散射矩阵 S 之间存在一一对应的关系，M 矩阵与斯托克斯矢量同样存在着一一对应关系，可见 M 矩阵与斯托克斯矩阵之间可以互推得，即两者包含相同的目标电磁散射特性信息。斯托克斯矩阵从雷达接收功率层面描述了接收功率与收发天线极化间的隔离关系。M 矩阵建立的是入射波电场的斯托克斯矢量与散射波电场的斯托克斯矢量之间的联系，受目标调制而发生的电场变极化效应可通过 M 矩阵进行反映，入射波束照射到不同粗糙度的地面物体后均会发生这种变极化效应，如图 2-9 所示。

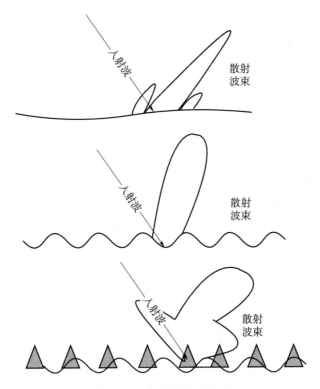

图 2-9　变极化效应示意

综上所述，不同散射状态表示方式的关系如图 2-10 所示。

图 2-10 给出了入射场和散射场之间的关联关系更适合于确定性散射体，但在微波遥感应用中，确定性散射体是很少存在的，以 SAR 成像为例，像元尺寸一般远大于入射电磁波波长，属于电大尺寸物体，每个像元内均包含多个散射中心，每个散射中心均可用相应的散射矩阵和矢量表示，因此，散射回波电场是分散在像元内具有一定空间分布的散射中心电磁散射的集合，是多个散射中心的矩阵的相干叠加的结果，更细致和专业的研究需要处理统计散射效应和分析局部散射体，引入散射协方差矩阵和相干矩阵等方法进行分

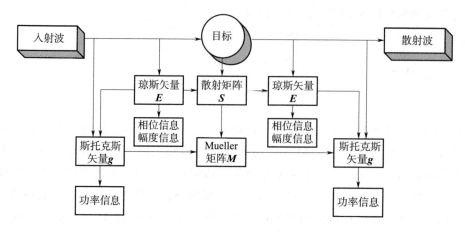

图 2-10 散射状态表示方式关联关系

析，本书侧重于极化在微波遥感卫星中的应用，目前的表述能够满足微波遥感卫星设计人员对极化电磁的基本理解，更深入的知识不做详细介绍，可参看电磁散射相关专业书籍。

2.2 极化获取

2.2.1 极化发射与接收

根据美国电气和电子工程师协会（IEEE）的定义，"在一个包含参考极化椭圆的特定平面内，与这个参考极化正交的极化就称为交叉极化"，该参考极化称为同极化。与参考源的场平行的场分量称为共极化场或主极化场，与参考源的场垂直的场分量称为交叉极化场。如图 2-11 所示，天线馈源 T 经过选择开关和环形器以时分的形式实现垂直极化波和水平极化波的发射。举例说明：设计一个天线，目的是让其辐射水平线极化波，但其辐射的电磁波中还含有垂直线极化分量，则可将水平线极化分量视为其主极化分量，垂直线极化分量视为其交叉极化分量，而且，垂直线极化分量相对水平线极化分量越小，说明极化越纯。

极化接收的目的则是实现极化散射矩阵的获取，通过极化散射矩阵可以获取不同极化组合情况下的目标回波特性，进一步实现多于单极化目标回波的信息提取。为获得地物目标的全极化散射矩阵，多极化 SAR 系统必须获得四种极化的回波：HH、VH、HV、VV；如果要同时获得上面四种极化，必须采用四个并行的通道，但这会大大增加设备的复杂性。因此对于多极化系统，通常采用双极化天线和双接收通道，利用发射和接收通道的组合，获得准同时的四种极化回波。

图 2-12 给出了一种以时分方式获取极化散射矩阵中散射系数的方式。

通过对正交极化通道收发四路信号进行线性组合，得到雷达目标在任意收发极化状态下完整信息的过程：

水平极化入射场照射下产生的水平极化散射场可获取散射系数 S_{HH}；

垂直极化入射场照射下产生的垂直极化散射场可获取散射系数 S_{VV}；

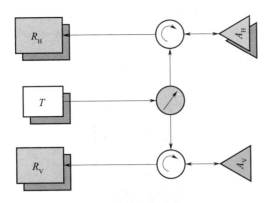

图 2-11　极化发射与接收

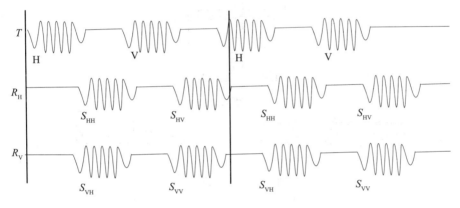

图 2-12　极化接收形成

水平极化入射场照射下产生的垂直极化散射场可获取散射系数 S_{HV}；

垂直极化入射场照射下产生的水平极化散射场可获取散射系数 S_{VH}。

因此，R_H 通道可获取 S_{HH} 和 S_{VH}；R_V 通道可获取 S_{VV} 和 S_{HV}。除了时分方式获取极化散射矩阵系数以外，常用的还有码分工作方式、频分工作方式、扫描时分工作方式、"时分＋码分"工作方式等，本书不进行详述。

2.2.2　极化隔离

为了在发射和接收天线之间实现最大的功率传输，应采用极化性质相同的发射天线和接收天线，该种配置条件被称为"极化匹配"。采用极化状态正交的发射天线和接收天线，可以减小对某种极化接收端口感应，如垂直极化天线隔离水平极化波，右旋圆极化天线隔离左旋圆极化波，该种配置条件被称为"极化隔离"。

从理论上讲，两个正交极化的电磁波电场是完全不受另一方影响的，即两个完全正交的电场是完全隔离的，因此可以配置两个极化状态互相匹配的发射和接收天线，实现预期极化状态的电场矢量的完全发射和接收。然而，完全的正交极化隔离只是理想的设计，实际上，无论发射还是接收天线，其极化隔离度都做不到 100%，馈送到一种极化状态的天线中去的信号总会泄漏至另外一种极化的天线中，极化隔离度可以理解为预期收到的极化状态电磁波功率与泄漏至本接收端的正交极化的电磁波功率之比。例如图 2-13 所示的双极化天线中，设输入垂直极化天线的功率为 10 W，结果在水平极化天线的输出端测得的垂直极化输出功率为 10 mW。

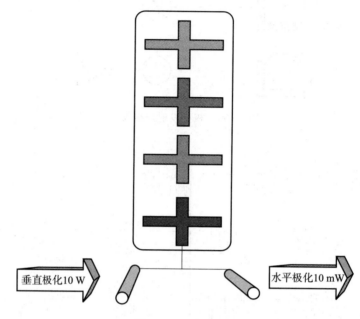

图 2-13　极化隔离

则极化隔离度为

$$ISR = 10\ \lg(10\ 000\ \text{mW}/10\ \text{mW}) = 30\ \text{dB} \qquad (2-19)$$

第二部分　微波遥感卫星总体技术篇

第3章　微波遥感卫星总体设计

微波遥感卫星是装载以高灵敏度接收、大功率发射、有极化要求为主的微波载荷，能满足用户定量化应用任务的遥感卫星。由于任务的特点和载荷的特殊性要求，这类卫星的总体技术存在研制难度大、复杂性高的特点，下面对微波遥感卫星总体技术进行专门研究。

3.1　微波遥感卫星设计

微波遥感卫星设计主要包括任务分析、载荷参数设计、载荷对卫星总体需求分析、卫星平台参数设计、卫星大系统接口设计等，一般流程如图3-1所示。

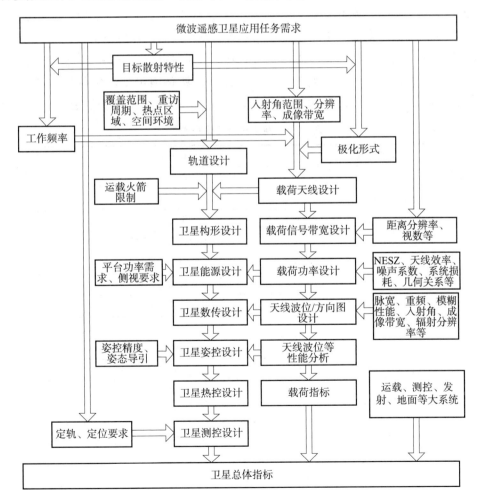

图3-1　微波遥感卫星总体设计流程

3.1.1 微波遥感卫星任务分析

微波遥感卫星可以用于海洋、陆地、环境、减灾、水利及气象等多个领域，服务于海洋、减灾、水利、气象、农业、国土、环保、国安、公安、住建、交通、统计、林业、农业、地震、测绘、国防等多个行业，是实施海洋开发、进行陆地环境资源监测和应急防灾减灾、国防建设的重要技术支撑。

按照用户需求开展任务分析，微波遥感卫星任务包括以下几方面。

（1）探测目标种类

对于海洋用户主要包括：海洋动力环境监测、海洋目标监视等，含海面风场、海面高度、有效波高、海洋重力场、大洋环流和海表温度等海况的重要参数，海面目标、人造工程、海浪、溢油、海冰等海洋监视监测数据。

对于陆地资源用户主要包括：农业与植被制图、生物量估计、泛洪区和湿地监测、森林火灾监测、植被冻/融状态的探测、森林类型识别、地表形变监测、地形测量、地质应用、灾害（洪水、旱情、飓风、地震）监管、水文（积雪、湿地、水体）监测、矿产探测、资源探测、交通（溢油、舰船、搜救、公路建设）监测、环境监测等。

对于其他用户主要包括：战场侦察目标发现、识别和定位（含桥梁、仓库、行军部队或营地、机场设施、飞机、中型舰只、卡车、港口、铁路编组站和维修厂、道路、城市等），气象预报（冰雪、风云、温湿度等）。表3-1为观测要素具体分类表。

表3-1　观测要素具体分类表

观测领域	观测要素
农业	作物类型
	作物状况
	作物产量
制图	DEM① 干涉测量
	DEM 立体观测
	DEM 极化测量
	地物图像提取
灾害监管	洪水
	旱情
	地震
	雪
	地质灾害
	台风
	溢油
	搜救

---

① 数字高程模型（Digital Elevation Model，DEM）。

续表

观测领域	观测要素
森林	林型
	轮廓
	起火
	生物量
地质	地形测绘
	构造
	岩石
水利	土壤湿度
	水体
	湿地
海洋	海风
	船只
	波浪
	内波
	海温
	海面高度
	盐度
	岛礁
	海洋工程
	湍流
	海岸带
海洋和陆地冰	海冰边缘和覆冰率
	海冰类型
	海冰外形和构造
	冰山
	极地冰川
其他	军事、气象、环境、交通等

（2）探测精度

微波遥感卫星探测要素很多，并且定量化要求很高，以下针对目前典型的海洋、陆地等领域精度要求列举。

典型的海洋探测要素精度（供参考）如下：

- 矢量风速范围：　　　　　　$2 \sim 50 \text{ m/s}$；
- 矢量风向精度：　　　　　　$< 20°$；
- 矢量风速精度：　　　　　　$< 2 \text{ m/s}$ 或 10%；
- 有效波高测量范围：　　　　$0.5 \sim 20 \text{ m}$；

- 有效波高测量精度：　　　　＜10％或 0.5 m；
- 测高精度：　　　　　　　　＜10 cm；
- 波向误差：　　　　　　　　＜10％；
- 波长误差：　　　　　　　　＜10％；
- 海面温度测量范围：　　　　100～300 K；
- 海温测量精度：　　　　　　＜1.0 K；
- 海冰观测：冰盖　　　　　　＜15％，厚度＞2 m；
- 大气水汽含量精度：　　　　＜10％；
- 海水盐度精度：　　　　　　＜0.2 psu；
- 船舶检测率：　　　　　　　＞85％；
- 海岛人工目标：检测率　　　＞65％，虚警率＜10％，识别率＜5％。

陆地资源探测要素精度（供参考）如下：

- 土壤湿度：　　　　　　　　＜4％；
- 地表下沉：　　　　　　　　＜10 mm；
- DEM 精度：　　　　　　　　＜10 m（相对），5 m（绝对）；
- 水体识别精度：　　　　　　优于 80％；
- 典型人工建筑识别率：　　　＞80％；
- 生物量估算精度（蓄积量）：＜10％（10～80 t/ha）；
- 农作物识别、长势、估产率：＞80％。

以上用户探测指标要求可以通过星地一体化论证，经过全链路仿真，考虑地面处理、卫星论证、环境影响等各方面影响，最后反演出探测要素的精度，一般过程如图 3-2。

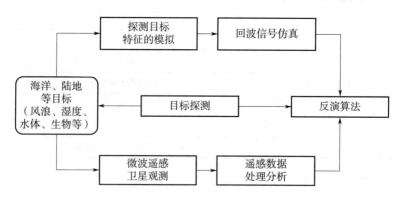

图 3-2　探测要素精度分析过程

探测要素精度是微波遥感卫星应用最终目标，是微波遥感定量化应用的具体体现，设计过程包括两个阶段。

反演过程：数据验证过程，通过卫星观测后的数据用模型算法处理出结果。

正演过程：仿真设计过程，通过模拟目标数据仿真出微波响应信号。

以上两个过程在卫星论证、设计、实施和应用阶段是相辅相成的、缺一不可。

（3）探测目标范围、重访周期

· 一般具有全球连续观测能力（含两极）；

· 实时观测区域（地面接收站可见区域）；

· 观测回放区域：实时观测以外可观测的其他区域（星上记录）；

· 数据中继区域：实时观测以外可观测的其他区域（中继链路）；

· 重访周期。

为了满足海洋陆地观测的全球性和重复性，以及对观测目标的动态监测，要求卫星地面轨迹在一个回归周期内能重复原先的轨迹的同时还需兼顾陆地海洋覆盖率。

对于陆地海洋观测要素要求各不一样，例如对于目标重访周期监测，洪涝灾害要求1～6 小时一次，海面风浪要求一天一次，海洋风暴要求几天一次，作物长势可能一周一次，而对于例如地表沉降等缓慢变化的重访可以一个月甚至几个月一次。

观测范围和重访周期是轨道和载荷刈幅设计的依据。

（4）应急探测需求

对于地震、灾害、热点地区要求应急探测，卫星应具有侧摆机动能力，对卫星姿态控制提出了相应要求。有时可能还需对轨道有机动能力，因此对卫星轨道控制提出了相应要求。

（5）卫星寿命需求

根据卫星设计能力、工程化水平确定卫星在轨实际使用寿命。

（6）载荷需求分析

微波载荷的选择直接与探测要素相关。理论上，有的探测要素直接用光学遥感卫星也可以实现，如很多陆地资源、气象卫星也可以获取图像、温度等数据。但在实践中，光学载荷往往受天气、大气、光照等观测条件限制很难发挥作用，探测效率低，数据质量差，因此需要微波遥感卫星来弥补光学遥感卫星及其载荷的不足，以达到理想的应用效果；另外对于差异大的观测要素，例如针对海面亮温、海水盐度、海面风场、内波等，陆地土壤湿度、地表沉降、水体识别等只能通过微波手段才能进行有效探测。表 3－2 海洋观测要素与微波观测手段是观测要素与观测手段的对照表。表 3－3 为陆地观测要素与微波观测手段，表 3－4 为军事、环境、气象等其他观测要素与微波观测手段。

表 3－2　海洋观测要素与微波观测手段

观测要素	应用方向	观测手段
有效浪高方向浪谱	研究海流、潮汐、涡旋等气象和海浪预报	雷达高度计、合成孔径雷达、波谱仪
海洋风场	研究大气和海洋相互作用、气象预报	微波辐射计、微波散射计 全极化散射计、全极化辐射计
海面地形	海流、潮汐、大洋环流与气候	雷达高度计、延时多普勒雷达
海面温度	海洋环境与生物学、渔业、大气与海洋间的热能交换、气象	微波辐射计、全极化辐射计
海冰	海冰分布与结构、航运、气候研究	合成孔径雷达、微波辐射计
大地水准面	海洋地质、矿产开发、地质结构与地球动力学	雷达高度计
海水盐分	渔业、海水养殖	微波辐射计、盐度计

续表

观测要素	应用方向	观测手段
浅海和岛礁深度	岛礁分布、陆地分布、海洋边界层	合成孔径雷达
海洋、海冰三维成像	中尺度的海洋环境观测、海洋立体成像、海面形态监测、海洋波浪场、海面风速与风向以及海洋大地水准面测量	成像雷达高度计
海上交通	航线规划、溢油，舰船，搜救	合成孔径雷达

表 3 - 3　陆地观测要素与微波观测手段

观测要素	应用方向	观测手段
土壤湿度	土壤含水量检测	微波散射计、微波辐射计、合成孔径雷达
生物量	森林蓄积量、树冠探测、树木分类	合成孔径雷达
灾害监测	洪涝、旱情、地质灾害、冰雪等灾害监测和灾后评估	合成孔径雷达
地表沉降	差分干涉测量对地表下沉监视	合成孔径雷达
地质探测	地质测绘、探矿	合成孔径雷达
水体识别	水库蓄水量变化、河流、湖泊、堰塞湖变化	合成孔径雷达
目标识别	地物、人造设施、工程监管	合成孔径雷达
农作物	农作物分类、长势、估产	合成孔径雷达
交通	公路建设，车辆速度	合成孔径雷达

表 3 - 4　军事、环境、气象等其他观测要素与微波观测手段

观测要素	应用方向	观测手段
军事目标	战场军事设施、目标发现、识别、定位	合成孔径雷达
环境要素	环境、大气监测	合成孔径雷达、微波辐射计
雨滴	冰水含量和液态水含量的定量测量，热带降雨量监测	降雨雷达
云粒子	云的宏观物理特性，如云层高度、云层厚度、云量和云的范围等；云的微物理特性，如云粒子大小、浓度、冰晶和液态水含量等	测云雷达
大气温度、湿度、云廓线	对云层、大气等温湿度、图像探测，气象预报	微波辐射计

3.1.2　载荷系统参数分析设计

　　微波遥感卫星总体设计的核心是如何把用户需求转化为卫星研制指标，往往通过开发星载微波载荷总体参数设计与仿真、反演系统来完成，该系统技术流程如图 3 - 3 所示。

　　除了能提供微波图像外，还必须提供海面风场、浪场、土壤湿度等目标分类评估数据，而这些参数的最终反演精度直接与卫星总体指标、平台、载荷、轨道、传输路径、反演模型、处理方法、载荷数据校正等相关，因此需要综合考虑这些因素的影响。

　　对于主动微波遥感、被动微波遥感，成像和非成像微波遥感系统设计差异较大，后面章节（第 4～8 章）针对典型的合成孔径雷达、雷达高度计、微波散射计、微波辐射计的总体系统参数设计进行详细介绍。

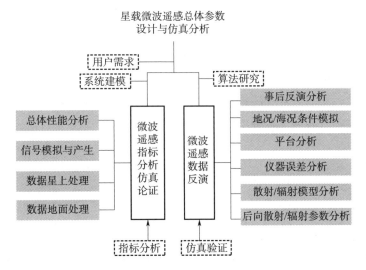

图 3 - 3　星载微波遥感总体参数分析

3.1.3　工作模式设计

卫星工作模式设计一般包括以下几个方面。

（1）入轨初期工作模式

该阶段从星箭分离开始至完成卫星在轨飞行的工作状态建立为止。其中包括太阳翼解锁展开、载荷天线展开和卫星姿态捕获、建立高精度姿态控制、卫星变轨、初轨调整和精轨调整，并在此阶段进行载荷的初步成像观测。

（2）在轨测试模式

当卫星平台建立正常的工作状态后，完成平台和有效载荷的在轨测试工作。主要包括载荷的工作状态调整、在轨图像/数据质量评价，以及各分系统的在轨功能性能测试。

（3）正常工作模式

卫星在轨运行期间可按照用户实际需要进行载荷工作模式预置，通过与用户实际应用协商，综合考虑电源、热控、数传、固存和地面可传输弧段等综合因素，一般可能的工作模式如下：

· 记录模式；

· 回放模式；

· 实时传输模式；

· 中继模式；

· 长期模式，不成像，平台以及载荷部分长期工作的设备工作。

（4）安全工作模式

卫星进入全姿态捕获、应急、停控状态或能源系统出现故障时，整星转入安全工作模式。

3.1.4　大系统接口设计

主要包括运载、发射、测控、地面系统接口。

（1）卫星与运载接口

根据卫星轨道、发射质量、测控和发射场情况，卫星选用相应的运载火箭发射，星箭接口要求明确。运载火箭与卫星构形设计的约束包括：

- 发射能力；
- 发射时卫星基频要求；
- 整流罩类型；
- 柱段可用空间机械接口。

（2）卫星与地面测控系统接口

测控系统实现星地正常通信、测距、测轨等任务。星上测控分系统与地面测控站协同工作，完成以下主要任务。

①卫星地面捕获和跟踪

- 卫星捕获跟踪；
- 遥测、遥控信息传输；
- 星地测距、测轨；
- 应急控制；
- 跟踪卫星及地面站天线的指向性能；
- 对上行频率捕获和跟踪参数值；
- 可控弧段与跟踪时间。

②遥测、遥控

- 下行遥测视频格式；
- 上行遥控视频格式；
- 测控信息格式。

③测距

- 主测距音频率；
- 次测距音频率；
- 测距音时延稳定性；
- 扫频范围和速率。

（3）卫星与应用系统接口

卫星与地面应用系统接口主要含以下两部分内容。

①卫星与遥感数据接收站之间接口

遥感数据接收站主要完成卫星数据传输信号的捕获、跟踪和接收任务，由多个地面站组成。地面站品质因素（Gain to Temperature，G/T）值、跟踪性能、接收解调性能必须满足卫星数据信号传输的要求。

②卫星与遥感数据处理与应用系统之间接口

地面数据处理与应用系统的作用是完成卫星遥感信息的接收后处理、定标、存档与分发等任务。

地面数据处理与应用系统对接收到的卫星数据经过成像等预处理，图像定位和几何失真校正、辐射校正等预处理工作后，得到 0、1、2 级产品，再进行外定标、定量化应用信息提取和反演。

（4）卫星与发射场接口

卫星根据运载、测控等情况选择发射场地，发射场地将提供无线或光缆转发、供电、测试场地和环境等条件保障。

3.2　微波遥感卫星制造

微波遥感卫星制造过程中有很大的特殊性，主要表现在以下几方面。

（1）微波遥感卫星元器件的特点

· 微波器件种类数量多、专用性强；

· 裸芯片等元器件需建立专门的质量体系；

· 微波类元器件有抗辐照要求；

· 微波器件中有的有大功率要求，研制难度较大。

（2）微波遥感卫星制造工艺

· 波导天线一般需喷涂热控白漆；

· 天线装配精度要求高；

· 有转动要求的天线需在真空罐内动平衡配准；

· 组件制造工艺稳定性要求高，确保其性能基本一致；

· 高频与低频信号，数字与模拟信号需隔离设计。

（3）微波遥感卫星试验验证

· 需开展整星、分系统、单机级电磁兼容性（Electro Magnetic Compatibility，EMC）试验；

· 卫星需开展大挠性三轴气浮台试验；

· 展开机构展开试验；

· 天线压紧释放机构解锁试验、结构静力试验；

· 天线环境试验；

· 天线在平面近场的方向图测试；

· 天线展开和平面度试验；

· 微波组件抗辐照试验；

· 大功率的微波器件功率耐受与微放电试验；

· 关键微波组件或单机的长寿命试验。

（4）微波遥感卫星试验验证设备

- 平面近场特殊的测试设备（扫描架、吸波材料）；
- 天线、太阳翼展开大型气浮台；
- 真空罐内天线形变测量系统；
- 整星测试制冷与散热系统；
- 回波模拟器；
- 快视成像系统。

3.3　卫星演示验证

卫星发射前的在轨模拟主要包括飞行程序设计、仿真与动画演示、航空校飞几方面。

（1）飞行程序设计

飞行程序设计的目的是保证卫星发射后正常运行和管理，一般飞行程序应包含以下内容：

- 星箭分离后，消除入轨初始姿态偏差；
- 经过一段时间，展开太阳翼，并消除太阳翼展开时所产生的姿态干扰；
- 太阳翼展开一段时间后，建立正常姿态；
- 微波载荷天线和数传天线解锁、展开，控制分系统消除天线展开时产生的扰动；
- 建立 z 轴对地三轴稳定姿态后，在星敏感器工作正常时，根据地面遥控指令，转入星敏感器定姿；
- 如有必要，根据地面遥控指令，进行卫星轨道高度或轨道倾角修正；
- 载荷开机工作；
- 在正常飞行过程中，根据地面遥控指令，通过轮控进行滚动机动，建立侧视飞行姿态。引入姿态角牵引控制，姿态稳定后开始成像；
- 在正常运行过程中，根据地面遥控指令，通过轮控进行滚动机动，建立另一侧视飞行姿态；
- 根据轨道控制要求，进行卫星轨道高度或轨道倾角修正；
- 进行日常自主健康管理；
- 故障状态下，卫星安全控制；
- 遇到应急或特殊应用要求，必要时进行轨道机动。

（2）仿真与动画演示

卫星仿真与动画演示项目可以以动画的方式更直观更全面地展示卫星的任务组成、卫星结构、工作方式和研制过程等内容，对介绍卫星相关信息有很大帮助，同时还可以直观地模拟卫星在轨工作情况。

一般包括以下内容：

- 场景模拟；

· 卫星任务描述；

· 卫星工作模式分解；

· 卫星系统组成；

· 卫星发射过程；

· 正常工作模式；

· 卫星遥感数据模拟；

· 卫星应用示范。

（3）航空校飞

星载微波遥感器星地一体化指标验证方式主要有航空校飞试验、外定标和真实性验证试验、在轨卫星之间交叉定标试验等，主要用于验证微波载荷的功能性能是否达到设计要求，同时为地面应用系统提供试验数据以验证地面处理系统的正确性。依照国外微波遥感器研制经验，一种新型的微波遥感器在上天前一般都要经过地面航空校飞试验以验证载荷功能和性能指标是否达到设计要求，同时验证地面处理系统，而较成熟的微波遥感器一般采用外定标或交叉定标来验证载荷星地一体化设计指标。首次研制并即将发射投入使用的微波遥感器，采用国际公认的效果较好的航空校飞方式进行载荷性能验证是卫星研制过程中必不可少的重要环节，其内容包括：

· 制定校飞方案，确定校飞目的，进行航线规划和技术途径分析；

· 对载荷进行改造，以符合航空校飞的目的，对功能、性能、仪器的工作状态进行调整；

· 对航空平台进行适应性改造，模拟卫星飞行线路；

· 对获取的数据进行反演验证，为地面应用系统开发提供依据，为卫星在轨数据处理、载荷性能评价提供基础（校飞以功能验证为主，兼顾性能验证）；

· 按照国外同类卫星轨道预报，飞机在预定的目标上空飞行时，应有相应的地面设备进行同步观测，并利用预先定点施放的海洋浮标或陆地场景同时对海陆同步测量记录；

· 最后用机载设备的航测数据和海陆同步测量数据，以及国外卫星遥感数据进行反演来评估载荷的技术指标。

第4章 合成孔径雷达总体设计

星载合成孔径雷达（SAR）是主动式微波遥感器，它不受光照和天气条件的限制，具有全天候、全天时对地观测能力，对某些地物具有一定的穿透力，在灾害环境监视、海洋观测、资源勘察、农作物估产、森林调查、测绘等方面具有独特的优势。

曲长文等人在《空载 SAR 发展状况》中细致总结出 SAR 的众多应用：SAR 可以提供大范围的地形、地貌图，形成地表下的地质结构图，能监视地球表面变化及大陆板块的运动；在海洋科学方面，测量海洋面积及海岸线长度，监视海洋变化，探测海洋上漂浮的冰块及其速度，帮助海上救援，发现鱼群活动规律；在生态学方面，监测地球生态的变化，测量森林覆盖面积，探测沼泽地的覆盖情况；在水文学方面，观测土壤湿度，探测地下水资源，监视江河、湖泊的变化，对水灾成像监视；在农业应用方面，探测土地的使用情况，监视农作物的生长情况，以便发现不良现象，及时补救；在气象研究方面，形成气象云图，探测风速，发现风暴的形成，对降雨、降雪区域成像，确定降雨量及积雪厚度；在考古研究中，发现地下古代遗址，发现地球的变迁；在自然灾害研究中，探测地震及火山爆发对地球的影响，发现新的火山，为地震及火山爆发的预报提供信息；在空间研究中，还可以探测其他星球的自然状况。

星载 SAR 系统方案设计一般流程如图 4-1 所示。

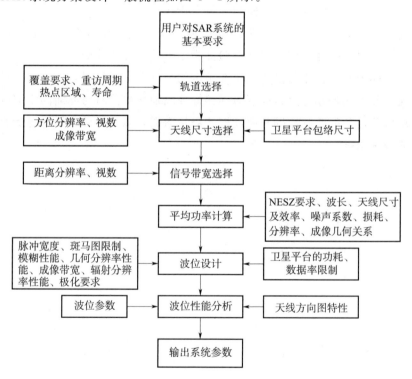

图 4-1 星载 SAR 系统方案设计流程

4.1　合成孔径雷达成像原理

合成孔径雷达是一种微波成像有效载荷，其成像过程的几何关系如图 4 - 2 所示。图 4 - 2 中平台以速度 V 沿 X 方向作匀速直线飞行，雷达以侧视方式工作。X 轴正方向称为方位向，在地面上垂直于航迹方向为距离向。

飞行过程中 SAR 以脉冲重复时间（Pulse Repetition Time，PRT）为周期，发射大时间带宽积的线性调频信号照射成像区域。SAR 接收、发射共用一副天线，每次发射一个脉冲后关闭发射机射频信号，开启接收机接收雷达回波，等距离向最远处回波全部到达接收机后再重复进行脉冲发射和接收回波。因此，场景中每一个目标都被多个脉冲照射，相当于雷达在运动过程中使用一个比真实天线大得多的孔径对目标区域进行观测，该长度即雷达天线合成孔径长度。

SAR 回波数据在距离向和方位向均为线性调频信号，而线性调频信号相干叠加后具有高分辨率的特点。因此，对采集到的回波数据在距离向和方位向分别进行匹配滤波和相干叠加，即可得到该数据所对应的场景图像。

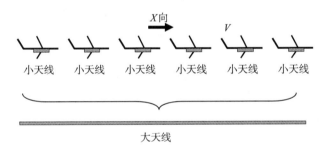

图 4 - 2　合成孔径雷达成像示意图

SAR 斜距分辨率为

$$\rho_r = \frac{c}{2B}$$

式中　B——发射信号带宽。

SAR 理论方位分辨率为

$$\rho_a = \frac{D}{2}$$

式中　D——天线方位向长度。

可知，SAR 的距离分辨率与信号带宽有关，方位分辨率与实际天线尺寸相关。理论上，只要能够增加信号带宽和减小雷达的天线孔径，就能获得高的分辨率。但工程中，雷达发射和接收功率与雷达天线面积有关，波束宽度也与方位向上雷达孔径有关，雷达天线孔径是不能无限减小的，在实现过程中必须对各种因素进行折中。

4.2 频率

频率是 SAR 系统设计中的一个关键参数，魏钟铨在《合成孔径雷达卫星》书中进行了描述，频率选择主要考虑的因素包括：大气传输窗口、频率对提取信息的影响及技术实现的可能性。

（1）大气传输窗口

SAR 系统发射的信号到达目标以及从目标返回时，要穿透电离层和对流层，信号强度要遭受衰减，传播的途径和传播的时间会造成信号相位失真和极化旋转。电磁能的传播损失，主要是由于大气中的氧和水分子的吸收。此外，云和雾，雨和雹等气候条件也会吸收雷达能量。氧分子的吸收在 60 GHz 时会有一个尖锐的峰值，而水分子的吸收峰值在 21 GHz，二氧化碳的吸收峰值在 300 GHz 以上。电离层中存在的自由电子也会引起电磁能的吸收，电子吸收主要影响 1 GHz 以下的无线电频率。对于星载 SAR，大气传输窗口下限位于 P 频段，大约在 100 MHz 左右，上限大约在 Ku 频段 15 GHz 附近。

（2）频率对提取信息的影响

利用 SAR 观测地球时，所涉及的基本量是所观测区域的后向散射系数 σ^0，其数值取决于 SAR 所照射地面的性质和结构，也就是物质常数和粗糙度，还有所用电磁波的特征（频率和极化）及入射角。

雷达目标和微波遥感有关物质特性可以表达为三个常数，即导磁常数 μ，介电常数 ε 和导电常数 σ^c，导磁常数一般接近于 1，所以后向散射系数与物质的关系最终只决定于介电常数 ε 和导电常数 σ^c，从 1 GHz 到 10 GHz 频率范围，ε 和 σ^c 对频率的依赖关系变化最大，是 SAR 合适的频段。

频率主要从下述两方面影响目标信息的提取。

·等效（以波长为尺度）表面粗糙度。根据雷利准则，某个表面的不平整度（h）如果小于所用的观测波长（λ）和入射余角正弦值（$\sin\Psi$）8 倍的商时，即满足 $h<\lambda/8\sin\Psi$ 时，该表面可以看作是水平面，利用雷利准则很容易说明为什么 X 频段比 C 频段和 L 频段更能够精确地描述雷达目标的细微结构。

表 4-1 给出了雷利准则的有效性高度极限，一个表面如果平均高度超过表中数值，则这个表面可视为粗糙面，反之则视为平面。

表 4-1　雷利准则的有效性高度极限

频段	频率/GHz	λ/cm	$\Psi=3°$	$\Psi=75°$
L	1.28	23.4	5.9 cm	3.0 cm
C	5.3	5.7	1.4 cm	0.7 cm
X	9.6	3.1	0.8 cm	0.4 cm

·复介电常数。它的影响主要表现为两种形式：反射率和穿透深度。穿透能力与频率有很大关系，波长长穿透能力强，波长短穿透能力弱。雷达所测量的后向散射波不只是来

自目标表面，也来自目标内部。相关研究表明这种作用在观测比较稠密的作物或树木生长情况时变得很明显。从原理上讲，农作物的茎和叶中心与地面本身等都会发生反射。该反射是一种多路反射，使电磁波产生迂回。这正是将极化效应产生极化旋转的原因之一。对于电导率较低的稀疏作物来说，波长较长的电磁波能较为容易地穿向地下，甚至 L 频段也是一样，这就是为什么作物在 L 频段内成像较差的原因（树干和粗糙树枝除外），因此也就难以对作物进行分类。但对于波长在 3 厘米左右的 X 频段电磁波来说，它和作物的整个厚度范围都能相互作用。因此，每一层上都有信号到达雷达。这就清楚地说明了为什么 X 频段的测量特别适合于作物分类。上面所述作物散射机理也适用于液体和固体表面。当然，所穿透的深度自然要比作物覆盖时的穿透深度小得多。表 4 - 2 给出了各种频率对于分类的实用性。从表中不难得出结论：为了进行有效的分类，SAR 不应该只使用一个频率，而应同时采用多个彼此相距尽可能远的频率，因此单星多频率 SAR 载荷是一个发展方向。

　　L、C、X 是常用的星载 SAR 频段，3 个频段的 SAR 观测效果各不相同：L 频段穿透地表的能力最强，在陆地生物量探测方面效果更好；X 频段容易实现较高的空间分辨率，对于军事目标侦查有优势；C 频段对于海洋目标探测，如海浪、内波、海面风场、海冰、溢油等具有明显的优点。

　　表 4 - 2 是频段与观测要素表，它给出星载 SAR 常用的 L、C、X 三个频段对部分观测物的适用性，从中可以看出各应用领域的优选频段 。

表 4 - 2　频段与观测要素表

被观测物 ＼ 频段	L	C	X
海冰	不太好	好	很好
淡水冰（湖泊和河流）	不太好	未知	未知
雪（类型和加厚层）	很好	很好	很好
土地湿度	很好	很好	很好
土地粗糙度、冲蚀情况	好	很好	很好
土壤类型、特征	很好	好	不太好
水陆边界	很好	好	很好
作物生长量	很好	很好	很好
作物含水量	很好	很好	很好
海洋潮、漩涡	很好	很好	未知
表面波、内波	很好	很好	未知
风浪（小波浪）	很好	很好	未知
地质结构、构造	不太好	好	好
沙漠区域、较低地下	很好	好	不太好
植被/沙漠	不太好	好	很好

4.3 极化

在微波遥感中，极化是一个特征载体，遥感测量中的信息含量，不但可以通过频率组合提高，还可以通过极化组合来增强，获取信息量越丰富，分类精度越高，具体优势见本书第 1 章和第 2 章。多极化比单极化合成孔径雷达包含了更丰富的目标信息，已经成为国内外 SAR 成像发展的热门方向之一。电磁波的极化对目标介电常数、物理特性、几何尺寸和取向等较敏感，通过不同的收发天线组合测量可以得到反映目标散射特性的极化散射矩阵，这为图像解译和目标分析奠定了基础。

单极化 SAR 只能获取地面场景在某一特定极化收发组合下的目标散射特性，所得到的信息是有限的。多极化合成孔径雷达是用来测量辐射信号极化特征的新型成像雷达，具有能够测量场景中每个分辨单元的全极化散射矩阵和产生二维高分辨率图像的两大优点，大大提高了它对地物的识别能力，在遥感技术研究与应用领域中起着越来越重要的作用。遥感应用最佳极化参数如表 4-3 所示。

表 4-3 遥感应用最佳极化参数表（供参考）

目标	极化	HH	VV	X（交叉）
冰	海面浮冰类型区分	★★★	★★★	★
	海面浮冰运动状态	★★★	★★	★
	河（湖）面浮冰观察	★★★	★★★	/
水文	土壤湿度	★★★	★★★	★★★
	表面粗糙度、腐蚀	★★★	★★★	★★★
植被	固定生物数量	★★★	★★★	★★★
	树冠	★★★	★★★	★
海洋	海流、峰、漩涡	★★★	★★★	/
	海内部、表面波浪	★★★	★★★	/

由表 4-3 可知，HH、VV、HV、VH 四种全极化方式可以满足绝大多数应用的需要，大力发展全极化 SAR 是今后星载 SAR 发展的重要方向之一。

4.4 入射角

不同的雷达入射角对于不同的目标观测效果是不同的。不管是 HH 极化还是 VV 极化，后向散射截面都是随入射角的增大而减小，因此从返回能量的角度，入射角的选择应该尽量选取散射理论适用范围内的最小的角度，一般为 20°～40°之间。

但从应用的角度出发，不同的雷达入射角对于不同的海洋或陆地目标观测效果是不同的。选择入射角范围为 20°～50°可以满足海洋领域应用的需要，同时，入射角在上述范围内也能够满足其他行业用户应用需求。但部分应用需要在较小或较大的入射角下进行，比如对于土壤湿度观测，在低入射角时观测效果较好，而对于地质制图、地质灾害等应用，在高入射角下观测效果较好。

根据 SAR 天线的基本原理，天线的距离向尺寸越小，波束越宽，必须首先保证在大入射角下的波束宽度，而小入射角下的波束宽度则可以通过波束展宽的办法获得。$20°\sim 50°$ 中等入射角相对易于实现，而入射角范围扩展后，系统实现难度增大，扩展后的入射角内的 SAR 系统其他指标会有所不同，入射角对观测目标的影响后续章节还会继续讲述。

注意入射角指电波来波方向与照射目标法线之间的夹角，与星下点指向角有区别，这一点容易混淆。

4.5　天线体制

观测入射角的范围一般为 $10°\sim 60°$。如此大的入射角范围要求卫星必须具有距离向的波束扫描功能。多极化 SAR 一般具有多种工作模式，空间分辨率以及观测幅宽都各不相同，造成 SAR 天线波位设计复杂，要求 SAR 具有非常灵活的波束形成能力和距离向、方位向波束扫描能力。根据这一要求，卫星装载的 SAR 天线一般采用相控阵形式，通过对天线发射信号相位的实时控制达到空间辐射和接收波束的合成，实现灵活的波束扫描和波束成形。

相控阵 SAR 天线有平板式和反射面式等形式。反射面式天线的辐射源为相控阵形式，通过反射面发射和接收雷达波。这种天线形式具有质量轻等优点，但波束扫描的能力受限，通常需要机械装置驱动反射面扫描作为补充实现波束的大范围扫描。但机械扫描装置复杂，同时扫描方式不灵活。

平板式相控阵天线具有波束成形方便、波束扫描灵活、电控可靠性高等优点，可以方便地实现雷达波束的大范围扫描。但天线质量大，同时要求卫星提供较大的安装面。

如果采用反射面式 SAR 天线，需要利用电控和机械扫描相结合的方式实现多极化 SAR 的多种工作模式，机械扫描形式复杂，而且可靠性低，难以实现多极化 SAR 的需求；平板式相控阵天线波束成形和扫描都很灵活，因此，一般多极化 SAR 天线采用平板相控阵形式。发射时将天线折叠，入轨后展开，减小卫星发射状态的规模。

4.6　辐射阵面

星载 SAR 相控阵天线的辐射阵面主要采用微带贴片天线和波导裂缝天线两种形式。两种天线形式各有优缺点：在电性能方面，微带阵辐射效率相对较低，在 $40\%\sim 60\%$ 范围内；波导裂缝天线辐射效率较高，可达到 $60\%\sim 80\%$。在质量方面，传统金属波导缝隙天线质量大，通过采用复合材料（碳纤维）镀金属膜（银）的方式，也可以得到较轻的天线质量，但目前的工艺手段实现复杂形状的碳纤维材料成型有较大难度。

4.7　极化模式

为获得地物目标的全极化散射矩阵，极化 SAR 系统必须获得四种极化的回波：HH、VH、HV、VV；如果要同时获得上面四种极化，必须采用两个并行的发射通道和四个并行的接收通道，但这会大大增加设备的复杂性。因此对于多极化系统，通常采用单发射通道、双极化天线和双接收通道，利用发射和接收通道的组合，获得准同时的四种极化回波。

极化 SAR 系统可采用时分、频分和正负调频斜率方式（或其组合）实现全极化工作，其常用工作方式如表 4-4 所示。图 4-3 是采用"时分＋正负调频斜率"的举例。多极化 SAR 系统中，在极化开关的控制下交替发射两种极化的雷达信号，并且两种极化信号的调制方式不同，即一个发射脉冲是垂直极化信号，并且是正线性调频斜率的 LFM 信号；相邻的下一个脉冲为水平极化信号，并且是负线性调频斜率的 LFM 信号。两种极化天线同时接收由地物后向散射的雷达回波；对应每一种极化方式的天线，都需要一个独立的接收通道。"时分＋正负调频斜率"的极化实现方案可以在设备较简单的情况下，获得较好综合性能，其简要实现框图如表 4-4 极化工作方式对比表所示。

表 4-4　极化工作方式对比表

工作方式	工作原理	所获得极化情况	设备量	模糊情况	综合评价
时分	交替发射水平和垂直极化脉冲信号	准同时多极化，两种极化方式间存在相差一个脉冲的时延	需两个接收通道	PRF 比单极化 SAR 提高一倍，距离模糊较严重	设备简单，但距离模糊抑制不够理想，可能影响成像质量
正负调频斜率	一个 PRF 周期内同时发射不同编码形式的水平和垂直极化信号	同时多极化	需两个接收通道	PRF 与单极化 SAR 相同，故模糊情况一样	设备实现简单，但交叉极化抑制不够理想，可能影响成像质量
频分	一个 PRF 周期内同时发射载频不同的水平和垂直极化信号	同时多极化	接收通道的射频部分为一路，中频之后部分为两路	PRF 与单极化 SAR 相同，故模糊情况一样	接收端射频通道简单，一致性好，但中频之后的通道复杂，带宽增加一倍，通带滤波困难
扫描时分	交替发射水平和垂直极化脉冲串	准同时多极化，两种极化方式间存在时间去相关效应	需两个接收通道	PRF 与单极化 SAR 相同，故模糊情况一样	设备简单，但辐射精度难保证，极化定标困难
时分＋正负调频斜率	交替发射不同编码的水平和垂直极化脉冲信号	与时分方式相同	需两个接收通道	介于时分和单极化 SAR 之间	设备较简单，具有较好的综合指标

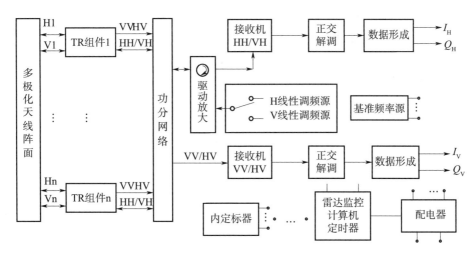

图 4 - 3　相控阵天线多极化"时分＋正负调频斜率"SAR 系统框图

4.8　成像模式分析

　　SAR 成像工作模式一般包括扫描（ScanSAR）、条带（strip）、聚束等模式（spot-light），对于具体实现方式可能有所不同，但都是基于三种模式的适应性变种，目前主要衍生出的模式有滑动聚束（slide－spot）、多相位中心多波束（DPC）、渐序扫描（Top-SAR）、马赛克（mosaic）、乒乓（ping－pang）、波模式（wave mode）等，具体采取哪种成像模式，按照用户要求而设定。在轨具体工作模式可以按照用户要求进行编程组合工作，图 4 - 4 是卫星在轨成像模式示意。

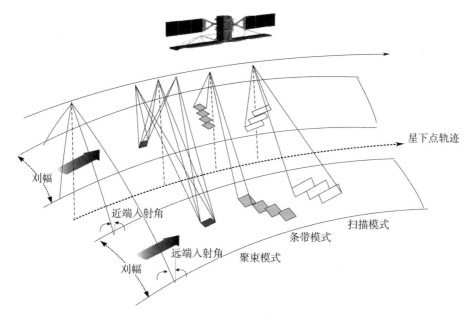

图 4 - 4　卫星在轨成像模式示意

本书的附录列出了几种常见的成像模式，分别从工作原理、几何模型、信号模型、分辨率等方面进行了介绍，供参考使用。

4.9　图像质量分析

4.9.1　分辨率

SAR 系统设计中分辨率一般指雷达的脉冲响应函数－3 dB 主瓣宽度所对应的目标区域的大小。

（1）斜距分辨率

斜距分辨率 ρ_r 由 SAR 系统的信号带宽决定，即

$$\rho_r = \frac{K_1 K_2 c}{2B} \tag{4-1}$$

式中　c——光速，3×10^8 m/s；

K_1——距离向成像处理加权展宽系数；

K_2——SAR 系统幅相误差引入的展宽系数；

B——发射线性调频信号带宽。

由于用户所要求的距离分辨率通常是地距分辨率 ρ_g，而地距分辨率 ρ_g 和斜距分辨率 ρ_r 有如式（4-2）所示的关系

$$\rho_g = \frac{\rho_r}{\sin\theta} = \frac{K_1 K_2 c}{2B\sin\theta} \tag{4-2}$$

式中 θ 为入射角。因此对于不同的入射角，所需的信号带宽是不同的。

（2）方位分辨率

方位分辨率与波长和目标斜距无关，与方位向天线方向图加权、地速、卫星姿态和成像处理加权展宽有关，可表示为

$$\rho_a = \frac{\lambda R}{2L_s} \cdot \frac{K_a K_1 K_2 K_3}{K_4} \tag{4-3}$$

式中　λ——波长；

R——成像区域斜距；

L_s——合成孔径长度；

K_a——方位向成像处理加权展宽系数；

K_1——方位多普勒调频率估计误差引入的展宽系数；

K_2——方位向天线方向图加权引入的展宽系数；

K_3——地速对方位向空间分辨率的改善系数；

K_4——方位向天线波束展宽系数。

在上述因素中，最关键的是合成孔径长度 L_s。L_s 越大，则方位分辨率越高。通过控制相控阵天线的方位向波束宽度，来得到不同方位分辨率所需的合成孔径长度。

1）条带模式的方位向分辨率。条带模式的方位向分辨率按式（4-4）和式（4-5）计算

$$\rho_a = \frac{V_g}{V_s} \frac{D_a}{2} K_a K_{an} N \tag{4-4}$$

$$\frac{V_g}{V_s} = \frac{R_E}{R_E + H} \cos\left[\arcsin\left(\frac{R_0}{R_E + H}\sin\theta_i\right)\right] \tag{4-5}$$

式中　R_e ——地球的平均半径，一般取 6 371.004$\times 10^3$ m；

　　　K_a ——方位压缩处理中与加权函数相关的波形展宽系数；

　　　K_{an} ——方位压缩处理中与电路的不理想性（例如幅相特性失真、参数失配、非线性等）相关的波形展宽系数；

　　　N ——雷达图像在方位向的视数；

　　　V_s ——卫星平台速度；

　　　V_g ——卫星的地面成像带速度。

2）聚束模式的方位向分辨率。聚束模式的方位向分辨率按式（4-6）计算

$$\rho_a = \frac{V_g}{V_s} \frac{\lambda}{2(\cos\alpha - \cos\beta)} K_a K_{an} N \tag{4-6}$$

式中　α ——合成孔径起点对应的斜视角；

　　　β ——合成孔径终点对应的斜视角。

3）扫描模式的方位向分辨率。扫描模式的方位向分辨率按式（4-7）计算

$$\rho_a = \frac{V_g}{V_s} \frac{D_a}{2} K_a K_{an} N (N_B + 1) \tag{4-7}$$

式中　N_B ——扫描 SAR 的波位数目。

4.9.2　成像带宽

成像带宽定义为处理所有距离向数据能够获得的有效图像宽度，图 4-5 给出条带模式成像带宽示意。

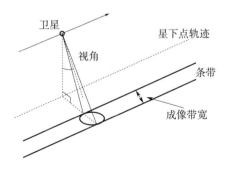

图 4-5　星载 SAR 成像带宽示意图

$$w = \int_{R_{\text{near}}}^{R_{\text{far}}} \mathrm{d}l \qquad\qquad (4-8)$$

其中，R_{near} 为卫星到成像区域近端的距离，R_{far} 为卫星到成像区域远端的距离，$w = \int \mathrm{d}l$ 是沿垂直于卫星飞行方向从成像区域近端到成像区域远端的线积分，积分是在成像区域的同一高度上。在实际计算成像带宽时（即在确定 R_{near} 和 R_{far} 时），需要扣除图像两端距离徙动不完全及脉冲积累不完全的目标点。

另外还可以按照波束覆盖定义成像幅宽，几何示意图如图 4-6 所示。

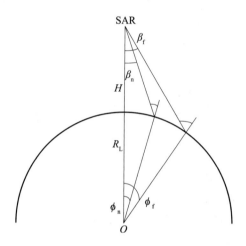

图 4-6　SAR 距离向波束覆盖几何示意图

成像幅宽按式（4-9）和式（4-10）计算

$$S_w = R_{\text{L}}(\varphi_{\text{f}} - \varphi_{\text{n}})$$

$$\phi_{\text{f}} = \arcsin\left(\frac{R_{\text{L}} + H}{R_{\text{L}}}\sin\beta_{\text{f}}\right) - \beta_{\text{f}} \qquad (4-9)$$

$$\phi_{\text{n}} = \arcsin\left(\frac{R_{\text{L}} + H}{R_{\text{L}}}\sin\beta_{\text{n}}\right) - \beta_{\text{n}} \qquad (4-10)$$

式中　　H——卫星轨道高度；

　　　　R_{l}——本地地球半径；

　　　　β_{n}——成像有效区域近距端对应的下视角；

　　　　β_{f}——成像有效区域远距端对应的下视角。

4.9.3　系统灵敏度

系统灵敏度即噪声等效后向散射系数（$NE\sigma^{\circ}$）决定 SAR 系统对弱目标的灵敏度以及成像能力。其定义如下：在一定的信噪比要求下，SAR 系统能够可靠检测到的目标的最小后向散射系数。如果目标的后向散射系数小于该散射系数，则该目标反射的能量将低于系统噪声，SAR 系统就不能有效地检测到该目标的存在。系统灵敏度是目前 SAR 遥感一项关键的技术指标，提高系统灵敏度一直是用户和卫星研制部门讨论的核心。

对于分布目标，$NE\sigma^{\circ}$ 的定义为

$$NE\sigma^{\circ} = \left[\frac{(SNR)_O}{\sigma^{\circ}}\right]^{-1} = \frac{2(4\pi)^3 KT_0 F_n R^3 LV_s}{P_{av} G^2 \lambda^3 k_r k_a \rho_r} \tag{4-11}$$

式中　K ——波尔兹曼常数；

　　　T_0 ——接收机温度；

　　　F_n ——接收机噪声系数；

　　　R ——卫星至目标的距离；

　　　L ——系统损耗；

　　　V_s ——卫星速度；

　　　P_{av} ——发射信号平均功率；

　　　G ——天线功率增益；

　　　λ ——发射信号波长；

　　　k_r ——距离加权展宽系数；

　　　k_a ——方位向加权展宽系数；

　　　ρ_r ——斜距分辨率。系统灵敏度与分辨率、极化方式密切相关。

4.9.4　模糊比

模糊比（Ambiguity Signal Ratio，ASR）是表征合成孔径雷达模糊性的基本参数，也是评价雷达图像质量的一个重要指标。其定义为在一个图像分辨单元中，模糊信号的强度与主信号强度之比。系统模糊比是目前 SAR 遥感另一项关键的技术指标，提高系统模糊比也一直是用户和卫星研制部门讨论的焦点。SAR 模糊比可分为方位模糊比和距离模糊比。

（1）方位模糊比

由于有些角度上的目标回波的多普勒频率与主波束的多普勒频率之差为脉冲重复频率的整数倍，造成多普勒频谱折叠，会引起方位模糊。这种模糊信号与期望信号之比定义为方位模糊比，其表达式为

$$A_{ASR} = \frac{\sum\limits_{m=-\infty}^{+\infty}\int_{-B/2}^{B/2} S_F(f+mPRF)\mathrm{d}f - \int_{-B/2}^{B/2} S_F(f)\mathrm{d}f}{\int_{-B/2}^{B/2} S_F(f)\mathrm{d}f} \tag{4-12}$$

式中　$S_F(f)$ ——方位向回波的强度；

　　　B——发射信号带宽。

（2）距离模糊比

距离模糊是由于天线旁瓣的存在，模糊区域的回波通过天线旁瓣进入雷达接收机造成的。整个测绘带内距离模糊比 R_{ASR} 的表达式为

$$R_{ASR} = \frac{\sum\limits_{n=-\infty}^{+\infty} S_T\left(\tau+\dfrac{n}{PRF}\right) - S_T(\tau)}{S_T(\tau)} \tag{4-13}$$

式中　$S_T(\tau)$ ——距离向回波的强度。

观测带内不同成像点的距离模糊比不同，整个测绘带内距离模糊比的 R_{ASR} 亦可表示为

$$R_{ASR} = \max\left(\frac{S_{ai}}{S_i}\right) \tag{4-14}$$

式中　S_{ai} ——接收机输出端有用信号功率；

　　　S_i ——接收机输出端有用信号功率。

通常星载 SAR 系统的方位模糊要求小于 -18 dB，距离模糊小于 -20 dB，该指标可以满足大多数情况下的应用需求。

4.9.5　峰值旁瓣比和积分旁瓣比

（1）峰值旁瓣比

峰值旁瓣比指点目标冲激响应最高旁瓣峰值与主瓣峰值的比值，反映了系统对弱小目标的检测能力，一般以分贝度量，为

$$P_{SLR} = 10\lg\frac{P_{smax}}{P_m} \tag{4-15}$$

式中　P_{smax} ——冲激响应（IRF）的最高旁瓣峰值；

　　　P_m ——冲激响应的主瓣峰值。

（2）积分旁瓣比

积分旁瓣比指点目标冲激响应旁瓣能量与主瓣能量的比值，表征暗区域被亮区域信号"淹没"的程度，一般以分贝度量，为

$$I_{SLR} = 10\lg\frac{E_s}{E_m} \tag{4-16}$$

式中　E_s、E_m ——冲激响应（IRF）的旁瓣能量、主瓣能量。

通常星载 SAR 系统的峰值旁瓣比要求优于 -20 dB，积分旁瓣比优于 -13 dB。这两个指标都可以通过成像处理时的加权获得，但首先要求分辨率指标有一定的余量，波位设计必须考虑这一点，以保证地面成像处理的加权要求。

4.9.6　辐射分辨率

辐射分辨率反映了系统区分具有不同散射特性的被照射区域的能力。它与雷达系统参数及处理过程有着密切关系。辐射分辨率的表达式有很多种形式，通常取下式作为辐射分辨率的基本表达式

$$\gamma_N = 10\lg\left(1 + \frac{1 + SNR^{-1}}{\sqrt{N}}\right) \tag{4-17}$$

辐射分辨率由信噪比（Signal to Noise Ratio，SNR）与视数 N 决定。

4.9.7　辐射精度

辐射精度反映了 SAR 系统定量遥感的能力，通常有两种定义，即相对辐射精度与绝

对辐射精度。相对辐射精度是指对给定的目标在相同的外部条件下所测得的后向散射系数值的标准偏差，影响因素包括天线方向图、仪器增益、处理器、接收机噪声等特性的不稳定；绝对辐射精度是指雷达图像不同位置目标后向散射系数的测量值与真实值之间的均方根误差，除了包括影响相对辐射精度的因素外，还要包括信号空间传播、外来干扰噪声特性变化以及外定标引入所有误差，即含外定标设备的精度、定标场背景噪声干扰造成的误差。

（1）影响绝对辐射精度的误差源分析

1）SAR 天线波束指向误差（包括卫星姿态误差造成的指向误差）。SAR 天线波束指向误差包括：天线本身由于各种因素（热变形、机械变化、电性能变化等）引起的波束指向误差和卫星姿态误差引起的波束指向误差。波束指向误差主要对观测带边缘部分影响较大，对观测带中部影响不大。这是由于天线波束边缘增益的变化较快，波束指向变化会造成观测带边缘天线双程增益的较大变化。

2）SAR 系统增益误差。辐射精度与 SAR 系统总增益（也称为传递函数，包括星上雷达设备和地面成像处理在内）的精度和稳定度有关。雷达增益不稳定误差主要是由于发射功率和接收增益随温度变化造成的。

用内定标对星上雷达设备进行标定后，星上雷达设备增益的精度主要由内定标精度决定。

3）传播误差。电磁波传播误差包括：大气和降雨对电磁波的吸收衰减、闪烁（电离层和对流层损耗）、法拉第效应（电离层造成电磁波极化方向旋转）。传播误差是不受人控制的，与 SAR 系统本身无关，也不能由 SAR 解决，只能根据实测的数据或分析的结果进行估计。

4）数据处理误差。数据处理误差包括：距离向脉冲压缩参考函数误差、方位向多普勒调频斜率误差、距离徙动校正算法误差等。

5）外定标设备误差。外定标设备误差是造成外定标误差的主要因素。外定标设备误差包括：外定标设备的天线误差、电路误差和稳定性误差等。

6）定标场背景干扰。定标场背景干扰包括在定标场中的：多径干扰、地杂波、电气电子设备的电磁干扰等。背景干扰是影响绝对辐射精度的一个因素，所以必须慎重选择定标场来降低其影响。

7）噪声和干扰。噪声和干扰包括：雷达接收机中的热噪声、图像的积分旁瓣、图像的距离模糊、图像的方位模糊、图像的相干斑噪声等。

（2）辐射精度分配与预计

根据目前国内外卫星对辐射精度的研究，一般 SAR 卫星的辐射精度分配如表 4-5 所示。

表 4 - 5 辐射精度分配（供参考）

序号	误差分类	误差源	指标要求
1	在轨误差	波束指向误差	0.4 dB
		内定标误差（含 AD 量化误差）	0.5 dB
		天线方向图测量误差	0.2 dB
2	成像处理	数据成像处理误差	0.3 dB
3	外定标误差	外定标设备误差	0.5 dB
		热带雨林	0.2 dB
		外定标场背景噪声	0.3 dB
4	传播误差	传播衰减	0.5 dB
		闪烁	0.5 dB
5	噪声和干扰	方位模糊	−18 dB
		距离模糊	−20 dB
		积分副瓣	−13 dB
		热噪声	0.054 dB

4.9.8 动态范围分析

SAR 动态范围包括的范围很广，包括回波信号动态范围、接收机输入动态范围、接收机输出动态范围、A/D（Analogue to Digital）动态范围、BAQ 量化原始数据域的动态范围、图像域的动态范围。从 SAR 天线开始接收回波信号到成像结束的信号处理流程如图4 - 7 所示。

图 4 - 7　从 SAR 天线接收回波信号到成像的信号处理流程

各级动态范围定义如下。

1）回波信号动态范围：地物后向散射系数的变化范围。一般来说地物后向散射系数变化范围很大，但 SAR 天线接收的是地面很大一个区域回波的叠加，变化范围会减小很多。

2）接收机输入动态范围：指接收机正常工作所容许的输入信号强度范围，即实际的最小输入信号电平到使接收机输出信号饱和时的输入电平的范围。

3）接收机输出动态范围：接收机输出最大不失真信号功率与接收机输出最小噪声功率电平之比。

4）AD 量化动态范围：AD 变换器输入信号电平的变化范围。

5）BAQ 量化信噪比：BAQ 量化后的信号与 BAQ 量化引起的噪声之比，即 BAQ 量化信噪比。

6）图像动态范围。

定义 1：SAR 原始数据经成像处理后输出数据的动态范围。

图像动态范围＝BAQ 后数据动态范围＋脉冲增益＋聚焦增益

定义 2：灰度图像的最大值与最小值之差取对数（定义 2 的动态范围不能完全真实反映图像在动态范围区间内存在的灰度等级，定义图像的标准差取 20 倍的对数作为参考）。

4.9.9　极化隔离度

极化 SAR 需要测量目标整个散射矩阵，由于要考虑四个独立的通道，在线性极化中，这些通道为匹配的水平 HH，垂直 VV 以及交叉极化 VH 和 HV 通道。

极化 SAR 要完成以下参数的测量。

假设地物目标散射矩阵为

$$\boldsymbol{S} = \begin{bmatrix} S_{hh} & S_{hv} \\ S_{vh} & S_{vv} \end{bmatrix} \tag{4-18}$$

经过 SAR 系统处理出来的散射矩阵为

$$\boldsymbol{M} = \begin{bmatrix} M_{hh} & M_{hv} \\ M_{vh} & M_{vv} \end{bmatrix} \tag{4-19}$$

则极化 SAR 成像处理后实际获得的目标矩阵 $\boldsymbol{M}$ 与地物目标矩阵 $\boldsymbol{S}$ 间的关系为

$$\boldsymbol{M} = Ae^{j\varphi} \begin{bmatrix} 1 & \delta_1 \\ \delta_2 & f_1 \end{bmatrix} \begin{bmatrix} S_{hh} & S_{hv} \\ S_{vh} & S_{vv} \end{bmatrix} \begin{bmatrix} 1 & \delta_4 \\ \delta_3 & f_2 \end{bmatrix} + \begin{bmatrix} N_{hh} & N_{hv} \\ N_{vh} & N_{vv} \end{bmatrix} \tag{4-20}$$

式中　δ——极化通道串扰，又称极化隔离度；

δ_1、δ_2——接收通道极化隔离度；

δ_3、δ_4——发射通道极化隔离度；

N——噪声。

SAR 系统极化隔离度取决于天线子系统的极化隔离度，下面给出天线子系统为保证极化隔离度的设计考虑。

天线子阵的馈电形式、天线激励阵子之间隔离直接决定各极化通道的隔离度。此外，馈电网络相互之间的高隔离设计也成为设计难点，实现复杂。

收发组件（Transmit and Receive module，T/R module）是有源相控阵天线系统中的核心部件，主要完成射频信号的收发转换控制和幅相控制功能。为减轻 T/R 组件质量，可采用双通道合一设计方案，两个 T/R 通道共用 1 个壳体、1 个射频激励口和 1 个波控控制信号口，每个 T/R 组件的两个通道用于一种极化，此状态下，H 和 V 完全物理隔开，可实现很高的通道隔离度。

天线子系统经过物理上完全隔离的 T/R 组件设计和辐射阵面的耦合馈电合理设计可保证 SAR 系统极化隔离度优于应用要求（一般典型值要求优于 25 dB）。

4.9.10　极化不平衡度

SAR 系统极化不平衡度由 SAR 天线的各极化通道与接收极化通道共同保证。

为满足 SAR 系统极化不平衡度指标要求，SAR 天线需保证同极化通道间幅度不平衡度一般优于 0.5 dB，同极化通道间相位不平衡度一般优于 10°。

4.9.11　定位精度分析

定位精度是指若干个目标点的真实位置和在系统级几何校正后 SAR 图像上得到的位置之间直线距离的均方根。

数学表达式

$$\Delta R = \sqrt{\dfrac{\sum\limits_{i=1}^{N}(\Delta Rt_i)^2}{N}} \qquad (4-21)$$

$$\Delta Rt_i = F\big[(lat_A - lat_B),(long_A - long_B)\big]$$

式中　ΔR——图像定位误差；

　　　ΔRt_i——第 i 个目标点的定位误差；

　　　$(lat_A, long_A)$——目标点真实的地理经纬度；

　　　$(lat_B, long_B)$——目标点经过系统级几何定位后得到的地理经纬度。

目标定位误差源通常来自于卫星平台的位置和速度误差、定时误差、信号传播时延误差、信号处理引入的误差以及地形高度误差等。图 4-8 为目标定位误差影响因素。

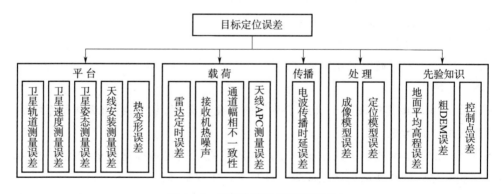

图 4-8　目标定位误差影响因素

由定位原理可知，影响定位精度的因素可分为天线相位中心位置误差、天线相位中心速度误差、斜距测量误差、多普勒误差、处理误差、模型误差、高程误差与控制点误差等，误差源如图 4-9 所示。

其中，天线相位中心位精度的误差源主要包括卫星轨道误差、速度误差、姿态误差、天线安装误差、热变形误差、天线 APC 误差等；影响斜距精度的误差源包括定时误差和电波传播时延误差；影响成像处理精度的误差源包括成像模型误差、接收机噪声、通道幅相不一致性等；影响目标高程精度的误差源主要包括几何校正所用的地面平均高程误差、

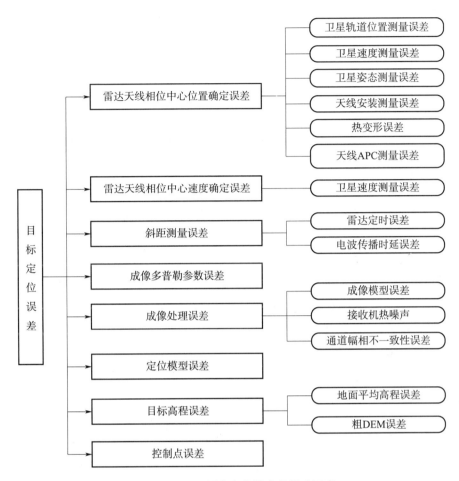

图 4 - 9　SAR 图像定位精度的影响因素

精校正使用的 DEM 误差等方面。

　　同时，由于距离方程、多普勒方程和地球模型方程所组成的是一个非线性方程组，很难求得方程组的解析解。王青松等人认为虽然在某些特定的应用下，在特定的一些条件的限制下，可以推导出解析解，但并不具备通用性，只能采用迭代或者其他近似方法解决非线性方程组的求解问题，因此，距离多普勒（Range Doppler，RD）模型的解算精度也影响定位精度。

　　这一节我们主要分析系统误差源对定位精度的影响，由 SAR 成像几何关系可知，沿航向位置误差 ΔP_x 主要引起目标沿方位向定位误差，对于垂直航迹方向或距离定位误差的影响可忽略不计，产生的方位向定位误差表示为

$$\Delta a = \Delta P_x \frac{P_\mathrm{T}}{P_\mathrm{S}} \tag{4-22}$$

式中　P_S、P_T——天线相位中心和目标点相对于地球球心的位置矢量的模值。

　　垂直航向位置误差 ΔP_y 引起目标沿距离向定位误差

$$\Delta r = \Delta P_y \frac{P_\mathrm{T}}{P_\mathrm{S}} \tag{4-23}$$

垂直航迹方向天线相位中心位置误差对方位目标定位误差的影响小，在应用中忽略不计。

径向位置误差 ΔP_z 对定位精度的影响可以等效为地心角 ϑ 变化所引起的定位误差。根据方程 $\vartheta = \arccos[(P_T^2 + P_S^2 - R^2)/(2P_T P_S)]$，在天线相位中心径向位置给定变化 ΔP_z 的情况下，地心角的变化为

$$\Delta\vartheta = \arccos\left[\frac{P_T^2 + (P_S^2 + \Delta P_z)^2 - R^2}{2(P_S + \Delta P)P_T}\right] - \arccos\left[\frac{(P_T^2 + P_S^2 - R^2)}{2P_T P_S}\right] \quad (4-24)$$

式中　R——目标斜距；

　　　ΔP——位置误差。

天线相位中心径向位置误差所导致的沿距离向目标定位误差为

$$\Delta r = P_T \Delta\vartheta \quad (4-25)$$

卫星速度测量误差近似天线相位中心速度确定误差。卫星速度误差同样可分解为沿航向速度误差 ΔV_x、垂直航向速度误差 ΔV_y 和径向速度误差 ΔV_z。速度误差投影可表示为

$$\Delta V = \Delta V_x \sin\eta + \Delta V_y \sin\theta + \Delta V_z \cos\theta \quad (4-26)$$

式中　θ——下视角；

　　　η——斜视角，在正侧视下 $\eta = 0$。

速度误差可以近似为多普勒中心频率偏移

$$\Delta f_{dc} = -2\frac{\Delta V}{\lambda} \quad (4-27)$$

而多普勒中心频率偏移 Δf_{dc} 所导致 SAR 图像时间偏差为

$$\Delta t = \frac{\Delta f_{dc}}{f_R} \quad (4-28)$$

式中　f_R——多普勒调频率

$$f_R = -2\frac{V_{ST}^2 \cos^3\eta}{\lambda R} \quad (4-29)$$

V_{ST} 是卫星相对于目标的等效速度

$$V_{ST} = \sqrt{V_S V_G} \quad (4-30)$$

V_S 是卫星平台速度，V_G 是卫星的地面成像带速度

$$V_G = V_S \frac{P_T}{P_S} \quad (4-31)$$

因此，卫星速度误差主要导致目标沿方位向产生定位误差

$$\Delta a = V_G \Delta t = \frac{(\Delta V_x \sin\eta + \Delta V_y \sin\theta + \Delta V_z \cos\theta)V_G R}{V_{ST}^2 \cos^3\eta} \quad (4-32)$$

从 RD 定位模型所涉及的方程不难看出，除了天线相位中心位置和速度矢量，斜距也是影响定位精度的一个重要因素。一般而言，斜距误差主要由雷达定时误差 $\Delta\tau_1$ 和电磁波在大气中的传播误差 $\Delta\tau_2$ 组成。假定电磁波传播速度为 c，斜距误差主要导致目标沿距离向产生定位误差

$$\Delta r = \frac{c(\Delta\tau_1 + \Delta\tau_2)}{2\sin\theta_{inc}} \qquad (4-33)$$

式中　θ_{inc} 为入射角，其计算公式为

$$\theta_{inc} = \arcsin\left[\sin(\theta)\frac{P_S}{P_T}\right] \qquad (4-34)$$

RD 定位模型中，将地球模型假设为椭球体。考虑到目标高度的变化，相应的高程误差 Δh 引入的目标沿距离向定位误差由下式给出

$$\Delta r = \frac{\Delta h}{\tan\theta_{inc}} \qquad (4-35)$$

综上所述，卫星轨道误差、测距误差和目标相对高程误差是影响 SAR 定位精度的主要误差源。

4.10　系统幅相误差分配

（1）距离向误差分配

距离向系统误差分配与用户对距离向的图像质量要求以及成像处理时加权系数的选取有关，包括距离向加权展宽因子和有效载荷引起的展宽系数。其中，距离向成像处理加权函数的形式为

$$W(f) = 0.668\,6 + 0.349\,0 \cdot \cos(2\pi f/IB) - 0.017\,6 \cdot \cos(4\pi f/IB)$$
$$f \in [-B/2, +B/2] \qquad (4-36)$$

式中　B——距离向带宽，该成像处理加权函数的处理效果通过距离向峰值旁瓣比和距离向积分旁瓣比来评估。

影响距离向图像性能指标的主要是雷达系统的二次项幅度误差、纹波幅度误差、高阶随机幅度误差、二次相位误差、纹波相位误差、高阶随机相位误差。

（2）方位向误差分配

方位向系统误差分配与用户对方位向的图像质量要求以及成像处理时加权系数的选取有关，包括成像处理加权展宽因子、多普勒调频率误差的展宽因子、双程方向图加权的展宽因子。其中，方位向成像处理加权函数的形式为

$$W(f) = 0.848\,5 + 0.151\,5\cos(2\pi f/B_d)$$
$$f \in [-B_d/2, +B_d/2] \qquad (4-37)$$

式中　B_d 为多普勒处理带宽，多普勒中心为 0，该成像处理加权函数的处理效果通过方位向峰值旁瓣比和方位向积分旁瓣比来评估。

影响方位向图像性能指标的主要是雷达系统在方位向随时间变化的幅度和相位误差。其中幅度误差主要是由于整个收发系统的增益随工作时间变化引起的，分为系统误差和随机误差二类，系统误差可由内定标校正；相位误差主要是由于频率源输出频率随时间漂移，造成了发射脉冲调制和接收回波解调时参考信号相位的随机变化。

4.11　数据压缩对数据质量影响分析

对于 SAR 载荷由于产生的原始数据量很大，为了有效降低数据传输带宽或码速率，数据压缩技术被广泛应用于遥感卫星领域。压缩方法很多，根据压缩后恢复图像的质量，可以分为有损压缩方法和无损压缩方法。无损压缩比很低，对数据传输效率提高有限，工程应用较多的是有损压缩，可以实现高的压缩比，有效提高数据传输效率。有损压缩主要包括标量压缩、矢量压缩、变换域压缩，目前光学遥感用的较多的是变换域压缩，包括 DCT、基于小波变换（Wavelet Transformation，WT）的各种压缩。矢量量化（Vector Quantification，VQ）算法在航天遥感用的较少，对于微波遥感标量算法的 BAQ 用得较多，目前 SAR 遥感数据几乎都采用 BAQ 算法，其特点是算法简单、工程上容易实现。图像压缩方法分类很多，如图 4 - 10 所示。

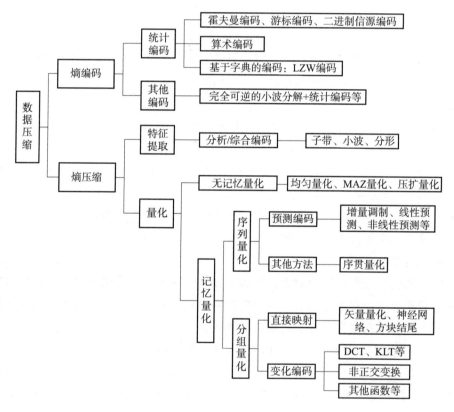

图 4 - 10　数据压缩技术方法及分类

（1）SAR 回波数据统计特性

由莫苏苏对基于 SAR 回波数据的统计特性和功率特性研究表明，SAR 在某一时刻回波是波束照射区内所有散射点的后向散射信号的矢量叠加。回波信号模型可如下

$$S = Ae^{j\phi} = \sum S_k = \sum_{k=1}^{N_s} a_k e^{j\phi_k} \qquad (4-38)$$

式中　　N_s——散射点的个数；

　　　　a_k——第 k 个散射点的回波信号幅度，是散射点散射强度的函数；

　　　　ϕ_k——第 k 个散射点的延迟相位，是载波波长和距离的函数，与 a_k 无关。

从回波的产生过程，可知：

1）每个散射点的幅度 a_k 和相位 φ_k 是统计独立的；

2）所有散射点的 a_k 和 ϕ_k 也都是统计独立的。

ϕ_k 在区间 $[-\pi, +\pi]$ 内服从均匀分布。

把 S 分解为同向分量 I 和正交分量 Q 可表示为

$$S = Ae^{j\phi} = I + jQ \qquad (4-39)$$

式中　　$I = A\cos\phi$，$Q = A\sin\phi$。

可知 I、Q 在分布上是相互独立的，且均值为零，方差等同。且 I 和 Q 通道可看作是大量独立随机变量的和。由中心极限定理可知，I、Q 分量服从渐进高斯分布。可以推出，SAR 回波数据的幅度 A 服从瑞利分布，相位 ϕ 服从均匀分布。

SAR 数据压缩属信源编码，目前基本形成共识：

1）SAR 原始数据间的相关性很差，去除数据间相关性的压缩算法不适用于 SAR；

2）SAR 独特的成像处理过程，使得图像对原始数据的量化位数的变化不敏感。

（2）BAQ 工作原理及实现技术

BAQ 算法过程为：在回波信号数据没有做距离和方位匹配滤波的情况下，在方位向或距离向的一小段时间间隔内信号的动态范围远小于整个回波数据集的动态范围。基于 SAR 原始数据的零均值高斯分布特性，经过 A/D 变换后得到的缓慢时变方差特性的采样数据集沿方位（取 N_a 点）和距离向（取 N_r 点）分成若干小块，对每小块进行归一化处理，得到的每一小块数据也是近似具有稳态特性的零均值高斯分布的。通过计算该数据块的方差 σ 得到 Max 量化器的域值，利用 Max 量化器量化该数据块。祁海明等人建议分块大小的选择应遵循以下原则：

1）数据块内采样点数不能太少，块内数据应服从高斯分布特性；

2）由于天线波瓣调制和距离向的衰减造成的信号功率的变化，数据块在距离向的尺寸不应太大，以防止信号的相对幅度差别太大；

3）数据块方位向的尺寸相对合成孔径的长度要小，距离向的尺寸相对一个脉冲内的采样点数也要小；

4）数据块应足够小，以保证对其方差的估计值尽量准确。

BAQ 具体流程如图 4-11 所示。

BAQ 算法的压缩率为

$$R_\varepsilon = \frac{n}{m + n_{\text{thrd}}(N_r N_a)} \qquad (4-40)$$

BAQ 通过块自适应量化器把每样本 n 位的信号编码处理为每样本 m 位的信号，从而

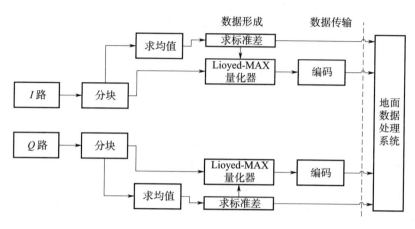

图 4-11　BAQ 算法流程图

实现原始数据压缩。量化后的 m 位数据只记录了原始数据相对数据块门限值（n_{thrd}）上下浮动的情况，将模数变换（Analogue to Digital，A/D）变换器输出数据的幅度统计均值与高斯分布的标准差联系起来。在实际压缩、解压缩过程中一般先将这个映射制成表，以便在压缩和解压缩时采取查表的方式，达到快速处理的目的。Max 分析了应用 MSE 准则，在高斯输入下的最佳量化问题。表 4-8 为高斯分布最佳量化器参数。

表 4-8　高斯分布最佳量化器参数

	1 bit 量化		2 bit 量化		3 bit 量化		4 bit 量化	
i	x_i（阈值）	y_i（译码值）	x_i（阈值）	y_i（译码值）	x_i（阈值）	y_i（译码值）	x_i（阈值）	y_i（译码值）
1	0.000 0	0.797 9	0.000 0	0.452 8	0.000 0	0.245 1	0.000 0	0.128 4
2			0.981 6	1.510 4	0.500 6	0.756 0	0.258 2	0.388 0
3					1.050 0	1.344 0	0.522 4	0.656 8
4					1.748 0	2.152 0	0.799 5	0.942 3
5							1.099 3	1.256 2
6							1.437 1	1.618 0
7							1.843 5	2.069 0
8							2.400 8	2.732 6

（3）压缩后评价

图像信号中存在大量的统计冗余度和生理视觉冗余度，这使得我们能够对图像数据进行压缩。目前，图像数据压缩方法主要可划分为两类，一类是以信息熵理论为基础，主要通过预测编码技术实现的无损压缩，另一类是考虑人眼视觉生理特征，主要通过变换编码技术实现的有损压缩。因此针对遥感图像的有损压缩，必须提出合理压缩效果的评价方法，这将有利于在图像质量和压缩比之间进行折中。评价遥感图像的质量包括基于目视标准的主观评价和基于各种图像指标的客观评价。一般而言，军事侦察领域大多运用单极化、高空间分辨率的遥感图像，此时多采用主观指标评价图像的质量；对于民用领域大多使用多极化、中等空间分辨率的遥感图像，此时多采用客观评价指标。

　　遥感图像质量的主观评价借鉴电视领域妨碍尺度的思想，组织有关遥感判读专家对压缩前后的图像进行目视解译，并对解压后的图像给出一定的分数；在此基础上采用相对尺度准则，综合所有专家的打分采取等权平均得出解压后图像的最终得分，这一分数即为压缩效果做出了主观的评价。主观评价在军事应用领域较为实用。

　　在评价过程中进一步采用相对尺度判据，用其评价一组图像对应原始图像的相对质量。主观评价结果表示为平均意见的分数，由式（4-41）表示

$$\bar{c} = \frac{\sum_{i=1}^{I}\sum_{j=1}^{J} c_{i,j}}{I \times J} \tag{4-41}$$

其中，$c_{i,j}$ 代表第 i 名判读人员对第 j 幅图像的打分，当采用 10 分制时，$c_{i,j}$ 取 1，2，…，10。

　　遥感图像质量的客观评价即采用绝对的描述图像的指标检验压缩效果。可以使用四大类指标进行压缩质量的评价：图像的动态范围、图像的纹理细节、应用影响、图像的相互关系。

　　1）图像的动态范围，包括：平均灰度，低端、中端、高端灰度值，标准方差。

　　2）图像的纹理细节，包括：信息熵，标准方差，角二阶矩，对比度，边缘能量。

　　3）应用影响，包括：分类精度，几何畸变（分辨率、像差）。

　　4）图像的相互关系，包括：相关系数、平均相位误差、差值图像，峰值信噪比，图像相关（峰值旁瓣比、积分旁瓣比、模糊度、辐射分辨率等）。

　　原则上，在进行方案论证时，卫星总体应该联合载荷研制单位、用户方开展压缩方式、压缩比、压缩失真、误码传递、图像质量各方面评估确定压缩方案；在卫星研制期间再次开展评估，对压缩方案的实施结果进行评定，并形成改进措施；卫星入轨后应根据实际运行情况联合开展图像质量专题评估。

4.12　合成孔径雷达载荷的几个关键指标计算

　　（1）原始数据率

　　星载 SAR 的数据率由 SAR 系统的 PRF、采样点数和每个采样点的量化位数决定，通常采用数据压缩的方式来降低数据率。目前国内外卫星上用的较多的是 BAQ 压缩，可选择 8：3 压缩或 8：4 压缩，以满足数据传输要求。

　　SAR 原始数据率按式（4-42）计算

$$S = 2K_s B b \frac{T_w}{PRT} \tag{4-42}$$

式中　b——A/D 转换的量化位数；

　　　K_s——过采样系数，一般取 1.1～1.2；

　　　T_w——回波信号的持续时间；

　　　B——发射信号带宽。

　　（2）天线尺寸

1）天线最小面积。当满足距离向模糊和方位向模糊的约束时，天线最小面积按式（4-43）计算

$$A = \frac{4\lambda R_f V_s \tan\theta_f}{c} \qquad (4-43)$$

式中　　R_f——测绘带远端斜距；

　　　　V_s——卫星飞行速度；

　　　　θ_f——测绘带远端波束入射角；

　　　　c——光速；

　　　　λ——信号波长。

2）方位向尺寸。为满足方位向分辨率 ρ_a 的要求，天线方位向尺寸 D_a 应满足式（4-44）的要求

$$D_a \leqslant 2\rho_a \qquad (4-44)$$

3）距离向尺寸。为满足距离向模糊的约束，天线距离向尺寸 D_r 应满足式（4-45）的要求

$$D_r \geqslant \frac{A}{D_a} \qquad (4-45)$$

（3）发射功率

1）平均功率。发射机输出平均功率 P_{av} 需要根据分辨率和信噪比确定，为保证有足够的信噪比，雷达的发射机输出平均功率要有一定的余量。其中 P_{av} 是由雷达方程计算得到，见前面章节中系统灵敏度计算公式。

2）峰值功率。发射机峰值功率按下列公式计算

$$P_t = \frac{P_{av}}{\tau}\text{PRT} \qquad (4-46)$$

其中，PRT 为脉冲重复周期。

3）电源功耗。由于 SAR 工作时功耗大，而 T/R 组件是最主要的，一般效率 η 为 20％左右。

因此功耗为

$$P = P_{av}/\eta + P_{其他}。$$

4）热耗要求计算。热耗为

$$P_{热} = P - P_{av} \qquad (4-47)$$

（4）脉冲重复频率

为满足距离向和方位向模糊的要求，PRF 首先应满足式（4-48）的要求

$$(1+\eta)\frac{2V_s}{D_a} \leqslant \text{PRF} \leqslant \frac{1}{(1+\eta)T_w} \qquad (4-48)$$

$$T_w = \frac{2W\sin\theta_f}{c}$$

式中　　η——余量，一般取 0.1～0.2；

T_w ——回波信号的持续时间；

θ_f ——测绘带远距端的波束入射角。

其次，为避免星下点回波干扰，PRF 应满足式（4-49）的要求

$$\frac{2R_f - 2H}{c} \leqslant \frac{n}{PRF} \leqslant \frac{2R_n - 2H}{c} - 2\tau \tag{4-49}$$

式中 n ——观测带内目标回波返回到雷达时经过的脉冲周期数，n 取整数；

τ ——脉冲宽度；

R_f ——测绘带远端斜距；

R_n ——测绘带近端斜距；

H ——卫星轨道高度。

再次，为避免发射信号干扰，PRF 还应满足式（4-50）的要求

$$\frac{n}{\frac{2R_n}{c} - 2\tau} \leqslant PRF \leqslant \frac{n+1}{\frac{2R_f}{c} + \tau} \tag{4-50}$$

因此，PRF 的选择应综合考虑上述几个公式的要求

（5）合成孔径长度

合成孔径长度 L_s 按式（4-51）计算

$$L_s = \frac{\lambda R_0}{D_a \sin\varphi} \tag{4-51}$$

式中 R_0 ——雷达在运行过程中与地面目标之间的最短距离；

φ ——斜视角。

（6）合成孔径时间

合成孔径时间按式（4-52）计算

$$T_s = \frac{\lambda R_0}{V_s D_a \sin\varphi} \tag{4-52}$$

4.13 合成孔径雷达系统仿真分析与设计

星载 SAR 系统分析与设计是一个非常复杂的过程，牵涉的因素很多，而在卫星研制环节中又不可或缺，这对星地一体化指标论证、用户任务要求实现、载荷研制指标确定、卫星服务系统条件约束、工程研制过程指标复核、卫星在轨图像质量评价和改进都非常重要。这个仿真设计过程包括指标分析、回波模拟、目标成像及图像质量评估等方面。目前世界范围内开发的 SAR 仿真和系统性能评估软件，都是围绕系统设计和分析多模式的先进 SAR 系统、通过模拟回波的成像完成空间条件下 SAR 系统参数的优化和误差分析，来最终实现星地一体化的系统参数设计。下面仅对 SAR 系统指标的关键设计环节即波位设计进行简单阐述。

波位设计是基于星地空间几何模型，在视角-脉冲重复频率平面上，避开星下点回波和发射信号盲区，选择一组波位，确定每个波位的参数（包括观测带位置和脉冲重复频

率）。观测带位置可以用天线视角、入射角或者距星下点地面距离表示。每个波位要满足模糊比（包括方位模糊比和距离模糊比）、等效噪声系数、回波数据率等指标，相邻的波位之间必须有一定的重叠。具体设计流程如图 4 - 12 所示。

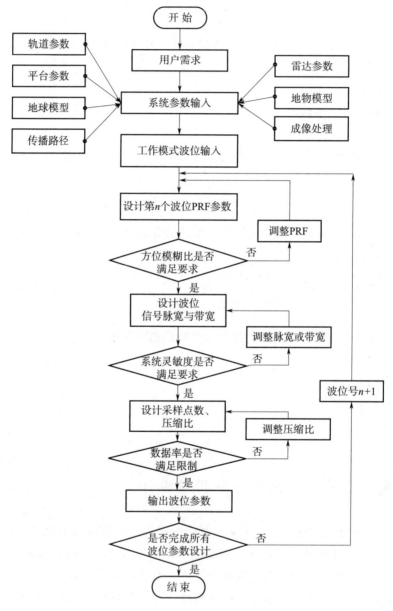

图 4 - 12　SAR 系统波位设计流程

在波位设计中脉冲重复频率的选择至关重要，其必须同时满足以下条件：

1）PRF 应大于多普勒带宽并且要足够高，以减小方位模糊；

2）PRF 要足够低，以减小距离模糊；

3）波位设计保证成像区域避开发射干扰和星下点回波；

4）波位设计保证成像带、成像带间重叠满足指标要求。

各波位的设计与选取往往要经过反复计算、折中、迭代和优化过程。

星载 SAR 工作时，将会按照波位参数，控制天线的波束指向和雷达系统的脉冲重复频率对地观测，获取回波数据，然后成像。因此，波位决定了星载 SAR 的工作状态，影响 SAR 图像的质量。SAR 系统每种成像模式都要进行波位设计，性能参数包括斑马图、入射角、地距分辨率、信号带宽、占空比、平均功率、数据率、等效噪声后向散射系数和模糊比等。

图 4-13、图 4-14、图 4-15 是 TerraSAR－X 卫星聚束模式波位设计结果示意图，分别为斑马图、等效噪声系数、模糊比。

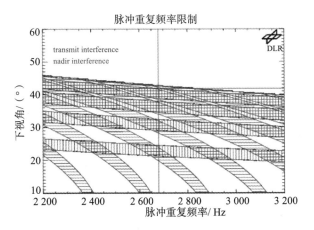

图 4-13　波位设计斑马图

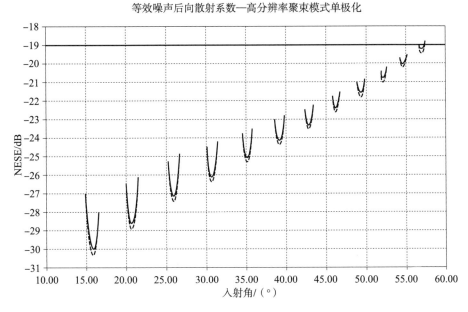

图 4-14　等效噪声系数曲线

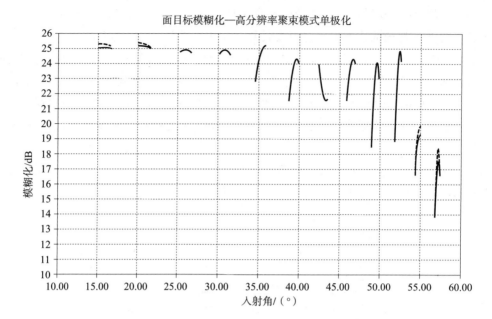

图 4 - 15　模糊比曲线

第5章 雷达高度计总体设计

星载雷达高度计是主动式工作的微波遥感仪器，雷达高度计测量时一般指向星下点，一般工作在 Ku 频段或者 C 频段。高度计垂直向下发射脉冲信号，经过地球表面反射后回到接收机。通过测量从发出脉冲时刻起至脉冲到达反射面后再返回的精确时间，结合卫星相对参考面的轨道位置，计算星下点的海平面高度。

海洋学家研究表明，用高度计观测海洋是全球海洋环流探测的基本手段。多年来，卫星雷达高度计已经被用来监视全球海面，测量结果对理解关键气象机理、进行海冰动力学研究、潮汐监视、海洋和大气相互作用对气象的影响研究等都起到了重要的作用。大洋环流将大量的热从赤道带向两极，是影响全球气候系统的一个主要因素。全球气候的变迁又反作用于大洋环流，使得在强度和方向上发生变化。二者的相互作用还在天气、渔业、军事及海上运输业等方面产生重要的区域性影响。因此，对大洋环流的观测已经成为人们普遍关注的焦点。由于环流的变化尺度具有很宽的范围，从 100 km 左右的中尺度环流到 10 000 km 以上的大尺度环流，从大尺度环流的年平均变化到中小尺度环流的月平均甚至周平均变化。流体动力学表明：500 km 以上尺度的海洋表面地形特征的变化可反映深达 500~1 000 m 深海水的运动，因此，高度计的数据还可为海洋动力学研究提供依据。

星载雷达高度计系统方案设计一般流程如图 5-1 所示。

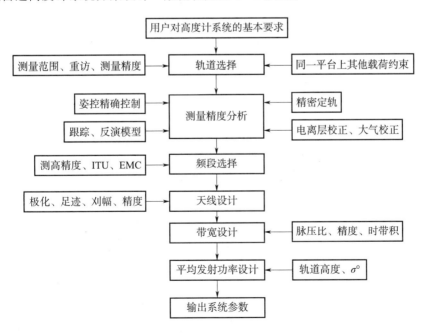

图 5-1　星载雷达高度计系统方案设计一般流程

5.1　雷达高度计原理

　　星载雷达高度计的工作原理在国内外很多书籍资料中都有描述，为了方便阅读本文进行简单介绍。高度计以脉冲有限足迹方式工作，如图 5-2 所示。脉宽为 τ 的发射脉冲垂直照射至海面，其足迹从一点逐渐扩展成圆，当 $t=2h/c+\tau$ 时圆的面积达到最大，然后扩展成圆环，面积却保持不变。因此，回波功率从 0 逐渐增至最大，形成接收功率曲线的斜坡引导沿；之后，回波功率保持最大值，形成曲线的平顶区。高度计的接收功率可表示为

$$P_r(t) = PF_s(t) \times q(t) \times S_r(t) \tag{5-1}$$

式中　$P_r(t)$ ——平均接收功率；

　　　$PF_s(t)$ ——平坦海面的冲激响应；

　　　$q(t)$ ——海洋表面散射元的高度概率密度函数；

　　　$S_r(t)$ ——雷达系统点目标响应。

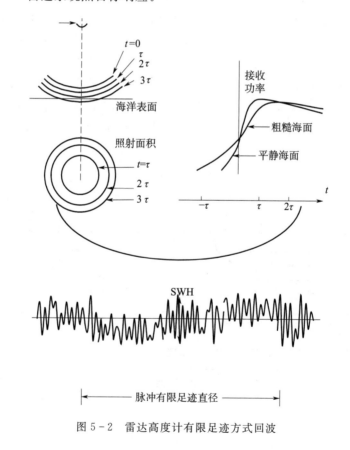

图 5-2　雷达高度计有限足迹方式回波

　　式（5-1）表明：接收功率斜坡引导沿的半功率点对应于平均海平面，测得它与发射脉冲的延时，就可得到卫星至平均海平面的高度；引导沿的斜率反比于海面有效波高，通过对斜率的测量可直接反演出海面有效波高，依靠回波的功率大小估计后向散射系数的大

小，还可以根据回波下降沿的斜率和拖尾时间估算卫星指向误差。下面是波束形成过程。

雷达高度计的测量原理都是基于所返回的脉冲形状和时间信息的，图 5-3（上部分）显示了一个脉冲从平坦海面返回的过程。如果反射面是光滑的理想反射面，当脉冲前进时，雷达照明区域从点到圆盘状快速增加，然后，变成一个圆环慢慢向外扩散，而圆环的面积近似保持不变。直到圆环到达雷达波束的边沿，返回信号才开始消失。从而，回波功率表现为：在脉冲信号未到达反射面之前，接收机接收的返回功率理论上应为零，但由于存在仪器热噪声，功率一般不为零；随着信号的逐渐返回，功率逐渐增大，从而出现一个上升幅度很大的前沿上升区；当达到最大信号后，回波功率逐渐减小，出现一个后沿逐渐下降的衰减区。如果反射面不是平坦光滑的，而是由高度服从正态分布的点散射体组成，那么回波上升时间就会变得长一点，与脉冲需要较多时间撞击所有的散射体的时间一样长。

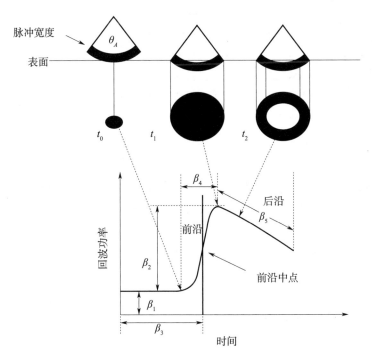

图 5-3　测高仪脉冲、反射波形及 β_5 参数关系图

将这种概念应用于海洋表面，人们可以认为回波上升沿直接与有效波高有关系，前沿中点标明海面高度，而总的回波功率与后向散射系数成正比，而后者又与小尺度海面的粗糙度有关，最终反应与风速有关。

实际上，真正的回波是由许多散射点的回波信号的叠加总和组成的，每一个散射点都具有随机的相位和振幅，因此，每一个回波都受统计波动性的影响。将回波取平均可减小统计波动性，并实现实时跟踪（也就是保持信号在分析窗口之内）。

如果脉冲在时刻 $t=0$ 时刻发射，参考时间为 t_0 和 t_1，则有

$$t_0 = 2\frac{R}{c}$$

$$t_1 = t_0 + \tau \tag{5-2}$$

式中 R——卫星到地面最近点间的距离;

$\qquad \tau$——脉冲宽度;

$\qquad t_0$——入射脉冲前沿到达海面的时间;

$\qquad t_1$——后沿到达海面的时间。

高度计脉冲与时间有如下关系 。

1）$0 < t < t_0$：雷达高度计按球形脉冲向海面传播，在地面上所能接收的面积可以根据天线的波束宽度（图 5-3 中的 θ_A）来确定。

2）$t = t_0$：在这一瞬间，当入射脉冲接触海面时，它照明海面呈现出一个亮点，同时，反射信号开始反射回至卫星。

3）$t_0 < t < t_1$：随着时间的增加，亮点变成圆盘的中心，其面积也随之增加。

4）$t = t_1$：球壳的后部分到达海面，亮度圆盘即变成为一个圆环，圆环半径继续增大，同时圆环保持面积大小不变，这种状况一直持续到圆环的外沿增加到雷达波束的边沿。

利用雷达高度计的测量不但可以计算出海面高度，还可以计算出风速和风向等。

5.2 海洋动态地形图

为了获得可用的海洋表面的地形图，必须得到两个距离，如图 5-4 所示 ，首先必须获得卫星相对参考椭球中心的高度，这可以通过卫星跟踪网络测量得到，再利用轨道动力学方程可以进一步细化卫星的轨迹和高度。其次，通过雷达高度计获得海平面以上的卫星高度。海面高度（Sea Surface Height，SSH）是给定瞬间海面到参考椭球的距离。海面高度是卫星高度 h 和高度计测距值 R 之间的差值

$$SSH = h - R \tag{5-3}$$

海平面高度主要有以下两个分量：

当没有任何摄动（风、湍流、潮汐等）时的海平面高度称为大地水准面，其受地球引力场变化的影响；

海洋环流或动态地形图，其由永久的静态成分（地球旋转等引起的环流等）和高动态变化的成分（风、潮汐、季节变化等）组成，平均的变化有 1 m 的量级。

为了得到动态地形 G，最简单的方法是从 SSH 中减去大地水准面高度。

对于海洋动力环境卫星来说，主要的问题是海平面高度测量中所涉及的各环节对最终测高精度影响的分析，因此，卫星系统总体设计，关键问题是高度计的测量误差指标的分析和分配，与微波辐射计和散射计的测量参数精度主要取决于遥感器精度与地面数据处理反演方法有所不同，以下对测高误差进行分析。

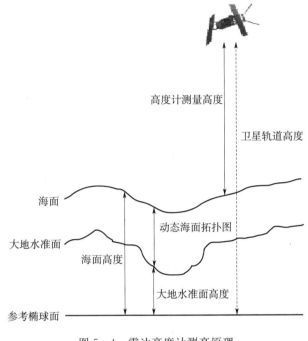

图 5 - 4　雷达高度计测高原理

5.3　主要误差因素分析

　　海面高度测量及动态地形测量有许多误差源，它们是位置和尺度的复杂函数。

　　首先，卫星距地球中心的高度本身必须已知，这就要求跟踪系统或飞行器动力学系统数学模型是精确的。后者要求地球引力场模型，其不可能非常精确，但是时间的恒定函数。此外，还要求大气阻力、来自太阳和地球的辐射压力适当的力学模型，它们在时间和空间上是变化的，依赖于大气温度、卫星方向以及其他变量。

　　其次，高度计本身有多种误差源：TOPEX 高度计的精确度约为 2.0 cm，但必须对高度计实施一系列的校正以与精确度相匹配的准确度计算出高度真值。这些校正包括大气水汽校正和电离层校正，因为它们都影响电磁波传播速度。此外，海洋表面是复杂的、粗糙的和动态的，也会影响高度测量。

　　第三，高度计测量不但要得到海洋表面的高度，而且要求得到由于海洋动态特性引起的海洋地形图，其为海洋表面高度 SSH 与大地水准面高度的差。因此，从卫星测量的海平面高度计算出海洋地形要求已知关于大地水准形状的信息，大地水准面相对于平缓的椭球参考面变化约 100 m。相反，由海洋动态特性引起的海洋地形相对于大地水准面的变化仅仅约为 1 m。因此，如果希望确定恒定的地球自转速度，需对精确确定大地水准面给予关注，相反，如果仅仅希望获得地球自转速度中随时间变化量，精确的大地水准面并不是必需的。

　　最后，将地球表面的自转速度与海面一定深度以下的速度相关联涉及到海洋表面下面的密度场。这虽然不能从空间获得，但可以通过其他的海洋学方法建模获得。

　　为了充分利用大尺度的海洋测量，海平面的测量精度在几百到几千千米的空间尺度上须达到厘米量级，为了获得如此高的精度，必须减小各种误差，这些误差包括影响海面高度测量的误差和影响测量解释的误差两类，误差源可以归结为以下几种：

　　·轨道误差：由轨道径向误差和航迹误差所引起，是卫星测高的主要误差；

　　·坐标系变换误差：由测高所采用的不同坐标系之间的不一致而产生的误差；

　　·电离层误差：由电离层折射产生的测高误差；

　　·对流层误差：由大气折射产生的测高误差；

　　·海波电磁误差：波谷反射脉冲的能力优于波峰，回波功率分布的重心偏离于平均海平面，并趋向于波谷而产生的误差；

　　·卫星平台误差：主要引起天线指向偏差带来的测量误差；

　　·校准误差：对卫星进行测距校准时的误差；

　　·仪器误差：由于仪器本身精度带来的误差；

　　·大地水准面模型误差。

　　卫星高度计测高误差来源如图 5-5 所示。

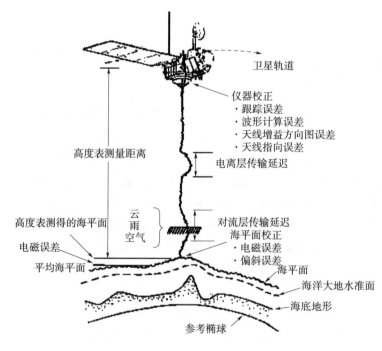

图 5-5　卫星测高误差来源示意图

5.4　主要误差分析预计

　　卫星测高观测值客观上受到很多因素的影响，要在实际中应用，必须虑及这些修正。

表 5 - 1 是目前已发射的部分测高卫星的各项误差修正情况。国外卫星测高精度主要对一些影响大的因素进行了分配和计算，如表 5 - 1 所示。

表 5 - 1　星测高主要误差修正情况　　　　　　　　　　cm

卫星名称		Geos-3	Seasat	Geosat	ERS-1	Topex/Poseidon
仪器误差	仪器噪声	50	10	5	3	2
	仪器偏差	/	7	5	3～5	2
	时钟偏差	/	5 ms	3～5 ms	1～2 ms	1 ms
	总误差	50	15	7	5	2
环境误差	EM 偏差	10	5	2	2	2
	波形失真	2	1	1	1	1
	干对流层	2	2	1	1	1
	湿对流层	2	2	1	1	1
	电离层	2～3	2～3	2～3	2～3	1.3
	总误差	20	10	6	4	3.5
轨道误差	重力场	50	25	15	15	2
	辐射压	/	15	10	6	2
	大气阻力	/	15	10	6	2
	GM 常数	/	/	/	2	1
	潮汐	/	12	5	5	2
	对流层	/	5	4	2	1
	测站位置	/	10	5	3	1
	总误差	50	30	20	18	3.5
总的均方根误差		67	33	22	19	5

5.5　风速测量

从雷达高度计回波脉冲的强度可以确定反演风速，平静的海面一般认为是强的反射镜，而粗糙的海面散射会使回波幅度减弱。通常风速和波高之间有很强的相关性。

海面在风的作用下能够产生厘米级尺度的波浪，从而引起海面粗糙度（海面均方斜率）的变化。根据散射理论，雷达后向散射截面（σ）与海面均方斜率（$\overline{s^2}$）之间有下列关系

$$\sigma(\theta) = \frac{|R(0)^2|}{\overline{s^2}}\sec^4\theta\exp(\frac{\tan^2\theta}{\overline{s^2}}) \qquad (5-4)$$

式中　$|R(0)|^2$——菲涅耳反射系数；

　　　θ——雷达波束入射角。

而海面均方斜率 $\overline{s^2}$ 与海面风速 U 近似满足线性关系

$$\overline{s^2} \propto U \qquad (5-5)$$

即当高度计入射角 $\theta = 0$ 时，后向散射截面和海面风速之间存在一定反比关系，由此可以算出风速。

5.6 有效波高测量

从雷达回波的形状可以确定有效波高，平静的海面反射回波脉冲密集，而粗糙的海面将脉冲展宽。

海面由于存在波浪而起伏不平，高度计发出的脉冲其球面波的波前首先被海面波峰反射，稍后才被波谷反射，使得回波信号的上升出现展宽。根据有关原理，反射信号的平均强度随时间的变化关系为

$$P(t) = K\,\frac{\chi_w}{s^2 H^3}\Big[1 + \mathrm{erf}(\frac{t}{t_p})\Big]\exp(-\frac{2t}{t_s}) \qquad (5-6)$$

式中　$\chi_w = c\tau/\big[4\,(\ln 2)^{\frac{1}{2}}\big]$;

　　　c —— 光速；

　　　H —— 卫星高度；

　　　τ —— 发射脉冲的半功率宽度；

　　　$t_p = (2/c)\,(\chi_w^2 + 2\sigma_h^2)^{\frac{1}{2}}$;

　　　σ_h —— 海面的均方根波高（与有效波高的关系：$\mathrm{SWH} = 4\sigma_h$）；

　　　$t_s = 2H\Psi_e^2/c$, $1/\Psi_e^2 = (8\ln 2)/\Psi_e^2 + \{[1 + (H/a_e)]/s\}^2$;

　　　a_e —— 地球半径；

　　　Ψ_e —— 天线的半功率宽度；

　　　$\mathrm{erf}(X)$ —— X 的误差函数；

　　　K —— 与天线、传输路径和反射界面有关的常数。

波高越大，回波信号的展宽亦越大，其斜率则越小。因此，回波信号的上升沿斜率与海面有效波高成反比。

通过表 5-2 对雷达高度计数据的处理与分析可以得到多种与海洋现象相关的物理参数，如表 5-2 所示。

表 5-2　雷达高度计测量与海洋物理参数的对应关系

测量	地球物理参数	海洋测绘产品
回波延迟时间	卫星高度	海洋大地水准面、湍流位置和速度以及冰的地形
波形上升沿	海面高度、分布和标准偏差	有效波高
波形上升沿	倾斜度	优势的波长、有效的斜度和热动力信息
幅度	后向散射系数	海/冰边界和海面风速
拖尾时间	卫星指向和海/面倾斜	冰的斜度

5.7　雷达高度计关键技术指标分析

雷达高度计主要性能指标包括功能、模式及工作频率、信号带宽、极化方式、天线增益、发射功率、观测角、波束扫描方式、接收机灵敏度和动态范围、辐射分辨率和空间分辨率、测量精度等。

雷达高度计从卫星平台上进行卫星与星下点海面之间距离的精确测量，采用脉冲有限体制，一般用 Ku 和 C 双频体制，支持内定标模式，修正仪器的漂移，同时兼顾海冰和陆地的测量。要求能保留地面处理所需的回波特征，比如测量海浪的有效波高的特征。

下面列出高度计的主要指标分析的因素。

（1）工作频率

主要考虑国际电联的要求、电离层校正要求、用户使用要求、工程可实现要求以及整星 EMC 要求等，C、Ku、Ka 是主选频段，目前星载雷达高度计较多采用 Ku 频段，无论在测高精度还是工程实现上都可以很好地满足应用要求，C 频段测高精度较低，往往作为 Ku 频段的电离层校正用，Ka 频段测高精度高，但受传输路径影响较大，工程上实现难度也大。

（2）极化方式

通常定义 VV 极化方式，由于垂直入射，后向散射最强。

（3）脉冲足迹

雷达高度计测量的是卫星到平均海面距离，这就涉及到要用多大的海表面积来确定卫星与海平面间的距离，也就是确定高度计星下点"足迹"的大小，所以，平均海面面积是高度计系统设计主要考虑的问题。

窄波束雷达高度计的足迹是指天线波束角所照明的海面区域，其中的天线波束角由天线增益模式的半功率点确定。对于高度计的海面高度测量值而言，天线波束要求相对较宽，从而获取平均海面测量值。同时，足迹也应该足够小，小到可以得到有实际意义的海面测量值（也就是要比变形的 Rossby 波半径要小，一般的 Rossby 波半径约为 50 km）。此外，当陆地出现在（天线方向图的）旁瓣内时，较宽的波束常常会导致测量值受到污染。因此，合理的折中办法是设计高度计，使其足迹直径约为几千米。雷达工作体制分为波束有限方式和脉冲有限方式。

①波束有限测量方式

天线足迹传统上是用波束有限足迹来描述的。对于窄波束天线，天线波束宽为 γ、轨道高度为 R、足迹半径为 r，它们间的关系为

$$\gamma = 2\tan^{-1}(r/R) \approx 2r/R \tag{5-7}$$

例如，对于 T/P 卫星轨道高度 1 336 km，足迹半径为 2.5 km 时，相应的天线波束宽度为 $\gamma \approx 3.74 \times 10^{-3}\,\text{rad} = 0.21°$，如果是圆对称天线增益模式，其对应的天线直径 d 为

$$d = \frac{k\lambda}{\gamma} \tag{5-8}$$

式中　　γ——天线波束宽；

　　　　k——天线孔径照明模式的一个特殊常数（T/P 为 1.3）；

　　　　λ——雷达波长；

　　　　d——天线直径。

举例，对于 T/P 高度计天线，波束宽为 0.21°，主频为 13.6 GHz（波长 $\lambda=2.21$ cm）时，天线直径 $d=7.7$ m。这么大的尺寸，除了制造和使用不切实际外，波束有限高度计设计的测距精度对天线指向角误差高度敏感。其计算方法为

$$R' = \frac{R}{\cos\Delta\theta}$$

$$\Delta R = R' - R \qquad\qquad (5-9)$$

例如，当高度 $R_0=1\,000$ km，指向误差（瞄准误差）$\gamma=0.04°$，沿着天线视轴的距离测量值与真实高度相差约为 20 cm。计算方法同上，当指向误差为 0.02°、轨道高度为 T/P 的 1 336 km 时，引入的距离误差 $\Delta R=8$ cm。要将这么大误差量级的高度计用于海洋学应用，这是难于接受的。所以，必须对天线视轴方向的距离测量值进行校正。然而，要测量指向角到这么一个精度等级是极其困难的。图 5-6 为波束有限测高示意图，图 5-7 为波束有限指向误差示意图。

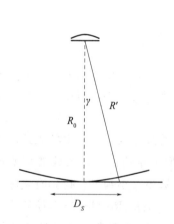

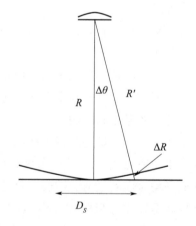

图 5-6　波束有限测高示意图　　　图 5-7　波束有限指向误差示意图

②脉冲有限测量方式

要克服波束有限高度计设计的这种局限性，可以采用脉冲有限方式。

当采用脉冲有限方式时，脉冲足迹半径 r_p 可以按下式计算

$$r_p = \sqrt{Hct_p} \qquad\qquad (5-10)$$

假设卫星高度 $H=800$ km；脉冲宽度 $t_p=3$ ns；光速 $c=3\times10^8$ m/s；脉冲长度 $l_p=ct_p$，约 1 m；r_p 表示海面上的脉冲有限足迹的半径。计算得 $r_p=0.85$ km，从而雷达足迹直径为 1.7 km。但是如果采用波束有限方式，当天线直径为 1 m，脉冲波长为 22 mm（Ku 频段），卫星高度也是 800 km 时，在海面的照明直径按式 5-8 计算高达 43 km，很难达到重力异常所要求的 10 km 的水平分辨率，因此采用脉冲有限方式是海洋测高必选的。

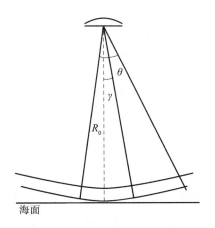

图 5-8　脉冲有限测高示意图

（4）发射功率

主要考虑因素为轨道高度、距离测量精度和工程可实现性等要求。

利用雷达方程，发射机功率为

$$P_{pr} = (4\pi)^3 H^4 (KT_o B_{IF} F)(SNR) L_S L_G^2 L_t /(G_t^2 \lambda^2 \sigma) \qquad (5-11)$$

式中　P_{pr}——峰值发射功率；

　　　G_t——天线轴向增益；

　　　λ——波长；

　　　H——卫星高度；

　　　L_G——增益损耗；

　　　L_s——系统损耗；

　　　L_t——脉冲压缩处理损耗；

　　　F——噪声系数；

　　　T_0——接收机温度；

　　　SNR——信噪比；

　　　σ——目标截面；

　　　B_{IF}——中频带宽。

这里目标截面等于海面后向反射系数和脉冲宽度有限足迹区域的乘积，即

$$\sigma = \sigma^\circ \pi H c \tau \qquad (5-12)$$

式中　τ——相当于压缩后的脉冲宽度；

　　　c——光速。

（5）高度计测距精度分析

高度计设备本身的测高精度取决于仪器误差，高度计的仪器误差可分为固定偏差和随机误差，固定偏差可以修正，随机误差决定高度计仪器的测量精度。高度计的随机误差分配到仪器的相关部件当中，由于这些误差相互独立，总的均方根误差满足下面公式

$$\delta_H = \sqrt{\delta^2_{H_1} + \delta^2_{H_2} + \cdots + \delta^2_{H_N}} \qquad (5-13)$$

式中　δ_H——总的均方根误差；

$\delta_{H_1}^2, \delta_{H_2}^2, \cdots, \delta_{H_N}^2$——各个相关部件误差的方差。

误差源一般包含：跟踪误差、数字直接信号（Direct Digital Signal，DDS）触发信号的随机抖动、发射信号的幅度相位随机起伏、接收机信号的幅度随机起伏和定时电路误差。

5.8　跟踪技术

影响高度计返回脉冲的因素很多，星载高度计的实际需要是根据返回波形用一种有效的方式提取有关双程传播时间、有效波高 $H_{1/3}$ 和归一化雷达截面 σ_0 的相关信息，同时，在海况条件变化和高度计到星下点海面距离变化的条件下，保持返回波形的前沿部分在跟踪和处理的窗口之内。要完成这项功能，可以使用所谓的自适应跟踪单元（Adaptive Tracking Unit，ATU）。在高度计微处理器中，ATU 由软件组成，主要执行硬件信号的高级处理，同时产生科学数据，ATU 同时还通过同步器控制硬件。同步器可以发射接收脉冲的控制信号，以及控制高度计硬件的其他信号。

如果陆地地面或者冰面是平坦的，尽管在粗跟踪模式下通常都减小了双程传播时间的分辨率，高度计也可以保持跟踪。T/P 双频高度计设计为在获得"锁定"后就会自动切换到精密跟踪模式，而其他的高度计，如 ERS－1 和 ERS－2 卫星上的高度计，设计为可以在粗跟踪模式（称为"冰模式跟踪"）和精模式两种模式下工作，粗跟踪模式就特别适合于冰面上的跟踪。对于不规则地面上的距离测量值，有时波形前沿代表的回波是从偏离星下点很远的高度较高的地形特征反射回来的，所以高度计要保持跟踪，这是很困难的。在这种情况下，波形经常偏离 ATU 所预期的形状。要在这种地表获取高精度的距离，要用特殊的波形形状模型，并在地面对波形实施处理才能得到精确的距离。有很多学者在高纬度地区的冰面地形上已经作了许多相关的研究，例如 Martin 等人在 1983 年、Partington 等人在 1989 年、Bamber 等人在 1998 年分别对冰面波形模型作了许多有价值的研究。

5.9　脉冲压缩技术

根据前面讨论，脉冲有限高度计可以用来确定 SWH，也可以用来确定从卫星到平均海面的距离（根据返回功率的时间）。根据前面公式脉冲足迹面积取决于脉冲持续时间（或脉冲宽度）、足迹内的有效波高和卫星高度。一般高度计的脉冲持续时间为 3.125 ns，所产生的海洋学足迹直径从平静海面的几千米增加到波浪很高时的 10～15 km。

在脉冲有限方式下，持续时间为几个 ns 的脉冲可以满足脉冲有限足迹直径为 1～10 km 的要求，这个范围内的足迹直径一方面应该很大，从而最终平衡面重力波的作用，另一方面要求足迹直径要小，小到可以解决罗斯比波（高空天气图上中高纬显现的由西向东移动的波长较长的波，因波长尺度几乎可与地球半径相比拟，故亦称大气长波）半径扭曲，而罗斯比波在海洋上可以表示出中尺度变化的空间范围特性。如此短的脉冲要求足够高的信噪比，也要求很高的传输功率，这对卫星功率系统要求很高，难以接受，而且限制了脉冲传播的生命周期。事实上，要克服这些限制，需要采用脉冲压缩技术。实际工作中，都是由相对较长的脉冲，比如 μs 级甚至 ms 级的长脉冲，利用脉冲压缩技术来获取测距脉冲所要求的带宽。此外，在测高中，利用长脉冲可以大大增加信噪比。

5.10　传输路径校正

高度计发射的脉冲在传播过程中受到大气折射造成了测高误差。大气由三部分组成：干对流层、大气湿对流层和电离层，其中湿对流层还包括水汽和云水。大气的这三部分对高度计脉冲的折射效应造成了脉冲传播的路径延迟误差。

（1）双频电离层校正

高度计电离层延迟的影响是通过双频测量校准来完成的，当采用双频进行测量时，H_Z 代表低频 f_Z 测量的高度值，H_U 代表高频 f_U 测量的高度值，那么双频校正的高度测量结果 H_T 则是

$$H_T = (K \times H_U - H_L)/(K-1) \tag{5-14}$$

$K = (F_U/f_Z)^2$，两个频率测量的高度均方差分别为 δ_U 和 δ_L，校正后的高度测量均方差 δ_T 可表示为

$$\delta_T = [K/(K-1)] \times [\delta^2{}_U + (\delta_L/K)^2]^2 \tag{5-15}$$

（2）对流层校正

湿对流层距离校正包括水汽校正和云层液态水滴校正。卫星上搭载的校准辐射计其主要目的是测量信号通过大气时产生的路径延迟，通过测量大气积分水汽含量和云层液态水含量向雷达高度计提供大气校正数据。与雷达高度计同程，不做圆锥扫描运动，工作原理同微波辐射计。校准辐射计通过 18 GHz、21 GHz 和 37 GHz 三个频率测量星下点路径的亮度温度，其中 21 GHz 频段用来探测水汽信息，而 18 GHz 用来消除水面的辐射（由于风的作用引起），37 GHz 频段用来消除其他大气的作用（例如云层影响）。三个观测值联合起来获取由于水汽影响在距离观测值中所产生的误差，校正后的精度不超过 1 cm。

Stephen J. Keihm（1995 年）对校准辐射计的湿对流层距离校正算法与误差预算研究时，使用了下面的计算模型：

云层液态水恢复公式（单位 mm）

$$L_z = -1.875 - 0.22 \times TB_{18} - 0.003 \times TB_{18} + 0.032 \times TB_{37} \tag{5-16}$$

风速恢复公式（单位 m/s）

$$W = -75 + 1.795 \times TB_{18} - 0.561 \times TB_{21} + 0.433 \times TB_{37} \tag{5-17}$$

路径延迟恢复公式（单位 cm）

$$PD = B_0 + B_{18} \times \ln(280 - TB_{18}) + B_{21} \times \ln(280 - TB_{21}) + B_{37} \times \ln(280 - TB_{37})$$

$$\tag{5-18}$$

式（5-18）中 B_0、B_{18}，B_{21}、B_{37} 为一组系数，与风速有关，而 TB_{18}、TB_{21}、TB_{37} 表示辐射计观测的亮度温度，这些参数的算法详见 Stephen J. Keihm 发表于 1995 年的文章。

完整的算法处理是按如下步骤进行的：首先，评估处理后的受到雨水或者陆地污染的 TMR 亮度温度数据，采用最大可允许的温度标准标识。对于那些没有标识的数据，第一步就是要用全球系数与 TMR 所测的亮度温度估计云层液态水和风速

$$L_z = l_0 + \sum l_v T_b(v) \quad v = 18,21,37 \qquad (5-19)$$

$$W = w_0 + \sum w_v T_b(v) \quad v = 18,21,37$$

第二步，水汽引入的路径延迟分两步恢复。根据风速估值确定的全球（在路径延迟上不分层）系数，第一步就是用全球系数获取估值

$$\mathrm{PD}^g = B_0^{(g)} + \sum B_v^{(g)} \ln[280 - T_b(v)] \quad v = 18,21,37 \qquad (5-20)$$

系数 $B_0^{(g)}$ 和 $B_v^{(g)}$ 根据路径延迟系数与风速有关的统计结果（Keihm 等，1995）用线性内插确定。

然后，路径延迟的值用分层系数计算

$$\mathrm{PD}^{(1)} = B_0^{(1)} + \sum B_v^{(1)} \ln[280 - T_b(v)] \quad v = 81,21,37$$

$$\mathrm{PD}^{(2)} = B_0^{(2)} + \sum B_v^{(2)} \ln[280 - T_b(v)] \quad v = 18,21,37 \qquad (5-21)$$

式中线性系数 $B_0^{(1)}$，$B_v^{(1)}$，$B_0^{(2)}$，$B_v^{(2)}$ 也是根据路径延迟系数与风速有关的统计结果（Keihm 等，1995）用线性内插确定。例如，如果初始路径估值 PD^g 等于 12.3，那么 $\mathrm{PD}^{(1)}$ 和 $\mathrm{PD}^{(2)}$ 可以分别根据路径延迟为 0~10 和 20~20 的分层系数计算。如果路径延迟初始估值小于 5 或者大于 35，在第二步中只用最小的（0~10）和最大的（>30）系数计算。

最后，水汽引入的路径延迟恢复通过平均 $\mathrm{PD}^{(1)}$ 和 $\mathrm{PD}^{(2)}$ 得到，并根据分层路径延迟距离的中心点值给初始距离延迟估值加权

$$\mathrm{PD}^{(f)} = [0.5 + (\mathrm{PD}_b - \mathrm{PD}^{(g)})/10]\mathrm{PD}^{(1)} + [0.5 - (\mathrm{PD}_b - \mathrm{PD}^{(g)})/10]\mathrm{PD}^{(2)}$$

$$(5-22)$$

式中 PD_b 等于两个分层路径延迟恢复的公共边界，赋权能确保分层边界恢复的不连续。

最后总的水汽路径延迟即为液态水分量与水汽分量之和

$$\mathrm{PD}_w = \mathrm{PD}^{(f)} + 1.6 L_z \qquad (5-23)$$

式中 L_z 为液态水负载恢复，单位 mm。

5.11　全去斜坡技术

高度计的重要指标之一就是它的距离分辨率，它与脉冲宽度有关，为了达到很高的分辨率，要求发射脉冲宽度足够窄。要测量 1 m 波高，根据 Nyguist 采样率，脉宽相对应的距离应小于 0.5 m，即满足

$$c\tau/2 \leqslant 0.5 \text{ m} \text{ 或 } \tau \leqslant 3 \text{ ns}$$

这就要求频带宽度 $B \approx 1/\tau \geqslant 300$ MHz，也就是说距离分辨率的提高要求频带增加。

而系统对目标捕获和跟踪能力要求有较高的信噪比（SNR），这就需要较大的时宽以携带足够的信号能量，这两方面的要求互相矛盾。另外现有发射机峰值功率的限制及所需达到的性能表明，雷达高度计只能采用脉冲压缩雷达系统。在常规的脉冲压缩雷达中，把脉冲注入色散延迟线即可获得线性调频脉冲波形。这使所需能量在时间上得到扩展，从而降低峰值功率。在接收到雷达回波后，逆向地通过另一色散延迟线。对点目标而言，线性调频脉冲的输入产生单一脉冲回波。此方式可能造成雷达高度计的一些问题，其原因如下。

为了满足压缩脉冲宽度及峰值功率的要求，线性调频脉冲需要有极高的时带积，这可以通过在传输过程中倍频具有较小时带积的线性调频脉冲来实现。但是匹配压缩滤波器不能采取这种方式。

为了使回波波形的采样达到要求的 3 ns 分辨率，则需要有极高速的定时电路和其他电路。

因此，这里就引入了"全去斜坡"技术。雷达高度计用同一个线性调频脉冲（Chirp）信号发生器产生 Chirp 发射信号和 Chirp 本振信号进行"全去斜坡"处理。线性调频矩形脉冲信号可以表示为

$$S(t) = U(t)e^{j2\pi ft} = A \cdot rect(t/T)e^{j2\pi(ft+Kt^2/2)}$$
$$U(t) = A \cdot rect(t/T)e^{j\pi Kt} \tag{5-24}$$

式中　$U(t)$——信号的复包络。信号的瞬时载频为

$$f_i = 1/(2\pi) \cdot d/dt[2\pi(f_0t + Kt^2/2)] = f_0 + Kt \tag{5-25}$$

式中　$K = B/T$，为频率变化斜率；

　　　　B——频率变化范围，即 Chirp 带宽；

　　　　T——脉冲宽度。

若 Chirp 信号的载频随时间增长而线性升高，则 $K=B/T$ 称为正斜率；反之，$K=-B/T$ 称为负斜率。

图 5-9 示出了负斜率 Chirp 信号。当 $TB \gg 1$ 时，Chirp 信号能量的 95％以上集中在 $f_0-B/2$ 和 $f_0+B/2$ 之间，振幅频谱接近矩形。

高度计以一定的重复频率（PRF）垂直向海面发射 Chirp 信号，这个 Chirp 信号的中心频率记为 f_{ra}，脉冲宽度记为 T，调频带宽记为 B。当预计海面的回波到达接收机时，由同一个 Chirp 信号产生器产生脉宽也为 T、调频带宽也为 B 的 Chirp 信号（与发射信号具有同样斜率），这个信号中心频率被变换成 f_{LO} 后送到"全去斜坡"混频器作为 Chirp 本振和海面回波信号进行混频。实际上，海面回波是由许多离散的 Chirp 信号组成，每个都是来自海洋表面不同小平面的回波，它们到达时间有些轻微不同，有的可能和 Chirp 本振同时到达，有的可能比本振早一些，有的可能晚一些。它们和 Chirp 本振混频后，不同的时间延迟就映射成中频 f_{Id}（f_{LO} 和到达"全去斜坡"混频器的 Chirp 回波中心频率之差），高于或低于 f_{Id} 的恒定频率，也就是海面回波被"全去了斜坡"，变成持续时间为 T（或极其接近 T）的不同频率简谐波。这样就可以把距天线不同距离处的海面回波用滤波器组分辨开。为了更直观理解，将到达时间的差异 ΔT（相对于 Chirp 本振）导致的 f_{Id} 偏移大小表示为

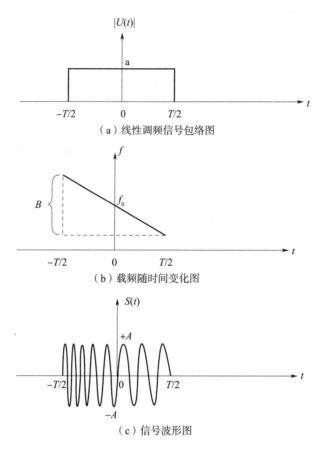

（a）线性调频信号包络图

（b）载频随时间变化图

（c）信号波形图

图 5-9   负斜率的线性调频信号

$$|\Delta f| = |K\Delta t| = B/T|\Delta T| \tag{5-26}$$

如果回波到达时间上的差异为 Δt，则对应的"全去斜坡"后频率差异 Δf 也可写为

$$\Delta f = B/T\Delta t \tag{5-27}$$

这样线性调频脉冲回波与 Chirp 本振经过混频，输出信号为持续时间为 T 的单一频率简谐波了，即"全去了斜坡"。

5.12   新型雷达高度计介绍

5.12.1   延时多普勒雷达

传统雷达高度计采用脉冲有限方式进行高度测量，空间分辨率一般在 2 km 左右，仪器质量和功耗都较大。20 世纪 90 年代，以 Johns Hopkins 大学的 R. Keith Raney 等为代表的学者提出了延时多普勒高度计（DDA）的概念，将孔径合成的理念引入到雷达高度计中（因此又叫 SAR 高度计），这样可以提高沿航迹方向上的分辨率（可达 250 m 左右），从而提高整个系统的测高精度，系统的发射功率可降低 10 dB 左右，减少了雷达系统的体积和功耗，对于缩短高度计测量的时间和提高空间分辨率具有十分重要的意义。DDA 的出现标志着雷达高度计技术又进入了一个新的阶段。

　　传统雷达高度计由于脉冲有限工作体制使得高度计的发射功率存在很大的浪费，在天线有效波束宽度范围内只有少量发射功率在脉冲有限足迹内，而其他大部分的功率在脉冲有限足迹作用范围以外。许可博士的研究表明 DDA 由于采用延时多普勒技术，沿航迹的信号历史经过处理都对高度测量作出贡献，这样高度计利用了更多的辐射能量，而传统的雷达高度计主要只利用了脉冲有限足迹内的能量进行高度估计。DDA 的发射信号采用了大时宽的线性调频信号，目标的回波信号进入接收机的时候，DDA 将发射信号与回波信号进行混频，即去斜处理，完成了时间—频率的转换。去斜后信号的频率值与高度值呈正比关系，然后通过快速傅里叶变换（FFT）运算。

　　传统的雷达高度计不考虑回波脉冲之间的相关性，而在 DDA 中则利用了连续回波之间的相关性，在去斜混频以后，增加了沿航迹方向上的处理，将回波信号空间变成了两维。DDA 将接收的信号首先存储在存储器内，在沿航迹维进行 FFT，然后进行距离延时校正。最后在每个多普勒频率单元内，距离数据进行逆变换、检测、累加进而形成同一位置的多视数据。

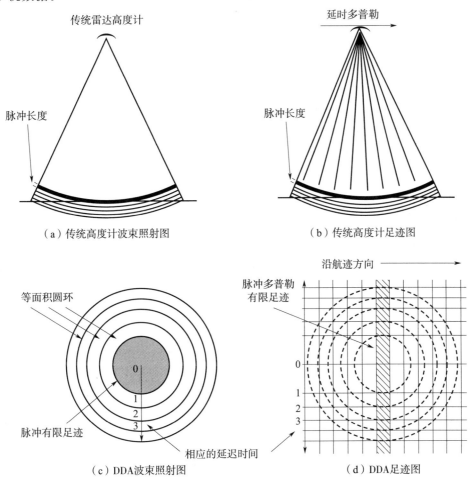

（a）传统高度计波束照射图　　　　　　　　　（b）传统高度计足迹图

（c）DDA波束照射图　　　　　　　　　（d）DDA足迹图

图 5-10　传统高度计和 DDA 比较

传统的脉冲有限雷达高度计的有效接收功率和 DDA 的有效接收功率计算有较大差异，分别如下式所示。

传统雷达高度计

$$P_{\text{PL}} = \frac{P_{\text{T}} G^2 \lambda^2 (TBP) \pi c \tau \sigma^0}{(4\pi)^3 h^3 \alpha_R} \tag{5-28}$$

延时多普勒高度计

$$P_{\text{DD}} = \frac{P_{\text{T}} G^2(\theta) \lambda^2 (TBP) \sigma^0}{(4\pi)^3 h^{5/2}} 2\beta \sqrt{c \tau \alpha_R}$$

其中

$$\alpha_R \approx \frac{R_{\text{E}} + h}{R_{\text{E}}}$$

式中　　P_{T} ——发射功率；

$G(\theta)$ ——天线增益；

λ ——发射信号的波长；

TBP ——发射信号的时带积；

τ ——压缩后的信号时宽；

σ^0 ——观测目标的后向散射系数；

h ——卫星到观测目标的距离；

R_{E} ——地球半径；

β ——天线沿航迹方向上的波束宽度。

由于采用了多普勒补偿技术，雷达高度估计的有效性及高度估计足迹的几何稳定性都提高了；由于每个高度估计的平均次数的增加，随之提供了测高精度。研究表明 DDA 对于海岸带和海冰的测量也更具优势。

5.12.2　三维成像雷达高度计

三维成像雷达高度计通过采用小角度偏离天顶点观测并运用合成孔径、干涉测量、新型高度跟踪方法和特殊交叉定标方法等技术，使雷达高度计同时具备了传统雷达高度计和 SAR 的功能，不仅可用于海洋和海冰观测，还能用于陆地观测，并具备三维成像能力。三维成像雷达高度计瞄准当今微波遥感技术领域研究的前沿，为中尺度的海洋环境观测、海洋立体成像、海面形态观测、海洋波浪场海面风速与风向以及海洋大地水准面测量提供技术手段，为新一代的海洋观测卫星提供有效载荷。在陆地应用时，三维成像雷达高度计还能获得表面的数字高程模型（Digital Eleuation Model，DEM）。

三维成像雷达高度计在海洋观测时，一般有两种观测模式：高分辨率陆地模式，空间分辨率可达 100 m，分辨率单元高程测量精度可达 1 m，观测刈幅可达 100 km；海洋模式，空间分辨率可达 10 km，分辨单元高程精度 5 cm。

相对于传统雷达高度计，三维成像雷达高度计的地面分辨率更高，刈幅更宽（又叫宽幅雷达高度计），测高精度更高。对于陆地应用，利用干涉测量可以获得高精度 DEM。测量原理同 INSAR。

　　宽幅雷达高度计是在卫星左右两侧各安装一副天线，并使两副天线在垂直航迹方向上具有一定长度的基线，只用一副天线发射或两副天线交替发射，两副天线同时接收，由两副天线接收的海面回波信号同时成像，并进行相位干涉处理、多视处理和定标处理等。对海面进行高精度测高，成像方式可以采取实孔径成像、非聚焦合成孔径成像和合成孔径成像等方法，根据海洋测量需求选择，可以分别得到海洋的小尺度、中尺度和大尺度特性。中间的天线进行传统的天底测量，用来配合宽幅雷达高度计的定标和测高误差改正等。图 5 - 11 为宽幅雷达示意图。

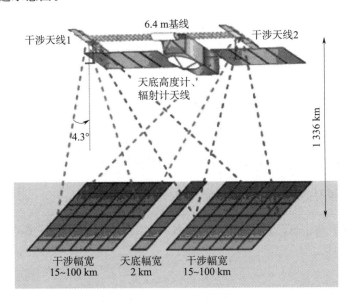

图 5 - 11　宽幅雷达示意图

　　下面针对三维成像雷达高度计的干涉测量问题作具体分析。对于成像雷达高度计来说，从干涉测量原理上看，与干涉 SAR 是相同的，但是由于采用了较小的观测角度以及海洋表面的一些特殊性质，例如随机动态特性以及高程变化平缓性等，因此在干涉信息的处理方面与干涉 SAR 并不完全相同。图 5 - 12 为干涉测量的示意图。

　　干涉测量原理如图 5 - 12 所示，通过测量天线 1 和天线 2 接收回波信号之间的相位差 $\Delta\varphi$，从而知道同一地面观测点到达两幅天线的路径差 Δr，再根据精确测量的几何关系，得到该观测点相对于参考平面（例如地平面）的高度 h

$$\Delta r = \frac{\Delta\varphi}{2\pi} \cdot \frac{\lambda}{2}（双发双收）$$

$$\Delta r = \frac{\Delta\varphi}{2\pi} \cdot \lambda（单发双收）$$

$$\xi = \arccos\left[\frac{r^2 + B^2 - (r - \Delta r)^2}{2B \cdot r}\right] \tag{5 - 29}$$

$$h = \sqrt{r^2 + (H + R_0)^2 + 2r(H + R_0)\cos(\alpha + \xi)} - R_0$$

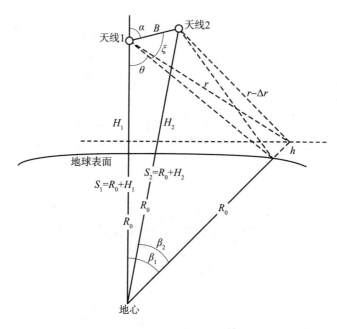

图 5 - 12　干涉测量示意图

根据上式可以推导观测点高度测量值的均方根误差为

$$\Delta h = \sqrt{\left(\frac{\partial h}{\partial r}\Delta r\right)^2 + \left(\frac{\partial h}{\partial B}\Delta B\right)^2 + \left(\frac{\partial h}{\partial H}\Delta H\right)^2 + \left(\frac{\partial h}{\partial \alpha}\Delta \alpha\right)^2 + \left(\frac{\partial h}{\partial \varphi}\Delta \varphi\right)^2 + \left(\frac{\partial h}{\partial \lambda}\Delta \lambda\right)^2}$$

$$(5-30)$$

其中

$$\frac{\partial h}{\partial r} = \frac{r + (H+R_0)\cos(\alpha+\xi)}{\sqrt{r^2 + (H+R_0)^2 + 2r(H+R_0)\cos(\alpha+\xi)}} +$$

$$\frac{(H+R_0)\sin(\alpha+\xi)}{\sqrt{r^2 + (H+R_0)^2 + 2r(H+R_0)\cos(\alpha+\xi)}} \cdot \frac{1}{\sqrt{1 - \left(\frac{r^2+B^2-(r-\Delta r)^2}{2Br \cdot}\right)^2}} \cdot \left(\frac{B^2-\Delta r^2}{2Br}\right)$$

$$\frac{\partial h}{\partial B} = \frac{-(H+R_0)\sin(\alpha+\xi)}{\sqrt{r^2 + (H+R_0)^2 + 2r(H+R_0)\cos(\alpha+\xi)}} \cdot$$

$$\frac{1}{\sqrt{1 - \left(\frac{r^2+B^2-(r-\Delta r)^2}{2Br \cdot}\right)^2}} \cdot \left(\frac{1}{2} - \frac{r^2-(r-\Delta r)^2}{2B^2}\right)$$

$$\frac{\partial h}{\partial H} = \frac{(H+R_0) + r\cos(\alpha+\xi)}{\sqrt{r^2 + (H+R_0)^2 + 2r(H+R_0)\cos(\alpha+\xi)}}$$

$$\frac{\partial h}{\partial \alpha} = \frac{-r(H+R_0)\sin(\alpha+\xi)}{\sqrt{r^2 + (H+R_0)^2 + 2r(H+R_0)\cos(\alpha+\xi)}}$$

双发双收

$$\frac{\partial h}{\partial \varphi} = \frac{-(H+R_0)\sin(\alpha+\xi)}{\sqrt{r^2+(H+R_0)^2+2r(H+R_0)\cos(\alpha+\xi)}} \cdot \frac{\dfrac{r-\Delta r}{B}}{\sqrt{1-\left(\dfrac{r^2+B^2-(r-\Delta r)^2}{2Br\cdot}\right)^2}} \cdot \frac{\lambda}{4\pi}$$

(5-31)

单发双收

$$\frac{\partial h}{\partial \varphi} = \frac{-(H+R_0)\sin(\alpha+\xi)}{\sqrt{r^2+(H+R_0)^2+2r(H+R_0)\cos(\alpha+\xi)}} \cdot \frac{\dfrac{r-\Delta r}{B}}{\sqrt{1-\left(\dfrac{r^2+B^2-(r-\Delta r)^2}{2Br\cdot}\right)^2}} \cdot \frac{\lambda}{2\pi}$$

(5-32)

双发双收

$$\frac{\partial h}{\partial \lambda} = \frac{-(H+R_0)\sin(\alpha+\xi)}{\sqrt{r^2+(H+R_0)^2+2r(H+R_0)\cos(\alpha+\xi)}} \cdot \frac{\dfrac{r-\Delta r}{B}}{\sqrt{1-\left(\dfrac{r^2+B^2-(r-\Delta r)^2}{2Br\cdot}\right)^2}} \cdot \frac{\Delta\varphi}{4\pi}$$

(5-33)

单发双收

$$\frac{\partial h}{\partial \lambda} = \frac{-(H+R_0)\sin(\alpha+\xi)}{\sqrt{r^2+(H+R_0)^2+2r(H+R_0)\cos(\alpha+\xi)}} \cdot \frac{\dfrac{r-\Delta r}{B}}{\sqrt{1-\left(\dfrac{r^2+B^2-(r-\Delta r)^2}{2Br\cdot}\right)^2}} \cdot \frac{\Delta\varphi}{2\pi}$$

(5-34)

可以看出，基线倾角测量误差构成了测高误差的最主要因素，其次是相位测量精度引起的测高误差（随机相位误差），但是这项误差在通过相干滤波处理后可以极大地降低，尤其在海洋观测时，由于空间平均尺度达到了 10 km 量级，精度可以达到 2 cm 左右。

5.12.3　波谱仪

雷达海洋波谱仪以星载雷达高度计技术为基础，通过系统测量模式和信号处理模式的改变和系统部分单元的适应性变化，实现星下高度测量模式和偏离星下方向的波谱测量模式的结合，完成海洋波浪方向谱信息（波高、波向、波长）的测量。

1）波高精度：同传统高度计；

2）波向精度：15°；

3）波长精度：10 %～20 %。

在海洋观测中，雷达脉冲在小入射角时，如果面元的波长比电磁波的波长大 3～5 倍，后向散射的机理是天底点方向面元的准镜面反射。归一化的雷达后向散射截面与风应力造成的短波陡度的概率密度函数相关。在雷达照射的足迹内，归一化的截面被长波造成的海面斜率调制，称为倾斜调制。该调制归因于长波引起的局部入射角的变化，波面朝向雷达时后向散射最强，背离时最弱。倾斜调制的大小与短波能量的谱分布有关，也与雷达对平均海面的观测角有关。

调制后的雷达后向散射在入射方向最大，与波浪的传播方向一致，并且在垂直波浪的传播方向最小。普遍认为，对于小入射角，并且大的足迹时观测的波长，后向散射信号调制密度谱 $P_m(k, \phi)$ 与斜率波谱 $k^2 F(k, \phi)$ 线性相关，对于波长大于 4 m 的情况下

$$P_m(k, \phi) = \frac{\sqrt{2\pi}}{L_y} \alpha^2 k^2 F(k, \phi) \qquad (5-35)$$

式中　L_y——方位角方向的足迹宽度；

　　　K——波数；

　　　ϕ——传播方向。

　　　α 与入射角 θ 处归一化后向散射截面 σ 有关

$$\alpha = \tan\theta - \frac{1}{\sigma} \frac{\partial \sigma}{\partial \theta} \qquad (5-36)$$

式中　σ——取决于海面的均方根斜率。

如果没有干扰的噪声源，波高谱 $F(k, \phi)$ 在观测方向，能利用调制波谱 $P_m(k, \phi)$ 变换得到。干扰噪声源是热噪声和斑点噪声。热噪声校正通过估计噪声水平和校正接收功率进行。另外，模拟的研究显示传输功率在 100 W 时，热噪声的影响很小。反之，斑点噪声的影响不能忽视。斑点噪声服从高斯分布，表示为

$$P_m(k) = P_c(k) + P_s(k) \qquad (5-37)$$

式中　$P_m(k)$——测量的后向散射调制的能谱；

　　　$P_c(k)$——观测的没有斑点噪声的调制谱；

　　　$P_s(k)$——斑点噪声的波谱能量密度，它可以表示为

$$P_s(k) = \frac{1}{N_{int}\sqrt{2\pi}} \cdot \frac{\Delta x}{2\sqrt{2\ln 2}} \qquad (5-38)$$

式中　N_{int}——独立采样个数（SWIMSAT 是 100）；

　　　ΔX——固有水平分辨率（0.47～0.75 m，取决于入射角）。

在方程中去掉斑点噪声后，可以用来反演波浪能量谱，式中波数 k 小于某一阈值，在斑点噪声密度谱接近调制谱时这个阈值相当于波数。

通过雷达波束在 360°方位角范围内的扫描，就可以得到各个方向上的海洋波浪的斜度函数。

海洋波浪高度谱需要利用天底方向雷达高度计测量得到的有效波高进行归一化，或利用后向散射系数随入射角 θ 变化的曲线进行归一处理。

根据海洋波浪的斜度函数就可以得到海洋波浪的方向谱信息。

根据上述原理，海洋波谱仪测量海洋波浪谱需要通过对多个方位角 Φ 的后向散射系数及其在雷达足印内的距离分辨率的测量，获得海洋波浪的斜度分布，然后反演海洋波高分布谱特性。图 5-13 为海洋波浪谱测量的原理示意图。

为了避免风生毛细波的散射影响，入射俯仰角的选择应该在偏离天底方向很小（通常小于 10°）的角度范围内进行测量。

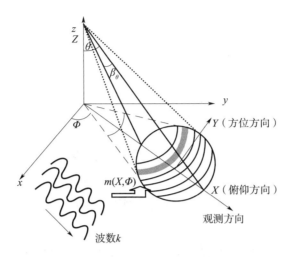

图 5 - 13　海洋波浪谱测量的原理示意图

根据测量得到的海洋波高谱函数，可以获得海洋波浪坡度分布函数，再根据星下高度计测量得到的有效波高和海面风速信息，可以获得海洋波浪的方向谱函数和海面风场（包括风速和风向）信息。

根据真实孔径雷达海洋波谱仪测量海洋波浪谱的原理，海洋波谱仪需要在天底方向和偏离天底方向进行高距离分辨率的测量。由于海洋波浪谱测量是一种刈幅范围内局域化的海面高度分布统计特性的测量，海洋波谱仪的测量采取脉冲限制的分辨模式。海洋波谱仪是以星载雷达高度计为基础，通过增加相应的工作模式和功能模块，实现海洋波浪方向谱的测量。从实现上看，海洋波谱仪实际上是一个传统雷达高度计与一个斜视的雷达高度计的组合。相对于传统雷达高度计，海洋波谱仪的主要的不同包括：

1）增加天线偏离天底方向的观测波束，以实现对海洋波浪坡度调制效应的测量；

2）在中频后增加偏离天底方向的处理能力，采用脉冲限制体制，通过对天线波束形状、测量距离和后向散射系数随入射俯仰角变化曲线的反加权处理，可以获得一定区间的后向散射系数，并反演海洋波浪的坡度分布函数；

3）增加偏离天底方向波束的旋转功能，通过多个方向调制效应的测量获得海洋波浪谱方向信息。

海洋波谱仪是一个工作频率在 Ku 频段的真实孔径雷达，雷达采用多波束共用反射面的偏馈天线，有 6 个偏置馈源，这 6 个波束的海面入射角分别是 0°（天底指向）、2°、4°、6°、8°和 10°，天线对地扫描方式是机械圆锥扫描，扫描速率为 6 周/分钟。随着卫星的运动，天线波束在海面作螺旋形的扫描轨迹。

海洋波谱仪的观测示意图、地面扫描图形如图 5 - 14 和图 5 - 15 所示。

通过波谱仪的多入射角设计用来得到海面坡度的统计信息（均方波陡，坡度概率密度函数的形状）。天底指向波束采用高度计中使用的方法完成有效波高、风速的测试。

雷达发射的 6 个波束均采用线性调频脉冲，6 个波束通过波束切换实现分时工作，其中天底指向波束的观测方式与高度计相类似，其主要功能是通过检测和分析回波信号特

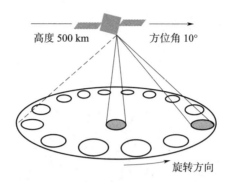

图 5-14 波谱仪观测示意图

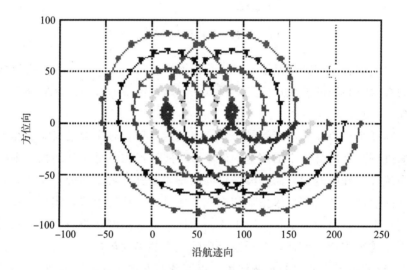

图 5-15 波谱仪在海面的扫描图形

性，提取高度、波高、雷达后向散射系数，非天底指向波束通过测量回波信号的调制谱和后向散射系数得到海面波谱信息。

第6章 微波散射计总体设计

散射计是一种有源微波遥感器，用来测量各种分布目标的散射特性。它运用不同方位角、极化和波长的电磁波测量分布（面）目标对雷达发射电磁波的散射强度，测定被测目标的雷达后向散射系数。而海面后向散射系数又与风速、风向间有一定的依赖关系，可以利用这种关系反演出海面风场，星载微波散射计通过在不同方位角测量海面同一区域的归一化雷达后向散射系数（σ°），并利用σ°和海面风场之间的几何模型函数关系来推导出海面风的速度和方向，从而迅速收集海表的矢量风场。

星载微波散射计可以提供全天候、全天时、高精度、高分辨率和短周期的海面风场数据，早在1978年由美国的海洋卫星散射计（SASS）第一次得到证明。另外，喷气推进实验室（JPL）近几年的研究结果表明，利用不同次散射测量结果的空间重叠这一潜在因素及一种容许更大噪声的图像重建方法进行信号处理，可以大大地提高散射计测量的分辨率。用这一方法对SASS数据进行研究，分辨率提高了8～10倍。该方法仅以很小的代价就可以使对海面和海冰观测的图像分辨率达到1～2 km，对海面风观测的图像分辨率达到5～10 km，这样使得散射计的应用范围大大增加。它在测量海洋表面风场方面的独特优点，使得对其研究具有非常重要的意义。

星载微波散射计系统方案设计一般流程如图6-1所示。

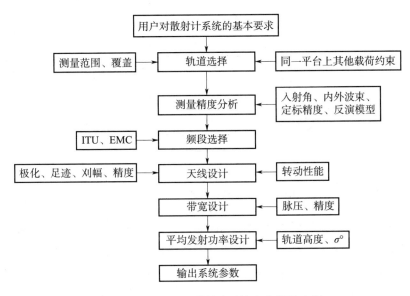

图6-1 星载微波散射计系统方案设计流程

6.1 散射计工作原理

微波散射计是一种经过校准的真实孔径雷达，用来测量面扩展目标的后向散射系数 σ°。为了测量雷达后向散射系数，雷达发射射频（Radio Frequency，RF）脉冲并测量后向散射的功率，根据雷达距离方程，通过地面处理可以得到 σ°。目前海洋是散射计的主要应用领域，它可以用于对海面风矢量场的测量。由于 σ° 对海面的风速和风向存在一定的依赖关系，因此通过对同一雷达分辨单元多个方位角的 σ° 的测量，根据模型反演海面风场矢量。对于陆地，散射计可以用于测量土壤湿度、降水量、植被和农作物的生长情况等。

作为有源雷达，散射计由三个主要部分组成：电子组件、天线和指令与数据单元。电子组件单元包括发射机、接收机和数字信号处理器，其产生并将高频脉冲信号输入天线。天线向海洋表面发射信号，粗糙的海洋表面散射强的回波信号，而平静的海面散射弱的回波信号，回波信号经天线接收并经电子组件变频转换为数字信号。指令与数据单元实际上是一个计算机，它控制整个仪器的运行，包括发射脉冲的定时、将采集的接收回波转换为特定区域的风的测量必要的信息、定位回波采集的地理位置、每个脉冲天线对应的旋转位置、卫星时间以及卫星位置的估计。

微波散射计工作几何关系如图 6-2 所示。

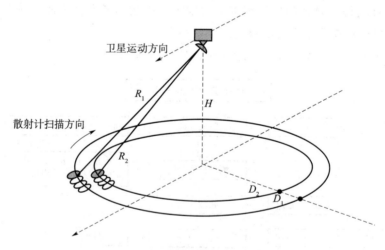

图 6-2 微波散射计几何关系图

散射计工作过程如下：发射机通过双工接通天线，向海面发射脉冲，海面回波被天线接收后，经双工送到接收机，最后经处理恢复为视频信号送至信号处理器。内定标设备将发射机的部分功率耦合到接收机中形成闭环，实现内部校准，消除收发系统的变化所引起的测量误差。信号处理器对回波信号、内定标信号及无回波的纯噪声信号进行处理，可获得海面散射源的归一化雷达后向散射系数 σ°。地面处理系统再通过数学模型推算出海面风速和风向。

6.2　风速、风向的反演

散射计之所以能够用于测量海面风场是因为海面风场对微波散射的各向异性特征。也就是说当入射角一定时，方位角（电磁波入射面与风向的夹角）不同则后向散射系数也有所不同。例如当方位角为 0°即逆风时 σ° 为最大，当方位角为 180°即顺风时 σ° 次大，而当方位角为 90°即横向风时 σ° 最小。海面风向的这种方位调制特性近似于余弦函数关系。迄今为止已有多种数学模型来描述这种调制关系，例如 ERS－1 散射计的 CMOD1、CMOD2和 CMOD4 模型（C 频段），美国 SEASAT－1 SASS 模型（Ku 频段），F. J. Wentz（Ku频段）以及 Moore 的模型（Ku 频段）等。

在星载散射计风场反演算法设计中最重要的就是尽量保证反演风场的唯一性。由于实际测量过程中不可避免的噪声影响，根据测量结果进行计算的曲线不可能理想地相交于一点，有可能是一个较小的区域，因此算法设计中要运用最大似然估计技术来进行唯一风场反演。另一方面在风场反演时还可以利用海面风场的连续性变化的特点，在相邻面元的风场反演时相互参考，最终消除模糊解。

通过测量海面风速和风向，海洋用散射计可以更精确地预测与人类日常活动密切相关的海洋现象，如天气预报、风暴检测、航线的选择以及海上石油生产和食物生产等。

6.3　微波散射计主要技术指标

微波散射计主要性能指标包括功能、模式及工作频率、信号带宽、极化方式、天线增益、发射功率、观测角、波束扫描方式、接收机灵敏度和动态范围、辐射分辨率和空间分辨率、测量精度等。

要求微波散射计从卫星平台上采用笔形圆锥扫描方式测量海面扩展目标的散射系数 σ°，单一工作频率，双馈源、双波束、双极化工作方式，支持内定标模式，修正仪器的漂移。

下面列出散射计的主要指标分析的因素。

1）发射频率：取决于国际电联的要求、探测目标要求、工程可实现要求以及整星电磁兼容性要求等，C、Ku 是主选频段。

2）后向散射系数测量范围：主要取决于系统动态范围和信噪比。

3）风速范围及精度：主要取决于系统动态范围及反演模型精度。

回波功率测量精度直接决定测风精度，可用回波功率归一化标准偏差 K_p 表示式为

$$K_p \approx \sqrt{\frac{1}{N_s}\left(1+\frac{1}{\mathrm{SNR}}\right)^2} \tag{6-1}$$

式中　N_s ——回波信号的独立采样数；

　　　SNR——回波信噪比。

回波功率测量精度换算成 dB 的计算公式为

$$S = 10\log(1+K_p)$$

N_s、SNR 均与雷达发射信号带宽有关，为确定最终结果，需要仿真分析各风速下回

波功率测量精度和信号带宽的关系。

4）发射脉冲功率：主要取决于要求的测量精度和工程可实现要求。

根据雷达输出信噪比要求（由回波功率测量精度要求决定），在最大幅宽处进行雷达发射峰值功率计算，公式为

$$P_t = \frac{(4\pi)^3 \cdot R^4 \cdot L_F \cdot N_0 \cdot SNR}{G^2 \cdot \lambda^2 \cdot \sigma^0 \cdot \delta_{az} \cdot \delta_{el} \cdot T_p} \tag{6-2}$$

式中　P_t——峰值发射功率；

　　　R——斜距；

　　　L_F——系统损耗；

　　　N_0——接收机功率谱密度；

　　　SNR——信噪比；

　　　G——天线增益；

　　　λ——雷达波长；

　　　σ^0——后向散射系数；

　　　δ_{az}——方位向分辨率；

　　　δ_{el}——距离向分辨率；

　　　T_p——脉冲宽度。

5）极化方式：主要取决于观测目标，目前用双同极化较多，即 HH、VV 两种极化产生两种波束，用于提高风场精度和去模糊。

6）天线增益：决定于系统的发射功率和需要的测量精度。

7）波束宽度和地面足迹：取决于用户的观测要素。

地面分辨单元在沿航向方向和垂直航向方向的尺寸是不同的，分别表示为 L_y 和 L_x

$$L_y = \frac{\beta \times R}{\cos\theta}$$

$$L_x = \beta \times R$$

入射角和观测角的关系由式（6-3）给出

$$\theta = \arcsin\left[\left(1 + \frac{H}{R_e}\right)\sin\alpha\right] \tag{6-3}$$

斜距由式（6-4）计算

$$R = \frac{\sin\gamma}{\sin\alpha} \times R_e \tag{6-4}$$

$$\gamma = \theta - \alpha$$

地面距离为

$$R_g = \gamma \times R_e$$

最大测绘带宽为

$$W = 2R_g$$

以上各式中，参数定义如下：

β——天线 3 dB 波束宽度；

α——观测角；

θ——入射角；

γ——地心角；

H——轨道高度；

R_e——地球半径，$R_e = 6\ 371.23\ \text{km}$；

R——斜距，卫星到地面分辨单元中心的距离；

R_g——地距，星下点到地面分辨单元中心的距离。

6.4　入射角的设计

微波散射计通过接收雷达的回波功率，再计算出海面的后向散射系数 $\sigma°$。科学家对星载微波散射计的接收数据精确地建立了 $\sigma°$ 和海面风场之间的关系（eg. Wentz et al. 1984；Wentz，1992）

$$\sigma° = A + B\cos\phi + C\cos2\phi \qquad (6-5)$$

式中　ϕ——雷达波束方向与迎风方向之间的方位夹角；

　　　A、B、C——入射角、风速和极化的函数。

在中等入射角度的情况下，如风向固定，$\sigma°$ 随风速的增大而增大。在固定风速情况下，$\sigma°$ 随风向变化而变化。雷达电磁波的入射方向在海面的投影与风向的关系是顺风或逆风方向时 $\sigma°$ 最大，风向接近横向时 $\sigma°$ 最小。因此海面的风速和风向可以从不同观测方向测得的 $\sigma°$ 推算出来。

$\sigma°$ 随风速变化的灵敏度总是随入射角的增大而增大，且水平极化比垂直极化增大更大，但 $\sigma°$ 的绝对值都是随入射角的增大而降低，且水平极化比垂直极化下降更大，因此散射计的设计必须在信号强度和信号对风速的灵敏度之间折中考虑。这也就是要求对入射角的选择作出折中考虑。

散射系数与风速、入射角的关系曲线如图 6-3 所示。

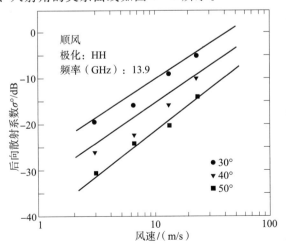

图 6-3　散射系数与风速、入射角的关系

（实线为理论数据，点为试验数据）

由图6-4可知，当入射角大于30°时，σ°随风速变化的灵敏度都是比较高的，而从提高雷达接收信号强度的角度考虑，入射角在这个范围内应选择的越小越好。

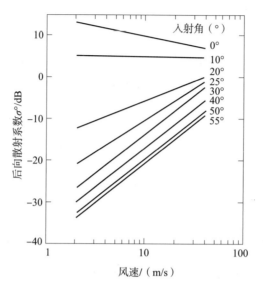

图6-4　不同入射角 σ° 随风速变化的关系图

6.5　全极化散射计测量精度

同传统散射计相比，全极化散射计能同时获取除同极化（HH、VV）外交叉极化（HV、VH）信号，因此风矢量场去模糊性能更好，测量精度更高，测量范围更大。

极化测量可以采用多种不同的工作方式：交替发射同时接收、交替发射交替接收、同时发射同时接收、同时发射交替接收。从工程实现尽量简单化的方面考虑，星载全极化微波散射计可采取交替发射同时接收的方式，该工作方式具有系统简单、无发射功率浪费、增益控制方便和可以实现高距离向分辨率等优点。

田栋轩等人认为，对于天线，由于全极化微波散射计需测量同极化和交叉极化的相关系数，由海表散射特性可知，交叉极化比同极化的信号约小15 dB，如果两个通道的极化隔离度不好，泄漏到交叉极化通道中同极化信号就会干扰目标的交叉极化信号，造成测量精度下降。因此，天线应具有很高的极化隔离度，要求天线极化隔离度一般应大于30 dB。目的是产生低交叉极化分量，这样就可以减小两路间的串扰。

6.6　全极化高分辨率信号处理技术

相对于普通的微波散射计，全极化微波散射计不仅要计算同极化的回波能量，而且要计算同极化与交叉极化的相关量，同时，高分辨率信号处理也是一种较复杂的方法，两种算法的结合以及算法的仿真和验证是系统的一个关键点。

6.7　高精度全极化微波散射计定标技术

　　全极化微波散射计与普通微波散射计相比有其特殊性，全极化微波散射计在接收信号时，存在同极化接收通道和交叉极化接收通道两路，所以同极化通道和交叉极化通道都要进行标定，而且，对于全极化微波散射计，要对同极化通道和交叉极化通道的相位差进行定标，目的是使极化测量值能准确地描述目标的真实散射矩阵，消除或减小系统发射通道和接收通道对极化测量的影响，还原目标的真实散射特性。

　　海面同极化后向散射系数与风速、风向的关系如图 6-5、图 6-6 所示（来源于 Seasat 散射计数据）。

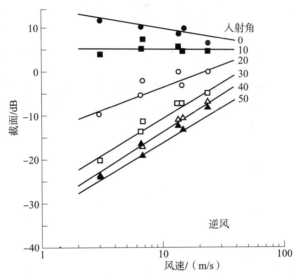

图 6-5　0° 到 50° 之间 σ_{VV} 和风速的关系（Ku 频段、V 极化）

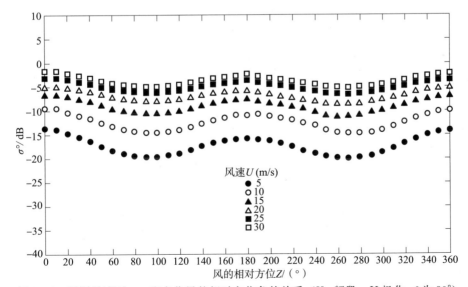

图 6-6　不同风速下 σ_{HH} 和方位风的相对方位角的关系（Ku 频段、H 极化、θ 为 30°）

　　海面交叉极化后向散射系数与风速、风向的关系如图 6-7 所示（来源于 Seawinds 散射计数据）。

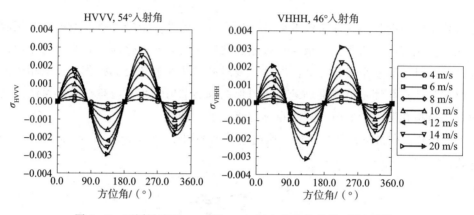

图 6-7　不同风速下 σ_{HVVV} 和 σ_{VHHH} 与方位角的关系（Ku 频段）

　　星载全极化微波散射计通过对同一分辨率单元的 σ_{VV}、σ_{HH}、σ_{VHHH}、σ_{HVVV} 进行多个方位角度的测量，利用 σ_{VV}、σ_{HH}、σ_{VHHH}、σ_{HVVV} 与海面风速和风向之间的关系，经过最优估计、滤波等算法得出海面风矢量。

第7章 微波辐射计总体设计

微波辐射计是被动式微波遥感器，本身不发射电磁波，而是通过被动地接收被观测场景辐射的微波能量来探测目标的特性。当微波辐射计的天线主波束指向目标时，天线接收到目标辐射、目标散射和传播介质辐射等辐射能量，引起天线视在温度的变化。天线接收的信号经过放大、滤波、检波后，最后以电压的形式输出。对微波辐射计的输出电压进行定标，建立输出电压与天线视在温度的关系之后，就可确定天线视在温度和所观测目标的亮温度。该温度值就包含了辐射体和传播介质的一些物理信息，通过反演就可以探测出目标的一些物理特性。

由于微波辐射计接收的是被测目标自身辐射的微波电磁能量，因此它所提供的关于目标特性的信息与光学遥感和主动微波遥感不同。同时，因为被测目标自身所辐射的微波频段的电磁能量是非相干的极其微弱的信号，这种信号的功率比辐射计本身的噪声功率还要小得多，所以微波辐射计必须是高灵敏度的接收机。微波辐射计是微波遥感领域的重要组成部分。

星载微波辐射计系统方案设计一般流程如图 7-1 所示。

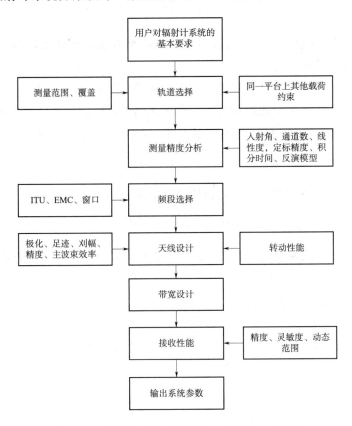

图 7-1 星载微波辐射计系统方案设计一般流程

7.1　微波辐射计工作原理

微波辐射测量的理论基础是 Planck 定律，即在绝对零度以上的任何物体在所有的频率上均有电磁辐射，其辐射的大小与物体的温度和性质有关，这就是 Planck 定律的基本内容，它的数学表达形式为

$$I = \mu \varepsilon \frac{h f^3}{e^{hf/kT} - 1} \tag{7-1}$$

式中　I——单位辐射强度（$\text{Wm}^{-2}\text{Hz}^{-1}\text{Sr}^{-1}$）；

　　　h——Planck 常数（$6.625\ 6 \times 10^{-34}\text{J} \cdot \text{s}$）；

　　　k——Boltzmann 常数（$1.38 \times 10^{-23}\text{J} \cdot \text{K}^{-1}$）；

　　　T——物体的物理温度。

在 Rayleigh–Jeans 近似条件（$hf/kT \ll 1$）下，对导磁率为 μ，介电常数为 ε 的介质而言，I 值为

$$I = \frac{kT}{\lambda^2} \frac{\mu \varepsilon}{\mu_0 \varepsilon_0} \tag{7-2}$$

λ 为自由空间波长，在自由空间

$$I = \frac{kT}{\lambda^2} \tag{7-3}$$

在微波频段，Rayleigh–Jeans 的近似条件能够很好地得到满足，故 Rayleigh–Jeans 定律可在微波领域内应用。

黑体是一种理想的辐射体，自然界中所有物体的发射都比同温度下的黑体弱。物体单位辐射强度 I 是辐射方向和极化的函数，在无源遥感中，辐射计接收所观测物体发射出的单位辐射强度 $I_\beta(\theta, \phi)$，一个称之为亮度温度 $T_{\beta B}(\theta, \phi)$ 的等效辐射温度定义如下

$$T_{\beta B}(\theta, \phi) = I_\beta(\theta, \phi) \frac{\lambda^2}{k} \tag{7-4}$$

若物体具有均匀的物理温度 T，则物体的辐射率 $e_\beta(\theta, \phi)$ 定义为

$$e_\beta(\theta, \phi) = \frac{T_{\beta B}(\theta, \phi)}{T} \tag{7-5}$$

辐射率 e 与物体表面粗糙度、温度、频率、极化方式和介电常数等因素有关。

7.2　微波辐射计测温算法

天线接收的能量来自整个 4π 立体角，并有一个亮度分布 $B_i(\theta, \phi)$，可以采用物体亮度温度的定义方法来定义天线的视在温度 T_{AP}

$$B_i(\theta, \phi) = \frac{2k}{\lambda^2} T_{AP}(\theta, \phi) \Delta f \tag{7-6}$$

则天线接收的功率为

$$p = \frac{1}{2} A_{\text{eff}} \iint\limits_{4\pi} \frac{2k}{\lambda^2} T_{AP}(\theta, \phi) \Delta f \; F_n(\theta, \phi) \; \mathrm{d}\Omega \tag{7-7}$$

式中　　p——天线提供给接收机的功率，也可以定义一个等效温度 T_A；

　　　　Δf——带宽；

　　　　A_{eff}——天线有效面积，使在这个温度时电阻提供的噪声功率等于 p，即

$$p_n = k T_A \Delta f = p \tag{7-8}$$

将上述公式结合可得

$$T_A = \frac{A_{\text{eff}}}{\lambda^2} \iint\limits_{4\pi} T_{Ap}(\theta, \phi) F_n(\theta, \phi) \; \mathrm{d}\Omega \tag{7-9}$$

T_A 称作天线辐射测量温度，也可将上式写成如下形式

$$T_A = \frac{\iint\limits_{4\pi} T_{AP}(\theta, \phi) F_n(\theta, \phi) \; \mathrm{d}\Omega}{\iint\limits_{4\pi} F_n(\theta, \phi) \; \mathrm{d}\Omega} \tag{7-10}$$

即 T_A 等于视在温度分布按天线加权函数 $F_n(\theta, \phi)$ 在 4π 立体角上积分，并按加权函数的积分归一化。也可将上式分成两部分，一部分代表主瓣的贡献，另外一部分代表主瓣以外各方向（旁瓣）的贡献，即

$$T_A = \frac{\iint\limits_{ML} T_{AP}(\theta, \phi) F_n(\theta, \phi) \; \mathrm{d}\Omega}{\iint\limits_{4\pi} F_n(\theta, \phi) \; \mathrm{d}\Omega} + \frac{\iint\limits_{4\pi-ML} T_{AP}(\theta, \phi) F_n(\theta, \phi) \; \mathrm{d}\Omega}{\iint\limits_{4\pi} F_n(\theta, \phi) \; \mathrm{d}\Omega} \tag{7-11}$$

由主瓣效率 η_M、主瓣贡献的有效视在温度 T_{ML} 和旁瓣贡献的有效视在温度 T_{SL} 的定义，可将上式化为如下形式

$$T_A = \eta_M T_{ML} + (1 - \eta_M) T_{SL} \tag{7-12}$$

上式是在假设天线是无损耗（天线效率 $\eta_l = 1$）的情况下推导出来的，若天线不是理想辐射，则上式应改写成为

$$T'_A = \eta_l \eta_M T_{ML} + \eta_l (1 - \eta_M) T_{SL} + (1 - \eta_l) T_0 \tag{7-13}$$

T'_A 是微波辐射计的测量值，但我们所关心的是主波束的贡献 T_{ML}，如果 η_l、η_M、T_{SL} 和 T_0 是已知的，T_0 为噪声温度，一般取 290K，就可以很容易从 T'_A 求得 T_{ML}。

在微波辐射计系统中采用平方律检波，它使辐射计的输入功率与输出电压成线性关系，即

$$V = a T'_A + b \tag{7-14}$$

式中 a 和 b 为两个定标常数，采用两点定标即可确定 a 和 b 的具体值。

微波辐射计将射频输入噪声功率，转换成与其成正比的输出电压量 V_{OUT}，它们之间的关系为

$$V_{\text{OUT}} = g_{LF} C_d G \; k T_{\text{SYS}} B = G_{\text{S}} T_{\text{SYS}} \tag{7-15}$$

$$G_{\text{S}} = g_{LF} C_d G \; kB$$

$$T_{\text{SYS}} = T_A + T_{\text{REC}}$$

其中　　g_{LF}——低通滤波器的电压增益；

　　　　C_d——平方律检波器的功率灵敏度常数；

　　　　T_{SYS}——系统噪声温度；

　　　　T_A——天线输出噪声温度；

　　　　B——测量带宽；

　　　　T_{REC}——接收机有效本机噪声温度；

　　　　V_{OUT}——微波辐射计输出电压；

　　　　G_s——系统的增益因子。

　　式（7-15）表明微波辐射计的输出电压与输入噪声温度的方程中有两个不确定常数，即系统增益因子 G_s 和本机噪声 T_{REC}，这两个常数通过微波辐射计定标确定。

　　由于微波辐射计的输出电压受系统增益 G 和本机噪声 T_{REC} 的影响，它们与放大器或混频器等有源器件有关，随供电电源和器件的物理温度的变化而波动，微波辐射计的灵敏度定义为与系统噪声引起的输出电压波动（1σ）相对应的输入信号功率的大小，因此全功率微波辐射计的灵敏度公式为

$$\Delta T_N = \frac{T_{SYS}}{\sqrt{B\tau}} \tag{7-16}$$

　　微波辐射计测量的不确定性不光由系统的本机噪声所引起，接收机增益起伏也直接影响测量的精度。由于 V_{OUT} 与乘积 $G_s T_{SYS}$ 之间是线性关系，因此，系统增益 G_s 增加 ΔG_s，输出端会误认为是 T_{SYS} 增加 $\Delta T_{SYS} = T_{SYS} (\Delta G_s / G_s)$。

　　从统计上说，微波辐射计的稳定度为系统增益变化而引起的 T_A 的均方根的不确定性，即

$$\Delta T_G = T_{SYS} \left(\frac{\Delta G_s}{G_s}\right) \tag{7-17}$$

式中　　G_s——系统增益因子；

　　　　ΔG_s——增益因子波动量。

　　由于噪声引起的不确定性 ΔT_N 和增益引起的不确定性 ΔT_G 是统计独立的，因此，微波辐射计的最小可检测信号，即总的均方根不确定性可表示成

$$\Delta T_{min} = \left[(\Delta T_N)^2 + (\Delta T_G)^2 \right]^{1/2}$$
$$= T_{SYS} \left[\frac{1}{B\tau} + \left(\frac{\Delta G_s}{G_s}\right)^2 \right]^{1/2} \tag{7-18}$$

　　式（7-18）确定了全功率微波辐射计的辐射测量的最小可检测信号，它综合考虑了噪声和增益两种变化的影响。

7.3　微波辐射计主要技术指标

　　微波辐射计主要技术指标包括功能、模式及工作频率、信号带宽、极化方式、天线增益、观测角、波束扫描方式、接收机灵敏度和动态范围、辐射分辨率和空间分辨率、测量

精度等。

要求被动式微波辐射计通过多辐射通道测量海面的微波辐射得到海面的辐射亮温，进而得到海面温度，同时，它还可测量与大的风暴或飓风有关的泡沫亮度温度，从而能够反演出最高达 50 m/s 的风速。支持内定标模式，修正仪器的漂移。

下面列出辐射计主要指标分析的因素。

（1）观测通道中心频率和带宽的选择

主要取决于观测要素和电联的约束以及整星 EMC 的要求。

成像探测是目前星载微波辐射计发展应用的主要方式之一。成像探测的主要观测频率为 6.6～39 GHz 的频率范围，用于对地表和海洋的成像观测。89 GHz 频段为大气窗区通道，用于探测地表的背景微波辐射，对成像探测起辅助作用。

全极化微波辐射计的探测要素主要包括：海面风场、海面温度、大气水汽和液态水分布、降雨含量以及海冰等海洋基本信息。

①海面风场测量

海洋表面辐射的微波能量与波构成和泡沫有关，而后者本身又受海洋表面风速的影响。因此，通过测量海洋表面的微波发射，辐射计可以反演出海面风速。18.7 GHz 具有适中的空间分辨率，可测风速的范围比较大，对大气的影响不敏感，可在有厚云层的情况下工作；37 GHz 对海面风速最敏感，有很好的分辨率；此外，国外在微波辐射计应用于海洋探测时发现，在海洋探测应用的 10.7 GHz、18.7 GHz 和 37 GHz 这三个频点进行全极化测量，还可以获取有关海洋表面风场（风向、风速）的详细信息。因而后面将讲述采用 10.7 GHz、18.7 GHz 和 37 GHz 这三个频点进行全极化测量，接收海面辐射亮温度数据，对风场进行反演。

②海面温度测量

在 1～15 GHz 的频率范围内，即使在有云和中等降雨的情况下，大气仍然是透明的，海面辐射亮度是海面物理温度、盐度、表面粗糙度和泡沫的函数。海面辐射亮度对海面物理温度变化最敏感的频点在 5 GHz 左右。海面辐射亮温度对海面粗糙度和泡沫变化的灵敏度随频率的增加而增加，因此测量海面温度应选择较低的微波频率，这可以去除海面辐射亮温度中与风有关因素的影响，可选择 6.6 GHz 的频率来测量海面温度。

③海冰测量

微波辐射计可以对冰层范围进行测量和区分不同年龄的冰，多年冰、一年冰和开阔水面的发射率是不同的，当海面热力学温度一定时，对上述三种情况而言，海面的有效辐射温度是不同的，微波辐射计观测微波亮温度也不同，参照国外辐射计选用的频率，选择 18.7 GHz 和 10.7 GHz 的频率来测量海冰、覆盖的雪层以及降雨。

④海洋上空水汽测量

为了能够更好地反映低层水汽，测量海洋上空的水汽含量，选择略偏离 22.235 GHz 水汽线的 23.8 GHz 进行测量。

（2）海面温度测量范围及精度

主要取决于系统校正精度、信噪比及动态范围等。

微波辐射计如果采用二点口面辐射定标，当微波辐射计输出电压为 V_{OUT} 时，热源亮温 T_{HOT}、冷源亮温 T_{COLD}，热源输出电压 V_{HOT}、冷源输出电压 V_{COLD}，则天线输入亮温度 T_{IN} 为

$$T_{\text{IN}} = \frac{T_{\text{HOT}} - T_{\text{COLD}}}{V_{\text{HOT}} - V_{\text{COLD}}} \times V_{\text{OUT}} - \frac{V_{\text{COLD}} \times T_{\text{HOT}} - V_{\text{HOT}} \times T_{\text{COLD}}}{V_{\text{HOT}} - V_{\text{COLD}}} \tag{7-19}$$

用上面定标方程反演天线输入温度 T_{IN}，引入误差的因素即为等式右边各参数，它们引入的误差是互为独立的，因此

$$\Delta T_{\text{IN}} = \left[\left(\frac{\partial T_{\text{IN}}}{\partial V_{\text{OUT}}} \Delta V_{\text{OUT}} \right)^2 + \left(\frac{\partial T_{\text{IN}}}{\partial V_{\text{HOT}}} \Delta V_{\text{HOT}} \right)^2 + \left(\frac{\partial T_{\text{IN}}}{\partial V_{\text{COLD}}} \Delta V_{\text{COLD}} \right)^2 + \right.$$
$$\left. \left(\frac{\partial T_{\text{IN}}}{\partial T_{\text{HOT}}} \Delta T_{\text{HOT}} \right)^2 + \left(\frac{\partial T_{\text{IN}}}{\partial T_{\text{COLD}}} \Delta T_{\text{COLD}} \right)^2 \right]^{\frac{1}{2}} \tag{7-20}$$

ΔV_{OUT}、ΔV_{HOT}、ΔV_{COLD} 为微波辐射计输出误差，由微波辐射计测温灵敏度引起的输出误差和 A/D 变换的量化误差组成，ΔT_{HOT}、ΔT_{COLD} 是辐射亮温度的测量误差。

$$\Delta T_{\text{IN}} = \left[\left(\frac{T_{\text{HOT}} - T_{\text{COLD}}}{V_{\text{HOT}} - V_{\text{COLD}}} \Delta V_{\text{OUT}} \right)^2 + \left[\left(-\frac{(T_{\text{HOT}} - T_{\text{COLD}})(V_{\text{OUT}} - V_{\text{COLD}})}{(V_{\text{HOT}} - V_{\text{COLD}})^2} \right) \Delta V_{\text{HOT}} \right]^2 + \right.$$
$$\left[\left(-\frac{(T_{\text{HOT}} - T_{\text{COLD}})(V_{\text{HOT}} - V_{\text{OUT}})}{(V_{\text{HOT}} - V_{\text{COLD}})^2} \right) \Delta V_{\text{COLD}} \right]^2 +$$
$$\left. \left(\frac{V_{\text{OUT}} - V_{\text{COLD}}}{V_{\text{HOT}} - V_{\text{COLD}}} \Delta T_{\text{HOT}} \right)^2 + \left(\frac{V_{\text{HOT}} - V_{\text{OUT}}}{V_{\text{HOT}} - V_{\text{COLD}}} \Delta T_{\text{COLD}} \right)^2 \right]^{\frac{1}{2}} \tag{7-21}$$

由上式可见，所反演的天线输入亮温度误差 ΔT_{IN} 由五项误差组成：微波辐射计的的输出电压误差 ΔV_{OUT}、ΔV_{HOT}、ΔV_{COLD}，高温定标源和低温定标源的亮温度误差 ΔT_{HOT}、ΔT_{COLD}，前三项误差都与微波辐射计的测温灵敏度密切相关，可以认为这三项输出电压误差相等。

（3）天线的扫描形式

主要取决于系统实现的难易程度、刈幅要求及不同观测要素对入射角的要求。

（4）分辨率、刈幅计算方法

参见散射计。

7.4　全极化辐射计

传统的微波辐射计对海面进行探测时，通常使用水平和垂直两种基本极化方式。在探测海面风场时，认为风成海面的微波辐射是各向同性的，没有风向信号，所以从亮温中仅可以反演出海面风速，精度为 ±2 m/s。

20 世纪 90 年代初，在用 SSM/I 亮温数据反演海面风速时发现，反演亮温与实测亮温的差是风向的函数。研究结果还表明：传统的水平极化和垂直极化亮温中确实包含风向信息，但是确切反演出真实风向还需要其他手段的配合，如使用散射计数据。

随着微波辐射计灵敏度和定标精度的提高，殷晓斌与冯凯通过对微波辐射测量结果的分析，得到了在同样的风速条件下，随着极化方向相对于风向的夹角的变化，辐射亮温也有 0.5 K（风速小于 3 m/s）～5 K（风速大于 15 m/s）的变化，并且变化在很大的入射角都存在的结论。海面的微波辐射亮温随观测方位变化而变化，是由于风的影响使得表面几何形状随方位角变化而变化，这种表面方位角的各向异性引起微波亮温的各向异性。辐射亮温分布随方位角的变化在四个 Stokes 分量上都会有表现，且可以用二次谐波模型逼近；同时第三分量 T_3（复相关实部）和第四分量 T_4（复相关虚部）的谐波满足正交特性，可以用来实现对风向反演的去模糊处理。试验测量结果还表明，T_3 分量的方位向变化受云雨的影响也比其他分量小。这样全极化测量微波辐射计就可以通过对多个入射方位角的海面辐射亮温 Stokes 矢量的测量来反演海面风向。

理论研究和试验结果表明，在 10.7 GHz、18.7 GHz 和 37 GHz 频段进行全极化测量，能够获取海洋表面的全部 Stokes 亮温，从而实现海面风场矢量的微波遥感测量。

7.5　入射角

对于星载微波辐射计而言，要准确观测海洋风场，必须考虑入射角等因素。

研究表明，水平垂直极化亮温随入射角的增大而增大。由于海面风向亮温信号十分微弱，在小入射角时，信号幅度较小，往往容易被测量噪声淹没，因此，使用较大的入射角，更容易提取海面风场的亮温信息。

其次，已有的研究成果表明，当入射角在 53°附近时，全极化探测频段的垂直极化亮温信号几乎不随风速变化，这个特性对利用观测亮温数据进行海洋参数的反演是十分有利的，即可以不考虑风速对垂直极化亮温信号的影响，从而简化反演方程。

再次，星载微波辐射计采用大入射角进行探测，能够获得较宽的观测刈幅，有利于快速覆盖全球。

因此，选择全极化微波辐射计的入射角在 50°～55°之间。

7.6　极化测量方式选择

全极化微波辐射计的测量原理为通过极化测量获得被观测场景辐射的 Stokes 亮温度，Stokes 亮温度 $\overline{T_B}$ 表示为

$$\overline{T_B} = \begin{bmatrix} I_B \\ Q_B \\ U_B \\ V_B \end{bmatrix} = \begin{bmatrix} T_V + T_H \\ T_V - T_H \\ T_{45°} - T_{-45°} \\ T_l - T_r \end{bmatrix} = \frac{\lambda^2}{k \cdot z} \begin{bmatrix} \langle E_{2V} \rangle + \langle E_H^2 \rangle \\ \langle E_V^2 \rangle - \langle E_H^2 \rangle \\ 2\mathrm{Re}\langle E_V E_H^* \rangle \\ 2\mathrm{Im}\langle E_V E_H^* \rangle \end{bmatrix} \qquad (7-22)$$

式中　I_B ——总功率的亮度温度；

　　　Q_B ——水平极化和垂直极化差异的亮度温度；

U_B 、V_B ——交叉极化电场的实部和虚部的亮度温度；

T_V 、T_H ——水平极化和垂直极化的亮度温度；

$T_{45°}$ 、$T_{-45°}$ ——正交的 45°线极化亮度温度；

T_l 、T_r ——左右圆极化亮度温度；

E_V 、E_H ——水平极化和垂直极化的电场强度；

λ ——波长；

k ——布朗兹常数；

z ——电磁波在介质中传播时介质的阻抗。

第8章　载荷对卫星总体需求分析

前面章节对微波遥感器的主要典型载荷设计分析要点进行了阐述，主要涵盖了以下几方面内容。

- 频段选择：P、L、S、C、X、Ku、Ka、W 等；
- 天线形式选择：相控阵、反射面；
- 极化选择：极化形式和极化组合方式；
- 分辨率计算：距离分辨率、方位分辨率、辐射分辨率、时间分辨率；
- 信号带宽选择：与系统分辨率相关；
- 脉冲重复频率设计：系统沿飞行方向的采样率；
- 系统灵敏度设计：检测弱目标的能力；
- 系统定标精度分析：内定标精度，外定标精度等。

本章主要针对载荷对卫星总体有关需求方面进行分析。表 8-1 为载荷对卫星总体有关需求表。

8.1　轨道分析设计

微波遥感卫星的共性是对光照条件无要求，对重访、覆盖有要求，具备全球观测能力（含两极），因此在卫星设计中应优先考虑满足重访特性和尽量快速的覆盖特性。其次对于能源的要求，SAR 卫星对能源需求更为突出，一般选用低轨太阳同步轨道。太阳同步轨道能够为卫星提供相对稳定的光照条件，且太阳光与轨道面的角度变化相对其他类型的轨道要小，因此 SAR 卫星的电源设计和热设计相对简单。SAR 载荷的特点是可以全天时成像，需在所有轨道周期内保证能源供给。晨昏轨道除一年共约 90 天左右有地影发生在两极外，其他时间为全光照轨道，可以保证 SAR 卫星的能源。晨昏轨道下，卫星外热流影响基本一致，整星的热控设计相对简单。尤其值得注意的是，在轨道周期内卫星的向阳面是确定的。对于天线形式为有源相控阵的 SAR 卫星，由于天线 70%～80% 的能量消耗最终都转化为热耗，晨昏轨道的此项特点可以一定程度上简化卫星散热面的设计，保证 SAR 天线和卫星的工作温度，提高成像过程中射频链路的稳定性。晨昏轨道下卫星可采用固定安装的太阳翼，或只有绕滚动轴往返转动一定角度的太阳翼，而无需太阳翼驱动机构或应用无滑环的太阳翼驱动机构。其他微波载荷由于全天时、全天候长期工作，对能源也提出了很高的要求。

8-1 载荷对卫星总体有关需求表

	合成孔径雷达	高度计	散射计	辐射计	盐度计/湿度计	气象雷达
轨道	对光照条件无要求，一般全球覆盖要求，具备全球观测能力（含两极），轨道控制精度要求很高，但不需要轨道漂移。主动工作模式，轨道尽量低	对光照条件无要求，一般全球覆盖能力（含两极），轨道控制精度要求很高。由于对潮汐测量时要求对海面垂直交叉，升降轨道一般对垂直轨道，轨道选择大倾斜轨道，轨道高度1 000～2 000 km	对光照条件无要求，一般有重复访，覆盖要求，具备全球观测能力（含两极），轨道控制精度一般，轨道定轨精度要求不高。主动工作模式，又要满足分辨率与幅宽要求，轨道高度要求中	对光照条件无要求，一般有重复访，覆盖要求，具备全球观测能力（含两极），轨道控制精度一般，轨道定轨精度要求不高。被动与主动结合工作模式，要满足分辨率与幅宽要求，轨道高度要折中	对光照条件无要求，一般有重复访，覆盖要求，具备全球观测能力（含两极），轨道控制精度一般，轨道定轨精度要求不高。主动与被动相结合工作模式，在任采用全天候全天时长期工作	对光照条件无要求，一般有重复访，覆盖能力（含两极），具备全球观测能力，轨道控制定轨精度不高。主动工作模式。主动工作模式与幅宽精度分辨率高度要折中
数据传输	原始数据量大，数据任务通过压缩后传输，数据传输实时性要求高	原始数据量小，数据直接量化后传输，数据传输实时性要求较高	原始数据量小，数据直接量化后传输，数据传输实时性要求较高	原始数据量小，数据直接量化后传输，数据传输实时性要求较高	原始数据量小，数据直接量化后传输，数据传输实时性要求较高	原始数据量小，数据量化后传输，数据传输实时性要求高
供配电	工作模式多，功耗差异大，普遍功耗很大，一般采用独立于母平台的高压母线供电	主动工作模式，功耗较大，在任采用全天候全天时长期工作	主动工作模式，功耗较大，在任采用全天候全天时长期工作	功耗较低，在任采用全天候全天时长期工作	主动相结合工作，功耗大，在任采用全天候全天时长期工作	气象雷达主动工作模式，功耗较大，在任采用全天候全天时长期工作
机械结构	体积、尺寸、质量大，视场广、精度高，一般要压缩展开锁定和展开锁定。EMC要求高	天线尺寸较大、精度高，除干涉计量天线平板展开锁定动作外，一般固定安装即可。EMC要求高	天线尺寸较大、精度高，视场广，一般作圆锥扫描运动，需要展开锁定和解锁释放动作。EMC要求高	天线尺寸较大、精度高，视场广，一般作圆锥扫描运动，需要压锁定和解锁紧固展开动作。EMC要求高	体积、尺寸、质量较大，视场广，精度高，需要压紧展开锁定。EMC要求高	天线尺寸较大、精度高，视场广，无机械运动，EMC要求高
数据管理	需要健康管理，遥控遥测管理，统一时间管理，星历，姿态数据管理	需要健康管理，遥控遥测管理，统一时间管理，星历，姿态数据管理	需要健康管理，遥控遥测管理，统一时间管理，星历，姿态数据管理	需要健康管理，遥控遥测管理，统一时间管理，星历，姿态数据管理	需要健康管理，遥控遥测管理，统一时间管理，星历，姿态数据管理	需要健康管理，遥控遥测管理，统一时间管理，星历，姿态数据管理
测控	需要提供精密定轨手段，轨道外推数据等	需要提供精密定轨手段等	一般定轨数据即可	一般定轨数据即可	一般定轨数据即可	一般定轨数据即可
热控	工作时热耗大，热密度高，工作稳定性要求好，热形变小，精度高需要主被动相结合热控措施	功率放大器部分热耗大，旋转机构部分工作稳定性要求好，热工作稳定性要求高需要主被动相结合热控措施	功率放大器部分热耗大，旋转机构部分工作稳定性要求好，旋转定位性要求高，精度高需要主被动相结合热控措施	功率放大器部分工作稳定性、性能好，精度高，对于两点定标冷源要求不见光，避免任何热源辐照，热源高需要主被动相结合热控措施	功率放大器部分热耗大，旋转机构部分工作稳定性要求好，精度高，对于两点定标的冷源要求不见光，避免任何热源辐照，热源高需要主被动相结合热控措施	功率放大器部分热耗大，视场广，工作时热稳定性能好，需要主被动热控措施
姿轨控	有偏航，俯仰姿态导引要求，对姿态控制精度要求高，为了满足侧视成像姿态机动要求，要求天线大扰动性控制	对姿态控制精度要求高	能对天线扰动力矩进行控制、配平	能对天线扰动力矩进行控制、配平	对姿态控制精度要求高，能对天线扰动力矩进行控制、配平	对姿态控制精度要求高

此外，为利于单颗卫星对同一地区、不同时间段所生成数据的对比分析，卫星可选用冻结轨道，以确保在同一纬度地区卫星高度一致，所成图像或数据的基准较好。在实际轨道中，往往由于偏心率和近地点幅角存在控制误差，无法保证卫星过同一纬度时的严格地保持不变，但在同一纬度卫星轨道高度的变化量一般不会超过 10 km。

晨昏轨道太阳入射角变化比近正午轨道要大，但它的阴影时间非常短，一年内大部分天数全日照。因此从能源的角度考虑应选择晨昏轨道。

所以微波遥感卫星一般选取太阳同步晨昏冻结轨道。

8.2　数传能力分析

8.2.1　数传性能设计

目前国际上对地遥感卫星数据传输普遍采用 X 频段（8～9 GHz），根据国际电联（ITU）的规定，卫星对地数据传输频段范围为 8 025～8 400 MHz。目前广泛采用对地数传调制方式 QPSK 调制，频带利用率接近 1：1，即国际电联规定的频率带宽内传输数据率最高只能达到 375 Mbps，低分辨率微波遥感器原始数据率较低，对于传输通道来说不会有压力，但对于 SAR 载荷来说由于数据率高，无法满足数据传输的要求，因此必须研究新传输（调制）技术以及传输策略，以满足卫星需求。可以考虑采用正交极化频率复用技术以及配合滤波技术等，扩展下传数据率。还可以采用 8 PSK[①] 或 16 QAM[②] 提高频带利用率。

数据传输信道影响微波遥感数据或图像质量的一个重要参数是信道的误码率。由于 SAR 技术使用大量的回波来产生一个像素的亮度，在一个采样中或一整块中出现误码对图像的影响很小，一个误码采样值用来生成许多像素的合成图像，因此回波数据中的一个误码被平滑扩散到一个大的区域。相反在光学遥感器中，采样值中的一个误码直接转化为相应像素的误差。由于 SAR 的平滑效应，所以对数据传输信道误码率的要求比光学遥感器数传信道的要求低。

一般光学遥感卫星对数据传输通道的误码率要求是优于 1×10^{-7}，微波遥感卫星数据传输通道的误码率一般要求是优于 1×10^{-6} 即可。

8.2.2　极化设计

要重点说的是，数据传输用的较多的是单极化传输，天线一般采用右旋圆极化方式，数据传输采用极化复用技术是目前国际上较新的技术，最早使用该技术的是国外低轨遥感卫星，如美国 DigitalGlobal 公司研制的 WorldView－1 卫星，已于 2007 年 9 月 18 日发射升空，利用极化复用技术在国际电联允许的 375 MHz 传输频带内（8 025～8 400 MHz）

---

① 相移键控，Phase shift keying，简称 PSK。
② 正文幅度调制，Quadrature Amplitude Modulation，简称 QAM。

传输了 2×400 Mbps 数据率的信息。图 8-1 为极化分割（极化复用）传输。

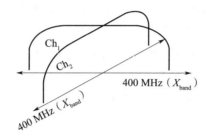

图 8-1　极化分割（极化复用）传输

通常认为星地传输链路中噪声主要为高斯白噪声，因此可以得出典型调制方式下的比特误码率（Bit Error Rate，BER）与 E_b/N_0 的关系，所需的误码率为 $(BER)_0$，所需的 E_b/N_0 的门限值为 $(E_b/N_0)_0$，有

$$P_r\{BER \geqslant (BER)_0\} = P_r\{E_b/N_0 \leqslant (E_b/N_0)_0\} \qquad (8-1)$$

根据相关文献可知，交叉极化噪声可以认为是高斯白噪声，因此可以认为交叉极化干扰仅增加了交叉极化传输通道的高斯白噪声功率谱密度值，如下

$$E_b/N_0 = (E_b/N_0)_{nom} - F \qquad (8-2)$$

$$\frac{E_b}{N_0} = \left(\frac{E_b}{N_0}\right)_{nom} - CPA - 10\log_{10}(1 + \Gamma\, 10^{((E_b/N_0)_{nom} - CPA - XPD)/10}) \qquad (8-3)$$

式中　Γ——频带利用率；

　　$(E_b/N_0)_{nom}$——通信系统在通常情况下的 E_b/N_0 值。

决定双极化卫星数据传输性能的传播路径因素是同极化衰减（Co - Polarization Atteruation，CPA）和交叉极化鉴别率（Cross Polarization Discrimination，XPD），XPD 定义为接收的同极化信号与交叉极化信号功率之比。CPA 代表传输信号的功率损耗，XPD 代表由于去极化效应引起的交叉极化干扰。

隔离度（I）定义为接收天线同极化端口输出功率与交叉极化端口输出功率之比，两个输出端口的极化状态分别为同极化和交叉极化。实际情况下天线的极化状态不是理想的，因此同极化和交叉极化也不是严格正交的，同极化与理论的同极化状态不严格重合。但工程上，当两个通道发射信号功率相等，发射端与接收端特性相同且经历同样路径时，可认为 $I = XPD$，对于极化复用数据传输系统，隔离度 I 一般取大于 25 dB 即可。

8.2.3　数传工程实现要点

对于微波遥感卫星，在进行数传总体设计时，一定要考虑与微波遥感器的电磁兼容问题，一定要进行频率组合干扰分析，采取滤波技术、空间隔离等手段减小数传与微波遥感器的电磁干扰。

8.3　姿态、轨道控制需求分析

在所有微波遥感器中，根据高分辨率的回波成像质量要求，SAR 相对于大尺度低分辨率的其他微波遥感器来说，对姿态轨控来说更严格，以下主要分析 SAR 对姿态控制精度的要求分析。

8.3.1　卫星姿态与轨道控制设计

对姿态与轨道控制要求特点如下：

· 天线指向精度需求；

· 二维导引需求；

· 图像质量需求；

· 雷达高度计测高精度需求；

· 地面定位精度需求；

· 天线尺寸大，旋转部件多，整星挠性大。

由于星载 SAR 对图像质量（分辨率、模糊度、辐射分辨率等）都提出了较高的要求，因而对卫星平台有较高的姿态控制要求，这样在粗成像中才能获得质量较高的雷达图像，进而进一步进行多普勒参数自动估计获得较精确的方位向参考函数和距离徙动校正参数，从而获得高质量的雷达图像。由于这些参数直接影响处理结果，因而在 SAR 运行过程中需要对这些参数进行高精度控制与测量。

成像处理时一般都进行多普勒中心频率估计，进行多普勒参数估计时应不存在多普勒中心模糊，普通条带一般要求波束指向误差小于波束宽度的 1/2，方位向指向误差由卫星偏航角误差、俯仰角误差和天线波束指向误差共同引起，天线波束指向精度一般为波束宽度的 1/10。

进行多普勒中心估计后，波束方位向指向误差的影响主要是引起方位向成像位置偏差，即方位向瞄准误差。

由于条带模式在方位向是连续成像的，固定的方位向波束指向误差只会影响成像区的起始位置和结束位置，只要将成像开始时间和结束时间稍加余量，就不会偏离成像区，因此原则上讲，只要波束指向误差小于波束宽度的 1/2 就不影响成像，当然，指向误差越大，地面处理的难度就越大。

聚束模式在方位向的成像区不是连续的，应对成像位置偏差提出限制，根据对成像区方位向偏差的限制可提出对波束方位向指向精度的要求。一般要求波束指向引起的方位向位置偏差不超过成像区长度的 10%。

8.3.2　卫星偏航角姿态指向精度分析

偏航角为 β 时，造成波束中心在方位和距离上的位移分别为

$$\Delta x = H \cdot \tan\theta \cdot \sin\beta$$
$$\Delta y = H \cdot \tan\theta \cdot (\cos\beta - 1)$$

$$(8-4)$$

偏航前，平台速度是沿 X 方向的；偏航后，平台速度在 X、Y 方向上具有两个分量：$V_{sx} = V_s\cos\beta$，$V_{sy} = V_s\sin\beta$。

由此可知，平台偏航造成的多普勒中心偏移为

$$f_{dc\_yaw} = -\frac{2V_s}{\lambda}\beta\sin\theta \qquad (8-5)$$

多普勒调频斜率变化为

$$f_{dr\_yaw} = -\frac{2V_s^2}{\lambda R}\beta^2 \qquad (8-6)$$

在整个视角范围内，一般情况下，允许多普勒中心频率偏移（5%～10%）脉冲重频（Pulse Repetition Freguency，PRF），否则会严重降低方位模糊特性。

8.3.3　卫星俯仰角姿态指向精度分析

平台俯仰对 SAR 成像的影响与偏航类似，当俯仰角为 α 时

$$f_{dc\_pitch} = -\frac{2V_s}{\lambda}\alpha\cos\theta$$

$$f_{dr\_pitch} = -\frac{2V_s^2}{\lambda R}\alpha^2 \qquad (8-7)$$

在整个视角范围内，俯仰角造成的多普勒中心偏移最大，一般情况下，允许多普勒中心频率偏移（5%～10%）PRF，否则会严重降低方位模糊特性。

8.3.4　卫星滚动角姿态指向精度分析

卫星滚动角使波束中心在距离向发生移动，在方位向上没有变化。实际系统中，回波采样成像区的距离向位置是由时间延迟决定的，距离向波束指向误差不改变成像区的距离向位置，但是会影响成像区内图像的信噪比和距离模糊的分布，一般会引起成像带某一边缘的 $NE\sigma^\circ$ 和距离模糊比指标的下降。

起始时刻一般不变，对应距离向成像区域不变，只是测绘带对应的距离向天线方向图增益变化。滚动角对主瓣波束宽度边缘天线方向图影响比较大。滚动角影响距离向信噪比、模糊度，约束条件可适当放松。

8.3.5　卫星姿态测量精度分析

通过多普勒中心频率偏差满足条件可以计算出对卫星偏航与俯仰的姿态控制精度要求，相应的姿态测量精度应比控制精度高一个量级。

8.3.6　卫星姿态稳定度分析

星载 SAR 合成孔径时间是指天线波瓣进入与退出一个点目标的时间间隔。当存在姿态漂移时，天线波束指向随时间变化，相干积累时间偏离标称值，从而改变回波方位带宽，导致图像分辨力的降低。

天线指向稳定度一般定义为

$$\delta_3 = \frac{3}{T_s}\sqrt{\int_0^{T_s}\left\{\frac{d[\Delta\theta(t)]}{dt}\right\}^2 dt} \qquad (8-8)$$

式中　　T_s ——合成孔径时间;

　　　　$\Delta\theta(t)$ ——天线指向抖动。

　　天线指向稳定度主要取决于卫星姿态的稳定度,不考虑天线自身的因素,可从天线指向稳定度的角度来分析卫星姿态的稳定度对 SAR 成像的影响。黄岩等人认为天线指向稳定性对 SAR 成像的影响含两方面:1)使回波幅度调制,由于线性调频信号频域与时域的对应关系,使得回波信号的多普勒信号幅度产生调制。根据回波理论,当调制频率较高时,会造成旁瓣抬高;2)天线指向的低频抖动会引起多普勒频谱的微小变化,从而使多普勒中心频率估计产生误差,引起图像的位置偏移。波束指向不稳定将会使回波信号的幅度在方位向上产生幅度调制。相对于合成孔径时间来说,回波信号幅度的低频调制将会造成点目标压缩波形的展宽,从而降低方位向的空间分辨率;高频的幅度调制将会产生成对回波,造成峰值旁瓣比(Peak Sidelobe Ratio,PSLR)和积分旁瓣化(Integrated Sidelobe Ratio,ISLR)的升高。

　　下面以偏航为例,分析姿态不稳定带来的影响。

　　当存在正弦扰动($f=1/T_s$ Hz,T_s 为合成孔径时间)时,卫星存在频率为 f,幅度为 ϕ 的单频姿态指向变化,则此时卫星姿态指向稳定度为

$$\sigma = \frac{\sqrt{2}}{2} \cdot 2\pi f\phi \tag{8-9}$$

　　合成孔径时间变量对偏航 φ 的约束条件为

$$\varphi \leqslant \frac{V\Delta T\cos\varphi}{T_{\text{实}}\,h(\dfrac{1}{\cos\varphi}+\cos\varphi\tan\theta)} \tag{8-10}$$

　　利用该式计算出在不同的合成孔径时间改变量的容限范围,例如在 0.3% 合成孔径时间改变量准则下,可得到在整个视角范围内卫星姿态的稳定度要求。

8.3.7　偏航控制要求

　　为了使雷达波束中心沿着零多普勒点,星上姿态控制系统要实施偏航牵引技术,进行偏航牵引控制,使全观测时段的多普勒中心频率接近于零。偏航控制可极大地提高星载 SAR 的图像质量,同时缩短图像处理的时间,降低图像处理的复杂度。

　　对于星载合成孔径雷达,多普勒特性是决定雷达方位向性能的主要因素,它直接影响着雷达的方位向分辨率、PRF 的选择、方位模糊和最后的图像处理精度。多普勒中心频率不准确会使信噪比降低,使方位模糊度增加,输出图像发生位置偏移,影响图像的定位。

　　卫星飞行速度会导致多普勒中心频率达到上千赫兹,这就要求选用较大的 PRF,这时,方位模糊与距离模糊的折中问题就十分突出。同时,又由于地球自转以及卫星姿态误差的存在,使得多普勒回波特性更为复杂,由此对多普勒中心频率与调频斜率的不正确估计都将会影响到最后图像处理的精度。要补偿多普勒中心的偏移,除了采用对回波信号多普勒中心的各种估计方法之外,还可以采用卫星姿态导引的方法在数据获取阶段就避免这一情况。

　　偏航导引技术的提出就是基于这种思路。偏航导引即通过姿态控制预先将卫星机动一偏航角，用来补偿由于地球自转而引起的多普勒中心的偏移，使回波的多普勒中心趋于零。在偏航导引的基础上，近年国际上又提出了增加俯仰维的二维导引技术，即全零多普勒牵引（Total Zero Doppler Steering，TZDS）方法，以进一步降低多普勒中心频率。

　　一般来说，L 频段星载 SAR，天线波束中心相对"零"多普勒点的偏离，在地面成像处理中较容易补偿，可不进行偏航导引。C 频段星载 SAR 在星上实施偏航导引，可以减轻地面成像处理的压力。而对 X 频段星载 SAR，由于回波多普勒频率受地球自转的影响很大，在全球范围内的变化可达几十赫兹，多普勒频率随空间的明显变化给成像处理带来了难度，因此星上必须具备偏航导引技术。

　　国内外已有许多论文以圆轨道为基础对星载 SAR 偏航导引方法进行了论述。Raney 提出一种在圆轨道情况下将多普勒频率表示为偏航角等参数的函数表达式从而获得偏航角的方法，被国内外广泛应用。张永俊等人研究表明，在圆轨道情况下，该方法可以完美地解决多普勒中心残余问题，并使多普勒频率在整个测绘带内都为零。但对于椭圆轨道，该方法仍然存在较大的多普勒中心频率残差。

　　Fiedler 和 Boerner 于 2003 年提出了基于瞬时圆轨道的全零多普勒牵引方法，在偏航导引的基础上增加俯仰维的导引控制，使得多普勒中心频率在整个测绘带内都可以比较小。表 8 - 2 中列出了国外各 SAR 卫星姿态导引的实施情况。

表 8 - 2　国外各 SAR 卫星姿态导引实施情况

国外 SAR 卫星	SAR 载荷频段	偏航控制方法
Seasat	L	未采用偏航控制
JERS−1	L	未采用偏航控制
ALOS	L	偏航控制可切换
ERS−1	C	偏航控制
ERS−2	C	偏航控制
Envisat	C	偏航控制
SIR−C/X−SAR	C/X	偏航控制
RADARSAT−1	C	未采用偏航控制
RADARSAT−2	C	偏航控制
SRTM①	X	偏航控制
TerraSAR−X	X	偏航、俯仰二维导引，TZDS 方法

　　TerraSAR−X 之前的 SAR 卫星一般采用垂直导引和中心导引两种偏航导引方式，如下图所示。对于两种导引方式，X 轴均指向卫星飞行方向。垂直导引的目的主要是星上其他载荷有垂直地面观测的需求。

　　ERS−1 和 ERS−2 卫星采用垂直导引，它通过偏航控制，将特定距离上的多普勒中

---

① 航天飞机地形探测雷达（Shuttle Radar Topographic Mission，SRTM）。

心调控至零频附近，并使大多数时间内的多普勒中心都处于 ± 500 Hz 以内。其主要目的是为了配合星上散射计的使用，需要卫星平台的 Z 轴指向垂直于地表。

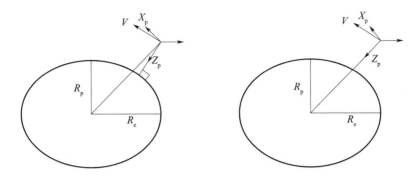

（a）垂直导引，卫星 Z 轴垂直于地球参考椭球面，指向地面　　　（b）中心导引，卫星 Z 轴指向地球质心

图 8-2　垂直导引和中心导引示意图

Envisat 上由于除了 ASAR 外还有高度计载荷，因此也采用垂直导引。

通过对 Envisat/ASAR 和 ERS-2 多普勒中心曲线的计算和测量，发现测量值与理论值符合度很高，差别大约为 10%，主要是测轨精度和地形高度的估计误差导致。

ALOS、SIR-C/X-SAR、SRTM、RADARSAT-2 均采用中心导引，主要是由于中心导引不依赖于地球模型，因此易于星上实现，同时星上没有其他载荷有垂直地面观测的需求。

TerraSAR-X 首次采用了 TZDS 方法，通过调整偏航角和俯仰角，使全部测绘带内的多普勒中心更接近零频。TerraSAR-X 按步长为 2°在星上设置查找表。查找表中有 180 个独立的归一化角度值，应用于 11 天 167 轨的每 1 轨。在 180 个样本间的偏航和俯仰角度通过线性插值进行计算。根据相关文章分析数据，TerraSAR-X 卫星偏航、俯仰、滚动角的控制精度达到 $\pm 0.01°$时，采用 TZDS 方法后，TerraSAR-X 多普勒中心频率可控制在 ± 125 Hz 以内。

8.3.8　偏航姿态导引

偏航姿态导引是通过控制卫星偏航姿态角实现的，具体的计算公式为

$$\theta_{\text{yaw}} = \arctan\left(\frac{-\cos u \cdot \sin i}{\omega_s/\omega_e - \cos i}\right) \tag{8-11}$$

式中　$u = \omega + f$——卫星的纬度辐角；

　　　ω——近地点幅角；

　　　i——轨道倾角；

　　　ω_s——卫星运动角速度；

　　　ω_e——地球自转角速度。

8.3.9　俯仰姿态导引

俯仰姿态导引是通过控制卫星俯仰姿态角实现的，具体的计算公式为

$$\theta_{\text{pitch}} = \arccos\left(\frac{1 + e\cos f}{\sqrt{1 + e^2 + 2e\cos f}}\right) \tag{8-12}$$

式中 e ——轨道偏心率；

f ——真近点角。

各角度单位统一按度（°）或弧度取值。

8.3.10 偏航导引控制曲线

偏航导引曲线近似表达式可简化为

$$\varphi_{\text{yaw}} = 3.892\ 8\cos u$$

式中 u ——卫星纬度辐角（指升交点至卫星当时位置对地心的张角）。

图 8-3 为偏航导引控制曲线。

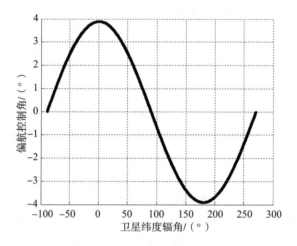

图 8-3　偏航导引控制曲线

8.3.11 偏航导引前后多普勒曲线

图 8-4 为偏航导引前不同视角下多普勒中心频率随卫星纬度幅角变化曲线，图 8-5、图 8-6 为偏航导引后不同视角下多普勒中心频率随卫星纬度幅角变化曲线。

8.3.12 俯仰导引控制曲线

俯仰导引曲线近似表达式可简化为

$$\phi_{\text{pitch}} = -0.065\ 9\cos u$$

式中 u ——卫星纬度辐角。

图 8-7 为俯仰导引控制曲线。

8.3.13 偏航俯仰联合导引后，多普勒中心频率曲线

图 8-8、图 8-9 为"偏航＋俯仰"导引后不同视角下多普勒中心频率随卫星纬度幅角变化曲线。

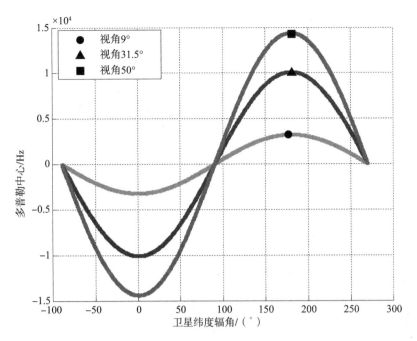

图 8-4　偏航导引前不同视角下多普勒中心频率随卫星纬度幅角变化曲线

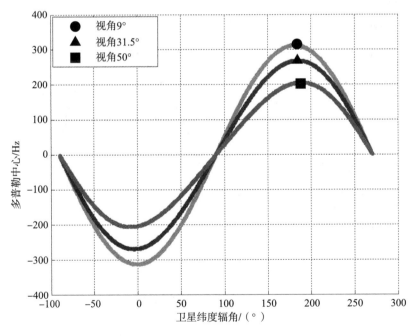

图 8-5　偏航导引后不同视角下多普勒中心频率随卫星纬度幅角变化曲线
（不考虑卫星姿态三轴指向控制精度与天线方位向指向精度）

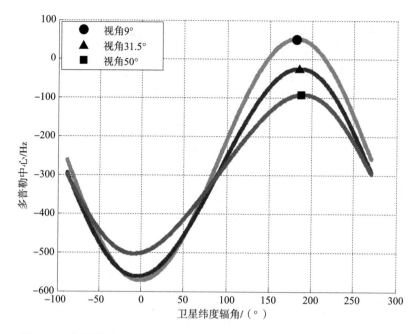

图 8-6　偏航导引后不同视角下多普勒中心频率随卫星纬度幅角变化曲线
（考虑卫星姿态三轴指向控制精度 0.03°与天线方位向指向精度 0.015°）

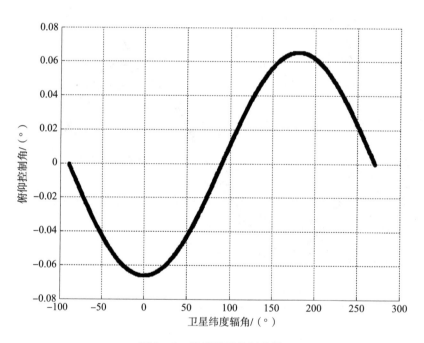

图 8-7　俯仰导引控制曲线

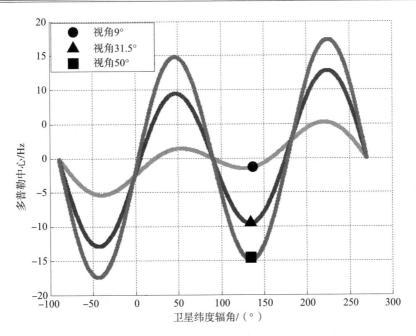

图 8-8　"偏航＋俯仰"导引后不同视角下多普勒中心频率随卫星纬度幅角变化曲线
（不考虑卫星姿态三轴指向控制精度与天线方位向指向精度）

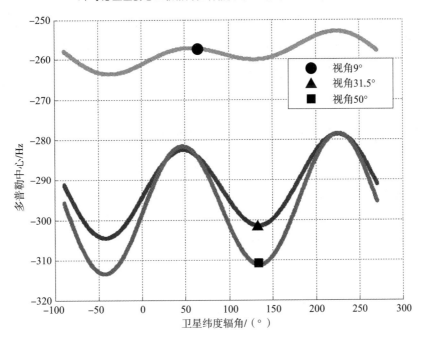

图 8-9　"偏航＋俯仰"导引后不同视角下多普勒中心频率随卫星纬度幅角变化曲线
（考虑卫星姿态三轴指向控制精度 0.03°与天线方位向指向精度 0.015°）

8.3.14　侧摆要求

双侧视能力可增加观测机会，提高对重点区域的快速重访能力，双侧视观测能够加强两极冰区覆盖的观测能力。如果要实现完全的全球覆盖，要求卫星必须具备双侧视能力。

8.3.15　姿轨控的工程实现要点

1）采用整星全动量管理模式；

2）大挠性星体条件下的卫星控制技术。

8.4　定轨、定位需求分析

目标定位误差源之一是卫星平台的位置和速度误差，而对于雷达高度计由于测高精度达到厘米量级，必须有精密定轨配合才能完成。

另外为了满足高精度定轨定位要求，还要求时间统一并同步。

采用多种测控手段提高定轨精度〔双频全球定位系统、多普勒地球无线电定位系统（Doppler Orbitography and Radiopositioning Integrated System，DORIS）、激光角反射器等〕。

8.4.1 定位精度、测高精度与定轨精度关系式

（1）平台位置误差原理分析

卫星星历数据决定了卫星在测量时刻的空间位置。将位置状态向量的误差分解成三个分量：沿轨分量、切轨分量、径向分量，它们分别在方位向、距离向和地心向上。

沿轨位置误差 ΔR_{sx} 将引起目标在方位向的位置误差

$$\Delta x_1 = \Delta R_{sx} \frac{R_T}{R_S}, R_T = |R_T|, R_S = |R_S| \tag{8-13}$$

平台切轨位置误差 ΔR_{sy} 将引起目标距离向的位置误差

$$\Delta r_1 = \Delta R_{sy} \frac{\boldsymbol{R}_T}{\boldsymbol{R}_S} \tag{8-14}$$

平台径向位置误差 ΔR_{sz} 其实是对航高估计的误差，图 8-10 是向量 $\boldsymbol{R}_T$、$\boldsymbol{R}_S$ 所截的平面，也称为多普勒平面，$\boldsymbol{R}_T$、$\boldsymbol{R}_S$ 分别为地心到目标和卫星的向量。γ 为视角，ϑ 为水准面入射角。

径向位置误差引起如下的视角误差

$$\Delta\gamma = \arccos\left[\frac{R^2 + R_S^2 - R_T^2}{2RR_S}\right] - \arccos\left[\frac{R^2 + (R_S + \Delta R_{sz})^2 - R_T^2}{2R(R_S + \Delta R_{sz})}\right] \tag{8-15}$$

最终引起目标在方位向上的误差

$$\Delta r_2 = R \frac{\Delta\gamma}{\sin\vartheta} \tag{8-16}$$

视角误差还按下式引起多普勒频率中心的误差

$$\Delta f_{DC} = \frac{2V_e}{\lambda}(\cos\delta_T \sin I \cos\gamma)\Delta\gamma \tag{8-17}$$

式（8-17）中 δ_T 为目标的地心纬度，同时导致按（多普勒中心频率导致的误差）定义的方位位置的误差，I 为轨道倾角。另外，视角的误差直接导致水准面入射角的估计偏

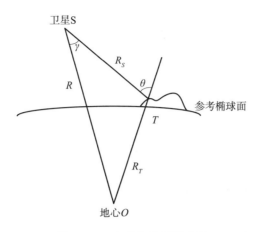

图 8 - 10　多普勒截面示意图

差。而地距像元大小等于斜距像元大小乘以因子 $\dfrac{1}{\sin\vartheta}$，因此，视角误差还会引起斜距像元比例尺的伸缩。

（2）平台速度误差原理分析

平台的速度误差将引起期望的多普勒频率偏移，多普勒速率变化，并出现距离徙动。

假设航迹方向为 x 轴，z 轴方向铅直向上，y 轴垂直于 xOz 平面，以星下 z 轴构成右手坐标系。假设 SAR 的方位分辨率为 ρ_a，并在高度 H 上观测与垂直方向成 θ 角处的某一地面像元。该像元最前沿点的坐标为 $\left(\dfrac{\rho_a}{2}, y, 0\right)$，雷达坐标为 $(0, 0, H)$。于是，从雷达到目标单元的距离矢量为

$$\boldsymbol{R} = 0.5\rho_a\boldsymbol{i} + R\sin\theta\boldsymbol{j} - H\boldsymbol{k} \tag{8-18}$$

式中关系式

$$[R^2\sin^2\theta - (0.5\rho_a)^2]^{1/2} \approx R\sin\theta \tag{8-19}$$

如果雷达速度 $\boldsymbol{v}_s$ 在 y 和 z 方向上有分量，则

$$\boldsymbol{v}_s = v_{sx}\boldsymbol{i} + v_{sy}\boldsymbol{j} + v_{sz}\boldsymbol{k} \tag{8-20}$$

于是，与点 $\left(\dfrac{\rho_a}{2}, y, 0\right)$ 有关的多普勒频率为

$$f_{D1} = -(2/\lambda R)(v_{sx}\boldsymbol{i} + v_{sy}\boldsymbol{j} + v_{sz}\boldsymbol{k})(0.5\rho_a\boldsymbol{i} + R\sin\theta\boldsymbol{j} - H\boldsymbol{k}) \tag{8-21}$$

由此得出

$$f_{D1} = -\frac{2}{\lambda}\left[\frac{v_{sx}\rho_a}{2R} + v_{sy}\sin\theta - v_{sz}\cos\theta\right] = f_{D0} + f_{D\varepsilon} \tag{8-22}$$

式中

$$f_{D0} = \frac{v_{sx}\rho_a}{\lambda R}$$

$$f_{D\varepsilon} = -\frac{2}{\lambda}(v_{sy}\sin\theta - v_{sx}\cos\theta)$$

显然，f_{D0} 对应于 SAR 在理想运行情况下期望的多普勒频率，而 $f_{D\varepsilon}$ 则是误差分量。

现在来研究速度误差对多普勒调频率 f_R 的影响。忽略加速度项后得出

$$f_R = -\frac{2}{\lambda R}(v_{sx}^2 + v_{sy}^2 + v_{sz}^2) = f_{R0} + f_{R_\varepsilon} \qquad (8-23)$$

式中

$$f_{R0} = -\frac{2v_{sx}^2}{\lambda R}$$

$$f_{R_\varepsilon} = -\frac{2}{\lambda R}(v_{sy}^2 + v_{sx}^2)$$

显然，f_{R0} 对应于 SAR 在理想运行情况下期望的多普勒调频率，f_{R_ε} 则是误差分量。

（3）平台位置径向误差原理分析

由于雷达高度计对卫星径向精度要求高，本节增加了对雷达高度计的径向误差分析。卫星轨道误差对测高精度影响最大。而轨道误差中径向误差又是最主要部分。径向轨道误差主要是由跟踪误差、重力场模型的不精确、空气阻力以及太阳辐射压等因素引起的，其中最主要部分是重力场误差。

卫星的一般线性观测方程为

$$f = f_0 + \frac{\partial f}{\partial s}\frac{\partial s}{\partial s_I}\Delta s_I + \frac{\partial f}{\partial s}\frac{\partial s}{\partial p}\Delta p + \frac{\partial f}{\partial q}\Delta q \qquad (8-24)$$

式中　f ——任一观测量；

　　　s ——表示卫星在 t 时刻的六维状态矢量；

　　　s_I ——轨道初始状态矢量；

　　　p ——作用于卫星的 n 维力矢量；

　　　q ——非力模型的 m 维矢量。

因为卫星到海面的距离 ρ 可表示为

$$\rho = r - h - r_E \qquad (8-25)$$

式中　r,r_E ——分别为卫星和参考椭球面的地心距；

　　　h ——相对于参考椭球面的海面高度。

8.4.2　时钟误差

不言而喻，星载 SAR 获取数据的时钟与确定卫星空间位置（测轨）的时钟必须有严格的同步关系，这样才能保证获取同一时刻的回波数据和卫星空间位置数据。显然，数据时钟（一般在星上）与测轨时钟（一般在地面）的不同步将造成一定的目标定位误差。星地时钟相差 ΔT，将使地球自转时产生目标位置误差。因此星地时钟的同步误差还会分别在方位向及距离向上引起由式（8-26）和式（8-27）决定的目标定位误差

$$E_T = \Delta T v_e \sin\delta_t \qquad (8-26)$$

$$\Delta E_T' = \Delta T v_e \cos\delta_t \qquad (8-27)$$

式中　ΔT ——星地时钟的同步误差；

　　　v_e ——地球赤道处的地球自转线速度；

　　　δ_t ——轨道倾角。

另外星上时间环节很多，需要保证各环节的时间同步。星上时间系统主要由 4 部分组成，分别为：

1）时间源，用于产生时间基准；

2）时间维护，用于维护、修正和发布星上时间；

3）时间用户，使用星上时间；

4）时间传输通道，用于传输星上时间信息。

图 8-11 给出了卫星星上典型时间系统的组成。

图 8-11　星上时间系统组成示意图

图 8-11 中，时间源、时间维护和时间用户为逻辑关系层面，它涵盖了星上时间同步的基本流程。

误差模型建立的目的主要是为了能够涵盖误差传递的整个过程，可根据不同型号卫星调整模型单元，估计出整星校时误差。

由 8-12 可以看出，整星综合误差包括锁相误差、时间源产生误差、时基传递延时、星时锁存延时和用户校时误差构成，整星器件延时可以通过测试方法进行校准。其中锁相误差是由锁相环进行倍频引起的，它是乘性放大误差，其他几种误差均为加性误差，若倍频因子为 N，高稳时钟精度为 τ_0，则锁相误差 $\tau_1 = N\tau_0$。

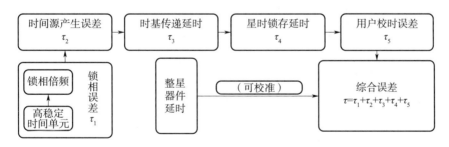

图 8-12　时间同步精度的误差模型

往往采用秒脉冲方式来实现时间的同步。

1）来源：GPS 产生，与世界标准时间（UTC）对齐；

2）路径：以硬件秒脉冲路径为例，GPS 硬件出口，直达授时单元、姿态轨道控制计算机（Attitude Orbit Contrd Computer，AOCC）或载荷等；

3）精度：GPS 本身出口处时间源产生误差有 $1\mu s$，路径以及接收端的处理会带来几微秒到几十微秒的误差（时基传递误差、星时锁存误差、用户校时误差）。

以 AOCC 为例，整星发送 GPS 秒脉冲信号到 AOCC 完成高精度校时的流程如图 8 - 13 所示。

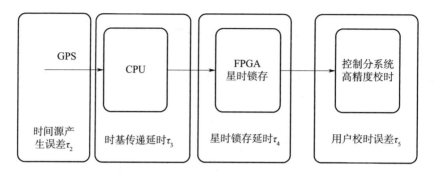

图 8 - 13　AOCC 高精度校时流程示意图

针对流程示意图，分析各环节的误差情况（供参考）：

· GPS 秒脉冲误差时间为 $\tau_2 = 1\mu s$；

· 中央处理单元（Central Processing Unit，CPU）的传递延时最大为 22 ns，即 $\tau_3 = 22$ ns；

· 现场可编程逻辑门阵列（Field Programmable Gate Array，FPGA）中的最大延时为 $1\mu s$，即 $\tau_4 = 1\mu s$；

· 控制分系统高精度校时时要加上 AOCC 记录的相对时间，相对时间最大不超过 1 s，晶振稳定度 40 ppm（考虑初始精度误差及 5 年老化误差），则校时的最大误差 $\tau_5 = 40\mu s$。

从上分析得出 AOCC 采用 GPS 秒脉冲进行高精度校时的误差

$$\tau = \tau_2 + \tau_3 + \tau_4 + \tau_5 < 43\mu s$$

若考虑到所有时间用户均引入同等量级的误差，则可认为：

1）时间用户的时间精度（即与 GPS 的 UTC 的同步精度）可控制在 $50\mu s$ 以内；

2）时间用户之间的同步精度可控制在 $100\mu s$ 以内。

8.4.3　精密定轨方案选择

卫星精密定轨是采用轨道测量和高精度重力场模型计算出卫星轨道，这样才能达到厘米量级的测量精度。目前国际上精密定轨大部分采用如下几种方法。

（1）多普勒地球无线电定位技术系统

多普勒地球无线电定位技术系统（Doppler Orbitography and Radiopositioning Integrated System，DORIS）是 ESA 在 20 世纪 80 年代中期为完成 T/P 的精密定轨任务而研制的。该系统在全球范围内布设了 50 个信标站，为近地卫星轨道提供了极高的跟踪覆盖率，对 830 km 高度的 SPOT 卫星的轨道覆盖率是 70%，对 1 336 km 的 T/P 覆盖率可达 85%。地面信标向卫星接收机发送由极高稳定度的振荡器产生的双频信号，其频率为 2 036.25 MHz 和 401.25 MHz。卫星与地面信标之间的相对运动产生多普勒频移，通过多普勒频移测出卫星的速度和每隔 10 s 的同步信号的接收时间。这些数据在精密定轨模型中加以应用，可以得到定轨精度 4 cm 量级。Doppler 测量噪声引起的相对速度误差小于 0.3 mm/s，ESA 单独采用 DORIS 对 SPOT－2 和 SPOT－3 轨道测定的结果表明，位置精度可达厘米量级，速度精度可达每秒毫米的量级。

DORIS 实现对低地球轨道卫星的精确确定，从而为雷达高度计数据处理提供高精度的轨道高度数据，其轨道确定径向精度可以达到 10 cm 或者更优。DORIS 可以执行飞行器轨道确定，由星上设备及软件、地面信标网络和控制与数据处理中心组成。DORIS 地面段轨道确定信标全球布站，由法国地理研究所（Institut Geographique National，IGN）负责安装和维护，时间基准由位于法国的 Toulouse 和法属圭亚纳的 Kourou 的主信标站提供。控制与处理中心位于法国的 Toulouse，由 CLS 公司负责运行。精密定轨由法国国家航天研究中心（Centre National d'Etuds Spatiales，CNES）的一个部门负责实施。图 8－14、图 8－15 表示了 DORIS 的组成。

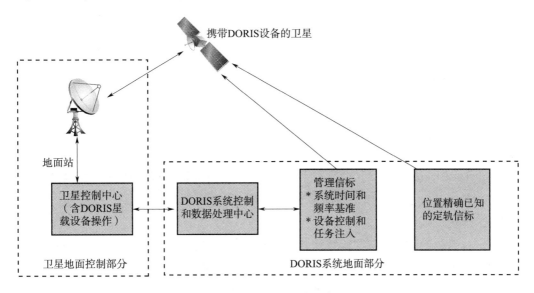

图 8－14　DORIS 的组成

DORIS 将在未来的卫星项目中得到更多的应用，现在正在进行进一步的改进：星载仪器的自动编程；星载轨道确定软件的自动初始化；以 1m 为目标的星载实时轨道确定精度的进一步提高；同时处理两个信标，从而实现一个通道用于精密定轨另一个通道用于精确定位等。

精密定轨需要一定量的处理计算和时间，包括需要提供外部的数据（比如地球旋转参数、太阳参数等），这种参数的获得可能需要一个月的时间，因此，精确的轨道确定是事后处理获得的。TOPEX 系统利用 DORIS 测量数据的处理结果实现了轨道径向确定精度 2～3 cm 的量级，满足了起初要求的 10 cm 精度。

DORIS 控制和数据处理中心还可以在 48 小时内实现 20 cm（RMS）[①] 径向轨道确定

---

① Root Mean Square，均方根值。

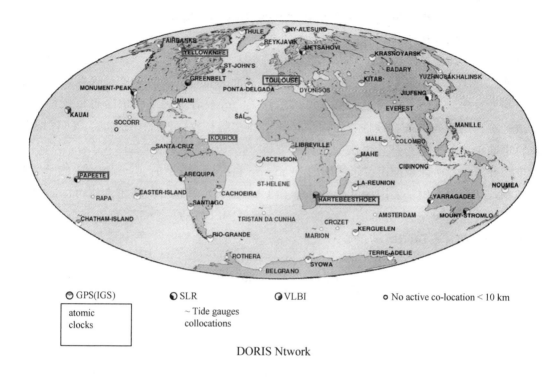

图 8 - 15　DORIS 及地面网

精度。星上 DORIS 接收机及其处理软件也可以实时提供轨道确定数据，其设计目标是25 m均方根值，实际结果可以达到 4 m 精度。

（2）全球定位系统

全球定位系统（GPS）常用于精密确定卫星轨道，是比较有效的办法。双频接收机可同时接收 L1 和 L2 载波信号，利用两个频率的观测量可以消除大气中电离层对电磁波信号延迟的影响，大大提高定位精度，载波相位观测值的精度可以达到毫米量级。因此，在精度要求很高的情况下需选用双频载波相位接收机。

由于美国实行反电子欺骗（Anti - Spoofing，AS）限制政策，在 L2 上只调制了严格保密的 P（Y）码，使得民用用户和授权外的用户无法采用码相关技术恢复 L2 的载波相位。所以，到目前为止，双频接收都是通过无码接收技术来实现的。无码接收技术是在不知道保密的 P（Y）码结构条件下，恢复出 L2 的载波相位，以获得双频观测。

GPS 双频无码（半无码）接收机技术已经比较成熟，最具代表性的是 JPL 的 Black-jack 空间测量型双频半无码 GPS 接收机，已用于 T/P、CHAMP 和 GRACE 等空间型号。T/P 卫星利用 GPS 来测定卫星的精确位置，结果表明单独利用 GPS 测定轨道位置的精度可达10 cm。另外，根据美国宣布的 GPS 现代化计划，GPS L2 载波上将增加 L2 CS 码，这为民用用户研制双频 GPS 接收机提供了一条新的技术途径。

GPS 实现精密定轨的步骤和实施途径如下。

GPS 精密定轨可分为 3 个步骤：

1) 研制能利用大量国际导航定位系统服务（International GNSS Service，IGS）测站数据，获取 GPS 卫星精密星历和精密钟差的 GPS 数据综合分析软件；

2) 通过对低轨卫星受摄运动分析，建立用于补偿动力模型误差的经验力模型，并研制通过频繁调节卫星力模型参数补偿模型误差的 GPS 精密定轨软件；

3) 实现求解随机过程参数的简化动力学定轨。这种轨道在更大程度上保留了观测值信息，有利于直接利用定轨结果恢复重力场。

方案的实施途径如下。

1) GPS 卫星的精密定轨。GPS 卫星由于轨道高，所受摄动的力源主要来自光压，随着光压模型的改善，GPS 卫星的定轨精度已从早期的 50 cm 提高到目前的 2～5 cm，当然地面的跟踪站的增加也是一个主要原因。目前大部分的 IGS 跟踪站已有高精度的坐标，相关的观测改正也非常精确，详细可参考 IERS 报告。因此如果全球测站数量不够多的情况下，固定 IGS 测站得到的 GPS 卫星的轨道会更精确，如果地面测站足够，可考虑同时估计。

2) 低轨卫星简化动力法定轨。简化动力定轨时，操作相对简单，它充分通过对随机过程噪声的分批估计来实现对力模型的补偿，该方法最主要的特点是能在动力模型和几何模型之间寻求平衡，既利用了力模型约束条件，又充分保留了观测值的信息。

图 8-16 给出了适用于卫星简化动力法定轨、调解动力模型参数的动力法定轨的数据流程，其中的均方根滤波和平滑主要用于简化动力法。

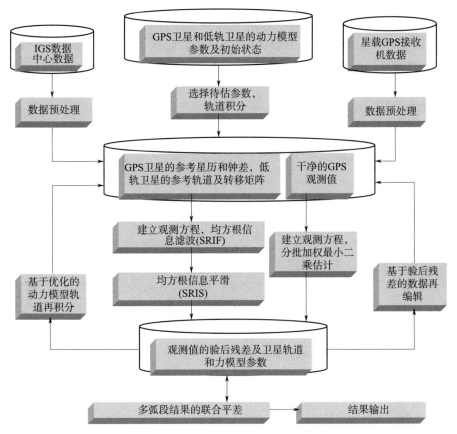

图 8-16　同时求解 GPS 卫星、低轨卫星轨道的流程图

（3）激光测距系统

激光测距系统（Satellite Laser Ranging，SLR）用以确定激光测距站到卫星的距离，可以用来标定高度计测量的高度数据，为精确计算卫星轨道提供一种辅助的跟踪测轨方法。这个系统在全球范围内布设的几十个激光测距站，绝大部分的测距精度都优于 5 cm。

激光测距的观测值可以直接转化为距离观测值，在定轨解算中，不需要像 GPS 一样求解模糊度参数，因此算法相对简单，但同时对观测值的预处理和质量控制就格外重要。对观测值的清理和质量控制可以采用以下四步走的策略：

1）利用 GPS 观测资料快速确定卫星的轨道；

2）利用地面激光测距仪的坐标和 GPS 确定的轨道检验激光观测数据，可以剔除明显的粗差；

3）利用 GPS 伪距载波以及激光测距数据进行定轨，此时激光测距的权取得相对较小；

4）通过对 GPS 伪距、载波数据、激光测距数据的残差进行分析，根据残差的统计特性，对激光测距数据进行再次的数据清理，并对观测的权进行调整再次估计得到最终的精密轨道。

SLR 在精密定轨中的作用如下。

通常对于低轨卫星的定轨最为可取的跟踪方案是"SLR＋GPS"或者"SLR＋DORIS"两种，如果采用 GPS 作为跟踪手段，其单独就可完成定轨任务，因为本身就有测距码，而且载波处理过程中模糊度的确定已经有了较成熟的办法，这已经在多颗卫星上得到了验证，如 TOPEX、JASON−1、CHAMP 卫星等。但 SLR 观测作为一种有效的外符合检测手段，对提高精密定轨结果的可靠性非常必要。DORIS 是一种地基跟踪手段，将在一定程度上受到地面测站分布，天气条件的影响，而且其观测量并不是距离而是相对距离的变化，需要 SLR 作为必要的位置基准进行约束。

8.5　微波遥感卫星机电热一体化设计

卫星观测任务的完成是通过星上有效载荷来实现的。结合研制总要求对遥感性能的要求和目前遥感卫星的规模限制。各类微波载荷对机电热都有或简单或复杂的要求。以 SAR 为例，SAR 载荷的特性直接关系到 $NE\sigma^\circ$、旁瓣比、模糊度等图像质量指标。而在机电热设计方面，由于 SAR 天线占整个 SAR 有效载荷质量、尺寸、功耗、热耗等 90％以上，与整星的机、电、热设计耦合严重，对整星发射状态包络、整星质量、结构设计、供配电设计、EMC 设计、热设计等有着直接的影响。因此，在整星的各个组成部分中，整星的机电热设计应以 SAR 载荷，特别是 SAR 天线的需求为切入点开展。对 SAR 天线的需求分析是开展整星机电热一体化设计的基础。

8.5.1　微波遥感载荷在能源、热控、机械方面特点

1）开机时间长；

2）峰值功耗大、散热量大；

3）工作模式复杂，功耗波动大；

4）热耗在时间和空间上分布集中；

5）遥感性能受环境温度影响大；

6）机械接口复杂、精度高、构型布局考虑因素多；

7）机、电、热的耦合因素直接对载荷遥感数据质量产生影响。

8.5.2　指向精度要求高

SAR 载荷在对地观测过程中，星体非规则运动和 SAR 系统自身原因会引起其天线指向的不稳定性。描述 SAR 天线指向稳定性主要有天线指向精度和天线指向稳定度两个指标。天线指向角的抖动会引起成对回波信号，影响图像的旁瓣比、分辨率和模糊度等参数，直接或间接影响观测带宽度、图像定位精度等。

在现有约束下，载荷指向精度的要求非常高，通过大量的仿真表明约在 0.01°量级。以其中涉及的热变形为例，SAR 工作在 C 频段，波长变化范围约为 5 mm，对天线阵面热变形的要求也是在 mm 量级，需要从机电热一体化设计加以考虑。

展开状态下 SAR 天线的面形误差会引起天线的相位误差，导致波束指向误差以及天线副瓣变差，最终带来 SAR 图像质量的下降。SAR 天线的面形误差一般认为是平面度误差，可以分为系统误差和随机误差。通过分析 SAR 天线平面度引起的相位误差，进行 SAR 天线平面度系统和随机误差分配。

根据经验，考虑平面度系统误差带来的相位误差小于 50°，此项误差能够通过 SAR 系统的波位设计进行修正；平面度随机误差带来的相位误差小于 25°，此部分误差无法进行修正，需要进行限定。

对于 C 频段 SAR，真空中的波长约为 55.56 mm，每毫米会给辐射单元带来约 6.5°的相位误差，因此要求 SAR 天线的平面度系统误差小于 8 mm，随机误差小于 4 mm。

一般 SAR 天线由多块子阵组成，卫星发射时折叠压紧在星体上，入轨后展开，因此天线的展开和压紧也会对天线辐射阵面平面度带来影响。此外天线在轨的热变形也会对辐射阵面平面度带来影响。

RADARSAT－2 卫星要求天线阵面的平面度误差小于 2 mm（峰峰值），要求天线在轨的热变形平面度误差小于 1.5 mm（峰峰值）。

8.5.3　天线精度因素分析

SAR 天线平面度误差是影响设计性能指标的关键误差因素之一，可等效为相位误差，是天线相位误差的一个重要组成部分。平面度误差会影响天线方向图增益、副瓣电平、指向误差、波束赋形精度等，是天线结构设计中要控制的主要指标之一。平面度误差主要包括天线阵面展开误差、热变形误差、加工误差、装配误差等。

SAR 天线平面度指标提出的主要依据是方向图性能恶化给系统成像带来的影响，平面度误差对方向图的影响不应使 SAR 系统成像指标出现严重恶化，平面度误差应限制在 SAR 系统指标要求范围内。平面度误差指标主要用于指导 SAR 天线的结构设计和加工，应合理规定天线阵面研制过程中引入的各种误差项，使其控制在一定范围之内。

天线平面度的定义是天线面板展开后，以阵面波导辐射面的最小二乘拟合平面为基准平面，阵面波导辐射面与基准平面的差异为平面度误差。

为保证天线方向图性能，阵面平面度误差一般以均方根或峰峰值误差来表征，一般根据阵面平面度误差的类型而定。比如特大型阵面，平面度误差满足正态分布，一般以均方根误差来表示阵面平面度性指标。对于小型天线，由于展开机构、装配精度、热变形等误差，从工程实现上看，在很大程度上不严格满足正态分布，因此适合使用峰峰值误差来约束。

平面度测试一般使用具有三维几何坐标测量的精密仪器进行测试，测试方法是：测量天线阵面多个典型参考点（或靶标），通过最小二乘法得到最佳拟合平面，通过分析各测试点与拟合平面的差异来得到平面度误差。要求测试点数量必须足够多，可以代表整个天线阵面。

平面度误差包含热变形误差，上述测量方法仅能确定阵面在某温度状态下的性能，而阵面热变形误差的精确测量较为困难。天线阵面在不同温度状态下的热变形不同，温度分布与工作模式、工作时长、日照情况、空间环境等多个因素有关，使得热变形误差具有随机性。在地面进行阵面热变形误差测量不能进行完全模拟验证，存在一定误差，主要原因在于难以精确模拟工作状态下的温度场，地球重力场对测量结果也有一定影响。因此，热变形误差一般通过分析加测量的方法得到。

从总体上看，星载 SAR 有源相控阵天线波束优化的唯一目标就是成像质量，其中最主要的是系统灵敏度和模糊。提高系统灵敏度的有效手段是增加发射功率，但在星载应用中代价很大，会直接导致整星体积和质量增加，给天线散热增加难度，一种可能的解决办法是缩短开机成像时间，这又与应用需求相矛盾，因此，只能在一定的功耗限制下，通过系统优化以达到更大的能量利用效率。能量利用效率在波束优化中体现在两个指标上：峰值增益和波束能量积分比。峰值增益即天线最大方向性增益，定义如式（8-28）

$$D = \frac{4\pi f_{\max}^2}{\int_0^{2\pi} \int_0^{\pi} f^2(\theta, \varphi) \sin\theta \mathrm{d}\theta \mathrm{d}\varphi} \tag{8-28}$$

波束能量积分比一般针对一维方向图进行计算，它的含义是主波束半功率宽度内的能量在总辐射能量中的占比，也有采用主波束效率来衡量的，即主波束占整个波束的能量比。提高系统模糊性能主要依靠天线的模糊区低副瓣优化。

假设所有随机幅相误差满足标准正态分布，误差的标准差即误差均方根，又称 1σ 误差，标准差乘以 3 即可得 3σ 误差。随机幅相误差应包含以下内容：

1）延时放大组件的寄生调幅、寄生移相、非线性相位误差等；

2）TR 组件的衰减器寄生移相、移相器寄生调幅、带内非线性相位误差等；

3）通道基态误差校准测量误差；

　　4）温度梯度、阵面热形变等引入的非一致性相位误差；

　　5）其他误差。

8.5.4　指标分配过程复杂

　　影响 SAR 天线波束指向误差的因素很多，包括卫星平台姿态控制指向精度误差、指向稳定度误差和 SAR 天线的展开误差、形变误差、天线阵元误差等。

　　以 SAR 天线形变误差中的热变形为例，需要天线结构设计、天线展开机构及热控共同保证。指标分配首先需要 SAR 载荷总体仿真论证对成像质量的具体影响，提出指向精度的总要求，然后逐级分解，会同相关设计承研方，通过仿真、试验等手段多轮迭代，最后得到可用于工程研制过程控制的指标体系。

　　微波遥感卫星由于高精度数据应用要求，天线尺寸大、数量多、质量大、功率需求高，热控精度高，导致整星设计难度大，机电热耦合关系复杂，因此，从整星系统角度开展机电热一体化设计是整个卫星完成高精度成像任务的关键。

　　SAR 天线的结构、机构和热设计相互耦合，由此造成 SAR 天线机、电、热设计要求高、难度大，相互影响。因此，需要进行 SAR 天线的机、电、热协同设计，由卫星和有效载荷设计人员对 SAR 天线的机、电、热要求和接口进行综合考虑，进行一体化设计，以保证 SAR 天线机、电、热性能满足使用要求。

8.5.5　高精度天线制造装配和压紧释放技术

　　多极化 SAR 天线的高精度制造装配和压紧释放技术，需要研制大压紧力、大驱动力矩、高精度保持的压紧释放装置，并在地面上进行相应的试验验证。

8.5.6　大型、高精度天线的力学试验要求和方法

　　需要研究多极化 SAR 天线的地面力学试验要求和方法。对大型、高精度 SAR 天线的地面试验方案、试验策略、试验项目、测试内容以及试验流程进行详细的分析和论证，还要对大型、高精度天线的压紧和展开试验场地和设施情况进行调研和分析，针对多极化 SAR 天线在轨真实状态下的压紧和展开特性，提出合理可行的 SAR 天线地面试验和测试方案。

8.5.7　大热耗 SAR 天线热控方法

　　针对 SAR 天线大热耗的特点，需要研究大热量快速扩散技术。应考虑利用先进的热控技术，如相变材料储能热管等，在天线工作期间对热能进行存储，在不工作期间向外扩散，以适应 SAR 天线在不同工作模式下不同热耗特性，提高热控效能。同时需要尽量保证 SAR 天线温度水平的均匀性，为天线设备的正常工作提供较好的环境；同时，对结构、机构的热稳定设计提供有利的环境。

8.5.8　工程实现要点

工程实现要点如下。

- 供电能力、功率平衡分析；
- 热分析、热设计；
- 微波遥感卫星构型布局设计；
- 通常太阳翼不安装太阳帆板驱动机构，展开后锁定；
- 电源系统采用双母线供电体制；
- 载荷母线采用不调节母线拓扑形式；
- 采用锂离子蓄电池；
- 卫星的热设计采取分舱隔热原则；
- 天线尺寸大或数量多，整星 EMC 环境复杂，应避免相互间电磁干扰；
- 天线间视场不能相互遮挡；
- 旋转机构多，需进行动平衡配平；
- 热耗大的单机数量多，布局应利于散热；
- 多数天线需要压紧，需合理设计压紧点的数量和位置；
- 通道间一致性要求高，布局应尽可能对称。

8.6　非理想因素对图像质量影响分析

前面章节对卫星轨道误差、卫星姿态误差、数据传输通道、时间误差、机电热对图像质量影响机理进行了分析，这些因素定义为非理想因素。非理想因素可划分为卫星平台误差、卫星姿态误差、极化耦合、波束指向误差、天线形变、天线展开误差、电离层影响、大气传输路径、地球自转等几个类型。其中，卫星平台误差包括卫星速度误差、卫星位置误差、卫星轨道摄动误差，卫星姿态误差包括卫星偏航误差、卫星俯仰误差、卫星滚动误差、卫星姿态稳定度，极化耦合包括极化转换开关造成的极化耦合、天线造成的极化耦合，波束指向误差包括方位向波束指向误差、距离向波束指向误差。

一般选择成像参数中的多普勒中心频率估计误差、方位调频率估计误差和斜距测量误差作为中间变量来建立 SAR 成像非理想因素对多极化 SAR 图像质量指标的影响的误差传播模型，不能通过这三个变量建立误差传递模型的误差因素则需要进行数值仿真分析建立数据库，如图 8-17 所示。

8.6.1　多普勒中心估计误差

多普勒中心 f_{DC} 是构造方位向匹配滤波器的一个重要参数。在存在多普勒中心频率误差的情况下，目标主响应区的压缩能量会降低，而模糊区的能量会增加，造成目标相干积累损失，从而降低极化 SAR 图像的方位分辨率，同时造成极化 SAR 图像方位模糊度增大，如图

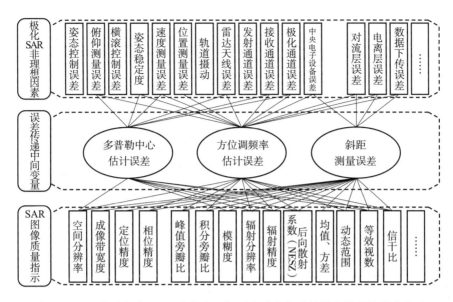

图 8 - 17　星载多极化 SAR 成像非理想因素对成像质量影响的误差传递模型

8 - 18～图 8 - 21 所示。多普勒中心估计误差同时会影响极化 SAR 图像的均值、方差和动态范围。由于噪声频谱是平坦的，其单位带宽的能量并不发生变化，因而多普勒中心估计误差将会恶化极化 SAR 图像的信噪比（SNR），进而影响噪声等效后向散射系数指标。

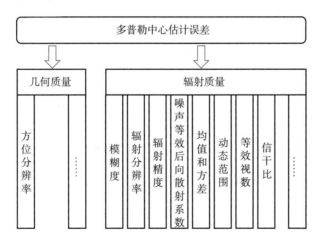

图 8 - 18　多普勒中心估计误差影响的极化 SAR 图像质量指标

多普勒中心估计误差将影响星载多极化 SAR 图像质量的方位分辨率、方位模糊比（AASR）和噪声等效后向散射系数（NESZ）等指标。

SAR 图像的噪声等效后向散射系数由式（8 - 29）给出

$$\mathrm{NESZ} = \sigma° - \mathrm{SNR} \qquad (8 - 29)$$

式中　$\sigma°$——后向散射系数；

SNR——SAR 图像信噪比。

多普勒中心频率估计精度要求控制在多普勒谱带宽的 5% 内，多普勒中心频率估计误

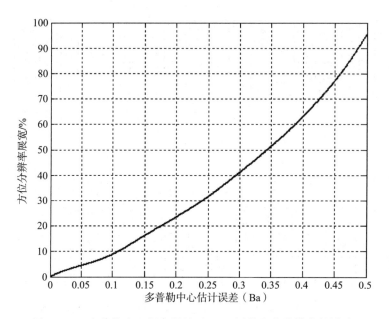

图 8 - 19　多普勒中心频率误差对 SAR 图像方位分辨率的影响

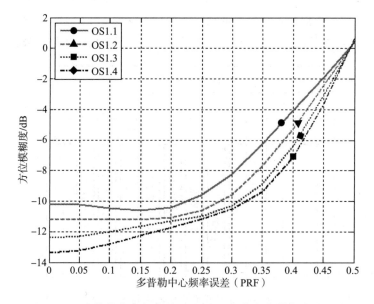

图 8 - 20　多普勒中心频率误差对 SAR 图像方位模糊度的影响

差对极化 SAR 成像质量的影响基本可以忽略，即

$$\delta f_{dc} < \frac{B_{f_d}}{20} \qquad\qquad (8-30)$$

式中　B_{f_d}——多普勒带宽。

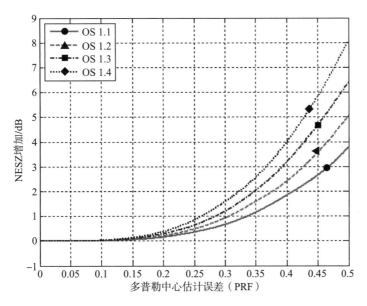

图 8 - 21　多普勒中心估计误差对 SAR 图像 NESZ 变化的影响

8.6.2　方位调频率估计误差

方位调频率估计误差将会导致 SAR 图像的方位分辨率降低及峰值和积分旁瓣比增加，并且带来严重的相位误差等。多普勒调频率估计误差对图像质量指标的影响如图 8 - 22 所示。

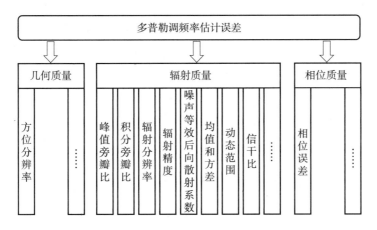

图 8 - 22　多普勒调频率误差影响的 SAR 图像质量指标

SAR 原始回波数据经过距离压缩后得到一个方位线性调频信号，由式（8 - 31）给出

$$s_{rc}(\tau, t_m) \approx A_0 p_r \left(\tau - \frac{2R(t_m)}{c} \right) \omega_a (t_m - t_{mc}) \times$$

$$\exp \left(-j\frac{4\pi f_0 R_0}{c} \right) \exp \left(-j\pi K_d t_m^2 \right)$$

（8 - 31）

式中 τ、t_m ——分别表示距离快时间和方位慢时间；

t_{mc} ——波束中心穿越目标时刻；

A_0 ——一复常数；

$\omega_a(t_m)$ ——方位向包络；

$R(t_m)$ —— t_m 时刻雷达到目标的瞬时斜距；

$p_r(\tau)$ ——距离压缩后的脉冲响应；

f_0 ——发射信号中心频率；

R_0 ——雷达到场景中心最短斜距；

K_a ——方位调频率。

借助于二次相位误差 $QPE = \pi \Delta k_d \left(\dfrac{T_s}{2}\right)^2$，我们可获得多普勒调频率误差对点目标响应展宽、峰值旁瓣比（PSLR）、积分旁瓣比（ISLR）的影响如图 8-23～图 8-25 所示。

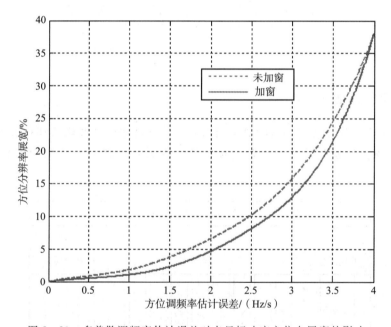

图 8-23　多普勒调频率估计误差对点目标响应方位向展宽的影响

SAR 复图像的相位误差与多普勒调频率误差的关系为

$$\Delta \varphi = \frac{QPE}{3} = \frac{1}{3}\pi \Delta k_d \left(\frac{T_s}{2}\right)^2 \tag{8-32}$$

式中 Δk_d ——多普勒调频率的误差；

T_s ——合成孔径时间长度。

方位调频率误差将引起方位向匹配滤波器失配，当误差比较大时，甚至可能导致图像散焦。与几何质量和相位质量指标相比，SAR 图像辐射质量指标（辐射分辨率、等效视数等）对方位调频率误差不敏感得多。当方位调频率误差在 2 Hz/s 时，SAR 图像的辐射质量指标基本不受影响。

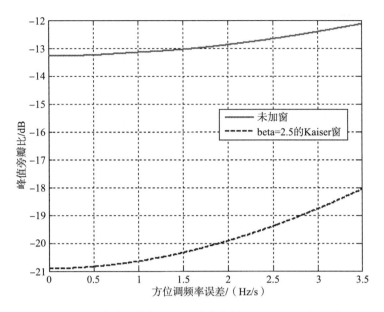

图 8 - 24　方位调频率误差对峰值旁瓣比（PSLR）的影响

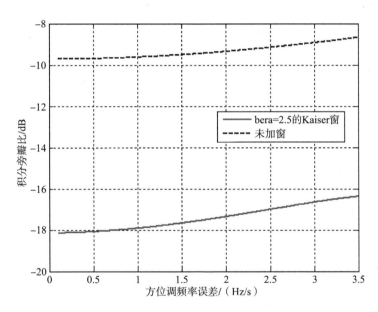

图 8 - 25　多普勒调频率误差对积分旁瓣比（ISLR）的影响

8.6.3　斜距测量误差

传感器到目标的斜距是由信号穿过大气的传播时间决定的，由式（8-33）给出

$$R = c(\tau - \tau_e)/2 \qquad\qquad (8-33)$$

式中　τ_e——信号经过雷达发射机和接收机的时延；

　　　τ——从一个控制信号被送到激励器产生脉冲到其回波被 ADC 数字化的整个时延时间。

斜距误差的来源主要是估计传感器电时延 τ_e 的误差和信号穿过大气层的传播定时误差。

斜距误差直接导致的多普勒调频率误差，如式（8-34）所示

$$\Delta k_d^{(v)} \approx \frac{2v^2}{\lambda R^2}\Delta R \tag{8-34}$$

由式（8-34）可看出，斜距误差将直接导致多普勒调频率误差，斜距误差将影响图 8-26 所示的所有图像质量指标。

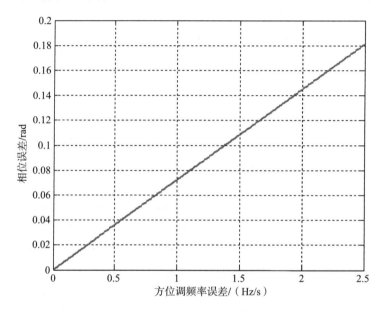

图 8-26　方位调频率误差对 SAR 复图像相位误差的影响

此外，由电子延时误差或电磁波传播的无规则变化引起的斜距测量误差会导致垂直航迹方向的目标定位误差，由式（8-35）给出

$$\Delta r_3 = \frac{c\Delta\tau}{2\sin\eta} = \frac{\Delta R}{\sin\eta} \tag{8-35}$$

式中　$\Delta\tau$——斜距定时误差；

　　　η——本地入射角。

8.6.4　卫星平台误差非理想因素

（1）卫星位置测量误差

卫星位置测量误差由卫星定轨精度决定，卫星位置误差将影响基于轨道的方位调频率估计。一般仿真时间范围内，卫星位置测量误差的模型为"系统固定误差"。

系统固定误差在仿真时间范围内为常数，引起方位调频率估计误差的量级很小，例如，卫星轨道三轴误差为 100 m 时，引起的方位调频率估计误差的量级为 10^{-3} Hz/s，因此可忽略。

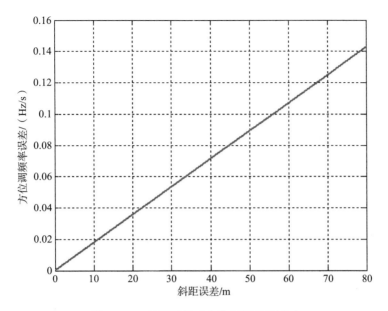

图 8 - 27　斜距误差对方位调频率的影响

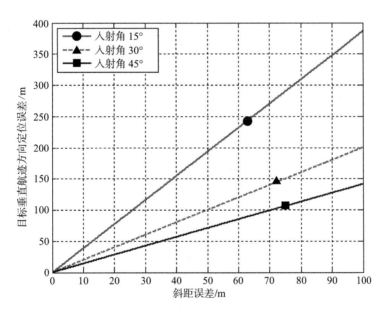

图 8 - 28　斜距误差对目标垂直航迹方向定位误差的影响

卫星位置测量误差导致的 SAR 图像目标方位定位误差 ΔT_{az} 由式（8 - 36）给出

$$\Delta T_{az} = \Delta T_x + \Delta T_z \tag{8 - 36}$$

式中　ΔT_{az} ——SAR 图像目标方位定位误差；

　　　ΔT_x ——卫星位置沿航向误差引起的目标方位定位误差；

　　　ΔT_z ——卫星位置沿高度 H 向误差引起的目标方位定位误差。

ΔT_x 和 ΔT_z 由式（8 - 36）给出

$$\Delta T_x = \frac{\Delta R_x R_t}{R_s}$$

$$\Delta T_z = \frac{R V_g V_e}{V_r^2} (\cos\xi_t \sin\alpha_i \cos\theta) \Delta\theta$$

(8-37)

式中　ΔR_x ——卫星位置沿航向误差；

　　　R_t ——目标到地心的距离；

　　　R_s ——卫星到地心的距离；

　　　V_g ——地速；

　　　V_r ——卫星等效速度；

　　　ξ_t ——目标地心纬度；

　　　α_i ——轨道倾角；

　　　θ ——波束中心下视角；

　　　$\Delta\theta$ ——由卫星沿高度向误差引起的视角变化。

$\Delta\theta$ 由式（8-38）给出

$$\Delta\theta = \arccos\left[\frac{R^2 + R_s^2 - R_t^2}{2 R_s R}\right] - \arccos\left[\frac{R^2 + (R_s + \Delta R_z)^2 - R_t^2}{2 (R_s + \Delta R_z) R}\right]$$

(8-38)

卫星位置测量误差对 SAR 图像目标距离向定位误差的影响由式（8-39）给出

$$\Delta T_{rg} = \frac{\Delta R_y R_t}{R_s} + \frac{R\Delta\theta}{\sin\eta}$$

(8-39)

式中　ΔT_{rg} ——由卫星位置测量误差导致的目标距离向定位误差；

　　　ΔR_y ——垂直航向卫星位置测量误差；

　　　η ——局部入射角。

图 8-29 为卫星位置测量误差对 SAR 图像目标方位向定位误差的影响，图 8-30 为卫星位置测量误差对 SAR 图像目标距离定位误差的影响，图 8-31 为卫星速度测量误差对方位调频率误差的影响。

（2）卫星速度测量误差

卫星速度测量误差将导致多普勒中心频率和多普勒调频率的估计误差。卫星速度在斜距方向上的测量误差将导致多普勒中心估计误差。卫星速度（幅度）误差与多普勒调频率误差近似关系由式（8-40）给出

$$\Delta k_d^{(v)} \approx \frac{4v}{\lambda R} \Delta v$$

(8-40)

式中　k_d ——多普勒调频率；

　　　v ——卫星速度；

　　　λ ——雷达波长；

　　　R ——雷达到场景的斜距。

SAR 复图像的相位误差 $\Delta\varphi$ 与多普勒调频率误差 Δk_d 的关系由式（8-41）给出

$$\Delta\varphi \approx \tan^{-1}\left(-\frac{\text{QPE}}{3} - \frac{\text{QPE}^3}{105} + \cdots\right)$$

(8-41)

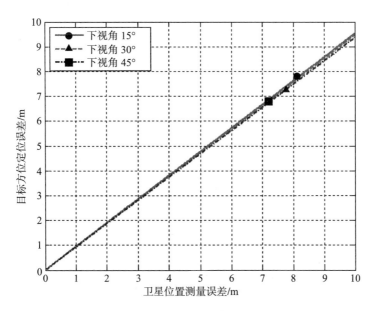

图 8-29　卫星位置测量误差对 SAR 图像目标方位向定位误差的影响

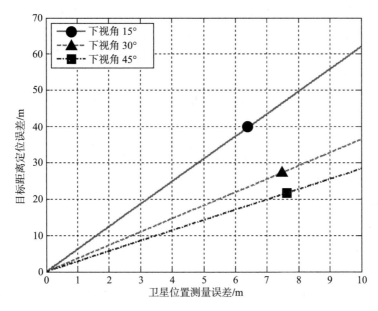

图 8-30　卫星位置测量误差对 SAR 图像目标距离定位误差的影响

式中　QPE（Quadratic Phase Error）表示二次相位误差，由式（8-42）给出

$$QPE = \pi \Delta k_d \left(\frac{T_s}{2} \right)^2 \tag{8-42}$$

式中 T_s 表示合成孔径时间，代入式（8-41）整理得到，卫星速度误差导致的最大相位误差为

$$\Delta \varphi = \frac{\pi v \cdot \Delta v}{3\lambda R} T_s^2 \tag{8-43}$$

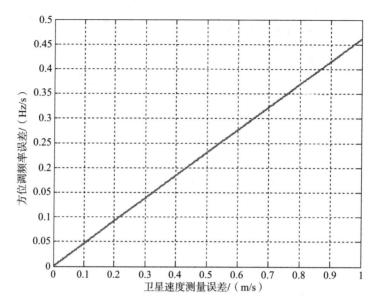

图 8 - 31　卫星速度测量误差对方位调频率误差的影响

对于一个典型的星载 SAR 系统参数，若要保证相位误差控制在 1°，则对应的卫星速度误差必须控制在 $\Delta v \leqslant 3\lambda R\,\Delta\varphi/\pi v T_s^2$。这里需要特别强调的是，有多种因素会导致多普勒调频率误差，包括斜距误差、卫星位置误差、地面高程误差等，因此在控制卫星速度误差时必须综合考虑其他因素并保证足够余量。

卫星速度在三轴的测量误差将导致目标方位定位误差，由式（8 - 44）给出

$$\Delta_{az} = \frac{(\Delta V_x \sin\theta_s + \Delta V_y \sin\gamma + \Delta V_z \cos\gamma)V_g R_s}{V_r^2} \qquad (8 - 44)$$

式中　ΔV_x、ΔV_y 和 ΔV_z ——分别表示卫星速度在三轴的测量误差；

θ_s ——波束中心斜视角；

γ ——波束中心下视角；

V_g ——地速；

V_r ——卫星等效速度；

R_s ——场景中心斜距。

取波束中心下视角为 30°，卫星速度测量误差对 SAR 图像方位定位误差的影响如图 8 - 32 所示。

（3）卫星轨道摄动

卫星轨道基本上是椭圆轨道，这是由地球中心引力场决定的。但地球引力场又不是完全的中心引力场。实际的地球不是球对称的，这样的非中心性会对卫星轨道产生摄动作用。轨道摄动主要影响 SAR 图像的测绘带宽和场景目标的增益等，进而会影响 SAR 图像的辐射质量指标。

（4）卫星姿态误差

卫星姿态包括偏航、俯仰和滚动。卫星姿态误差包括卫星姿态控制误差和卫星姿态测

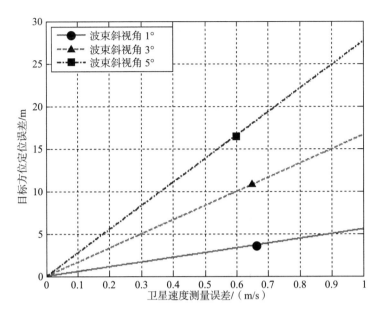

图 8 - 32　卫星速度测量误差对 SAR 图像方位向定位误差的影响

量误差。

卫星姿态控制误差是指卫星对姿态的控制偏离预先设定状态的误差。卫星姿态控制误差将导致雷达发射波束偏离预先指定的场景，在不存在卫星姿态测量误差时，可通过测量获取真实的雷达波束指向，此时卫星姿态控制误差不会引起多普勒参数的估计误差，但影响场景目标的增益及成像带宽等图像质量指标。

卫星姿态测量误差是由对卫星姿态控制误差测量不准确而产生的误差。较好的姿态测量传感器的测量精度能够保持在方位向波束宽度的十分之一的范围内和距离向波束宽度的百分之几的范围内。卫星姿态测量误差将导致基于轨道的多普勒中心和方位调频率估计误差，进而影响星载 SAR 成像质量。

由于姿态测量精度往往比控制精度高一个数量级，对图像质量影响可以不考虑，以下对姿态控制精度影响进行分析。

存在偏航时 SAR 成像的几何关系如图 8 - 33 所示。

平台偏航将导致雷达波束绕 Z 轴转动，其地面照射曲线的运动轨迹为一个圆。图 8 - 33 中，实线表示理想情况下的雷达工作的坐标系，虚线表示存在平台偏航误差时的雷达工作坐标系。卫星平台偏航 φ 引起的基于轨道的多普勒中心估计误差由式（8 - 45）给出

$$\Delta f_{dc}^{(\varphi)} \approx -\frac{2V_r \sin\beta}{\lambda} \tag{8 - 45}$$

式中　$\Delta f_{dc}^{(\varphi)}$ ——平台偏航 φ 时导致的多普勒中心估计误差；

　　　V_r ——卫星等效速度；

　　　λ ——发射信号中心频率对应的波长；

　　　β ——成像斜平面内波束中心偏移的角度，由式（8 - 46）给出

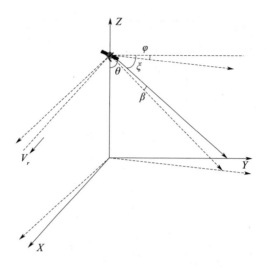

图 8 - 33　偏航角为 φ 时的 SAR 成像几何关系

$$\cos\beta = \sin^2\xi + \cos^2\xi\cos\varphi \tag{8-46}$$

式中　$\xi = 90° - \theta$ ；

　　　θ ——波束中心下视角。

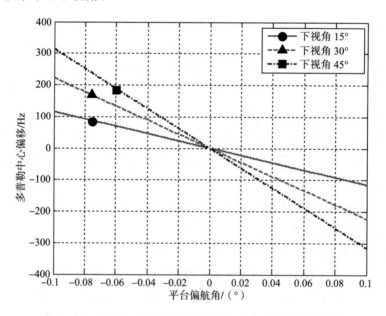

图 8 - 34　卫星平台偏航误差对多普勒中心估计误差的影响

平台偏航对基于轨道的方位调频率估计误差的影响由式（8-47）给出

$$\Delta k_d^{(\varphi)} = \frac{2V_r^{\,2}\sin^2\beta}{\lambda R} \tag{8-47}$$

式中　β 由式（8-46）给出。

存在平台俯仰误差时的 SAR 成像几何关系如图 8-34～图 8-38 所示。

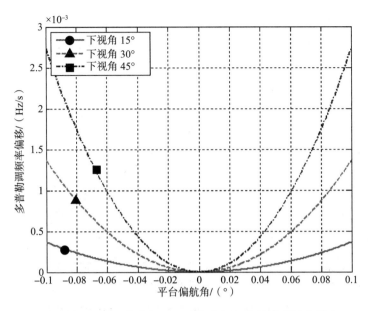

图 8-35　卫星平台偏航误差对方位调频率估计误差的影响

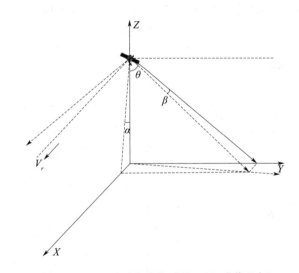

图 8-36　卫星平台俯仰时的 SAR 成像几何

平台俯仰使雷达波束中心线绕 Y 轴转动，设平台俯仰测量为 α，波束中心在成像斜平面上偏移的角度为 β，则卫星平台俯仰引起的基于轨道的多普勒中心估计误差由式（8-48）给出

$$\Delta f_{dc}^{(\alpha)} \approx -\frac{2V_r \sin\beta}{\lambda} \qquad (8-48)$$

式中　β 与 α 的关系由式（8-49）给出

$$\cos\beta = \sin^2\theta + \cos^2\theta\cos\alpha \qquad (8-49)$$

式中　θ——波束中心下视角。

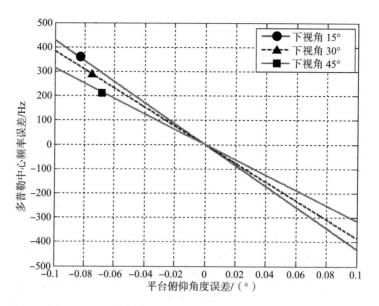

图 8-37　平台俯仰误差对多普勒中心估计误差的影响

卫星平台俯仰误差引起的基于轨道的方位调频率估计误差由式（8-50）给出

$$\Delta k_d^{(a)} = \frac{2V_r^{\ 2}\sin^2\beta}{\lambda R} \qquad\qquad (8-50)$$

式中，β 由式（8-49）给出。

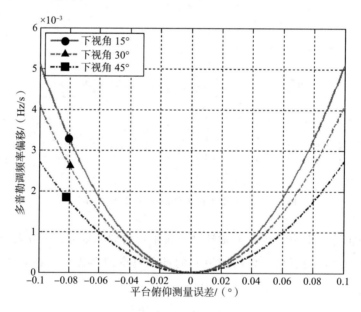

图 8-38　平台俯仰误差对方位调频率估计误差的影响

卫星滚动导致雷达波束绕 X 轴转动，当波束方位角为 0 时，对多普勒中心和方位调频率估计没有影响。但卫星平台滚动将导致雷达发射波束沿距离向的移动，相当于对发生脉冲进行加权，影响天线增益。例如在理想情况下，位于场景中心的目标在雷达平台翻滚以后，不再位于场景中心，此时其回波能量会减小，但是其到雷达的距离不会改变，因而其响应的多普勒频率和方位调频率不会改变。如果翻滚比较严重，则有可能使距离向波束偏离原来的成像区域，如图 8 - 39 所示。

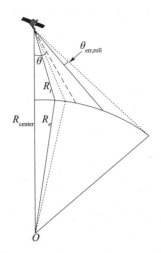

图 8 - 39　卫星姿态滚动误差示意图

当卫星姿态滚动误差比较大时，距离向波束将偏离原来的成像区域，由式（8 - 51）给出

$$\Delta S_{\text{near}} = \text{sign} \sqrt{R_{\text{tnear}}^2 + R_{\text{tnear}}^{'2} - 2R_{\text{tnear}}R_{\text{tnear}}' \cos\Delta\theta_{\text{err,roll}}} \qquad (8 - 51)$$

式中　$\Delta\theta_{\text{err,roll}}$ ——卫星姿态滚动误差；

　　　sign ——与 $\Delta\theta_{\text{err,roll}}$ 对应的符号函数；

　　　ΔS_{near} ——场景近边偏移的距离；

　　　R_{tnear} ——雷达到场景近边的距离；

　　　R'_{tnear} ——存在卫星姿态滚动误差时雷达到场景近边的距离。

R_{tnear} 和 R'_{tnear} 分别由式（8 - 52）给出

$$\frac{R_{\text{enear}}}{\sin\beta_{\text{near}}} = \frac{R}{\sin\gamma_{\text{near}}} = \frac{R_{\text{tnear}}}{\sin(\beta_{\text{near}} + \gamma_{\text{near}})}$$

$$\frac{R'_{\text{enear}}}{\sin\beta'_{\text{near}}} = \frac{R}{\sin\gamma'_{\text{near}}} = \frac{R'_{\text{tnear}}}{\sin(\beta'_{\text{near}} + \gamma'_{\text{near}})} \qquad (8 - 52)$$

式中　R ——卫星到地心的距离；

　　　R_{enear} ——场景近端目标到地心的距离；

　　　γ_{near} ——场景近端目标和雷达连线与场景近端目标和地心连线的夹角；

　　　β_{near} ——雷达发射波束近端的下视角。

R'_{enear}、γ'_{near} 和 β'_{near} 分别表示存在卫星平台滚动误差时的对应变量。β_{near} 和 β'_{near} 分别由式（8 - 53）给出

$$\beta_{\text{near}} = \theta_{\text{look}} - \frac{1}{2}\theta_{\text{beam,rg}}$$

$$\beta'_{\text{near}} = \theta_{\text{look}} - \frac{1}{2}\theta_{\text{beam,rg}} + \Delta\theta_{\text{err,roll}} \qquad (8 - 53)$$

式中　　θ_{look} ——波束中心下视角；

　　　　$\theta_{\text{beam,rg}}$ ——距离向发射波束宽度；

　　　　$\Delta\theta_{\text{err,roll}}$ ——卫星平台滚动误差。

由式（8-53）可以得到卫星平台滚动误差对地面波束照射区域近边偏移的影响，如图 8-40 所示。

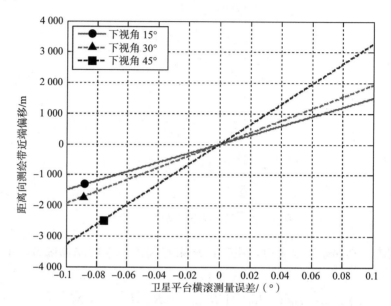

图 8-40　平台滚动误差对距离向测绘带近端偏移的影响

将式中的"减号"换成"加号"，同理可以得到卫星平台滚动误差对距离向测绘带远端偏移的影响，如图 8-41 所示。

当雷达波束方位角不为 0 时，卫星滚动误差将影响基于轨道的多普勒中心和方位调频率的估计。

卫星滚动误差对多普勒中心估计误差的影响由式（8-54）给出

$$\Delta f_{dc} = -\frac{2V_r}{\lambda}(\sin\beta - \sin\beta') \tag{8-54}$$

其中，β 为波束中心斜视角，β' 为存在卫星平台滚动误差情况下的波束中心斜视角。β 和 β' 由式（8-55）给出

$$\begin{aligned}\cos\beta &= \sin^2\xi + \cos^2\xi\cos\theta_{\text{beam,Az}} \\ \cos\beta' &= \sin^2(\xi + \Delta\theta_{\text{roll}}) + \cos^2(\xi + \Delta\theta_{\text{roll}})\cos\theta_{\text{beam,Az}}\end{aligned} \tag{8-55}$$

式中　　ξ ——波束中心下视角的余角；

　　　　$\Delta\theta_{\text{roll}}$ ——卫星平台滚动误差，$\theta_{\text{beam,Az}}$ 波束方位角。

卫星滚动误差对基于轨道的方位调频率估计误差的影响由式（8-56）给出

$$\Delta K_a = \frac{2V_r^2}{\lambda R}(\cos^2\beta - \cos^2\beta') \tag{8-56}$$

其中，β 和 β' 由式（8-55）给出。星载 SAR 的姿态控制精度一般为 0.01°左右，以波

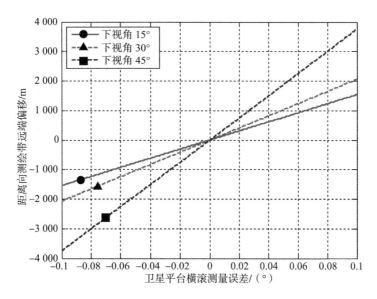

图 8-41　平台滚动误差对距离向测绘带远端偏移的影响

束方位角 3°为例，0.01°的卫星平台滚动误差将导致方位向点目标响应展宽 0.167%，方位模糊度恶化 0.001 99 dB，噪声等效后向散射系数（NESZ）增大 5.22e^{-4} dB，峰值和积分旁瓣比恶化 0.000 04 dB，相位误差 0.000 054°。因此，平台滚动误差对 SAR 图像质量影响很小。

（5）卫星姿态稳定度

卫星姿态稳定度模型如式（8-57）所示，其中 A 表示姿态角变化的幅度，ω_0 表示姿态角变化的角频率，T_s 为合成孔径时间长度。卫星姿态稳定度对卫星姿态变化幅度的影响如图 8-42 所示

$$\sigma = 3A\omega_0 \sqrt{\frac{1}{2}(1 + \frac{\sin 2\omega_0 T_s}{2\omega_0 T_s})} \tag{8-57}$$

卫星姿态不稳定对成像质量的影响有两方面：一是造成回波信号的幅度调制，产生成对回波；二是造成多普勒频谱的微小变化，使得估计的多普勒中心频率产生误差。目前，SAR 系统姿态稳定度可以做到 1×10^{-4} （°）/s 的量级，则姿态角变化幅度的量级非常小。因此，由前面对卫星姿态误差对 SAR 成像质量影响的分析可以看出，姿态稳定度对 SAR 卫星成像质量的影响很小。

8.6.5　雷达有效载荷误差非理想因素

（1）雷达天线波束指向误差

波束指向误差是指雷达天线波束在天线坐标系中的指向误差，包括波束方位角指向误差和波束俯仰角指向误差。星载 SAR 相控阵天线通过调相改变波束指向，但波束指向的改变并不是连续的，而是存在一个最小波束指向改变间隔［如 5 （°）/s］，因此会给天线波束指向带来量化误差。雷达波束照射地面的几何关系如图 8-43 所示。

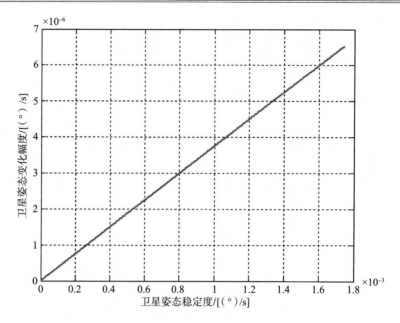

图 8-42　卫星姿态稳定度对卫星姿态变化的影响

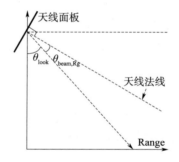

图 8-43　雷达波束对地观测几何示意图

雷达波束方位指向误差将导致基于轨道的多普勒中心估计误差。波束方位角为 0 时，雷达波束方位指向误差对多普勒中心估计误差的影响由式（8-58）给出

$$\Delta f_{dc} = -\frac{2V_r}{\lambda}\sin(\Delta\xi) \tag{8-58}$$

式中　Δf_{dc}——波束方位指向误差导致的多普勒中心估计误差；

　　　$\Delta\xi$——成像斜平面上波束中心斜视角的误差，由式（8-59）给出

$$\cos(\Delta\xi) = 1 - \frac{\sin^2\theta_{\text{look}}}{\sin^2(\theta_{\text{look}}+\theta_{\text{beam,Rg}})}\left[1-\cos(\Delta\theta_{\text{beam,Az}})\right] \tag{8-59}$$

式中　θ_{look}——波束中心下视角；

　　　$\theta_{\text{beam,Rg}}$——波束中心俯仰角；

　　　$\Delta\theta_{\text{beam,Az}}$——波束方位指向误差。

以波束中心下视角为 30° 为例，雷达波束方位指向误差引起的多普勒中心误差如图 8-44 所示。

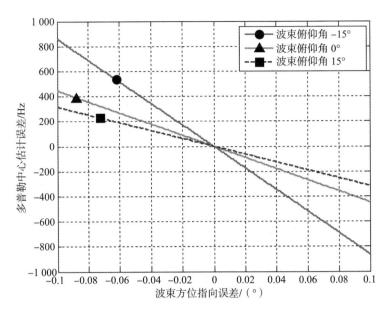

图 8 - 44　波束方位指向误差对基于轨道的多普勒中心估计误差的影响

波束方位指向误差导致基于轨道的方位调频率估计误差，表达式由式（8 - 60）给出

$$\Delta K_a = \frac{2V_r^2}{\lambda R} \sin^2(\Delta \xi) \qquad (8 - 60)$$

式中 $\Delta \xi$ 由式（8 - 59）给出。以波束中心下视角为 30° 为例，雷达波束方位指向误差引起的多普勒中心误差如图 8 - 45 所示。

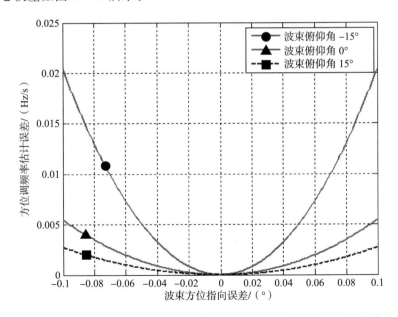

图 8 - 45　波束方位指向误差对基于轨道的方位调频率估计误差的影响

波束方位指向误差将影响 SAR 图像的方位分辨率、方位模糊度、峰值旁瓣比、积分

旁瓣比和相位误差等。

波束俯仰角误差将引起距离向测绘带偏移。距离向测绘带偏移计算模型与卫星滚动误差引起的距离向测绘带偏移模型相同。

波束方位角不为 0 时，雷达波束俯仰指向误差将导致基于轨道的多普勒中心和方位调频率估计误差。雷达波束俯仰指向误差对多普勒中心估计误差的影响由式（8-61）给出

$$\Delta f_{dc} = -\frac{2V_r}{\lambda}(\sin\xi - \sin\xi') \tag{8-61}$$

式中　ξ——不存在波束俯仰指向误差时的波束斜视角；

　　　ξ'——存在波束俯仰指向误差时的波束斜视角，由式（8-62）给出

$$\cos\xi = 1 - \frac{\sin^2\theta_{\text{look}}}{\sin^2(\theta_{\text{look}} + \theta_{\text{beam,Rg}})}(1 - \cos\theta_{\text{beam,Az}})$$
$$\cos\xi' = 1 - \frac{\sin^2\theta_{\text{look}}}{\sin^2(\theta_{\text{look}} + \theta_{\text{beam,Rg}} + \Delta\theta_{\text{beam,Rg}})}(1 - \cos\theta_{\text{beam,Az}}) \tag{8-62}$$

式中　θ_{look}——波束中心下视角；

　　　$\theta_{\text{beam,Rg}}$——波束俯仰角；

　　　$\theta_{\text{beam,Az}}$——波束方位角；

　　　$\Delta\theta_{\text{beam,Rg}}$——波束俯仰指向误差。

图 8-46 为波束俯仰指向误差对基于轨道的多普勒中心估计误差的影响

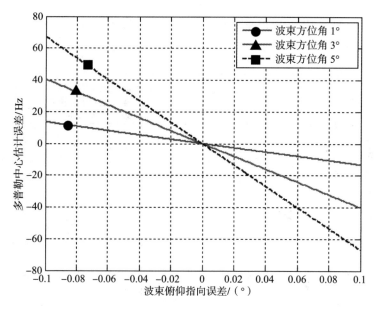

图 8-46　波束俯仰指向误差对基于轨道的多普勒中心估计误差的影响

雷达波束俯仰指向误差对方位调频率估计误差的影响由式（8-63）给出

$$\Delta K_a = \frac{2V_r^2}{\lambda R}(\cos^2\xi - \cos^2\xi') \tag{8-63}$$

式中　ξ 和 ξ' 由式（8-62）给出。

图 8 - 47 为波束俯仰指向误差对基于轨道的方位调频率估计误差的影响。

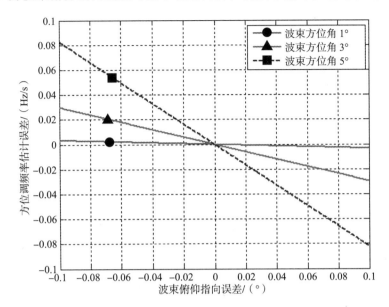

图 8 - 47　波束俯仰指向误差对基于轨道的方位调频率估计误差的影响

星载 SAR 的波束俯仰指向误差如果为 0.005° 左右，以波束方位角 3° 为例，0.005° 的波束俯仰指向误差将导致方位向点目标响应展宽 0.147%，方位模糊度恶化 0.003 02 dB，噪声等效后向散射系数增加 5.24e^{-4} dB，峰值和积分旁瓣比恶化 0.000 075 dB，相位误差 0.006 2°。因此，波束俯仰指向误差对 SAR 图像质量影响很小。

（2）雷达天线展开误差

受空间外力干扰或相控阵天线伸展机构机械误差的影响，星载相控阵天线面板会出现展开误差。

理想情况下，天线方向图由式（8 - 64）给出

$$D(\Psi_x, \Psi_y) = e^{-j\left(\frac{N-1}{2}\Psi_x + \frac{M-1}{2}\Psi_y\right)} \sum_{n=0}^{N-1} \sum_{m=0}^{M-1} \omega_{mn} e^{j(n\Psi_x + m\Psi_y)} \tag{8 - 64}$$

式中　Ψ_x 和 Ψ_y ——波束矢量在 x 和 y 方向的分量；

　　　ω_{mn} ——加权系数。

Ψ_x 和 Ψ_y 为

$$\Psi_x = \frac{2\pi}{\lambda} d_x \sin\theta\cos\phi \tag{8 - 65}$$

$$\Psi_y = \frac{2\pi}{\lambda} d_y \sin\theta\sin\phi \tag{8 - 66}$$

式中　θ、ϕ ——球形坐标系下的波束指向角度；

　　　d_x、d_y ——分别为方位向和俯仰向阵元间距，如图 8 - 48 所示。

当存在天线展开误差情况下，假设天线阵元 (i, j) 的真实位置与理想位置的误差为 Δd_x 和 Δd_z（y 方向上阵元位置误差为 0），此时二维相控阵天线的方向图为

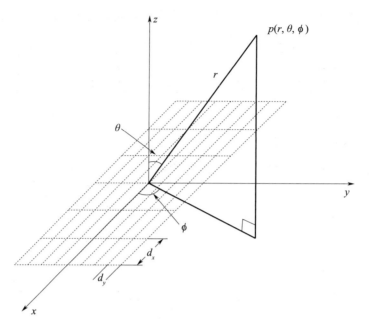

图 8 - 48　二维平面阵列结构

$$D(\Psi_x, \Psi_y) = e^{-j\left(\frac{N-1}{2}\Psi_x + \frac{M-1}{2}\Psi_y\right)} \sum_{n=0}^{N-1} \sum_{m=0}^{M-1} \omega_{nm} e^{j(n\Psi_x + m\Psi_y + \Psi_z)} \quad (8-67)$$

式中　Ψ_x、Ψ_y、Ψ_z 由式（8-68）给出

$$\Psi_x = \frac{2\pi}{\lambda}(d_x + \Delta d_x)\sin\theta\cos\phi$$

$$\Psi_y = \frac{2\pi}{\lambda}d_y\sin\theta\sin\phi \quad (8-68)$$

$$\Psi_z = \frac{2\pi}{\lambda}\Delta d_z\cos\theta$$

对上式变换为式（8-69）

$$D(\Psi_x, \Psi_y) = e^{-j\left(\frac{N-1}{2}\Psi_x + \frac{M-1}{2}\Psi_y\right)} \sum_{n=0}^{N-1} \sum_{m=0}^{M-1} \left(\omega_{nm} e^{j\frac{2\pi}{\lambda}\Delta d_x\sin\theta\cos\phi} e^{j\frac{2\pi}{\lambda}\Delta d_z\cos\theta}\right) e^{j(n\Psi_x + m\Psi_y)} \quad (8-69)$$

由上式可以看出，天线展开误差将导致天线阵元位置误差，等效为改变天线阵元加权的权值。天线展开误差将导致天线增益改变、天线波束主瓣展宽及天线波束指向误差。

天线展开误差导致天线发射波束方位向产生非线性相位，引起天线相位中心位置误差。

此外，由于天线展开误差将导致天线波束方位向指向误差，因此根据前面天线波束方位向指向误差的影响，天线展开误差将影响 SAR 图像质量的方位分辨率、方位模糊度、噪声等效后向散射系数、复图像的相位误差及点目标响应的峰值旁瓣比和积分旁瓣比等。图 8 - 49 为天线展开误差对雷达发射波束展宽的影响，图 8 - 50 为天线展开误差对天线发射波束方位角指向误差的影响，图 8 - 51 为天线展开误差对天线发射波束主瓣相位的影响。

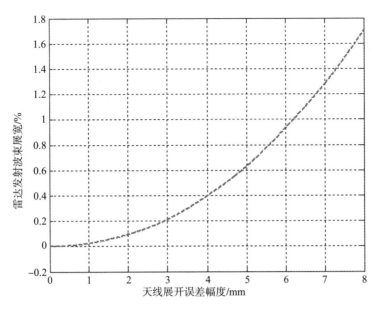

图 8-49　天线展开误差对雷达发射波束展宽的影响

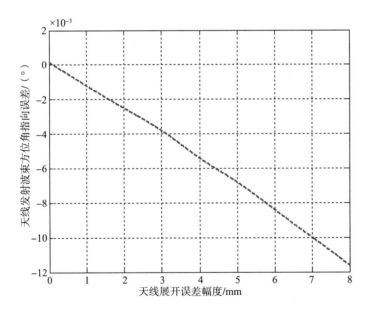

图 8-50　天线展开误差对天线发射波束方位角指向误差的影响

（3）雷达天线形变误差

天线面板形变将导致天线阵元位置误差，从而导致天线方向图畸变，包括天线发射波束增益改变、主瓣展宽、波束指向误差及主瓣内相位误差等。图 8-52 为天线形变误差对发射波束主瓣展宽的影响，图 8-53 为天线形变误差对方位向波束指向误差的影响。

天线形变误差将导致天线波束方位指向误差，而根据前面的分析可知，天线形变误差将影响 SAR 成像质量的方位分辨率、方位模糊度、噪声等效后向散射系数、复图像的相

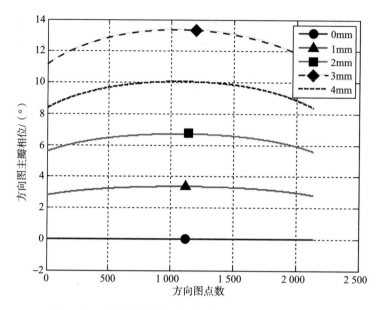

图 8-51　天线展开误差对天线发射波束主瓣相位的影响

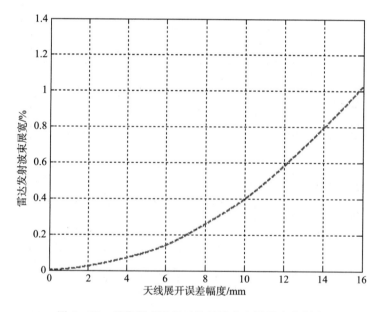

图 8-52　天线形变误差对发射波束主瓣展宽的影响

位误差及点目标响应的峰值旁瓣比、积分旁瓣比等。

（4）雷达天线阵元误差

天线阵元误差包括阵元失效误差和阵元位置随机误差。阵元失效误差是由一个或多个天线阵元不能工作（主要由元器件老化、空间碰撞等因素造成）所带来的误差。天线阵元位置随机误差主要由阵列天线制造、安装工艺引起。天线阵元误差对 SAR 图像质量的影响也很小。

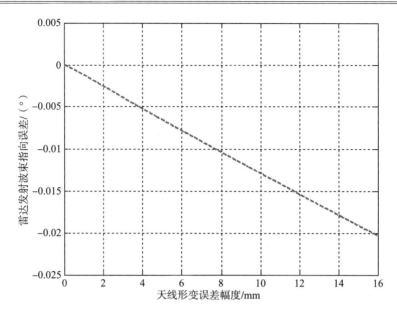

图 8-53　天线形变误差对方位向波束指向误差的影响

（5）发射机通道非理想因素

发射机幅度平坦度不会引起误差传递模型中间变量（即多普勒中心误差、方位调频率误差、斜距误差）等的估计和测量误差，而会影响雷达发射波束增益，进而影响接收目标回波的功率，对 SAR 图像的均值、方差动态范围等辐射质量指标造成误差。

发射通道线性相位误差将导致 SAR 图像距离向的平移，取 0.05（°）/MHz 时，由发射通道线性相位误差导致的 SAR 图像距离向的平移为 0.01 个像素。

发射机通道二次相位误差将导致发射信号调频率误差，从而导致 SAR 图像的点目标响应展宽，影响 SAR 图像质量的距离分辨率、峰值旁瓣比和积分旁瓣比等。图 8-54 为发射机通道二次相位误差对距离向点目标响应 PSLR 的影响，图 8-55 为发射机通道二次相位误差对距离向点目标响应 ISLR 的影响。

（6）接收机通道及中央电子设备非理想因素

接收通道及中央电子设备非理想因素对星载极化 SAR 图像质量的影响模型与发射机通道非理想因素相同，接收机通道及中央电子设备的脉冲之间误差将影响 SAR 图像方位向分辨率、峰值旁瓣比、积分旁瓣比等指标。

（7）极化通道非理想因素

极化通道隔离度是多极化雷达的一个重要指标，用来描述多极化通道间的串扰水平（极化通道间的信号混叠程度），一般要求优于 -25 dB。多极化雷达系统的模糊响应不仅来自所需的辐射方向图，而且还来自交叉极化方向图，极化通道隔离度的定义由式（8-71）给出

$$\delta = \frac{\sum_{i=-n}^{n} \int_{\theta_{B_p} + i \cdot f_p} G_{xpol}(\theta) \, d\theta}{\int_{\theta_{B_p}} G_{lpol}(\theta) \, d\theta} \tag{8-71}$$

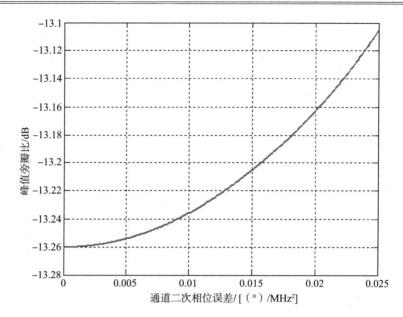

图 8 - 54　发射机通道二次相位误差对距离向点目标响应 PSLR 的影响

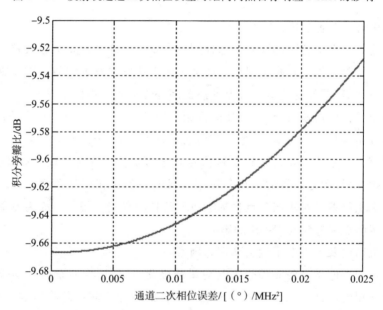

图 8 - 55　发射机通道二次相位误差对距离向点目标响应 ISLR 的影响

式中　　B_p ——天线方向图主响应区的带宽；

　　　　i ——模糊区；

　　　　f_p ——脉冲发射重复频率；

　　　　$\theta_{B_p+i\cdot f_p}$ ——交叉极化方向图模糊方位角范围；

　　　　θ_{B_p} ——同极化方向图主响应区的方位角范围；

　　　　$G_{x\text{pol}}(\theta)$ ——交叉极化方向图；

　　　　$G_{l\text{pol}}(\theta)$ ——同极化天线方向图。

当极化通道间的串扰比较严重时，各极化通道因混杂来自其他极化通道的信号而无法正确提取目标的极化散射特性。

在多极化 SAR 图像应用中，必须通过定标来校准极化通道隔离度。引起极化通道串扰的因素很多，主要包括发射/接收天线的极化耦合（主要由极化天线方向图误差、发射机开关与环行器隔离度误差造成）、电离层法拉第旋转效应以及大气层传输的去极化效应等。对于频段较高的（例如 C 频段以上）多极化 SAR 系统，由电离层法拉第旋转效应引起的极化通道串扰可以忽略。

极化通道的幅度不一致性可以通过内定标过程较好地估计幅度不平衡。然而相位不平衡受天线的影响不能忽略，因此只能通过外定标来估计。

8.6.6　传输链路误差非理想因素

（1）空间环境

空间环境非理想因素包括电离层传播误差和对流层传播误差。电离层传播误差包括电离层衰减、电离层延迟和电离层法拉第旋转等。对流层传播误差包括对流层衰减和对流层延迟等非理想因素。

电离层衰减随着电磁波频率的提高而加强，往往低于 C 频段的电磁波受到电离层衰减的影响可以忽略。

电离层引起的法拉第旋转角度与 f^2 成反比，其中 f 为电磁波传播的载频。对于 C 频段的 SAR 系统，由电离层引起的法拉第旋转角度约为 $1.5°$，由法拉第旋转引起的相干积累损失约为 0.003 dB。

电离层延迟包括群延迟和相位延迟，对于 C 频段电磁波，取下视角为 $30°$ 时，由电离层造成的群延迟和相位延迟的总和约 0.65 m。

电离层随时间和空间的相关变化而变化。电离层在时间维度上的相关时间长度约为 $300\sim800$ s，在空间维度上电离层变化严重时相关距离约为 2 km。对于 C 频段低轨道 SAR 系统，合成孔径时间为秒级，因此在合成孔径时间内电离层随时间的变化可以忽略；如果卫星平台高度为 800 km 时，合成孔径长度约为 4 km，合成孔径在电离层上的投影约为 2 km，因此在合成孔径内电离层的空间变化也可以忽略。

对流层延迟主要包括干燥空气引起的流体静态斜距误差（Slant Hydrostatic Delay）、对流层中垂直分布的水蒸气引起的湿度斜距误差（Slant Wet Delay）以及液态水体引起的斜距误差（Slant Liquid Delay）。对流层液态水体引起的斜距误差可忽略，分别利用 Sastamoinen 模型和 Hopfield 模型估计流体静态斜距延迟和湿度斜距延迟，获得的对流层斜距延迟测量精度优于 1 m。

对流层吸收衰减由以下因素导致：氧气和水蒸气，雨雪、冰雹等水汽凝结体，云雾等，对流层衰减随着电磁波频率的增高而加强。

由氧气和水蒸气引起的吸收衰减与空气的温度和压强有关，随着空气中的水蒸气含量的增加而增加。图 8-56 为氧气和水蒸气引起的吸收衰减与水蒸气含量的关系。

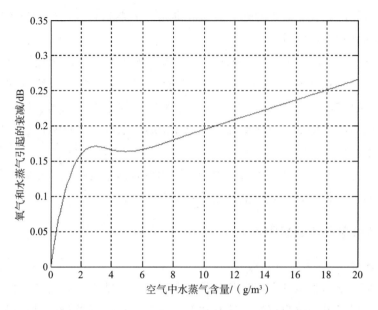

图 8-56　氧气和水蒸气引起的吸收衰减与水蒸气含量的关系

由雪和冰粒引起的衰减很小，对于频率低于 50 GHz 的电磁波的传播的影响可以忽略。

空气中的云雾为微型液态水滴，其计量单位为 g/m³，表示穿越云雾层的单位面积的管道内液态水滴的含量。由云雾引起的吸收衰减与空气中液体水滴含量和温度有关。图8-57 为云雾引起的吸收衰减与液态水含量及温度的关系。

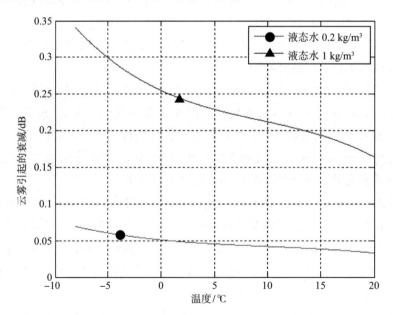

图 8-57　云雾引起的吸收衰减与液态水含量及温度的关系

由于降雨的频繁性和降雨引起的衰减的严重性，使降雨衰减在诸多衰减中是最严重的。图 8-58 为降雨引起的吸收衰减与降雨率及降雨区路径长度的关系。

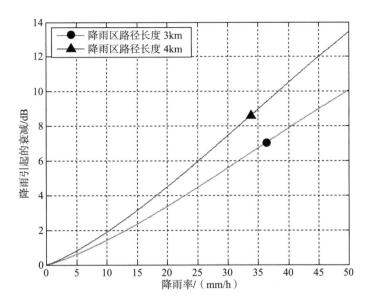

图 8-58　降雨引起的吸收衰减与降雨率及降雨区路径长度的关系

（2）数据下传

BAQ 压缩减小下传数据率的一项有效的技术，目前，星载 SAR 多采用典型值 8∶3 或 8∶4 BAQ 的数据压缩，经计算量化信噪比可达 14.6 dB 和 20.2 dB，直接影响 SAR 复图像的信噪比。

数据传输引起的随机误差对分布目标的辐射质量影响较小。对于点目标，则较大的误码率（如大于 10^{-3} 的误码率）将影响冲击响应函数，进而降低场景内点目标响应的指标。如果在数据下传中整条线的回波数据丢失，那么数传发射机的内部保真度会下降。对于极化 SAR 系统，这种影响会更严重，因为一个通道中一条回波数据的损失将会引起通道间的相位误差。

第三部分　微波载荷技术篇

第9章　极化合成孔径雷达

9.1　组成与工作原理

SAR 一般由中央电子设备、天线、展开机构、热控四大部分组成。

中央电子设备含射频部分、数字部分，负责完成高精度本振频率、采样时钟、定时脉冲和线性调频信号的产生与发射激励输出，并进行雷达回波信号增益控制与动态调整，经数据采集转换成量化数字信号，与雷达辅助数据形成格式化数据输送给数传系统。同时对所有中央电子设备及天线子系统实现控制和监测，以保证多模式工作能正常运行。

射频部分可划分为基准频率源、调频信号源、雷达接收机和微波组合与内定标单元，分别完成频率基准信号产生、线性调频信号产生、回波信号接收放大、发射和回波接收信号的双工传输以及内定标信号形成与延迟。

数字部分可划分为监控定时单元、数据形成单元、天线波控单元、雷达配电单元和天线配电单元，分别完成系统的控制与定时、回波信号的数字化与数据格式形成、天线波束控制和卫星一次电源分配。

天线采用可折叠平面有源相控阵天线，装有多个 T/R 组件；天线共分为几个可展开天线子板，每个天线子板上有相同的独立馈电网络和波控、供电网络。SAR 天线在卫星入轨后解锁展开。天线处于发射状态时，调频信号源发出的射频信号由驱动放大器进行放大，经馈电网络和延时放大后分配至各 T/R 组件；同时根据波束控制指令，通过各 T/R 组件实现相位控制调整，其输出信号由天线辐射阵面向指定的空域进行辐射；天线处于接收状态时，通过 T/R 组件的接收支路移相，阵面接收指定空域的回波信号，经馈电网络合成后通过驱动放大器、微波组合送入雷达接收机。

对于反射面天线体制，往往采用多个大功率放大器[①]通过大功率合成后馈入天线，接收时回波信号通过天线、馈源、馈线直接进入接收机，天线和馈源通过机械结合电扫描完成波束控制，本书不作为重点讨论。

天线伸展机构与展开程序控制器完成天线展开及其控制，实现卫星发射后天线按指定程序控制指令完成展开与锁定。

天线热控系统提供天线系统的工作环境温度控制，保证天线及其 T/R 组件工作在设定的环境温度范围内。图 9-1 为 SAR 载荷组成。

---

① 固态放大器（Solid State Power Amplifier，SSPA）或行波管放大器（Travelling Wave Tube Amplifier，TW-TA）。

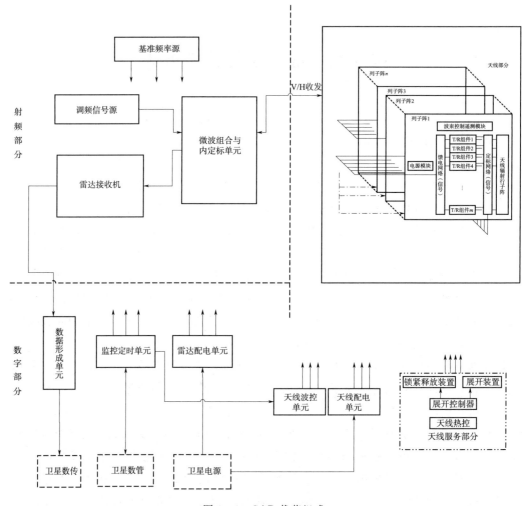

图 9-1　SAR 载荷组成

9.2　功 能

卫星 SAR 系统在入轨阶段，SAR 天线处于折叠压紧状态。在卫星入轨后天线解锁展开，系统各设备加电后进入工作状态。

在轨工作时，系统一般具备如下功能：

1）聚束、条带、扫描等多种成像模式；

2）内外定标功能，为地面数据处理提供定标参数；

3）通过上注设置系统参数、波位的功能，使系统工作在适合的状态；

4）可存储地面上注的工作程序组，并按照程序组工作时序控制设备开机工作；

5）上注修改软件功能，可以进行在轨软件维护；

6）SAR 观测数据的压缩功能。

9.3　工作模式

SAR 有 3 种工作模式：关机模式 、成像模式、定标模式。

（1）关机模式

SAR 系统中常加电的部分有监控计算机和基准频率源的晶振，这两个部分都位于中央电子设备内，中央电子设备的其他分机都处于关机状态。整个天线子系统也处于关机状态。

（2）成像模式

SAR 系统根据地面的上注指令，在预定的时刻，对 SAR 系统的各个部分开机，并完成各分机的主、备配置，根据成像模式和成像波位，对信号带宽、采样率进行设置；对极化进行设置；对接收开关矩阵进行配置；波控机对相控阵天线的发射和接收进行幅度、相位配置。然后产生发射脉冲开始工作。在成像结束时刻到达时，转入关机状态或待机状态。

（3）定标模式

对于定量化测量，辐射精度的要求较高；而对于相控阵天线，由于是一种分布式发射接收体制，定标过程非常复杂。这里的定标是指内定标，只对 SAR 系统的收发增益进行定标。

星载 SAR 通常采用首、尾内定标的方式，即只在成像开始前和结束后进行定标，成像中间系统增益的变化则通过线性插值方法得到。

内定标一般包括噪声定标、参考定标、全阵面发射定标、单个 T/R 组件的发射定标、全阵面接收定标和单个 T/R 组件的接收定标。

另外，在轨测试时，也可以不成像只定标，即在一次开机后，进行连续的定标，连续地监测系统的变化。

9.4　指标

主要技术指标体系如下。

（1）图像质量指标

图像质量指标包括：成像分辨率、成像幅宽、入射角范围、极化通道不平衡度、$NE\sigma^{\circ}$、模糊度、旁瓣性能、辐射分辨率、相对辐射精度和绝对辐射精度。

（2）发射性能

发射性能包括：工作中心频率、发射信号带宽、调制方式、极化隔离度、脉冲重复频率、脉冲重复周期步进、发射信号占空比、收发通道幅相误差展宽系数、晶振频率、晶振短期稳定度和晶振长期稳定度。

（3）接收性能

接收性能包括：接收通道噪声系数、回波采样起始抖动、接收机输入动态、接收机输出动态、内定标增益稳定度、内定标器隔离态端口隔离度、采样/量化、输出码速率和数据格式。

（4）天线性能

天线性能包括：天线形式、天线展开状态的平面物理尺寸、天线有效口径、天线孔径模式、天线方向性系数、天线带宽、天线极化方式、天线交叉极化、天线子阵辐射效率、T/R 组件峰值功率、天线方位向波束宽度、天线方位向扫描范围、天线方位向波束指向精度、天线距离向波束宽度、天线距离向扫描范围、天线距离向波束指向精度、天线展开时间、天线基频、天线剩磁、天线热控范围和精度。

（5）其他性能

其他性能包括：寿命、可靠性、质量、功耗和遥控遥测。

9.5　方案设计

以下对载荷关键单机的框图、指标等分别进行介绍。

9.5.1　天线

天线选择：可选反射面天线、平板相控阵天线。本章重点讨论平板相控阵天线体制。

相控阵天线主要功能为：在发射时，将射频线性调频信号通过馈电网络分配至各 T/R 组件，由 T/R 组件对信号进行放大，放大后的微波信号经天线辐射阵面向指定的空域辐射电磁能量；在接收时天线阵面接收的回波信号经 T/R 组件放大，经馈电网络送入中央电子设备接收通道。

相控阵天线主要由辐射阵面、T/R 组件、功分网络、电源、波控单元、天线展开机构、天线热控和高低频电缆等几部分组成。

9.5.1.1　天线构形和布局形式

天线构形形式需要结合任务分析、整星构形布局、展开形式、包络尺寸、电气性能、机电热接口综合考虑得出。

SAR 天线飞行和发射时的构形重点考虑：

· 卫星飞行方式；

· SAR 天线展开要求；

· SAR 天线折叠与运载的相容性；

· SAR 天线展开后的动力学特性；

· 继承性和可实现性。

SAR 卫星结构设计的核心是 SAR 天线的布局，常用的星载 SAR 天线包括抛物面天线和平板相控阵天线，其中多数 SAR 卫星采用了平板相控阵天线的方案，本节只对几种卫星构形进行分析。

（1）直接星体安装

SAR 天线直接安装在星体上，主要适用于较小尺寸的 SAR 天线，典型卫星有 Terra-SAR－X，SAR－Lupe，如图 9-2 和图 9-3 所示。采用此种 SAR 天线安装方式，一般将卫星设计为纵轴向前飞行方式，SAR 天线贴装在卫星纵轴方向上 。

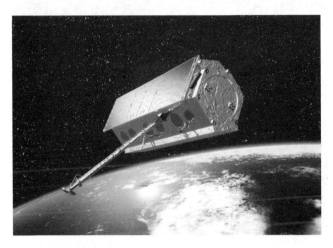

图 9 - 2　TerraSAR 卫星在轨示意图

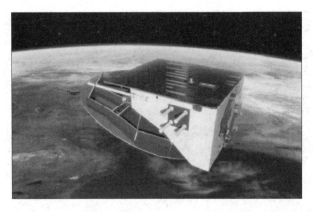

图 9 - 3　SAR－Lupe 卫星示意图

此方式优点为：1）SAR 天线和太阳翼全部为体装方式，构形设计简单，卫星在轨可靠性高；2）喷气推力器可安装在纵轴方向上，卫星轨道调整简单，如采用双星干涉成像，星间规避易于实现。

此方式缺点为：1）SAR 天线尺寸受到限制，不能超过卫星纵轴长度；2）卫星纵轴较长，会受到运载火箭整流罩长度限制，并且整星刚度较差；3）由于 SAR 天线和太阳翼都是体装方式，大功耗的散热是一个难题，整星可用散热面较小，限制了 SAR 天线的功率及成像时间。

（2）展开机构的收拢展开安装

SAR 天线通过天线展开机构安装在星体上，适用于大尺寸的 SAR 天线，典型卫星有 RADARSAT－1/2，ENVISAT－1，TecSAR 卫星、BIOMASS 卫星等，如图 9－4～图 9－7 所示。

图 9-4　RADARSAT－2 卫星在轨示意图

图 9-5　ENVISAT 飞行图

有的卫星设计为纵轴对地飞行方式，发射过程中，SAR 天线折叠收拢压紧在卫星外侧，入轨后通过展开机构将 SAR 天线展开构成一个平板 SAR 天线，典型卫星有 Light-SAR、SENTINEL－1、COSMO－SkyMed。还有的卫星采用书页式展开（二维二次展开）方式，包括 ERS－1/2，ENVISAT－1，JERS－1，ALOS－1，SEASAT－1，此类卫星都为综合型遥感卫星，除了 SAR 还装有别的遥感器例如光学相机、非成像类微波遥感器等，由于对地面紧张，所以天线收拢展开更复杂。对于采用抛物面、网状天线的

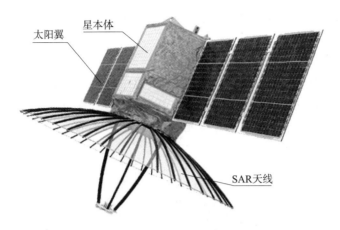

图 9 - 6　TecSAR 卫星构型图

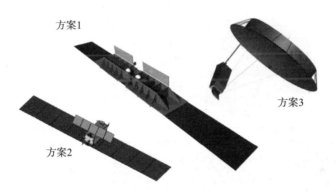

图 9 - 7　BIOMASS 卫星

SAR 卫星，其展开形式更丰富，典型的有 TecSAR、BIOMASS、长曲棍球、GEO －
SAR、天文雷达卫星等。

此方式优点为：1）SAR 天线可足够大，满足 SAR 载荷的高图像质量要求；2）太阳
翼面积很大，整星能源可满足 SAR 天线高功耗需求；3）SAR 天线散热面大，散热能
力强。

此方式缺点为：1）SAR 天线展开机构设计复杂，其可靠性关系卫星任务的成败；2）
整星对地对天面较小，测控、数传天线布局紧张，天线间的隔离度较小，易产生干扰；3）
SAR 天线的展开精度影响图像质量，其展开精度受到诸多环节影响，不易保证。对于多
载荷的综合遥感卫星，还要考虑与其他载荷的视场遮挡、电磁兼容等问题。

9.5.1.2　天线电气设计

（1）微带天线

为获得较大带宽和较轻天线质量，天线子阵辐射单元可选用微带天线结构，采用矩形
辐射单元加寄生贴片的形式。馈电方面存在多种可选方案，包括 H/V 均采用共面馈电方
式、H/V 分别采用共面/孔径耦合馈电方式或者 H/V 均采用孔径耦合馈电。其中，共面
馈电方案最为简单易行，但难以获得高端口隔离和交叉极化抑制，孔径耦合则在交叉极化

抑制方面可望得到进一步改善，但采用多层方案后，质量大、设计复杂，而且效率也受影响。天线的分层方式见图 9-8 与图 9-9，两组馈电网络（H 和 V）同时构建在层 Ⅷ 上，不过采用这类馈电方案需要增加两层介质基板（基板 2 和基板 4）用于信号传输，为保证信号传输效率，需较厚的基板厚度，这将影响天线的减重实现。此外，馈电网络相互之间的高隔离设计也成为设计难点，实现复杂。仿真表明，基于全孔径耦合结构设计的单个贴片单元可获得较好端口性能，单个贴片单元带宽可覆盖所需带宽，单元的两端口隔离度可优于 40 dB。

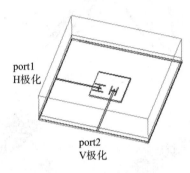

图 9-8　双极化单元模型图

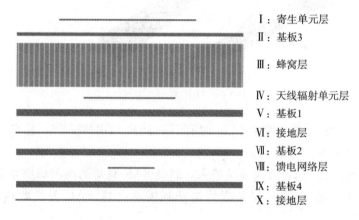

Ⅰ：寄生单元层
Ⅱ：基板3
Ⅲ：蜂窝层
Ⅳ：天线辐射单元层
Ⅴ：基板1
Ⅵ：接地层
Ⅶ：基板2
Ⅷ：馈电网络层
Ⅸ：基板4
Ⅹ：接地层

图 9-9　天线多层馈电时的分层结构

（2）波导天线

为了实现高效率与高交叉极化抑制的要求，天线辐射子阵采用波导缝隙天线的形式。双极化波导缝隙天线由双 L 互补结构窄边直缝水平极化波导缝隙天线和共线宽边缝垂直极化波导缝隙天线排列组成，这样可使两种极化天线实现分别馈电，物理上完全独立，有效减小了两种天线之间的互耦，提高了天线的端口隔离度，进而提高了天线的极化隔离度。

波导缝隙天线的结构如图 9-10 所示。水平极化波导缝隙天线采用窄边开直缝形式，有效抑制了交叉极化。为了实现宽带工作，在波导的一边增加了功分器。为降低整个天线的剖面高度，将辐射波导和馈电波导设计为 L 形，最大限度压缩了整个波导缝隙天线的高度。垂直极化波导缝隙天线，采用新型的脊波导宽边开共线缝隙结构，使得所有边缝隙共线排列，改善了垂直极化波导天线的扫描性能，同时降低了两种极化的互耦效应，有效提高了极化端口隔离度。

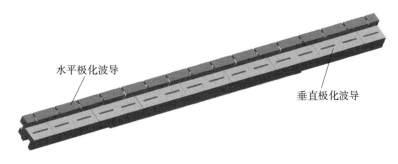

水平极化波导

垂直极化波导

图 9 - 10　SAR 波导缝隙天线模型

（3）反射面天线

包括可展开式抛物面天线、固定式抛物面天线，网状天线等。

平板天线一般采用分布式收发的 T/R 模块的固态有源平面相控阵天线，反射面天线一般采用集中或半集中收发方式的大功率放大器加相控阵馈源的可展开反射面天线。

平面相控阵天线虽然具有波束设计灵活的特点，但是天线质量较重，在空间大型天线研制中难度较大，效率低、功耗大；而可展开反射面天线质量较轻，效率高，实现相同平均功率时所需的系统功耗小。

可展开反射面天线已经有多种形式天线得到在轨应用，相对来说馈源阵列技术较为成熟，其风险点主要在大型可展开反射器上。

李团结等人调研分析认为可展开天线按照构形可分为固面可展开天线、伞状可展开天线和构架式可展开天线等多种形式。

固面可展开天线是由若干块固面反射单元组成的反射器结构，由于质量大、收拢体积大，目前在卫星上的应用相对较少。

伞状可展开天线形式较多，含缠绕肋式天线、径向肋天线、环柱天线和支杆式天线等，是国外发射的航天器中应用最多的天线形式。

构架式可展开天线骨架是可折叠的桁架，为了使桁架能折叠，桁架的杆件中间设有铰链，利用弹簧机构将天线展开。这类天线的收纳率较高，并具有较高的展开刚度和结构稳定性，缺点是质量大、口径不宜做大。

环形可展开天线形式出现较晚，采用环形可展开结构和柔性网面成型技术，与其他结构形式相比，天线口径可达 6～150 m，结构形式简明，在一定范围内口径增大不改变结构形式，质量也不会成比例增长，是目前大型卫星天线理想的结构形式。

充气可展开天线采用充气膨胀式展开原理，质量很轻，体积成本都低于机械可展开反射网一个数量级，对未来的空间应用来说很有前景。但由于技术难度大，在轨形面自硬化等关键技术尚未完全突破，美国 1996 年开展的在轨试验失败后进一步研究较少，尚未在轨应用。

天线包含卡塞格伦式主反射面和馈源，可选择收发共用的形式，通过环行器或开关来实现收发的转换。

9.5.1.3　天线性能分析

天线面积选择主要受以下几个方面的制约。

首先是天线最小不模糊面积的要求。天线距离向尺寸的约束为

$$l_r \geqslant \frac{2\lambda R F_r}{c}\tan\theta_f$$

方位向天线尺寸的要求为

$$l_a \geqslant \frac{2v}{F_r}$$

由天线方位向和距离向孔径长度的制约条件，可得到天线的最小面积

$$A_{\min} = l_a \cdot l_r \geqslant \frac{4vRv\tan\theta_f}{c}$$

在实际工程实现中应考虑最小面积的余量。

其次是分辨率要求，天线口径与 SAR 分辨率的关系为

$$\rho_a = \frac{K_a K_2 K_3}{2K_4} \cdot D$$

式中　　D——天线口径。

此外，还应考虑平台功耗的限制以及平台安装的限制。天线面积越小，所需要的功耗越大。大口径天线折叠后其包络尺寸，尤其是高度与宽度应满足平台的安装要求。

天线电性能主要围绕天线方向图设计，包括方向系数、增益、波束宽度、主波束效率、副瓣、另外特殊的赋形加权要求和扫描要求等。

（1）反射面天线

天线口径的有效面积 A 与天线的增益密切相关，它们之间存在如式（9-1）所示关系

$$G = 10\lg\left(\frac{4\pi}{\lambda_0^2}A\eta\right) \tag{9-1}$$

式中　　λ_0——自由空间波长；

$A = \pi(D/2)^2$；

D——天线主反射面直径；

η——天线效率。

同时，天线增益和半功率波瓣宽度之间也存在一个近似关系

$$G = 10\lg10\frac{27\,000}{2\theta_{0.5E}2\theta_{0.5H}} \tag{9-2}$$

其中，$2\theta_{0.5E}$、$2\theta_{0.5H}$ 分别为天线 E、H 面的半功率波瓣宽度。增益 G 已知，$2\theta_{0.5E} = 2\theta_{0.5H}$。

反射面设计要点：

1）为了减少模糊应降低副瓣的设计重点考虑主反射面与馈源联合优化设计。

2）对于多极化天线，可以考虑分馈设计以增加隔离度。

3）对于集中或半集中收发方式的馈电一般采用大功率放大器加相控阵馈源方式。

4）天线扫描用相控阵馈源辅助馈源机械扫描完成。

5）开展反射面天线结构方案研究。

6）对于大口径的 SAR 天线结构开展深入论证，因此需进行大型可展开环形桁架式网状抛物面天线结构技术研究。

7）展开技术是大型可展开天线研究的关键技术，根据天线由收拢状态至展开状态的整个运动过程，天线展开关键技术可以分解为以下几项：

·大型可展开桁架研究。大型可展开桁架研究主要是根据天线的展开及收拢尺寸来约束展开桁架的收拢及展开过程设计，要求桁架收拢时具有尽量小的尺寸，展开后具有较高的稳定性及刚度。

·大型可展开桁架关节设计。展开关节是实现大型可展开桁架展开、收拢运动的关键部件，其性能及可靠性直接关系着桁架能否可靠展开及收拢，从而最终影响天线的展开可靠性，所以要求关节结构简单、转动可靠。

·大型可展开天线动力设计。天线展开动力设计是保证天线可靠展开的关键，展开动力的设计主要包括动力源的分布方式设计、动力装置的设计以及动力传递路径的设计。

·大型可展开天线锁定保持技术研究。桁架展开状态的刚度稳定性严重影响着天线的型面精度及刚度，所以桁架的锁定及刚度保持技术也是关键。

8）在大功率合成中，不仅需要考虑单只脉冲放大器的功率水平，还需要考虑到合成的方式、可行性、合成器件的耐受能力，以及星载工程化所涉及馈源、阵面、放大器、馈电网络、供配电、热控、布局等多项技术，技术难度较大。大功率合成技术是涉及到机、电、热、大功率、抗微放电等方面的一个特殊的综合性技术。雷达发射机信号经过功分器分成多路，每路信号移相、放大后经过巴特勒矩阵输出到多个指定的馈源，多个馈源的辐射通过反射面反射后形成一个波束向空间辐射，完成高功率的空间合成。因此采用对多个馈源的幅度和相位进行动态调配，在实现大功率合成的同时，可实现波位的切换。

9）高精度机构设计波束的指向精度对 SAR 的影响较大，方位向指向误差会造成方位模糊度增加和信噪比下降以及定位误差等等，距离向指向误差会造成雷达后向散射系数及信噪比下降及对波束之间的重叠度产生影响。提高展开臂根部展开到位锁定机构的精度是提高天线指向精度的关键。

（2）阵面相控阵天线

阵面相控阵天线由多个小辐射单元合成大的阵面，孟明霞假设有 N 个单元组成的线阵，离中心距离为 d_n（$d_0 = 0$）的 n 个单元激励电流为 $I_n \exp(j\varphi_n)$，方向图为 $f_n(\theta)$，则该线阵的方向图函数 $G(\theta)$ 为

$$G(\theta) = \sum_{n=0}^{N-1} I_n f_n(\theta) \exp\left[j(kd_n \cos\theta + \varphi_n)\right] \tag{9-3}$$

阵列天线通常由相同姿态、相同单元组成（不考虑单元各自的电环境差异时），即可得到

$$f_n(\theta) = \boldsymbol{T}(\theta) \qquad n = 0, 1, \cdots, N-1$$

这样直线阵的方向图可表示为

$$G(\theta) = \boldsymbol{T}(\theta) F(\theta) \tag{9-4}$$

$T(\theta)$ 为单元因子，$F(\theta)$ 为阵列因子

$$F(\theta) = \sum_{n=0}^{N-1} I_n \exp[j(kd_n\cos\theta + \varphi_n)] \qquad (9-5)$$

它表明天线阵的方向图等于单元因子与阵列因子的乘积，这就是方向图乘积定理的表达式。

$T(\theta)$ 是阵列单元上的电流分布（幅度和相位）在远区产生的方向图，并能反映辐射场的极化特性，$T(\theta)$ 是矢量。

当 N 足够大时，阵列天线的主瓣宽度、副瓣电平等辐射特性主要取决于阵列因子 $F(\theta)$。

直线阵的单元位置可设置成均匀直线阵，也可以任意分布而成为不等间距或密度加权线阵。若均匀线阵相邻单元间距为 d，激励电流的相位 $\varphi_n = -knd\cos\theta_0$，阵列波束最大指向与直线夹角为 θ_0，阵列因子 $F(\theta)$ 为

$$F(\theta) = \sum_{n=0}^{N-1} I_n \exp[j(knu)] \qquad (9-6)$$

其中 $u = kd (\cos\theta - \cos\theta_0)$，通过控制单元激励电流的相位 φ_n 来改变辐射最大值方向，这就是相控阵天线单元配相和波束扫描的基本原理。

①方位向方向图分析

SAR 天线每块天线板上俯仰面有 m 行辐射单元，方位向有 n 列辐射单元，因此，按照每块天线板的电气宽度情况，分析天线方位向方向图包括波束宽度、方向性系数、副瓣电平和增益，对于二维扫描天线，还应考虑方位向扫描。

②距离向天线波束设计

对于二维扫描的 SAR 天线而言，波束设计应含距离向波束设计。距离向波束设计除了考虑波束宽度、形状、副瓣电平和增益要求外，还需要考虑距离模糊比的要求。

完全理想状态下的计算结果，实际上由于幅相馈电误差、总装集成测试（Assemble Integration Test，AIT）误差（包括安装和展开误差）、热变形误差以及模型选取误差等的影响，实际的波束宽度将要宽一些，副瓣也要高。

SAR 天线波束设计主要包括：首先产生模糊区图（MASK），然后进行波束优化设计。MASK 相当于波束优化设计的目标函数。MASK 除了限制副瓣区域以外，也需要表征对主瓣区域的要求，如波瓣宽度、主瓣赋形等。SAR 天线波束设计是根据 MASK 的要求进行波束设计，对阵列天线来说，是通过馈电网络幅度、相位的加权来得到需要的方向图。

波束设计最有效的方法是优化法。优化法可以提高天线口面效率，提高天线的等效全向辐射功率（Equivalent Isotropically Rediated Power，EIRP）值。

天线扫描的另一个性能指标就是波束色散特性，对相控阵天线来说，带宽越宽，扫描范围越大，越需要多的时延移相器来补偿边带波束色散带来的影响，一般天线 T/R 组件内部移相器采用色散型移相器，且加入 2~3 Bit 补偿移相器，能够最大限度减小色散。

9.5.1.4　收发组件设计

收发组件（Transmit and Receive module，T/R module）是形成高功率探测能量和将

天线接收到的微弱信号放大的核心，同时其内部的移相器和电调衰减器受控于雷达控制器，实现波束扫描和接收通道幅度加权。T/R 组件的原理框图如图 9-11 所示，由移相器与收发开关、极化开关、发射通道、功分器、环形器、耦合器、限幅器、低噪声放大器、电调衰减器、波控驱动与监测电路等部分组成。

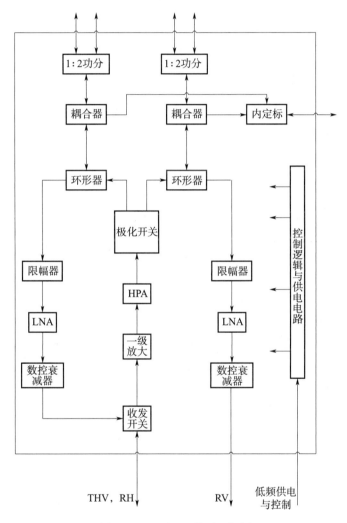

图 9-11　T/R 组件原理框图

T/R 组件的射频输入端分别接至天线板上的距离向馈电网络的多个输出端，其输出端则分别接到天线电气板的输入端的不同极化口。在雷达发射期间，T/R 开关将移相器与发射通道相连，由馈电网络送来的射频激励信号经移相器与 T/R 开关至发射通道，由发射通道放大到足够的功率电平，再经极化开关、环形器 T/R 开关、耦合器后，输出到天线多元子阵，并向空间辐射。

接收期间，T/R 开关将移相器与接收通道相连，由空间进入天线的微弱信号经耦合器、环形器、限幅器后，由低噪声放大器进行放大，放大后的信号经电调衰减器调整加权，再通过收发开关与移相器送到馈电网络进行合成。

T/R 组件为有源相控阵天线的核心部件，其数量大、功耗大、热耗大，所以占用卫星资源多，是天线优化设计的关键，随着电子技术的迅猛发展，高性能、高效率、高可靠、小型化、轻量化设计成为重点，以多芯片组件为代表，采用新工艺、新组装的新一代片式 T/R 组件已经具备工程化应用条件，在不久的将来，必将成为新型雷达相控阵天线的必备产品。

T/R 组件的主要技术指标为：峰值功率、效率、驻波比、顶降、噪声系数、增益、数控衰减器位数、数控移相器位数、幅度一致性和相位一致性等。

9.5.1.5　天线馈电网络设计

天线馈线网络是有源相控阵天线阵面重要组成部分，主要包括功分网络、内定标网络、定向耦合器和互连电缆等。

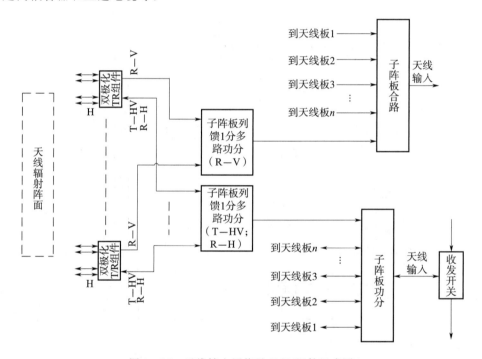

图 9-12　天线馈电网络及 T/R 组件组成图

发射信号时，馈电网络的主要功能是将中央电子设备送来的高功率射频激励信号等分，分别去激励各块天线板上的 T/R 组件的发射通道；接收信号时，馈电网络将 T/R 组件接收通道放大后的天线回波信号进行合成，通过收发开关送给接收机。

9.5.1.6　天线内定标

天线内定标通过对 SAR 系统总增益的相对变化量进行测量，以保证不同时刻、不同条件下获得的 SAR 图像可以进行对比分析。

多极化 SAR 采用全相控阵天线，全相控阵阵面包含多个 T/R 组件。

就天线内定标器的具体实现而言，可以分为非延时和延时两种方法。非延时方法对内定标器的定标开关隔离度及系统的电磁兼容性要求很高。延时定标方法可以回避发射机发射大功率信号的强电磁干扰环境，分机的传输特性好、不影响 SAR 系统正常成像；但是延时方法要使用有源器件组成的延时、放大电路，必须采取措施以保证内定标器的高稳定性。多极化 SAR 内定标器拟采用延时定标方法，延时一般采用光延时线实现。图 9 - 13 为相控阵天线的定标回路。

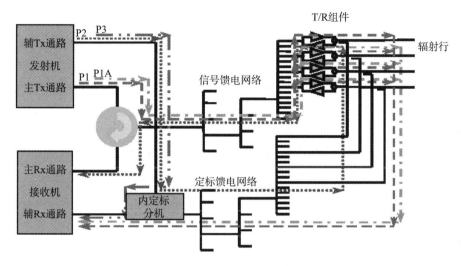

图 9 - 13　相控阵天线的定标回路

9.5.1.7　波控

波控系统一般包括阵面波控分机、驱动控制波控和 T/R 组件波控三部分。波控系统的主要功能是接收来自 SAR 监控计算机的指令，由阵面波控分机根据工作模式、工作波位计算控制 T/R 组件的地址和控制码，然后传至相应的波控单元，控制 T/R 组件移相器、数控衰减器、收发开关的工作状态；同时负责采集阵面各种检测信号，回传 SAR 监控计算机。波控系统工作示意图如图 9 - 14 所示。

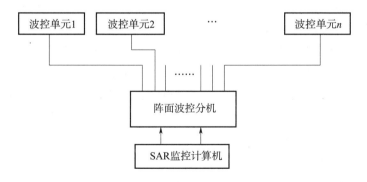

图 9 - 14　波控系统工作示意图

9.5.1.8　阵面供配电

配电器完成卫星对天线阵面二次电源的分配与控制，根据星务和监控计算机的控制指令为阵面电源提供电源开关机使能信号；根据遥控指令对来自卫星的一次电源进行放电控制，并分配给各路阵面二次电源，在 SAR 天线阵面上起到配电盘和集线器的作用。二次电源将天线配电器输出的电压转换为组件和波控的工作所需电压，电源效率与供电安全可靠是设计的关键。天线阵面中的用电设备为 T/R 组件、波控单元和延时线。工作原理如图 9-15 所示。

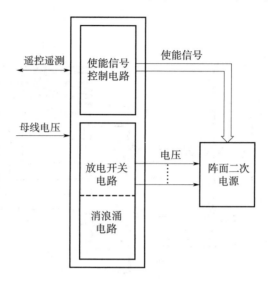

图 9-15　供配电工作示意图

9.5.1.9　天线系统结构设计

考虑到天线结构在空间环境下应能长期稳定的工作，天线的结构设计应满足如下的基本要求：

1）天线阵辐射面的尺寸和平面度应满足电性能的要求。天线阵辐射面的平面度包括加工、安装误差、温度变形和测量误差在内，天线展开后，天线阵辐射面的平面度不大于电性能要求，对于 C 频段要求小于 8 mm（p－p）；

2）天线的折叠及展开状态与卫星的接口关系应符合总体布局的要求。应满足天线折叠后与运载火箭整流罩的相容性要求；

3）天线在折叠状态时，应能经受主动段的力学环境考验；在空间展开后，应有足够的刚度。主要包括折叠状态时的一阶自然频率和展开状态的一阶自然频率；

4）采取热控措施以满足天线及天线上的元器件、部件和材料对工作环境温度的要求；

5）展开机构应具有高可靠性；

6）天线结构应具有高的热稳定性；

7）天线子系统结构应满足空间环境要求。

下面就天线系统结构设计介绍如下。

1）为控制天线板在空间的热变形而采取多种热控制措施，主要有：

· 采用分离板结构方案，有效地去除了结构板和电气板的力学耦合；

· 每个子阵的电气板由一整块分割成几小块以减小热变形；

· T/R 组件和其他有源部件安装在结构板上，结构板选用铝蒙皮铝蜂窝夹层结构，有利于散热；

　　・进行适当的材料设计以减小热变形；

　　・进行热控设计，减小天线子阵的热变形。

　　2）为保证天线板在热真空环境下不损坏，特别是微带贴片不损坏。主要采取如下措施：

　　・采用有通气孔的 Nomex 蜂窝和铝蜂窝；

　　・采取适当的结构设计和工艺，使聚酰亚胺覆铜箔与 Kevlar 面板之间不残留气体。

　　3）为满足天线板的刚度要求，主要采取如下措施：

　　・增加铝蜂窝高度，提升结构板的基频；

　　・在不降低结构刚度的条件下减轻天线阵面的结构质量，例如对于预埋件的设计、有源部件的轻量化设计等。

　　天线板主要由电气板、结构板、电气板与结构板之间的连接件等组成。具体结构形式见图 9 - 16。

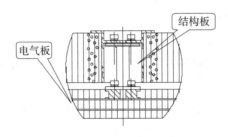

图 9 - 16　天线板构型图

　　结构板是天线板的支撑构件，既用来支撑天线电气板，又用来安装有源部件和展开机构，同时还要安装起吊和翻转等地面设备，因此，它是保证天线结构刚度和进行热传导的主要部件。天线结构板采用铝蒙皮铝蜂窝夹层结构。

　　天线系统的有源部件均安装在天线结构板上，各有源部件的结构设计均按照以下思路进行。

　　・轻量化：采用铝合金作为产品的结构材料；

　　・集成化：布局紧凑，集成化程度高；

　　・高度小：有源部件安装在结构板上，尺寸过高不利于收拢状态的锁紧；

　　・散热：在结构设计过程中通过不同的散热手段将热量排出；

　　・游离设计：如果结构板和有源部件之间出现热耦合现象，对有源部件的安装提出游离要求。

　　4）微带天线结构如下：

　　天线阵面通过展开机构与星体连接。为满足卫星发射升空时对天线阵面的折叠要求，天线阵面采用模块化设计，将天线阵面分为相同的几块面板。每块面板的结构布局基本相同，各含几个模块。

　　天线剖面结构如图 9 - 17 所示，包括辐射天线的印制板及"碳纤维＋铝蜂窝"结构板。辐射天线面板通过胶接固定在蜂窝板上，T/R 组件和功分网络则先固定到安装板，然后安装板再固定到蜂窝板。二次电源和波控则通过螺钉固定到蜂窝板，热控预埋入安装板内。由于涉及单机数量较多，各单机的具体布局需要兼顾电缆走线、散热等多项因素。

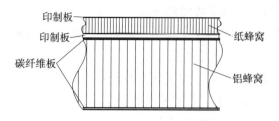

图 9 - 17　天线组成剖面结构示意图

5）波导阵天线直接安装于天线框架结构上，本身力学特性稳定，其他有源单机如 T/R 组件和功分网络则先固定到安装板上，然后安装板再固定到蜂窝板。二次电源和波控则通过螺钉固定到蜂窝板，热控预埋入安装板内。

9.5.1.10　天线展开机构设计

（1）展开机构组成

SAR 天线展开机构可由左翼展开机构、右翼展开机构、压紧释放装置、展开程序控制器等部分组成。

每翼展开机构分几个主要部分，对于采用左右翼对称形式的，以左翼进行说明：

· 天线展开驱动装置，分内驱动装置和外驱动装置；

· 铰链，内、中板之间的 90°铰链和内外板间的 180°铰链；

· 展开桁架，内桁架和外桁架；

· 伸展装置；

· 其他展开辅助装置，内、外展簧，角位移传感器支架等。

（2）SAR 天线展开机构的功能

· 压紧/释放天线板：当天线板处于收拢状态时，天线展开机构中的压紧释放装置使天线板可靠收拢在卫星侧壁，以承受发射状态时的力学环境；卫星入轨后，压紧释放装置解锁，展开驱动装置开始工作，使天线板展开。

· 支撑天线板：天线展开后，天线展开机构分别支撑各个天线翼，使几个子阵的天线面板满足给定的平面度要求，也使单侧天线翼达到给定的刚度要求，以满足成像精度和姿控的要求。

（3）SAR 天线展开机构的主要设计输入

· 单块天线板尺寸，展开后，几块天线板形成阵面；

· 伸展机构单翼承载能力；

· 天线收拢状态的包络直径；

· 重量要求；

· 天线展开状态基频；

· 展开平面度要求：单翼天线阵面展开重复性精度不超过分配精度，两翼之间的平面度偏差也有相关要求。

（4）SAR 天线展开机构的设计应遵循的准则

·展开机构的设计和研制应考虑到运输及发射时的力学环境以及空间环境的要求；

·为了保证板间电缆走向顺利并满足天线结构布局要求，展开机构的设计应尽可能做到体积小，质量轻，避免与板间电缆的干涉；

·伸展机构的运动部件在空间环境下能正常工作，防止冷焊；

·内、外板电机的额定输出力矩与阻力矩之比应大于 2，阻力矩包括传动部件的摩擦力矩、电缆的扭力矩等所有可以考虑到的阻力矩；

·SAR 天线展开机构必须能承受地面操作、运输、试验、发射及在轨飞行中的载荷（包括机械载荷和热载荷），并有足够的剩余强度。

9.5.1.11　天线热控设计

（1）主要设计要点

·重点考虑轨道参数、飞行姿态、卫星构型的约束。

·天线热耗。天线热耗主要集中在天线阵面和有源电路上。天线阵面的热耗主要表现形式为微波功率损耗，微波功率除了向自由空间发射外还有一部分变为热能耗散在天线阵面板上。有源电路主要有 T/R 组件和电源波控单元。上述发热部件在不同占空比的情况下热耗是不同的。

（2）工作温度（供参考）

·天线辐射阵面：$-90℃\sim+90℃$。

·T/R 组件、电源、波控单元：$-10℃\sim+60℃$。

·功分网络：$-20℃\sim+60℃$。

（3）工作模式

卫星工作模式包括左侧视或右侧视两种。双侧视成像采用卫星沿滚动轴侧摆机动实现。从正常飞行状态转变为侧视状态时间一般为几分钟。

（4）SAR 天线热设计分析

1）天线子系统热设计。天线子系统在轨工作具有如下几个主要特点，热控需要针对这些工作特点进行天线子系统的热设计：

·在轨有右侧视和左侧视两种姿态，进行侧视扫描时天线各表面的外热流会变化很大，热设计需要能够同时适应这两种状态；

·SAR 天线工作状态与关机状态热功耗差异较大，工作期间总热功耗最大约为几千瓦，而关机时基本没有热功耗；

·某些仪器设备（如 T/R 组件等）对温度指标要求严格，并且对整个天线阵面的温度梯度要求很高；

·对于太阳同步轨道，在轨运行期间太阳辐照变化很大。为减小太阳辐照，SAR 天线后面板的背地面采用包覆多层隔热材料的热控措施，预埋热管的结构板与电气板间采取强化辐射换热方式。由于在轨有右侧视和左侧视两种姿态，因此在 SAR 天线对地面需要采用减小太阳吸收比的热控措施，减小太阳辐射的影响；

·对于 SAR 天线工作状态与关机状态热功耗差异很大的问题，需要使用相变装置收集 SAR 天线工作时产生的热功耗，在整个轨道周期内排散到空间热沉。

2）展开机构热设计。展开机构热设计需要解决两个问题：热控与活动部件的干涉问题以及展开后减小展开机构的温度梯度以减小热变形问题。

（5）热设计原则

SAR 天线热控尽量采用被动热控方式，对于 T/R 组件等设备的必要补偿加热采用主动热控方式。

（6）天线热控设计措施

SAR 天线产品主要包括天线子系统（即星外阵面部分）和天线展开机构。

①结构板

·结构板为铝蒙皮—铝蜂窝夹心结构。热控板上表面（背地面）安装 T/R 组件、波控单元、电源组件等。

·在结构板内部沿 T/R 组件排列方向（即天线阵面的距离向）安装相变材料复合热管，将安装在结构板上组件工作时的发热量分散排散；在垂直 T/R 组件排列方向布置多个相变材料复合热管，保证整个阵面的温度均匀性，减小阵面的温度梯度。

·结构板对地面喷涂高发射率热控涂层，增加结构板与电气板之间的换热。

②电气组件

·天线阵面上的电气组件包括 T/R 组件、电源组件、波控组件等。

·T/R 组件、波控组件、电源组件除安装面外，其他表面黑色阳极氧化处理或喷涂黑漆，与热控板安装界面涂导热脂。

·T/R 组件、电源组件、波控组件、功分器等设备表面粘贴电加热器并连接成控温回路，根据在轨实际温度情况进行热功率补偿。

·电气组件控温回路通过星载数据管理系统对安装在电加热器附近的控温热敏电阻进行采集、处理、比对和判断，然后向热控线路盒（开关执行器）发出加热器通、断工作的程控指令，从而实现闭环温度控制。电气组件控温回路为长期加热功率。

③电气阵面（对地面）

·电气阵面背地面喷涂黑漆，强化与结构板之间的辐射换热；对地面包覆太阳吸收率尽量小的防静电膜。

④低频电缆

·暴露于空间的低频电缆用多层隔热组件包覆，在天线阵面多层隔热组件内部的低频电缆不进行热控处理。

·对于电流较大的低频电缆，需要根据实际情况进行单独热设计。

⑤高频电缆

·高频电缆由于工作时热功耗较大，因此需要根据实际发热量进行单独设计；

·高频电缆一般不进行热控处理，但表面发射率较低的高频电缆表面需要采取措施增大半球红外发射率，例如可以缠绕单面镀铝聚酰亚胺膜，且膜面朝外。

⑥展开机构

根据温度要求的不同，对展开机构分类进行热设计，对驱动装置、压紧释放装置等进行主动控温。

⑦驱动装置和压紧释放装置

• 驱动装置和压紧释放装置（火工品）安装加热器进行主动控温，考虑到这些部件的重要性，加热回路进行热备份设计，并留有功率余量。在驱动装置和压紧释放装置外表面粘贴电加热器和测、控温热敏电阻后，再包覆多层隔热组件，用销钉或尼龙搭扣固定，以节省展开前的加热功率和天线展开后减少与外界的辐射换热。驱动装置与卫星安装面间采取隔热设计。

• 展开机构控温回路通过星载数据管理系统对安装在电加热器附近的控温热敏电阻进行采集、处理、比对和判断，然后向热控线路盒发出加热器通、断工作的程控指令，从而实现闭环温度控制，其中控制温度点可由地面注入修改。

• 展开机构控温回路仅在天线展开完成前使用。

⑧铰链、桁架

• 用多层隔热组件包覆桁架，包括不活动的转接头，铰链、天线伸展装置等组件的非活动部位也用多层隔热组件包覆。

• 展开机构活动部位的外表面进行阳极氧化处理（太阳吸收率、半球发射率需满足设计要求）或粘贴二次表面镜。

9.5.2　中央电子设备设计

9.5.2.1　基准频率源

基准频率源为 SAR 系统提供各种高稳定度的基准频率信号，以保证 SAR 系统的相干特性。基准频率源以高稳定晶振输出为频率基准，产生并输出多种频率信号。

主要技术指标包括频率、相位噪声、短期和长期频率稳定度、杂波、谐波和波形等。

根据基准频率源模块的技术指标，需要产生射频本振、中频本振、采样时钟和定时时钟信号。

9.5.2.2　调频信号源

调频信号源产生 SAR 系统发射所需要的不同时宽和带宽的线性调频信号，可采用数字波形存储直读法产生线性调频信号，该方法具有硬件实施简单、信号稳定性高、波形改变灵活等优点，尤其适用于产生多时宽带宽信号的情况，还可以通过波形预失真来对雷达系统的幅相误差进行补偿。

图 9-18 为调频信号源的原理框图。调频信号源由可编程数字基带产生模块、上变频及功率放大模块组成。基带产生包括多带宽正交波形数据存储、读出采样、数模变换、低通滤波和视频放大；上变频及功率放大模块包括上变频、开关滤波、功率放大。

主要技术指标包括发射频率、信号带宽、发射功率、脉冲重复频率、脉冲宽度、调频斜率和带外杂波抑制。

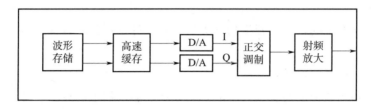

图 9 - 18 调频信号源原理框图

9.5.2.3 雷达接收机

雷达接收机的主要功能是对天线接收到的双通道回波信号进行变频、放大，通过正交解调生成的两路视频信号。多极化 SAR 系统需要两个接收通道来分别处理两个极化的数据，两个接收通道的电路结构一致，并相互独立，图 9 - 19 给出了雷达接收机单个接收通道的原理框图。

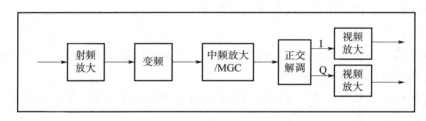

图 9 - 19 雷达接收机原理框图

雷达接收机采用超外差式下变频，首先对输入的射频信号进行隔离、限幅，然后再进行低噪声高频放大。为了抑制镜频信号对接收机的干扰，高频放大后设置滤波器滤除镜频信号。经过滤波后的回波信号与射频本振信号混频产生中频信号，经中频带通滤波后馈入中频放大电路。中频放大电路完成对信号的高增益放大。中放电路中设置了数字衰减器以实现手动增益控制（Manual Gain Control，MGC）。最后中频信号经过正交解调、视频滤波和放大后输出。

主要技术指标包括工作频率、工作带宽、噪声系数、灵敏度、接收增益、增益稳定度、增益控制范围 MGC、动态范围、I/Q 幅度不平衡度和 I/Q 相位不平衡度。

9.5.2.4 微波组合与内定标单元

微波组合与内定标单元完成发射信号的预功率放大、收发转换及内定标信号的形成。在微波组合中由预功率放大器完成输入信号的放大，耦合器实现参考定标信号的耦合，环形器实现收发信号的转换，开关组合完成接收信号和定标信号的选择，限幅器完成接收信号的限幅输出。

内定标的功能是测量除天线之外的电子设备的发射通路和接收通路总增益的相对变化。图 9 - 20 为微波组合与内定标单元原理框图。

主要技术指标包括工作频率、工作带宽、耦合度、差损、预功放输出功率、内定标精度和电压驻波比。

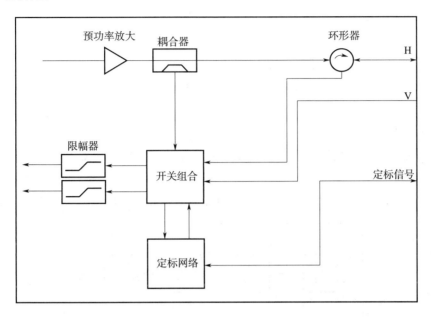

图 9 - 20　微波组合与内定标单元原理框图

9.5.2.5　监控定时单元

监控定时单元是 SAR 系统的中枢，负责按照地面指令包的要求控制 SAR 系统成像，并采集反映 SAR 工作状态的监测信号。监控定时单元的功能包括：

1）通过 1553B 等总线接收卫星数管计算机发送的控制指令和有关数据，向卫星数管计算机发送雷达的工作状态信息、组合遥测数据等数据；

2）负责设备的电源开关机；

3）监测雷达系统的工作状态，并将数据送数据形成单元，与雷达回波数据一并通过数据传输通道传输至地面；

4）具有故障处理和恢复能力。

监控定时单元组成框图如图 9 - 21 所示。

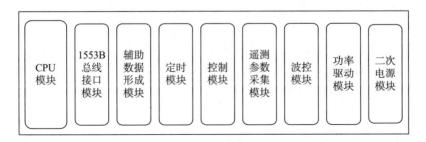

图 9 - 21　监控定时单元原理框图

主要技术指标包括时钟频率、时钟波形、PRF、脉冲宽度、定时时间精度和遥测遥控通等。

9.5.2.6　数据形成单元

数据形成单元的主要功能是：

1）对接收通道输出的视频信号进行采样量化；

2）对采样数据进行低通滤波和数据抽样等处理，获得与回波信号带宽相适应的低速率数据；

3）对回波数据进行压缩处理；

4）将压缩后的回波数据和定标数据以及成像辅助数据等形成要求的数据格式，输出给卫星数传系统。

数据形成单元对雷达接收机输出的接收通道的信号进行处理，图 9-22 是原理框图。

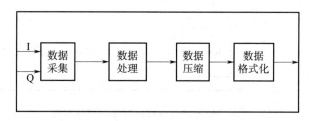

图 9-22　数据形成单元原理框图

主要技术指标包括采样、信号带宽、脉冲频率、脉冲宽度、A/D 量化比特数、数据压缩算法（一般采用 BAQ）和数据格式等。

9.6　对外接口关系

SAR 系统与卫星其他分系统的接口主要包括以下内容。

1）与数传分系统之间的数据传输接口。雷达格式化数据经该接口输送给数传分系统，经数传分系统加扰、调制并由无线数传通道发送给地面接收站。地面接收站将接收到的雷达数据进行解扰、数据解包，最后进行地面成像处理，获得星载 SAR 高分辨率图像。

2）与测控分系统之间的接口。该接口完成 GPS 发来的秒脉冲信号接收、处理、使用，保证与卫星平台时间同步。

3）与数管分系统之间的程序指令控制接口。星上数管计算机获得地面注数指令包后，通过该接口注入雷达计算机，雷达计算机执行注入指令并完成每一成像时间段的雷达工作模式控制。同时，可通过该接口的通信完成 SAR 组合遥测参数下传和可编程调频信号数据注入。

4）与星上电源分系统之间的电源供电接口。星上一次电源通过该接口连接，由雷达配电单元将供电分配给雷达中央电子设备；由天线配电单元将供电分配给天线子阵电源模块，完成 T/R 组件、波控模块的供电。

5）与星体之间的安装机械接口。实现中央电子设备与天线及其展开机构的悬挂与精密安装。

6）热控接口。通过星体和天线热控措施，保证 SAR 系统电子设备的工作环境在正常工作温度范围内，实现在轨 SAR 系统的正常工作。

SAR 系统与星体平台各接口之间必须协调一致，尤其要保证 SAR 系统与卫星系统之间的数据率、功耗、体积尺寸和工作环境温度等参数相互适配，并满足系统设计要求和工程可实现。

9.7　试验验证

功能性能验证往往通过回波模拟器与快视系统进行指标验证，对于天线性能测试一般在平面近场进行。

其系统框图如图 9 - 23 所示。

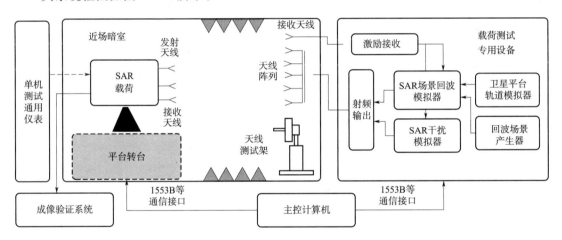

图 9 - 23　星载 SAR 载荷测试系统框图

系统主要包括以下几个方面。

1）SAR 场景回波模拟器：双通道 SAR 场景回波实时模拟。

2）SAR 干扰模拟器：单通道干扰模拟。

3）回波场景产生器：根据场景模型、几何地形和场景电磁散射特性，计算得到仿真的回波场景。

4）卫星平台轨道模拟器：模拟卫星的轨道运动。

5）激励接收分系统：接收载荷发射激励，下变频后传输给 SAR 场景回波模拟器和干扰模拟器。

6）射频输出分系统：将 SAR 场景回波模拟器和干扰模拟器产生的中频回波信号进行上变频，并通过辐射阵列发射出去。

该测试系统主要能完成如下测试。

1）卫星天线收发相关性能测试。通过天线测试架、天线转台等设备对卫星天线的收发性能进行测试，为 SAR 成像处理提供参数。

2）整机成像性能测试。通过 SAR 场景回波模拟器对星载 SAR 载荷进行基于场景模型的实时回波模拟，测试 SAR 载荷的成像能力和系统误差。

3）抗干扰性能测试。通过干扰模拟器对星载 SAR 载荷进行场景回波模拟同时加入各种干扰信号，测试 SAR 载荷在干扰下的成像能力。

第 10 章　雷达高度计

10.1　组成与工作原理

雷达高度计由天线、发射、接收、控制与数据处理组成,设备连接框图如图 10-1 所示。

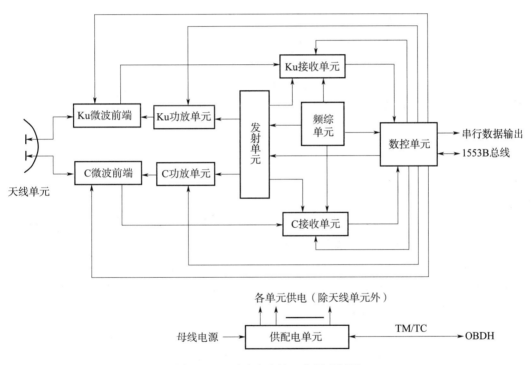

图 10-1　雷达高度计工作原理框图

天线单元完成 Ku 频段和 C 频段两路信号的发射和接收任务。

微波前端包括 Ku 频段前端和 C 频段前端,它们包括环形器、微波开关、固定衰减器、定向耦合器等电路。整个前端网络由指令控制,实现发射、接收和内校准开关控制。

功放单元包括 Ku 频段功放和 C 频段功放两部分,功放为脉冲式。

频综单元提供仪器各部分所需的工作频率。

发射单元包括 DDS 组件、上变频组件和发射组件。在控制信号的触发下,由 DDS 生成的 Chirp 信号经过倍频和上变频等处理,生成 Ku 频段和 C 频段两组发射信号。该单元同时生成 Ku 频段和 C 频段两组去斜本振信号。

接收单元含低噪声放大器、去斜坡混频器、中频接收和相位检波器等组件,最终生成正交的 I/Q 信号。

数控单元含高度计跟踪器和总线通信两部分。高度计跟踪器完成对正交 I/Q 通道的采集、FFT 变换、跟踪处理、时序控制等功能；总线通信部分完成与卫星 OBDH 的通信，即通过 1553B 等总线获取卫星辅助数据（包括时间码、姿态码、注入数据、发送工程参数和部分遥感数据等）。同时将高度计产生的科学数据发送到数传分系统。

供配电单元将电源提供的母线电源变换成设备所需要的各种二次电源。

10.2　功能

雷达高度计一般具有如下功能：

1）通过向海（地）面发射雷达脉冲信号并测量海面回波，提供反演海面高度、有效波高和海面星下点风速的遥感数据；

2）一般采用双频体制，校准电离层延迟的影响；

3）一般具有上注调整系统参数功能，使系统工作在适合的状态；

4）一般具有内定标功能，修正仪器的漂移。

10.3　工作模式

（1）测量模式

雷达高度计在轨期间处于持续工作状态，同时进行周期内定标，修正仪器的漂移，并把所获取的遥感数据和定标数据组包后下传。

（2）在轨测试模式

雷达高度计首次开机或工作异常时，有可能跟踪失败，此时通过上注数据控制系统进入全程搜索状态，即将原始数据下传，供地面进行数据分析。

（3）应急工作模式

雷达高度计出现故障或整星需要时，关闭部分或全部设备。系统应避免自身设备和软件受到破坏，同时应避免影响其他分系统的正常工作。

10.4　指标

主要技术指标体系如下。

（1）系统指标

系统指标包括：测高精度、有效波高测量范围和有效波高测量精度。

（2）天线性能

天线性能包括：天线口径、天线净增益、天线波束宽度、天线极化方式、天线旁瓣电平抑制、天线交叉极化隔离度、电压驻波比、天线工作温度范围、地面脉冲有效足迹和天线指向。

（3）发射性能

发射性能包括：工作频率、工作带宽、SSPA 发射峰值功率、脉冲重复频率、发射脉冲宽度、压缩后脉冲宽度、杂波抑制度、谐波抑制度、带外抑制、带内幅频特性、带内相位特性、调制方式、DDS 带宽、晶振频率、晶振短期稳定度、晶振长期稳定度、晶振相位噪声。

（4）接收性能

接收性能包括：接收机噪声系数、接收机灵敏度、接收机总增益、接收机自动增益控制（Automatil Gain Control，AGC）动态范围、I/Q 视频信号带宽、I/Q 输出信号幅度、带内幅频特性、σ° 测量精度、σ° 测量范围、σ° 定标精度、收发总插损、定标隔离、收发支路总隔离、定标支路耦合度、距离跟踪门量化比特数、I/Q 采样点数、I/Q 采样点量化比特数、平均输出码速率、峰值输出码速率和数据格式。

（5）其他性能

其他性能包括：寿命、可靠性、质量、功耗和遥控遥测参数。

10.5　方案设计

雷达高度计是真实孔径雷达，主要完成高精度的距离测量，天线一般采用抛物面反射天线，采用集中馈电发射接收，双频工作模式采用分馈工作，天线波束指向星下点，下面对高度计重点单机进行分析。

10.5.1　天线

一般采用标准的实体卡塞格伦式天线，设计要点如下：

1）天线的核心是馈源组件。该馈源是双频 Ku 和 C 公用的辐射口径。馈源采用同轴多模波纹馈源；

2）采用正馈抛物反射面；

3）极化方式：VV。

10.5.2　微波前端

微波前端包括环形器、开关、固定衰减器、定向耦合器等电路形式，整个网络受指令控制，如图 10-2 所示。

10.5.3　Ku、C 固态放大器

固态放大器（SSPA）由功率场效应管（FET）和电源组成，如图 10-3 所示。它将线性调频脉冲信号放大到所需要的功率输出电平，输出端的谐波滤波器用于衰减射频信号的谐波。功率场效应管由稳压电源供电。

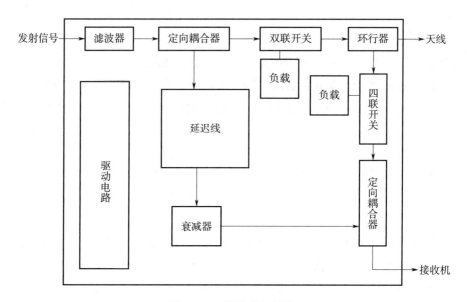

图 10 - 2　微波前端结构

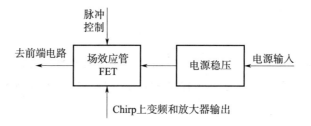

图 10 - 3　固态功率放大器框图

10.5.4　线性调频脉冲 (Chirp) 产生器

线性调频脉冲产生器由控制脉冲产生电路、数字 Chirp 产生器 (DDS) 和放大滤波器构成，如图 10 - 4 所示，它提供一个线性调频信号。

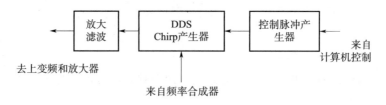

图 10 - 4　Chirp 产生器框图

10.5.5　发射组件

发射组件由功分器、上变频器和 PIN 开关组成，提供接收机去斜本振信号、功放输入信号。

10.5.6　接收机

高度计接收机如图 10-5 所示。它包括微波前端线路、低噪声放大器、去斜坡混频器、中频接收机和相位检波器等。用环行器和开关为接收机提供反射信号隔离，使接收机免受发射时反射功率损坏，并不对接收信号产生影响。

接收信号直接送到接收机输入端。接收的线性调频脉冲信号与本振线性调频脉冲混频，进行去斜坡处理；此信号经放大滤波，传送到自动增益控制放大器，并根据加到步进衰减器的数字指令进行增益调整；然后经相位检波器获得接收信号的 I 和 Q 分量。

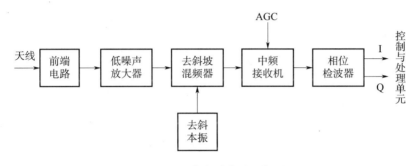

图 10-5　高度计接收机框图

10.5.7　频率综合器

频率综合器产生高度计系统所有的频率信号。为保证高度计的测量精度，要求高稳定晶体振荡器作为参考频率源。

10.5.8　控制与处理单元

双频高度计控制与处理单元原理框图如图 10-6 所示，其中 Ku 通道和 C 通道接收机相位检波输出正交视频信号 I 和 Q，这两路信号在时序控制单元的控制下，进行 A/D 进行采样，采集后的 I、Q 数据通过缓存器，进入 FFT 单元进行傅里叶变换。

Ku 通道的处理器接收该通道的 FFT 处理结果进行跟踪处理，跟踪结果产生回波波形和相关的科学数据。其中高度跟踪结果用来控制 I/Q 采集控制脉冲、微波开关控制脉冲、收发信号控制脉冲、功放控制脉冲；AGC 跟踪结果通过 AGC 接口控制该通道接收机的自动增益；该跟踪器还根据回波波形分析控制 DDS 信号的带宽；Ku 通道的回波数据通过缓存器送入处理器，统一打包下行；同时接收处理器转发来的总线数据。

C 通道的处理器接收该通道的 FFT 处理结果进行跟踪处理，跟踪结果产生回波波形和相关的科学数据。AGC 跟踪结果通过 AGC 接口控制该通道接收机的自动增益；接收总线单元传来的总线消息，并将相关部分内容转发至处理器，同时下行有关工程参数；将科学数据连同来自处理器的科学数据一并打包，通过数传单元数据下行；接收检测通道的采样值一并打包下行。

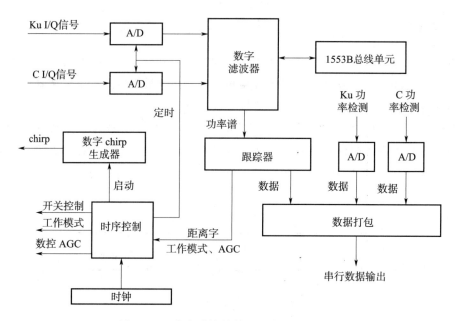

图 10-6　高度计控制与处理单元功能框图

10.6　对外接口关系

同前面 SAR 章节内容。

10.7　试验验证

雷达高度计专用测试设备主要功能如下：

1) 接收总控设备发布的时统信息，完成设备校时；

2) 与总控测试设备计算机联网，进行遥测数据信息交换；

3) 回波模拟器接收高度计发射机发送的雷达信号，经过处理后返回给高度计的接收机，完成雷达高度计的性能和功能的测试；

4) 完成与总控测试设备和数传测试设备的信息交换，如测试高度计在轨开机/关机、数据注入指令的执行情况，测试高度计捕获、跟踪、内校准工作的执行情况，测试科学数据、总线数据的正确传输情况，测试高度计对测量参数发生变化时的反应能力等。

测试设备组成如图 10-7 所示。该测试设备包括功率计、频谱仪、示波器、回波模拟器。其中遥测终端主要进行雷达高度计遥测数据的显示，快视设备对数传下传的雷达高度计科学数据进行显示、分析。

将高度计与回波模拟器连接，进行如下测试。

1) 高度计跟踪功能测试。

2) 高度计跟踪精度测试。

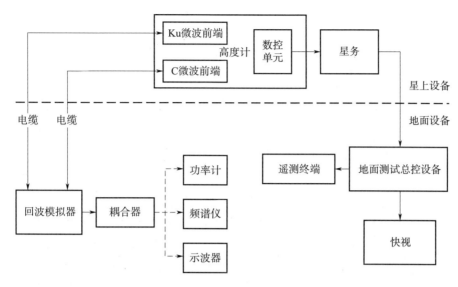

图 10 - 7　雷达高度计专用测试设备框图

在此项测试中，回波模拟器仿真海面高度、有效波高和海面后向散射系数，并将仿真的回波信号送给雷达高度计。雷达高度计在仿真回波信号环境下工作，进而验证雷达高度计的跟踪功能。

在相同的测试环境下，通过变更回波模拟器和高度计之间的连接电缆的电长度，雷达高度计能够精确测量出高度变化，进而验证高度计的测高精度。

10.8　三维雷达成像高度计

雷达系统由双天线、射频子系统、中央电子系统（高度跟踪器、按设计时序产生各种控制信号、A/D、存储器、星上预处理模块以及通信模块）、电源等子系统组成，如图10 - 8 所示。

天线采用多馈源反射面天线，可以获得高增益及多波束。通过采用复合材料能够保证轻量化要求。反射面设计为可展开式，馈源采用微带缝隙阵天线，通过改变三个固定相位偏置来改变微带缝隙阵的辐射方向图，经反射面反射后得到三个入射角度不同的波束。

射频子系统包括前端电路、频率综合器、发射机和接收机等部（组）件。在频率综合器设计中，通过对超稳晶振进行锁相，实现两个通道的接收机之间以及发射机与接收机之间的空间位置分离。

干涉基线的构成有两种：1）固定基线，优点是保证基线的刚性稳定相对容易，缺点是难以获得相对较长的基线；2）基线空间伸展展开，缺点是保证基线的刚性稳定相对困难，优点是能够获得相对较长的基线。

针对海洋和陆地观测，采用不同的数据处理方案，分别如图 10 - 9 和图 10 - 10 所示。在海洋和陆地观测模式的数据处理中，近距离点回波的波形跟踪结果直接为消除平地效应

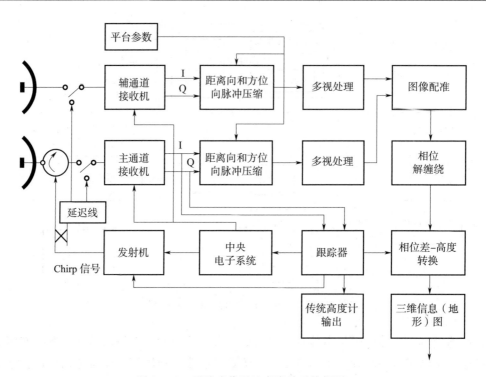

图 10-8　干涉成像雷达高度计系统框图

服务，同时为恢复高度值提供参考数据。两者不同之处在于，在海洋观测中，需要利用基线倾角的准确测量值修正测量误差，同时利用升降轨的测量值来进行交叉定标，以满足在整个观测刈幅内厘米级的高程测量精度。

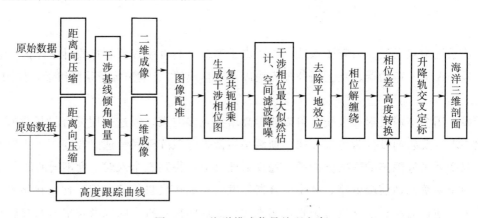

图 10-9　海洋模式信号处理方案

10.9　波谱仪

海洋波谱仪的基本工作过程如下：微波发射机通过双工器与天线接通，向海面发射射频脉冲，脉冲信号经目标反射，反射回波信号被天线接收后，经双工器送到接收机，再经

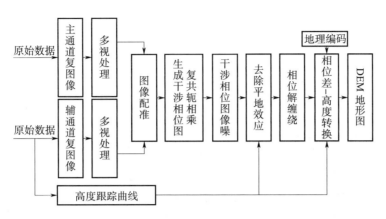

图 10 - 10　陆地模式信号处理方案

处理恢复为视频信号送至信号处理器。同时，内定标设备将发射机的部分功率耦合到接收机中形成闭环，从而实现内部校准，消除发射功率和信道增益涨落引起的测量误差。信号处理器对不同指向波束回波信号、内定标信号进行相关处理，获得海面的雷达后向散射系数 σ°。经过对测量得到的雷达后向散射系数的分辨单元和散射特性入射角的去加权处理和变换，可以得到一个入射方位方向的海洋波浪谱。通过天线波束的旋转扫描，可以得到海洋波浪谱的多个角度分量和海洋表面波浪的二维方向谱。

　　一个完整的海洋波谱仪系统包括：天线（包括天线馈源、反射面、天线波束切换开关及天线旋转扫描的控制和伺服机构等）、雷达电子设备（包括微波收发前端与内定标环路、微波接收机、微波发射机、信号处理器、频率综合器）和系统控制与信号处理等三部分组成。

　　海洋波谱仪组成框图如图 10 - 11 所示。

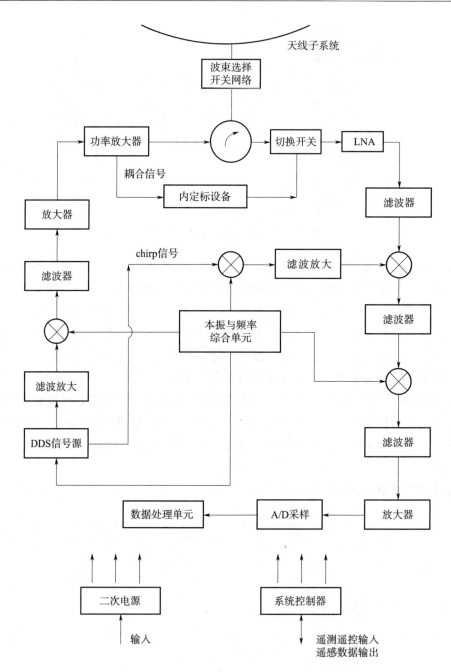

图 10-11　海洋波谱仪系统组成原理框图

第 11 章　极化散射计

11.1　组成与工作原理

星载极化微波散射计的具体工作过程为：雷达的微波发射机通过环行器、正交模耦合器与天线接通，向海面发射射频脉冲，脉冲信号经过目标散射，其回波信号被天线接收后，经过正交模耦合器分为两个极化，通过环行器送到接收机 1、接收机 2，再经接收处理恢复为视频信号送至信号处理器。内定标回路将发射机的一部分耦合到接收机中形成闭环，从而实现内部校准，消除收发通道增益、相位的变化所引起的测量误差。信号处理器对回波信号、内定标信号及无回波的纯噪声信号进行处理，获得各信号的功率值和交叉极化的相关系数。地面处理系统综合各功率值得到海面散射源的雷达后向散射系数 σ_{VV}、σ_{HH}、σ_{VHHH}、σ_{HVVV}，再对不同入射角、不同方位角测得的后向散射系数通过一定的数学模型推算出海面风速和风向。星载极化微波散射计组成原理框图如图 11-1 所示。

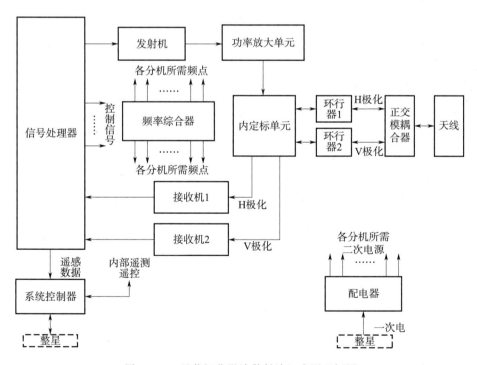

图 11-1　星载极化微波散射计组成原理框图

星载极化微波散射计由天线、扫描机构、高频箱、锁紧及展开单元四部分组成。扫描机构包括电机、旋转变压器、伺服控制器等模块；高频箱包括系统控制器、配电器、信号产生及处理器、发射通道、H 极化接收通道、V 极化接收通道、频率综合器和微波前端。

11.2　工作模式

一般具有如下基本工作模式。

（1）风测量模式

微波散射计在轨期间处于持续工作状态，观测天线进行圆锥扫描，同时在扫描一周时间内进行两次内定标测试，将所获取的遥感数据和定标数据组包后下传。

（2）原始数据下传模式

接收海面回波信号后不进行数据处理，对回波信号进行采样直接通过数传分系统下传，用于检验微波散射计信号处理器功能或得到原始数据用于其他应用。

（3）在轨内定标模式

微波散射计在轨内定标模式时，连续进行定标，用于消除系统中特别是接收机在不同增益下的测量误差，将所获取的定标数据通过数传分系统传送至地面站。

（4）应急工作模式

微波散射计出现故障或整星需要时，关闭部分或全部设备。系统应避免自身设备和软件受到破坏，同时应避免影响其他分系统的正常工作。

11.3　功　能

微波散射计一般功能为：

1）通过对同一雷达分辨单元多个方位角的散射系数 σ^0 的测量，提供可用来反演海面风场矢量的遥感数据；

2）一般采用圆锥扫描方式，双波束体制工作；

3）一般具有内定标功能，修正仪器的漂移；

4）一般具备转速调整功能，能通过注入指令切换探测头部的转速；

5）可通过定点工作指令使探测头部减速直至停止转动，并可通过遥测得到停止位置的角度。

11.4　指　标

主要技术指标体系如下。

（1）系统指标

系统指标包括：风场测量精度、测风范围、地面足迹、地面测绘带宽、σ^0 测量精度、σ^0 测量范围和 σ^0 内定标精度。

（2）天线性能

天线性能包括：工作频率、工作带宽、发射带宽、天线形式、天线口径、天线净增益、天线波束宽度、极化方式、天线旁瓣电平抑制、天线交叉极化隔离度、天线指向、旋转速率、速度精度、转动惯量、转动角速度波动量、静不平衡度、动不平衡度和转动角加速度。

（3）发射性能

发射性能包括：发射峰值功率、脉冲重复频率、发射脉冲宽度、多普勒频率跟踪范围、杂波抑制度、谐波抑制度、带外抑制、幅频特性、幅相特性、调频信号源带宽、插损、隔离度、晶振频率、晶振频率精度、晶振短期稳定度和晶振长期稳定度。

（4）接收性能

接收性能包括：接收机噪声系数、接收机灵敏度、接收总增益、AGC 调整范围、接收带内幅频特性、接收带内幅相特性、采样/量化、输出码速率和数据格式。

（5）其他性能

其他性能包括：寿命、可靠性、质量、功耗和遥控遥测参数。

11.5　方案设计

11.5.1　天线形式

星载微波散射计分为扇形波束体制和笔形波束体制两大类。扇形波束体制的微波散射计采用几个固定的棍状天线向海面发射长而窄的扇形波束，随着卫星的运动，在海面形成带有星下点盲区的测量区域，测量幅宽的大小由棍状天线沿横轨方向的波束宽度决定；而笔形波束体制的微波散射计采用圆锥扫描的方式向海面发射点波束，随着卫星的行进，在海面形成连续的宽幅测量区域。

田栋轩认为极化测量方式可以采用不同的工作方式：交替发射同时接收、交替发射交替接收、同时发射同时接收、同时发射交替接收等方式。从工程实现上尽量简单化，星载全极化微波散射计采取交替发射同时接收的方式，该工作方式具有系统简单、无发射功率浪费、增益控制方便和可以实现高距离向分辨率等优点。

对于天线，由于全极化微波散射计需要测量同极化和交叉极化的相关系数，根据海洋表面的散射特性，交叉极化的回波信号比同极化的信号约小 15 dB，如果两个通道的极化隔离度不理想，那么泄漏到交叉极化通道中同极化信号就会干扰目标本来的交叉极化信号，造成测量误差。因此，天线应具有很高的极化隔离度，天线极化隔离度一般应大于30 dB，产生低交叉极化分量，这样可以减小两路间的串扰。

对于馈源，传统的笔形波束圆锥扫描微波散射计采用收发共用的单极化双馈源工作方式，而全极化微波散射计为了接收交叉极化信号，需要改用双极化双馈源，并且增加正交模耦合器来分离回波信号的不同极化分量，这样才能同时接收两种不同极化方式的信号，实现极化测量。

11.5.2　多普勒频率跟踪技术

在微波散射计的设计中，由于采用圆锥扫描方式，这样当天线波束扫描在不同的位置时，因卫星的运动和地球转动，卫星和目标的相对速度发生变化，产生的多普勒中心频率也发生变化，如不进行补偿，则具有固定频带选择作用的雷达接收机就不能正确接收回波信号。

当卫星高度和天线波束的入射角确定以后，天线扫描在不同位置的多普勒偏移也是确定的。可采用频率预补偿技术，根据天线扫描角度的数据和轨道数据来计算相应的多普勒频率，在发射载波频率中补偿多普勒频率。采用预补偿技术后，使接收信号频带的中心频率基本固定不变，这样可以减小接收机带宽，提高接收机灵敏度，同时也降低了接收设备的复杂性。

11.5.3　信号与噪声检测采用同时同频带检测技术

星载微波散射计是一种主动式雷达，由于作用距离远，回波信号能量小。系统检波后的接收信号中包括回波信号和热噪声信号，热噪声分量包括仪器的系统噪声和地球背景噪声。散射计的目的是要检测回波信号能量，为此需在信号加噪声的测量值中减去噪声的测量值，提高信号测量精度。

信号与噪声的检测有多种方法，可同时用同频带，也可以不同时用不同频带检测。最小的回波信号测量的归一化标准方差（K_p）值是在非同时检测情况下得到的，但在实际应用系统中，根据国际上的经验，采用同时检测技术有明显的优势，因为天线是扫描的，场景目标的亮温度对噪声基底的贡献是变化很快的，特别是在接近海洋/陆地、海洋/冰面界面时，因此同时检测噪声能量能消除潜在的偏差，另外一个原因是同时检测在硬件实现上相对简单，系统时序和射频部分对两个单元是一致的。

可以采用信号加噪声和单独噪声功率在同时、用不同带宽（含信号）检测的方法，原理示意图如图 11 - 2 所示。

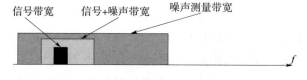

图 11 - 2　信号与噪声检测原理示意图

具体实现上，对某一次采集的回波（或内定标）信号，采用不同带宽的数字滤波器分成信号通道和噪声通道分别进行处理，再通过一些参数的变换与测量，最终在信号通道的信号加噪声的测量值中减去噪声的贡献值，得到纯净的信号值。

11.5.4　雷达发射机

雷达发射机包括线性调频脉冲产生器、频率合成器、上变频器和功率放大器、系统控制器等单元。

11.5.5　雷达接收机

雷达接收机包括低噪声放大、下变频、增益控制、中频放大、直接中频采样和数字下变频、基带信号处理等单元。

11.5.6　信号处理与定标

相对于普通的微波散射计，全极化微波散射计不仅要计算同极化的回波能量，而且要计算同极化与交叉极化的相关量，同时，高分辨率信号处理也是一种较复杂的方法，两种算法的结合，以及算法的仿真和验证是系统的一个关键点。

全极化微波散射计与普通微波散射计相比有其特殊性，全极化微波散射计在接收信号时，存在同极化接收通道和交叉极化接收通道两路，所以同极化通道和交叉极化通道都要进行标定，而且，对于全极化微波散射计，要对同极化通道和交叉极化通道的相位差进行定标，目的是使极化测量值能准确地描述目标的真实散射矩阵，消除或减小系统发射通道和接收通道对极化测量的影响，还原目标的真实散射特性。

11.5.7　高精度扫描机构设计与配平设计

转动天线的转动带来角动量

$$H = I \cdot \omega \tag{11-1}$$

转速的不稳定性会产生扰动力矩，用式（11 - 2）表示

$$T = \frac{\mathrm{d}H}{\mathrm{d}t} = \frac{\mathrm{d}(I \cdot \omega)}{\mathrm{d}t} = I\frac{\mathrm{d}\omega}{\mathrm{d}t} \tag{11-2}$$

式中　H ——角动量；

　　　I ——转动物体绕转动轴的转动惯量；

　　　ω ——转动物体的转动角速度；

　　　T ——转速不稳定产生的力矩。

可以计算出由于（或等效为）天线质量分布不均匀产生的力矩

$$T_{at} = m\omega^2 rL \tag{11-3}$$

如果这一力矩值已经超过了动量轮所能提供的最大力矩，就必须对这一力矩进行约束。可以对天线的旋转角速度、口面与水平方向的夹角、天线总质量和质量的分布进行折中考虑。

在进行天线设计时，应使天线的质量尽量集中在转轴附近，并使质量均匀。

探测头部转动部分整体质心原则上要过旋转轴线，天线高频箱内部仪器设备的布局尽量考虑质心平衡问题，同时低频电缆要尽量多的采用电缆卡子固定，尽量避免因电缆在高频内的晃动影响天线质心位置的不平衡，同时考虑尽可能少采用配平质量块，但在必须的情况下也要采取配平措施。

为了减少天线在配平过程中的重量增加太大，采用高频箱外壁配平措施，这样配平过程中可以更快地配平而引入较小质量。在高频箱的外围预先对称埋入预埋件，用于加配重块。

扫描驱动子系统是微波散射计中一个重要子系统，它主要完成承载、驱动及控制微波散射计天线及接收机高频部分匀速转动，并提供给控制和信息处理系统扫描角度数据，具有动量矩补偿装置，使该系统剩余的动量矩不大于规定值。

该子系统由扫描驱动机构、动量补偿机构组成。扫描驱动机构由驱动电动机、精密角度测量传感器、驱动控制器和控制软件等组成，用于驱动天线转动；动量补偿机构由电动机及动量轮、驱动控制器及控制软件组成，用来控制飞轮的转速，使动量矩补偿达到规定要求。另外需解决高可靠性的技术。

11.6　对外接口关系

同前面 SAR 章节内容。

11.7　试验验证

微波散射计专用测试设备主要功能如下：

1）接收总控设备发布的时统信息，完成设备校时；

2）与总控测试设备计算机联网，进行遥测数据信息交换；

3）回波模拟器能够模拟海面的回波信号；

4）利用接收散射计发射机发送的雷达信号，经过处理后返回给散射计的接收机，完成散射计的性能和功能的测试；

5）完成与总控测试设备和数传测试设备的信息交换，如散射计工作的执行情况，科学数据、总线数据的正确传输情况等。

测试专用设备组成如图 11-3 所示。

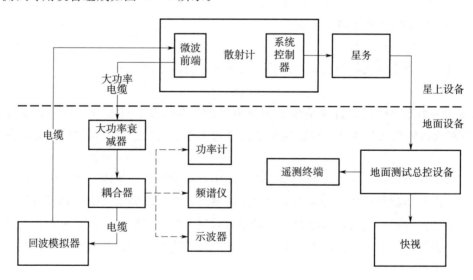

图 11-3　微波散射计专用测试设备框图

如图 11-3 所示该专用测试设备包括功率计、频谱仪、示波器和回波模拟器。遥测终端主要进行微波散射计遥测数据的显示，快视设备对数传下传的散射计科学数据进行显示、记录和分析。

第 12 章　极化辐射计

12.1　组成与工作原理

微波辐射计一般由辐射计探测头部、综合处理器、伺服控制器和定标源控制器组成。

辐射计探测头部包括天线、接收机、热定标源源体、信息采集器和探测头部配电器。辐射计有多个工作频点，配合不同极化多个接收通道。天线接收的信号按频率和极化分开，送入接收机中进行放大、平方律检波和低频放大，最后送到信息采集器进行数据采集和处理。接收机具有增益调整功能，包括在轨自适应调整和上行注入数据调整；星载热定标源提供两点定标时高温定标所需的信号，冷空反射器采集低温定标所需的信号。锁紧装置的作用是在卫星发射阶段固定微波辐射计的探测头部；在卫星入轨后，微波辐射计工作前完成解锁程序。

综合处理器是整个系统的控制中心，完成微波辐射计工作状态的控制和对外进行遥感、遥测、遥控等信息的交换。

伺服控制器驱动天线进行扫描观测。

定标源控制器完成定标源数据的采集、控制和处理功能。

工作原理连接框图如图 12-1 所示。

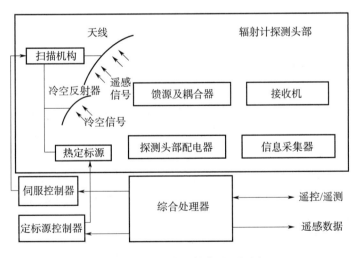

图 12-1　微波辐射计原理框图

12.2　工作模式

微波辐射计具有如下基本工作模式。

（1）正常工作模式

微波辐射计在轨期间处于持续工作状态，观测天线进行圆锥扫描，同时在扫描一周时间内观测冷空和热定标源各一次，将所获取的遥感数据和定标数据组包后下传。

（2）应急工作模式

微波辐射计出现故障或整星需要时，可关闭部分或全部设备。系统应避免自身设备和软件受到破坏，同时应避免影响其他分系统的正常工作。

12.3　功能

微波辐射计完成如下功能。

1）测量海面的微波辐射，得到海面的辐射亮温和与大的风暴或飓风有关的泡沫辐射亮温；

2）一般采用圆锥扫描方式工作；

3）一般具有两点定标功能，修正仪器的漂移；

4）一般具有增益和补偿调节功能；

5）一般具有上注增益控制和自动增益控制两种模式，并能控制两种模式切换；

6）一般具备转速调整功能，能通过注入指令切换探测头部的转速；

7）一般可通过定点工作指令使探测头部减速直至停止转动，并可通过遥测得到停止位置的角度。

12.4　指标

主要技术指标体系如下。

（1）系统指标

系统指标包括：测温范围、测温精度、定标精度、空间分辨率和地面测绘带宽。

（2）天线性能

天线性能包括：天线口径、天线净增益、天线波束宽度、极化方式、天线交叉极化隔离度、主波束效率、电压驻波比、天线接口形式、冷空反射器天线口径、冷空反射器波束宽度、观测天线指向、冷空反射器指向、旋转速率、速度精度、转动惯量、角速度波动量、静不平衡度和动不平衡度。

（3）接收性能

接收性能包括：中心频率、工作带宽、接收机噪声系数、接收机增益稳定性、测温灵敏度、动态范围、线性度、定标精度、定标源测温精度、温度稳定度、辐射源表面温度不均匀度、辐射率、积分时间、量化比特数、平均输出码速率和数据格式。

（4）其他性能

其他性能包括：寿命、可靠性、质量、功耗和遥控遥测参数。

12.5　方案设计

12.5.1　辐射计形式

辐射计的类型有全功率型、Dicke 型、噪声注入零平衡型和双参考自动增益控制型等。后三种是微波辐射计在各种领域的应用中，为了提高灵敏度和抑制增益起伏的影响，在全功率型的基础上提出来的。零平衡型和双参考型设备比较复杂，不宜于在星上使用。因此辐射计的类型主要在全功率型和 Dicke 型之间选择。

周期定标的全功率型辐射计的优点是：不用 Dicke 开关，设备简单，减小了 Dicke 开关带来的损耗，有利于改善系统噪声引起的测量不确定性。理想的测温灵敏度比 Dicke 式高约两倍。

早期的全功率型微波辐射计由于接收机增益起伏引起的温度测量不确定性 ΔT_G 比 Dicke 型大，所以实际测温灵敏度不一定比 Dicke 型高。随着电子器件性能的提高和电路研制水平的改进，接收机增益的稳定性已经提高，这使得增益起伏产生的影响较小，通过周期定标可以减小接收机增益变化的影响。

全极化微波辐射计一般采用周期定标的全功率型。

12.5.2　天线特点

用于海洋观测的微波辐射计大多采用圆锥扫描方式。圆锥扫描时，天线波束对地入射角保持不变，有助于各种海洋参数的反演。圆锥扫描又分为摆扫式圆锥扫描和旋转式圆锥扫描。摆扫式圆锥扫描主要适用于扫描速度较慢的情况，它可获得相对较长的对目标观测积分时间；旋转式圆锥扫描的扫描速度快，积分时间短。这两种扫描形式都需进行动量补偿，否则会影响卫星的平衡。

全极化信息的提取方式包括了直接相关方式和极化组合方式。直接相关方式这一体制对天线的极化纯度提出了很高的要求，因此天线设计采用加长反射面焦距，优化馈源阵排列等技术措施来保证获得足够高的天线极化纯度。图 12-4 为功分移相并行接收的极化组合方式，图 12-5 为直接相关方式。

12.5.3　极化测量方式

根据 Stokes 亮温度的计算方式，全极化微波辐射计的极化测量方式有两种实现方式，分别是极化组合方式和直接相关方式。

（1）极化组合方式

极化组合方式分别测量水平极化和垂直极化、正交的 45°线极化及左右圆极化分量，通过极化分量的组合来得到 Stokes 亮温度。这些极化分量的测量也有以下两种方式。

1）采用多馈源分别提取所需的极化分量，对应的接收机分别接收处理得到 Stokes 分量，如图 12-2 所示。冯凯研究发现目前国际上唯一的星载 Windsat 就采用了这种极化组合方式，该方式简单，但由于全极化测量的每个频段都需要多个馈源，使得多频共用天线的设计和工程复杂，接收机配置较多，占用资源也多。

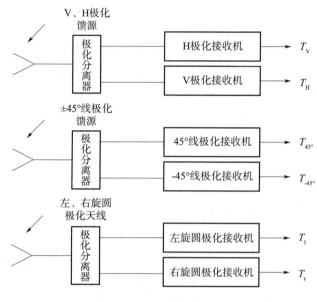

图 12-2　多馈源极化组合方式

2）采用单馈源通过移相本振分时接收方式或功分移相并行接收方式测量所需的多极化分量，处理后得到 Stokes 分量。移相本振分时接收方式经过移相和开关组合后，使用一个接收机对各极化分量进行分时接收，如图 12-3 所示，由于微波开关组合网络环节使接收损耗噪声增大，同时由于分时接收导致积分时间缩短，将影响系统的测温灵敏度。而功分移相并行接收方式使用多个接收机对多极化分量进行同时接收，功分移相环节会使测温灵敏度变差，同样接收机配置较多占用资源也多。

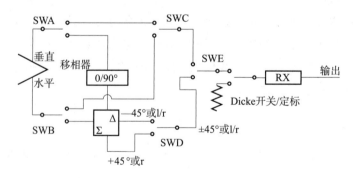

图 12-3　移相本振分时接收的极化组合方式

（2）直接相关方式

直接相关方式是测量水平极化和垂直极化分量进行复相关处理得到 Stokes 亮温度。采用两个相同的接收机对天线输出的水平和垂直极化信号进行超外差式接收，输出的中频信号送入复相关器相关处理后得到实部和虚部，分别对应 Stokes 参数的 U、V 分量。复相关器由一个乘法器和一个积分器组成。直接相关方式组成较为简单，占用资源少，但要求天线有很高的极化纯度。图 12 - 4 为功分移相并行接收的极化组合方式，图 12 - 5 为直接相关方式。

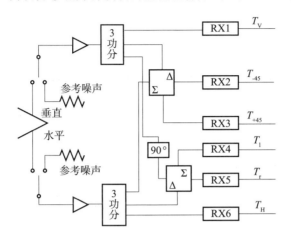

图 12 - 4　功分移相并行接收的极化组合方式

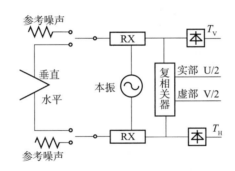

图 12 - 5　直接相关方式

以上两种极化测量方式相比较：极化组合方式对天线的极化纯度一般要求优于 25 dB，较容易满足，但是该种方式会导致馈源通道数目增加；直接相关方式系统组成简单，相应的体积和质量也较小，有利于系统的星载应用，但是对天线的极化纯度要求很高，同时对 V、H 通道间的幅相一致性也有较高要求。

12.5.4　接收机性能

全极化微波辐射计接收机子系统包括 6.6 GHz 接收机、10.7 GHz 接收机、19.35 GHz 接收机、23.8 GHz 接收机、37 GHz 接收机（VH 极化）、37 GHz 接收机（线极化）、37 GHz 接收机（圆极化）和 89 GHz 接收机。

6.6 GHz 接收机、23.8 GHz 接收机、37 GHz 和 89 GHz 接收机采用直接检波接收方式。接收机为非全极化接收通道（在 37 GHz 频段，线极化接收机、圆极化接收机与 VH 极化接收机完全一致），每台接收机均包含 V、H 两路接收通道，采用直接检波接收方式，其原理框图如图 12-6 所示。

图 12-6   直接检波接收机框图

10.7 GHz 接收机、19.35 GHz 接收机为全极化接收通道，采用超外差接收方式，其原理框图如图 12-7 所示。

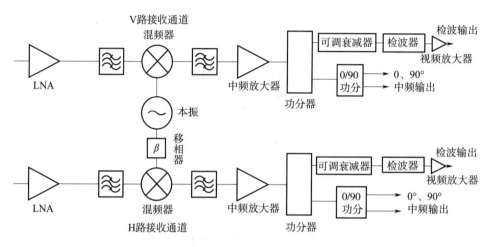

图 12-7   全极化接收机原理框图

12.5.5   数字相关器

数字相关器是全极化微波辐射计的重要组成部分，其功能是完成 10.7 GHz、19.35 GHz 全极化探测通道全部极化信息的提取。数字相关器在一定的动态范围内接收来自接收机的 V、H 通道中频 I、Q 信号，将接收到的信号量化后进行自相关、复相关运算，得到 V、H 两个接收通道的相关系数，如图 12-8 所示，其中 0°和 90°分量分别表示 I—Q 检波的同相分量和正交分量。相关运算如式（12-1）所示。

$$T_3 = T_3^R + T_3^{NR} \sim \langle E_V^0 \times E_H^0 \rangle + \langle E_V^{90} \times E_H^{90} \rangle$$
$$T_4 = T_4^R + T_4^{NR} \sim \langle E_V^{90} \times E_H^0 \rangle - \langle E_V^0 \times E_H^{90} \rangle$$
$$T_V^0 \sim \langle E_V^0 \times E_V^0 \rangle$$
$$T_V^{90} \sim \langle E_V^{90} \times E_V^{90} \rangle \qquad\qquad (12-1)$$
$$T_H^0 \sim \langle E_H^0 \times E_H^0 \rangle$$
$$T_H^{90} \sim \langle E_H^{90} \times E_H^{90} \rangle$$

12.5.6   定标方式

对于全极化微波辐射计中传统的线性双极化探测通道，采用端到端的天线口面辐射定

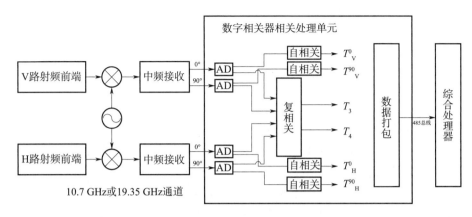

图 12 - 8　数字相关器原理框图

标来保证较高的定标精度。采用热定标源作为定标的高温源，采用宇宙冷空间的冷空辐射作为定标的低温源。

对于全极化探测通道，除幅度定标之外还需要解决不同接收通道之间的耦合和相位不平衡问题，实现对全极化测量时不同通道之间的串扰项的定标。所以采用传统的端到端天线口面定标与极化通道噪声注入定标两种方式相结合，共同实现全极化探测通道的在轨定标。

12.5.7　高精度扫描机构设计与配平设计

同前面散射计相关内容。

12.6　对外接口关系

同前面 SAR 章节内容。

12.7　试验验证

微波辐射计测试设备主要功能如下：

1）接收总控设备发布的时统信息，完成设备校时；

2）与总控测试设备计算机联网，进行遥测数据信息交换；

3）完成微波辐射计的接收机性能和功能的测试（接收机的测试主要有数据格式、旋转角度信息、通道信息等）；

4）具有辐射源模拟功能；

5）完成与总控测试设备和数传测试设备的信息交换，如辐射计工作的执行情况，测试科学数据、总线数据的正确传输情况等。

测试设备有辐射源，快视设备。

第 13 章　其他载荷

星载微波遥感器总类繁多，并且随着新技术的发展和新应用领域的开发，不断涌现出新的微波遥感器，探测方式总体可分为主动方式和被动方式，按观测目标可分为陆地、海洋、大气探测等，按用途可分为合成孔径雷达、高度计、辐射计、散射计、盐度计、湿度计、气象雷达、交会对接雷达、月球着陆雷达、深空探测 SAR、高轨辐射计和 GEOSAR等。前面对几种典型的微波载荷进行了阐述，下面对这几年新出现的微波遥感器进行介绍。

13.1　盐度计/湿度计

13.1.1　工作原理

海洋盐度直接影响海水的密度，是海洋洋流动力变化的基础之一，决定着海洋环流方向和变化趋势。全球海洋盐度的分布和变化是海洋生态系统、海洋气候系统的重要参数。海水盐度和温度的分布，可作为判断水团、锋面、涡流等要素的依据，为渔业生产提供鱼情预报资料，还可进一步了解降水、蒸发、冰雪融化和河流径流量的变化过程。土壤湿度与大气碳循环直接相关，对于环境、生态、水与能量交换、农作物产量、水汽蒸发、土壤监管起着关键的作用。因此海水盐度与土壤湿度直接与人类生存环境息息相关，对盐度与湿度的研究探测一直是科研单位和政府部门关注的重点。

微波遥感监测土壤湿度方法可分为被动式和主动式遥感两种。主动式遥感是通过测量雷达后向散射系数来实现目标特性参数的测量。不同含水量的土壤介电特性不同，其雷达回波信号也不同。据此可建立后向散射系数和土壤含水量的关系。大多数研究是基于统计方法，通过对试验数据的相关分析建立土壤湿度与后向散射系数之间经验的线性关系，如式（13-1）所示

$$\sigma^\circ = A + Bm_v + C\sigma + Dm \tag{13-1}$$

式中　m_v——土壤湿度；

　　　σ——粗糙度；

　　　m——土壤坡度；

　　　σ°——雷达后向散射系数；

　　　A、B、C、D——与雷达频率、极化方式以及入射角相关的常数。

利用这种线性关系，可计算出较精确的土壤湿度和表面粗糙度。

土壤的介电常数随其含水量变化而变化，土壤的介电常数是土壤组成成分、含水量、

微波频率参数的多项式组合。微波辐射计通过测量土壤的亮温得到土壤的介电常数，从而得到土壤湿度信息。对被动遥感裸地土壤湿度，辐射计所测量的亮温可表示为如式（13-2）

$$T_B = t(H) \times [rT_{sky} + (1-r)T_{soil}] + T_{atm} \tag{13-2}$$

式中　$t(H)$——距土壤 H 高处辐射计测得的大气透射率；

　　　　r——平坦表面的反射率；

　　　　T_{soil}——土壤温度；

　　　　T_{atm}——大气平均温度；

　　　　T_{sky}——反射天空的亮温。

研究表明，微波波长较长的谱段，如 L 频段，大气的透射率很高，传输可达 99%。T_{atm} 和 T_{sky} 都小于 5 K，比 T_{soil} 要小得多。因此可忽略，式（13-2）可简化

$$T_B = (1-r)T_{soil} \tag{13-3}$$

式中　$(1-r)$——发射率，同时与土壤介电常数和表面粗糙度有关。

根据测得的土壤亮温得到发射率，从而计算土壤的介电常数，继而得到土壤湿度。

围绕土壤湿度与亮温之间的关系进行了大量的研究及试验，建立了多种反演算法，为微波遥感技术用于土壤湿度监测建立了一定的应用基础。典型的被动微波反演模型有粗糙度对裸露土壤微波辐射影响的 O-P 模型和植被覆盖影响的 $\tau-\omega$ 模型。

L 频段的微波散射计对表面粗糙度具有良好的敏感性。将微波辐射计和散射计集成起来应用于盐度遥感，利用辐射计进行亮温测量，用散射计进行表面粗糙度的修正，可以获得更高精度的海水盐度产品。盐度变化会改变海水的介电常数，进而使海面的微波辐射特性发生变化。利用微波辐射计测量海面发射率的变化，通过一定的模型算法可以从辐射计亮温数据中反演出海表面盐度。这就是海洋表面盐度遥感的物理基础。海水盐度的遥感建立在海洋微波发射模型和海水介电常数计算模型的基础上，海水辐射亮温 T_B 和实际的海面温度 T 通过发射率 e 相联系

$$T_B = eT \tag{13-4}$$

对海水而言，e 随介电常数 ε、入射角 θ 和表面粗糙度而变化。介电常数 ε 由 Debye 方程获得

$$\varepsilon = \varepsilon_\infty + \frac{\varepsilon_s(S,T) - \varepsilon_\infty}{1 + i2\pi f\tau(S,T)} - \frac{i\sigma(S,T)}{2\pi f\varepsilon_0} \tag{13-5}$$

式中，f 为微波频率，ε_0 为自由空间的介电常数，频率无限大时的介电常数 ε_∞ 近似取为常数，电导率 σ、静态介电常数 ε_s 和张弛时间 τ 是随温度 T 和盐度 S 变化的，可通过"实用盐标"和 Klein-Swift 模式计算。

式（13-4）和式（13-5）给出了亮温与表面盐度之间的关系，亮温 T_B 最终可表示为频率、入射角、极化以及表面温度与盐度的函数 ，即

$$T_B = \Phi(f, \theta, p, S, T) \tag{13-6}$$

除频率外，极化与入射角也影响亮温对盐度的敏感性。研究表明，垂直极化时的敏感性均优于水平极化；在垂直极化方式下，入射角越大越好；在水平极化方式下，入射角越

小越好。从亮温对盐度的敏感性考虑，应该选择垂直极化和较大的入射角，但考虑到天线的效率，一般不宜选择超过 45°的入射角。图 13-1 给出了 20°温度、35 psu 盐度下，1.4 GHz亮温对入射角的变化率。图 13-1 中可以看到，垂直极化亮温对入射角的变化率随入射角的增大而明显增大，在 10°以下的入射角条件下，1°入射角的变化带来的亮温误差小于 0.2 K。当入射角大于 35°时，1°入射角的变化会造成大于 1K 的亮温误差。采用不同极化的组合可以解决大入射角时的误差问题，图 13-1 中显示垂直极化亮温和水平极化亮温之和对角度的变化极不敏感，在 45°入射角时，亮温和误差小于 0.05 K。因此，采用双极化的辐射计将有利于提高盐度反演的精度。

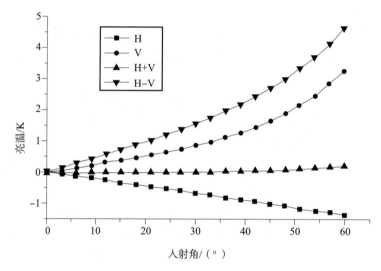

图 13-1　温度为 20℃、盐度为 35 psu 时，1.4 GHz 亮温对入射角的变化率
(图中 H 表示水平极化，V 表示垂直极化)

　　航空试验证明，在相对高温和高盐度的条件下，盐度的反演效果较好，而温度过低时，往往得不到可用的反演结果。理论结果表明，温度和盐度对反演精度有很大的影响。在同样的盐度反演精度要求下，低温时比高温时、低盐时比高盐时需要更高的亮温精度。因此，在同样的反演精度要求下，不同温度、盐度与辐射计参数条件下所需要的亮温精度差别很大。在通常的海洋条件下，0°入射角时，要达到 0.2 psu 的盐度反演精度，所需的亮温精度变化范围在 0.02～0.15 K 之间，在低盐和低温条件下所要求的亮温精度要优于 0.1 K，而对于 1 psu 的盐度反演精度而言，一般条件下只要求亮温精度优于 0.2 K。

13.1.2　主要卫星情况

　　目前国际上进行盐度与湿度测量的卫星主要有 SMOS、Aquarius/SAC－D 和 SMAP，主要探测载荷均为 L 频段。

　　表 13-1 是对以上几颗卫星详细的分析比较结果，主要包括卫星载荷配置、平台特点、关键技术指标、卫星总体参数等几方面。

表 13 - 1　SMOS 卫星、Aquarius 卫星与 SMAP 卫星技术特点分析比较

项目		SMOS 卫星	Aquarius 卫星	SMAP 卫星	分析比较
载荷配置及关键技术指标	观测手段	综合孔径辐射计	辐射计加散射计	辐射计加散射计	SMOS 属于欧空局卫星，采用辐射计综合孔径体制，后续也延续了这种方式；而 Aquarius 和 SMAP 属美国卫星，采用主被动联合观测可以获得更高精度，辐射计为真实孔径；欧美两种发展方式各有不同
	工作频段	L 频段 辐射计：1.4 GHz	L 频段 　三个辐射计：1.413 GHz；散射计：1.26 GHz	L 频段雷达：1.26 GHz＋1.29 GHz；辐射计：1.41 GHz	辐射计都选用了最佳观测频段 1.4 GHz；散射计选用了最佳观测频段 1.2 GHz
	极化方式	辐射计：双极化 H、V	辐射计：H、V；散射计：HH、VH、HV、VV	雷达：1.26 GHz，HH；雷达：1.29 GHz，VV、HV；辐射计：H、V	辐射计和散射计都采用多极化方式，其中散射计极化方式有差异；SMAP 卫星通过异频实现不同极化可以提高极化隔离度，而 Aquarius 卫星采用同频方式
	入射角	0～55°	20°～40°	40°	由上文知除频率外极化和入射角也影响盐湿度测量的重要因素，SMOS 卫星入射角覆盖广，另外两个选择大的固定入射角
	分辨率	30～90 km	76 km×94 km；84 km×120 km；96 km×156 km	辐射计：40 km；散射计：3 km（地面处理后 250 m×400 m）	分辨率基本都是几十千米量级，适合海洋大尺度观测要求，但对于土壤湿度测量，分辨率应小于 10 km，因此 SMOS 与 Aquarius 卫星主要用于海洋观测，SMAP 卫星主要用于陆地观测
	幅宽	900 km	390 km	1 000 km	理论上，为了满足快速重访和地面覆盖的要求，幅宽越大越好。SMOS 卫星通过大的入射角保证大幅宽，Aquarius 卫星通过三波束组合实现大幅宽，SMAP 卫星通过圆锥扫描反射面以满足 1 000 km 幅宽要求
	天线形式	Y 型可展开天线阵	采用单折叠机制可展开抛物面天线	轻型可展开圆锥扫描网状天线	SMOS 卫星采用干涉测量，所以天线形式为 Y 型二维稀疏天线阵，每个支臂 23 个天线单元，每个支臂长度均为 4 m；Aquarius 卫星散射计和辐射计共享同一幅天线。Aquarius 仪器最为突出的特征是一个 2.5 m 的带有 3 个喇叭馈源的偏馈抛物面发射器天线；SMAP 卫星辐射计和散射计共用网状天线，展开后天线直径 6 m，天线包括一副反射面天线和馈源喇叭，天线在轨作圆锥扫描运动，旋转速率为 13.0 r/min。天线技术涉及到机电热多方面，是卫星总体设计技术中的重点和关键点
	发射功率	无	不详	500 W（功放输出）	为了满足主动测量高 NESZ 或 σ°，主动发射功率很大，也是载荷的一项关键技术
	接收与定标	接收灵敏度 0.8～2.2 K；绝对定标精度＜3 K	辐射计定标稳定度＜0.1 K，散射计定标稳定度＜0.2 dB	测量精度 0.5 dB（雷达）；0.65 K（辐射计）	测量需要辐射计具有很高的灵敏度和稳定性。低噪声高稳定辐射接收和定标技术是载荷的另一项关键技术

续表

项目		SMOS 卫星	Aquarius 卫星	SMAP 卫星	分析比较
观测要素及精度	要素	主要用于土壤湿度和海洋盐度的测量	主要完成海洋盐度测量，兼顾土壤湿度测量	主要完成陆表土壤湿度（0～5 cm）和冰冻/解冻态的测量，兼顾海洋盐度测量	目前三颗卫星可同时满足湿度和盐度测量，但各有侧重，在轨道设计时有差异（重访），比如，SMOS 卫星兼顾陆海，Aquarius 卫星以海洋为主，SMAP 卫星以陆地为主
	精度	土壤湿度体积测量精度 4%，分辨率 35～50 km，重访周期 3 天；盐度单次观测 0.5～1.5 psu，在 200 km×200 km 分辨率下 30 天平均测量精度 0.1 psu	提供每月一次的全球盐度测量图，分辨率在 100 km 左右，精度为 0.2 psu	来自两个遥感器的测量数据结合起来应用，将得到一个全球 10 km 分辨率的土壤湿度产品，精度为 4%，区域 6 小时和 18 小时重访，全球 2～3 天重访	海洋重访要求一般为一个月，陆地为 3 天，精度土壤湿度精度优于 4%，盐度优于 0.2 psu；数据精度牵涉到卫星总体、载荷、平台、地面处理和外定标，是地一体化指标，最终影响用户使用效果，卫星在总体设计时，要作为重点进行考虑，也是最顶层的关键技术
轨道特性		太阳同步轨道；倾角：98.44°；降交点：6：00；高度：763 km	太阳同步轨道；倾角：98.01°；降交点：6：00；高度：657 km	太阳同步轨道；倾角：98°；降交点：18：00；高度：685 km	由于微波遥感不受光照条件限制，因此都选择太阳同步晨昏轨道，另外为了满足地面分辨率、重访和覆盖要求，轨道高度一般不超过 800 km
设计寿命		3 年	3 年（目标 5 年）	不详	一般低轨遥感卫星设计寿命为 3～5 年，与我国卫星设计指标相当
发射时间		2009 年 11 月 2 日	2011 年 6 月 10 日	预计 2015 年	
平台及主要指标	平台名称	Proteus（CNES）	SSSP（阿根廷）	SA－200HP（美国）	都是中小型遥感通用平台
	质量	658 kg（平台 275 kg，载荷 355 kg，燃料 28 kg）	1 515 kg（平台 800 kg，主载荷 375 kg，其他载荷 275 kg，燃料 65 kg）	627 kg（寿命末期）	SMOS 与 SMAP 卫星只装载了一种载荷，较轻，而 Aquarius 卫星还装载有其他多种载荷，属于中型综合遥感卫星
	电源功率	1 065 W	1 480 W	1 283 W	对于微波类载荷，被动辐射计工作时功率一般不大，但主动雷达功率较大，可以看出 Aquarius 与 SMAP 卫星比 SMOS 大
	数据传输	X 频段：16.8 Mbit/s	X 频段：5 Mbit/s；S 频段：4 kbit/s	X 频段：80 Mbit/s；S 频段：2.5 Mbit/s	由于三颗卫星都是分辨率较低非成像探测卫星，数据率都不高
	姿轨控	三轴稳定，具有快速机动稳定及俯仰调节能力沿飞行方向前倾 32.5°，配有星敏、陀螺、磁力计、GPS、太敏、反作用轮、磁力矩器、4×1 N 推力器	姿控指向精度 0.04°（3σ），姿控测量精度 0.002°（3σ），大型天线对姿态控制要求指向精度 0.1°，稳定度 0.5°	三轴稳定，其他指标不详	三颗卫星中 SMAP 卫星为了保证射频指标（增益、波束效率等）满足要求必须考虑旋转条件下，产生的动量必须进行有效补偿，残留动不平衡扰动必须控制以满足指向精度要求；可展开天线装在平台结构上，为了减小运动惯量，馈源喇叭必须小型化、轻量化和紧凑化设计，是该卫星的一项关键技术。其他两颗卫星主要保证天线波束指向精度要求即可

从国外盐度与湿度探测卫星发展情况可以看出，卫星共性特点与关键技术有以下几个方面。

（1）低噪声高稳定辐射接收及定标技术

由于海表面盐度变化所对应的 L 频段辐射计亮温变化很小，0.2 psu 的盐度变化导致亮温的改变为 0.1～0.2 K，这决定了辐射计的等效噪声温度 NET<0.1 K，稳定度要求在重访周期内达到 0.2 K 以下。因而盐度测量需要辐射计具有很高的灵敏度和稳定性，低噪声高稳定辐射接收和定标技术很关键。

（2）大功率发射和高精度散射测量技术

用于海面粗糙度测量的散射计定标稳定度要求为 0.1 dB，测量相对精度要求 0.1 dB，这对于现有的散射计来讲，是一个具有挑战性的指标。需要在独立视点数、发射信号脉宽、带宽、电子系统的稳定性以及定标策略上进行细致考虑和技术攻关，作为主动测量，为了取得高灵敏散射系数，也必须有大发射功率才能保证。

（3）星载天线技术

无论采用抛物面天线还是稀疏天线阵，天线尺寸大、精度高的特征是不变的，需要重点解决天线展开技术、天线单元互耦的校正、基线参数设计和最小冗余设计、天线精密加工和检测等技术难点。

（4）大型天线旋转对卫星扰动抑制技术

由于天线尺寸很大，当快速旋转运动时，对星体的扰动力矩、动静不平衡影响很大，必须解决卫星姿态高精度控制问题，并通过配平、补偿、仿真分析等手段解决。

（5）多通道相干接收与高速数字相关器技术

多通道相干接收机要求各个通道幅度相位平衡以及严格的隔离，接收机采用分布式锁相相干本振频率源保证。采用高速数字相关器，对接收通道的输出进行量化采集，采用中频采样和数字检波技术，通过数字处理算法得到需要的干涉组合。

（6）参数反演技术

盐度和湿度参数的建模和反演算法，建立在基础理论研究和半经验验证的综合上，在理论分析模型（介电常数模型、海表波谱理论模型、表面粗糙散射模型等）的基础上，可以采用船测和机载试验数据加以修正，提高反演精度。

13.1.3　综合孔径辐射计

盐度计和湿度计属于微波辐射计和雷达散射计，其参数设计基本同前面讲的散射计和辐射计，不再赘述。下面只对综合孔径辐射计用于盐度和湿度测量概要加以介绍。

（1）盐度计工作原理

对于盐度微波辐射计来说，为了在空间达到满足应用需求的分辨率，例如 50 km，需要的天线尺寸将达到 7 m 左右。这样大的实孔径天线无论是设计、加工、安装还是在轨扫描，都存在一系列的技术难度。

星载微波辐射计的星下点水平分辨率与其工作频率和天线口径尺寸的关系如式（13-7）所示

$$R = kH/fD \qquad\qquad (13-7)$$

式中　R——星下水平分辨率，km；

　　　H——卫星轨道高度，km；

　　　f——工作频率，GHz；

　　　D——天线口径，m；

　　　k——系数，取决于天线口面上场的分布。

吴季对合成孔径原理进行了详细阐述。认为干涉式综合孔径成像技术的研究为突破天线口径与分辨率之间的矛盾提供了有效的手段，它的原理是小孔径天线模拟大孔径天线的思想，将小孔径天线在不同位置上的干涉测量结果相干叠加，达到与大孔径天线相同的测量目的，然后对干涉测量的结果进行傅里叶变换，得到观测目标的亮温，该温度值包含了辐射体和传播介质的物理信息。这一技术上的突破，可有效解决大口径天线的发射质量和体积的限制以及空间扫描问题，是被动微波遥感技术的一个革新。可见，该项技术的成功应用将极大的推动辐射计遥感图像的应用，能够应用于陆地、海洋和大气的高分辨率探测。

将一个大孔径天线分为 N 个小孔径天线单元，第 i 个天线单元接收的射频电压为 $V_i(t)$，则大孔径天线总的接收电压为

$$V(t) = \sum_{i=1}^{N} V_i(t) \qquad\qquad (13-8)$$

对于接收机，由于接收信号是随机噪声，大孔径天线接收的输出功率 P 正比于输出电压 V 的统计均值。

$$\langle P \rangle \propto \left\langle \left| \left[\sum_{i=1}^{N} V_i \right] \right|^2 \right\rangle = \sum \sum \langle V_i V_j^* \rangle \qquad\qquad (13-9)$$

从以上分析可知，如果被观测的目标在观测过程中没有时间变化，大孔径天线的输出只需用两个小孔径天线在不同的位置上进行干涉测量，并将干涉结果相干叠加，就能达到与大孔径天线相同的测量结果，这就是微波辐射测量的综合孔径原理。图 13-2 为综合孔径微波辐射计基本单元（二元干涉仪）。

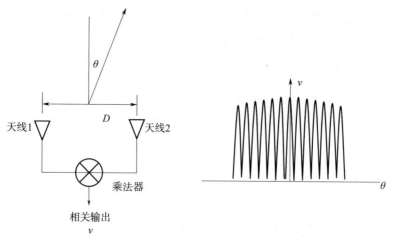

图 13-2　综合孔径微波辐射计基本单元（二元干涉仪）

采用不同长度基线的组合可以达到滤波的效果见图 13-3 所示。

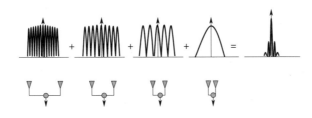

图 13-3　孔径合成基本原理

（2）盐度计组成

L 频段综合孔径微波辐射计是一种被动式微波遥感设备，是通过接收被观测场景辐射的微波能量来探测目标特性的。L 频段综合孔径微波辐射计的天线阵指向被观测地面或海面时，将会接收到地面或海面的微波辐射能量，从而引起天线视在温度的变化。每个天线单元接收到的信号经过低噪声放大、下变频后得到中频信号，再对所有中频信号进行数字复相关后，得到场景的可见度函数，对可见度函数进行反演后得到所观测目标的亮温度，该温度值包含了辐射体和传播介质的一些物理信息。经过数据反演，就可以确定所观测区域的海水盐度、土壤湿度等参数信息。

L 频段综合孔径微波辐射计由 L 频段二维稀疏天线阵、L 频段接收机、数字相关器、控制配电器等硬件组成，如图 13-4 所示。

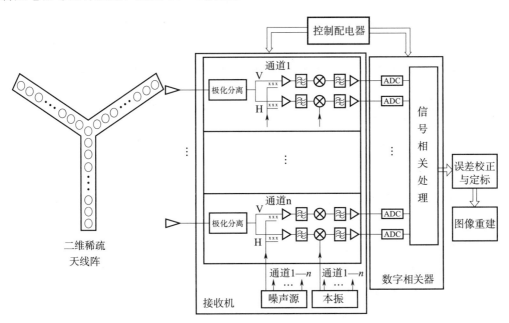

图 13-4　L 频段综合孔径微波辐射计系统组成框图

系统的信号处理流程为：天线阵列接收到空间信号后，经过极化分离得到水平极化和垂直极化两个方向的信号，然后接入各自的通道，由接收通道进行放大、变频、滤波后得到中频信号，中频信号经 A/D 变换为数字中频信号，数字中频信号经过数字相关处理，得到原始的 L 频段综合孔径可见度函数，然后对该原始数据进行误差校正处理、亮温图像反演处理即可得到亮温图像，再对亮温图像进行定标处理、反演处理即可得到观测的海水盐度、土壤湿度等信息。其中目标亮温全极化的四个 Stokes 参数通过对水平极化亮温和垂直极化亮温进行复相关处理来测量，复相关的实部即为 T3，虚部为 T4。

（3）L 频段综合孔径微波辐射计的系统方案要点

1）系统体制：采用二维 Y 型综合孔径辐射观测体制，在两个方向上都通过综合孔径的方式合成高分辨率的窄波束和宽视场覆盖，可以直接对地进行二维成像。

2）天线形式：采用 L 频段二维 Y 型稀疏阵列天线，天线阵每臂阵元为 23 个，加上中央的 1 个，共 70 阵元，阵元间距为 0.88λ。单元天线采用宽波束的 L 频段圆锥面单元天线。天线阵尺寸大，地面为收拢状态，在轨后每个天线臂分两次展开，可采用弹簧展开机构。

3）辐射计类型：采用周期定标的全功率型辐射计；多通道相干接收机采用超外差式接收方式，接收通道采用相干本振频率源，以保证各接收通道之间的相干性和一致性。

4）复相关器类型：采用高速数字相关器，通过数字相关处理技术降低系统的复杂程度，数字相关处理算法同时实现综合孔径相关处理和全极化相关处理。

5）定标方式：采用分步定标法，分别完成天线阵和接收机的定标和天线的定标。天线阵的定标在地面进行，通过测试和分析计算准确获得天线阵的辐射特性。接收机采用噪声注入的内部定标方式，采用相关/非相关噪声注入校正法，非相关噪声源为各通道独立的匹配负载，用来校正由于通道噪声和相干本底引入的误差；相关噪声源通过交叉分布的噪声源及其移相衰减网络分配实现，用来对接收机的幅度、相位不一致性进行校正。

13.2　气象雷达

13.2.1　工作原理

气象雷达通过测量大气中的雨滴、云滴、冰晶、雪花等水成物对雷达发射脉冲的后向散射回波功率，推算降水的水含量、云廓线和微物理参数、空间分布。气象雷达一般包括测雨雷达、测云雷达和测风雷达。

热带降水测量卫星（Tropical Rainfall Measuring Mission，TRMM）测雨雷达（PR）是第一部星载测雨雷达，在 1997 年发射，执行热带降雨量测量任务（TRMM），PR 工作频率为 13.8 GHz，波长 2.2 cm，具有较高的径向分辨率，可以获得降水云内部的三维信息。由于发射后 3 年间"取得了意想不到的成功"，所以 NASA 决定将 TRMM 推进到 400 km 轨道上以延长它的使用寿命。

在 TRMM 的众多的载荷中，测雨雷达是最具创新的项目。它是第一部在卫星上使用的专门用来测量降水的雷达。PR 的一个最重要的特征就是可以提供从地面到 20 km 高度范围内雨和雪的垂直廓线，并可检测降雨量小至 0.7 mm/h 的雨。当雨速很大时，衰减效果会很明显。在美国，已经开发出新的数据处理方法来校正这种影响。当直视下方时，PR 可以在大小为 250 m 的垂直样本中将雨回波分离出来。

TRMM 中 PR 和微波成像仪（TMI）配合使用。现在有一个趋势就是，将其他卫星如美国的水卫星（Aqua）和国防气象卫星（DMSP）中的被动微波测量结果同 TRMM 的主动加被动的测量结果结合起来，以得到地球降雨的更完整的画面。降雨测量数据有助于建立更准确的天气预报系统和更完善的灾害预报系统。

全球降水测量计划（Global Precipitation Mesurement，GPM），由 NASA 和 JAXA 主导。其目的是在 TRMM 的基础上，通过将卫星的观测区域扩展到高纬度地区，来实现更准确、更频繁的热带降雨观测，于 2014 年发射。

GPM 主卫星载荷双频测雨雷达（DPR）将由两个不同频率的测雨雷达组成。Ku-PR 是一个 Ku 频段（13GHz）的测雨雷达，类似于 TRMM 上的测雨雷达 PR；Ka 频段（35GHz）的 Ka-PR 雷达也类似于 PR，并同 Ku-PR 并列布置。有了这两个频段的降水雷达，GPM 将能够测量雨滴的大小。Ka 频段雷达将提供小雨和小雪信息。

云廓线雷达（Cloud Profiling Radar，CPR）是第一部专用的天基测云雷达（CloudSat/CPR），于 2006 年搭载在 NASA 和加拿大航天局（Canadian Space Agency，CSA）合作的云卫星（CloudSat）上。此外，ESA 和日本也已经开始了测云雷达（EarthCARE/CPR）的合作研究，预计将搭载在 EarthCARE 卫星上，最早 2015 年发射。

气象雷达共性特点包括以下几个方面。

1）频段选择：对地球大气层的遥感一般应选择与大气气体分子的吸收带或谐振谱段相关的电磁频段，即大气气体和大气分层对电磁波呈现强烈谐振吸收的频谱段，1 km 大气路径的透过率及主要大气气体分子的光谱吸收带，频段相比地球表面探测高。

2）主动发射雷达：发射功率大，频段高，接收灵敏度高，工程研制难度很大。

3）天线要求超低副瓣，窄波束，研制加工难度大。

气象雷达的工作机理为：其测得的回波信号是雷达波束有效照射体内所有降水或云粒子群后向散射的综合，对应的雷达方程在形式上不同于常规的点或面目标雷达方程，满足瑞利散射。对于天线波束很窄的雷达系统，在测量雨滴和云滴这样的水气凝结体时典型的气象雷达方程为

$$P_r = \frac{P_t G^2 \theta \phi c \tau \pi^3 \left| K \right|^2 L_\Sigma Z}{512(2\ln2)\lambda^2 r^2} \qquad (13-10)$$

式中　P_r——雷达接收功率；

　　　P_t——雷达发射功率；

　　　G——天线增益；

　　　λ——雷达波长；

　　　τ——脉冲宽度；

　　　θ、ϕ——雷达天线距离向和方位向的波束宽度；

　　　r——目标与雷达之间的距离；

L_Σ——系统损耗。

$|K|^2 = |m^2 - 1/m^2 + 2|^2$，在雷达工作波长 λ 一定时，$|m^2 - 1/m^2 + 2|^2$ 与测量目标粒子的温度等特性有关，不同温度与波长时水和冰的 $|m^2 - 1/m^2 + 2|^2$ 值不同（见表 13-2），m 为复折射指数，当温度在 $0 \sim 20$℃ 之间时，粒子为水态时，$|K|^2$ 约为 0.93，在冰态时，$|K|^2$ 约为 0.2。

表 13-2　不同温度与波长时水和冰的 $|m^2 - 1/m^2 + 2|^2$ 值

水	温度/℃	$\lambda = 10$ cm	$\lambda = 3.21$ cm	$\lambda = 1.24$ cm	$\lambda = 0.62$ cm	冰粒
$\left|\dfrac{m^2-1}{m^2+2}\right|^2$	20	0.928	0.927 5	0.919 3	0.892 6	0.197
	10	0.937 3	0.928 2	0.915 2	0.872 6	
	0	0.934 0	0.930 0	0.905 5	0.831 2	
	−8	/	/	0.890 2	0.792 1	

Z 为某种类型降雨或云粒子的反射率因子（一般用对 Z 取对数得到单位为 dBz 的值来表示降雨的大小或云粒子特性），与降雨强度、云层参数特性相关。

气象雷达的回波强度不仅取决于雷达系统各参数的特性，而且和被观测的云、降水粒子性质有关，还与雷达和被测目标之间的距离以及其间的大气状况有关。只有把这些要素分析清楚，才能根据被测定的回波强度去推测云、降水的物理状况，而雷达回波参数反映了云的宏观和微观结构，例如回波顶高、回波体积、面积等反映云的特征尺度，回波强度反映云粒子的大小和浓度，回波强度在空间和时间上的变化反映云内微物理过程的演变特征等。

星载降雨测量雷达是一部标准的有源微波遥感器，它通过发射一定能量的微波信号，接收各降雨层反射的回波信号而间接得到被测距离范围内各分辨单元的降雨率。

从上述气象雷达方程中，可以看出第一个大项为常数项、第二大项为雷达本身的参数，其中发射功率 P_t 随时间有变化，但在短时间内变化量较小，所以只要对雷达参数进行准确的标定，则第二大项也可以看作常数，第三项是和降水或云粒子目标物的相态有关的参数，当相态确定后，则此参数就能确定，因此可令这两项为 C，则雷达方程式可简化为

$$P_r = \frac{C}{R^2} Z \tag{13-11}$$

从上式可知，只要知道 Z，就可以根据距雷达 R 处的回波功率来计算该距离处的降雨强度和云的相关参数了。

可以看出从气象雷达方程中可反映出气象雷达测量的原理。

上式的单位为千克—秒制单位，当 $|K|^2$ 取值为 0.93 时，如果转化成工程上常用的分贝单位则上式可变为

$$\text{dBz} = 10\lg Z = 10\lg\left[\frac{2.69\lambda^2}{P_t \tau \theta \varphi}\right] - 2G + 160 - L_\Sigma + P_r + 20\lg r = C' + P_r + 20\lg r \tag{13-12}$$

式（13-12）中最重要的也最具气象学意义的是 Z 的取值范围，表 13-3 为 Richard J. Doviak 给出各级降水类型在测量时标准反射率等级。

表 13 - 3　标准反射率等级

类型	Z/dBz
非降雨云	<-40
边界云	$-20\sim10$
毛毛雨	<25
雨水	$25\sim60$
干雪（低密度）	<35
干冰晶（高密度）	<25
湿雪（正融化）	<45
霰	$40\sim55$
冰雹，<2 cm	$50\sim60$
冰雹，>2 cm	$55\sim70$
雨水加冰雹	$50\sim70$

13. 2. 2　降雨雷达卫星情况

降雨雷达是第一个提供暴雨结构三维图的星载仪器，通过收降雨反射的微波信号来测量降雨的三维分布，提供关于热带系统和全球潜热时间系列的数据和资料，从而改进对全球能量储蓄和气候差异的了解。测量数据产生关于降雨强度、降雨分布、降雨类型、暴雨深度、雪融化为雨的高度等信息。基于这些测量的释放到大气中不同高度的热量的估计值，可用于改善全球大气循环的模型。降雨雷达重要的特征之一是能够提供从底面到 20 km 高度的雨雪的垂直廓线。降雨雷达能分离出垂直采样大小为 250 m 的雨反射波。

原有静止轨道卫星已证明可有效探测云层、水蒸气、地表温度以及天气状况等，但是由于缺乏穿透云层测量的能力，不能直接探测与飓风有关的降雨、暴风雨。地基多普勒雷达虽然可以进行暴风雨的监测，但不能在其生成和发展阶段进行全生命周期的观测。

降雨测量雷达已显示了强大的测量暴风雨的能力，并提供对飓风结构的解析。静止轨道降雨雷达可以从静止轨道上对天气、暴风雨进行雷达测量，它还提供垂直降雨剖面测量、极大的空间覆盖以及频繁的全生命周期观测，优势巨大。而且可为洪灾的预测等提供强有力的数据。静止轨道降雨测量雷达与低轨降雨测量雷达联合应用，可进行各类有云大气中太阳、红外辐射转移等的研究和监测。因此，研究降雨测量雷达意义重大。

TRMM 中 PR 的目标是提供三维降雨结构、获得陆地和海洋的定量降雨测量以及通过降雨结构信息的提供改善微波成像仪的测量精度。该 PR 的在轨外形图和观测示意图如图 13 - 5 所示。

天线波束宽度为 $0.71°\times0.71°$，为了获得横向 215 km 的连续幅宽，天线波束以 $0.71°$ 的步进在横向 $\pm17°$ 的范围内进行扫描，扫描周期 0.6 s。由于天线波束需要频繁扫描

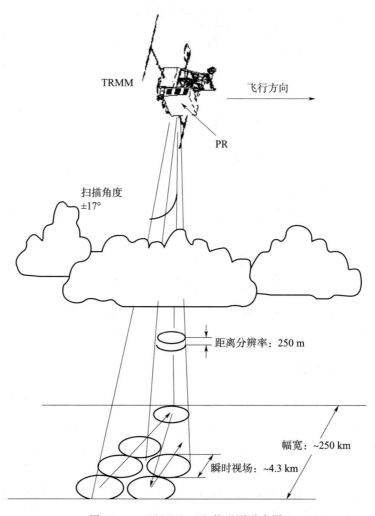

图 13-5　TRMM_PR 的观测示意图

以及在收发之间高速切换，该天线采用了固放的有源相控阵形式。PR 接收机的动态范围大于 70 dB。该 PR 的最大数据率为 93.5 kbps，质量 465 kg，功耗 250 W，体积大约为 2.3 m×2.3 m×0.7 m。

如图 13-6 所示，该系统由天线、收发组件、信号处理、热控、结构以及综合单元组成。其中收发部分由 128 个固态功率放大器（SSPA）、低噪声放大器（Low Noise Amplifier，LNA）以及 5 bit 数字 PIN 二极管移相器（PIN Shift，PHS）组成，每一对 SSPA 和 LNA 与 2 m 的缝隙波导天线相连。

（1）天线子系统

阵列天线是由 154 个非谐振的波导缝隙以 13.65 mm 间隔分布在天线平面上，且缝隙分布满足泰勒分布。128 个天线单元以 16.3 mm 间隔分布于天线平面上，天线扫描角度范围 17°，天线尺寸 2.1 m×2.1 m。图 13-7 为天线结构图。

（2）发射机和接收机

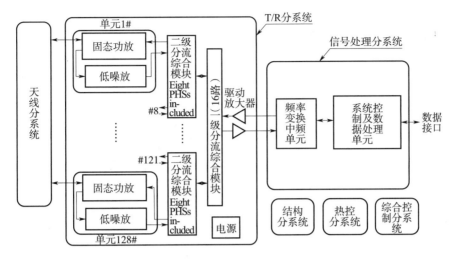

图 13 - 6　图 TRMM _ PR 系统框图

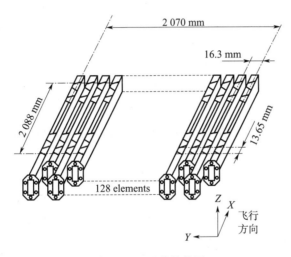

图 13 - 7　天线结构图

　　信号总的发射过程射频脉冲是由频率转换器以及中频单元产生经过放大最后经由天线发射出去。一级分流综合器将信号分流为 16 路后，分别发送给 16 套二级分流/综合器，第二级分流综合器将信号分流为 8 路，这 8 路信号分别对应收/发模块的 8 个单元，收/发模块包括固态功放以及低噪放。

　　移相器被置于第二级分流综合器中，由于移相器是 5 bit 的，因此移相器包括了 4 个角度，分别为 11.25°、22.5°、45°、90° 的满载状态以及 180° 的分流状态。天线波束扫描包括 128 个移相器。

　　固态功放的输出功率和低噪放增益都是以 1 dB 的间隔产生泰勒分布来抑制旁瓣的功率，固态功放可达到的总功率为 580 W，低噪放增益在 17.6～33.6 dB。有源相控阵的接收机将回波信号接收至频率转换单元，通常将信号转换为两路中频信号，中频信号经过带通滤波转换为视频信号，随后进行数据处理。

（3）系统控制及信号处理

系统控制和信号处理子系统是 PR 的控制器，系统控制和信号处理的主要功能是：1）将遥测数据发送给卫星平台，接收遥控指令；2）控制移相器，固态放大器，低噪放等器件的工作；3）切换 PR 的工作模式；4）将接收数据进行处理。表 13 - 4 为几种典型降雨雷达系统参数对比表。

表 13 - 4　　几种典型降雨雷达系统参数对比表

参数	TRMM_PR	DPR	PR-2	NIS
轨道高度	350 km	400 km	400 km	36 000 km
天线尺寸	2.4 m×2.4 m（Ku）单频	2.4 m×2.4 m（Ku）& 1.4 m×1 m（Ka）	4.5 m×4.5 m（Ku&Ka）	直径 35 m（Ka）有效 28 m
水平分辨率	5 km	5 km	2 km	12~14 km
垂直分辨率	250 m	250 m	250 m	300 m
测绘带宽	200 km	200 km	500 km	5 300 km
质量	460 kg	370 kg&300 kg	120 kg	约 700 kg
天线类型	平面相控阵阵天线	平面相控阵阵天线	圆柱薄膜反射面加线性馈源	大型球面反射面加机械螺旋扫描阵馈源
扫描方式	钟摆式扫描	钟摆式扫描	钟摆式扫描	螺旋式扫描
扫描角度范围	±17°	±17°& ±8°	±37°	4°
天线增益	47 dBi	47 dBi	55 dBi	77.2 dBi

从以上几个国外星载降雨测量雷达的研制历程来看，其发展趋势为：

1）检测灵敏度进一步提高，幅宽进一步扩大。

2）多频率联合工作：从单频（Ku）向双频（Ku/Ka）甚至三频（Ku/Ka/W）发展，以扩展云雨的检测范围，增加滴谱参数的测量，提供云雨内部更多的微物理信息。

3）提高空间分辨率：对于星载降雨测量雷达，提高空间分辨率，不但可以降低波束不均匀充塞的影响，减轻地表杂波的污染，而且还能改善 Doppler 速度的测量精度。

4）高时间采样率：通过发展静止轨道气象雷达，可以将低轨气象雷达几天的时间采样率缩短到一小时内，达到对中小尺度天气系统进行有效测量的目的。

13.2.3　测云雷达卫星情况

在 TRMM 完成热带降雨的太空探测后，云层探测卫星被一些发达国家列入研究计划。由于云层由微小水滴或冰颗粒组成，比雨滴要微小很多，对云层的探测需要使用工作频段在极高频（Extremely High Frequency，EHF）的雷达。近年来由于 EHF 频段技术，特别是发射机技术的发展，为这种探测的实现提供了可能性。

覆盖 50% 以上天空的云，对地球—大气系统中辐射能量传输平衡过程有重要影响，是水循环系统的一个主要环节。由于云层在全球气候中的重要作用，搞清云层的主要特性就变得尤为重要。因此在天气预报和气候变化的研究中，必须了解和考虑云的有关参数，如云量、云类等。特别是云中含水量三维分布的定量测量，在云—辐射相互作用、人工影响天气以及空基微波遥感的大气订正等问题的研究中均有重要意义。随着对云在天气和气候变化中主要作用的认识，气象雷达的应用范围扩大到了测量云的性质。尤其是对其冰水含量和液态水含量的定量测量，日益引起研究人员的关注。测云雷达系统首要目的是研究降水或非降水云的特征，反演云的宏观和微物理结构。通过对雷达回波特征的分析，可进一步应用云的特性资料来解决其他问题。测云雷达因为具有穿透云的能力，因此可以描述云内部物理结构，尤其对卷云和中尺度系统有较好的效果。此外，海洋边界层云、中纬度气旋等，都是需要利用测云雷达来进一步开展研究。

毫米波更接近云粒子的尺度，因此毫米波及短厘米频段雷达已被应用于云层的探测。毫米波雷达因为有更高的探测灵敏度，能探测从直径为几微米的云粒子到降水的范围，所以被广泛应用。

10 GHz 雷达探测范围大（即从非降水云到降水云），在通过大片小雨区时将有较可观的衰减，而且在通过液态云滴时也有几分贝的衰减。所以 10 GHz 雷达既可用于测雨又可用于测云。早期研究的测云雷达工作频率为 24 GHz，在这些研究中降水云（积雨云和乱层云）经常被探测到，而含水（或冰晶）量少的薄云（淡积云、薄层积云、薄卷云）则完全探测不到。Harper、Petrochi 和 Paulson 首次论证了用工作频率为 37 GHz 的雷达来观测云的效用；之后 Pasqualucci 和 Hobbs 等研究了频率为 37 GHz 的多普勒系统。在过去二十年里，技术上的进步让使用更小工作波长的雷达系统成为可能。Lhermitte 提出波长为 3 mm（94 GHz）的雷达，Pazmany 等人用一部 94 GHz 空基雷达研究地形云，而 Mead 等人论述了波长 1.4 mm（215GHz）的雷达系统。

星载毫米波测云雷达选择 94 GHz 作为工作频率，并采用定波束指向星下点的方法，沿卫星轨道连续地探测云层。

94 GHz 频率的毫米波更接近云粒子的尺度，因此适用于云层的探测，增强系统探测的灵敏度。为了能够探测到低层积云到高卷云，还必须有较大的数据记录窗长度。

星载毫米波测云雷达的天线形式采用偏置卡塞格伦天线，这样可以在 94 GHz 的频段上获得很窄的波束宽度，同时天线尺寸又不会太大。

星载毫米波测云雷达指向星下点的波束宽度为 0.1°，这样在距地 600 km 的轨道上可以获得 1.1 km 的水平分辨率。采用 3.3 μs 的脉冲宽度，即可提高系统的灵敏度并获得 500 m 的垂直分辨率。

94 GHz 测云雷达系统的首要目的是研究降水或非降水云的特征，反演云宏观和微物理结构，通过雷达回波特征分析，我们可进一步应用云的特性资料来解决其他问题。图 13-8 为星载毫米波测云雷达工作示意图。

星载毫米波测云雷达在探测云层方面有三个主要的特点：1) 采用非常高的频率（94 GHz）；2) 采用高功率的分布作用速调管；3) 采用高灵敏度的准光学传输线（QOTL）天线馈源和低噪放接收机前端。

雷达系统采用脉冲宽度为 3.3μs 的单频脉冲来获得所需的灵敏度，同时获得 500 m 的距离分辨率。其他提高系统灵敏度的方法还包括从各种噪声源上减少噪声，如通过使用低

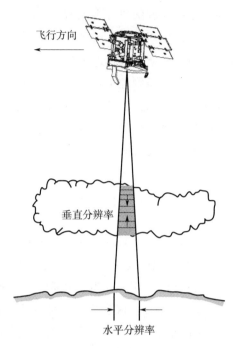

飞行方向

垂直分辨率

水平分辨率

图 13 - 8　星载毫米波测云雷达工作示意图

噪放来最小化接收机的噪声，并减小天线和低噪放之间的损失，还通过匹配发射机和接受机的带宽达到减小全部噪声功率的目的。通过平均化测量功率的采样值，并减去估算的系统噪声，可减小系统热噪声对整个系统噪声的贡献。

　　硬件系统主要由射频电子子系统，高功率放大器，天线和数字子系统等几部分组成，如图 13 - 9 所示。射频电子子系统内有一个上变频器，上变频器接收由数字子系统中振荡器产生的 10 MHz 振荡信号，并将该信号上变频为 94 GHz 的单脉冲调制信号。该信号由毫米波集成电路功率放大器放大到大约 100 mW。上变频器中的转换开关被用来调制产生脉冲。接收机从天线接收回波信号并下变频该信号到中频，再由一个毫米波集成电路低噪声放大器提供第一级放大。该低噪声放大器的增益必须尽量大，以减小后面各级放大器对系统噪声的影响。从下变频器出来的中频信号由对数放大器检测，以提高系统的动态范围。

　　大功率放大器由一个分布作用速调管和一个高电压功率源组成，放大发射脉冲功率至 2 000 W。高电压功率源为分布作用速调管提供工作电压。

　　天线子系统包括偏置卡塞格伦天线反射器和准光学传输线。偏置卡塞格伦天线反射器是一个固定的直径为 2 m 的反射器天线。该天线可提供不小于 64 dB 的天线增益，波束宽度 0.1°。低旁瓣水平是通过偏置馈源的设计来实现的，而不是应用传统的波导。应用准光学传输线可减少传输损耗。准光学传输线是基于高斯射频波束在自由空间传播的原理，由赋形金属镜来控制波束方向并实现聚焦。

　　数字子系统提供以下功能：

　　1）接收卫星命令并以正确的格式传给雷达的各部分；

　　2）将雷达获得的遥测数据数字化，并合并为科学遥测数据流；

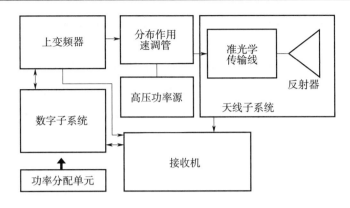

图 13-9 系统结构框图

3）数字化雷达回波，作简单的数字信号处理，并将该数据作为科学数据流的一部分传回地面；

4）产生雷达定时信号；

5）向卫星平台发送雷达监测信息。

测云雷达各部分的功率由功率分配单元提供，功率分配单元变换星上主功率源提供的电压和电流，使其输出与雷达各部分所需相匹配。

卫星/云廓线雷达（CloudSat/CPR）是一个 94 GHz 对地指向的雷达，通过测量后向散射功率，结合反演技术来得到云的相关信息。CloudSat/CPR 由美国喷气推进实验室（JPL）和加拿大航天局（CSA）共同开发。表 13-5 为 CloudSat/CPR 基本参数。

表 13-5　CloudSat/CPR 基本参数

项目	参数值
标称工作频率/GHz	94（W 频段）
灵敏度/dBz	最少可测-26，标称-28，实际可到-30
数据窗口/km	0～25
天线直径/m	1.85
天线类型	卡塞格伦天线
动态范围/dB	70
积分时间/s	0.3
垂直分辨率/m	500
地面横向分辨率/km	1.4
地面沿迹分辨率/km	2.5
数据率/（kbit/s）	25
指向	对地
PRF/Hz	6 000～7 500（可变）
脉冲宽度/μ	3.3
继承性	机载和地基 94 GHz 气象雷达
质量/kg	260
发射功率/kW	>1.5
天线旁瓣/dB	-50
功耗/W	270

CloudSat/CPR 相对传统被动测量方式的一大优势是，可以得到云的垂直结构。将主

动测云雷达（如 CloudSat/CPR）同被动测云遥感器（如中分辨率遥感卫星）结合起来，可以得到更大的综合效果。CloudSat/CPR 提供的关于云信息的产品几乎都利用了中分辨率遥感卫星（MODIS）和欧洲中期天气预报中心（ECMWF）的信息。

EarthCARE/CPR 将是第一部具有多普勒功能的星载雷达。它同 CloudSat/CPR 十分相似，其作用是得到云的垂直廓线、云的垂直运动，并向其他载荷提供信息。

13.3　地球同步轨道合成孔径雷达

13.3.1　地球同步轨道合成孔径雷达卫星研究情况

地球同步轨道合成孔径雷达（Geosynchronous Synthetic Aperture Radar，GEOSAR）是一种运行于地球同步轨道的新型微波遥感载荷，相比于低轨 SAR 卫星而言，GEOSAR 卫星的最大优点是重访时间短（重访时间最长为 24 小时）、成像观测范围大（几百千米至几千千米）。由于 GEOSAR 所具有的独特优势，其已经成为国内外研究的一个热点，但目前世界上还没有工程实施先例。

基于 GEOSAR 相比于低轨 SAR 的巨大优势，世界各国相继对其展开研究。其中，美国是最早开展 GEOSAR 研究的国家。

1978 年，K. Tomiyasu 与 NASA 合作（项目编号 NAS－2－9580），首次提出了 GEOSAR 的概念，并对 GEOSAR 进行了初始的参数分析。

1983 年，在 NASA 的资助下，K. Tomiyasu 等人又对系统参数进行了改进，在轨道倾角为 50°的地球同步轨道上对西经 97°的美国国土成像，对系统基本参数如发射平均功率、数据率等进行了较为详细的分析与讨论。

基于以上早期研究，人们已意识到相比于低轨 SAR 而言，GEOSAR 的最大优点是成像范围大、重访时间短。例如 GEOSAR 的重访时间最长为一天，而低轨 SAR 的重访时间一般为 3~10 天甚至更长。但是，GEOSAR 的合成孔径时间与所需的发射功率以及满足去模糊的天线尺寸等都比低轨 SAR 大很多，在当时的技术条件下难以实现。因此在随后的数十年间，关于 GEOSAR 的研究工作呈现停滞状态。

进入 21 世纪后，随着技术的飞速发展，关于 GEOSAR 的研究工作再次进入活跃期。在 NASA 的支持下，美国 JPL 对 GEOSAR 进行了大量的研究，在地球同步轨道系统关键技术与应用方面取得了重要的研究成果。

2001 年，JPL 提出轨道倾角为 50°~65°，覆盖南北美洲的地球同步卫星 SAR 系统概念。此系统有多种工作模式，斜视角范围－60°~60°，覆盖幅宽 1 000~5 000 km。利用此系统重访时间短（12 小时）的特点，可以进行灾害预报与环境监测。比如监测地壳的运动，其精度可达到厘米甚至亚厘米量级，还可用来监测地震、火山、飓风、火灾和洪水等自然灾害。

2003 年，JPL 又给出了全球地震卫星系统（GESS）方案，计划利用 20 年的时间发射

10 颗 GEOSAR 卫星，形成对全球不间断的覆盖能力，实现差分干涉 SAR，对全球地壳形变观测能力将起到显著提升。方案采用 L 频段 30 m 直径大天线，60 kW 的峰值发射功率，10~80 MHz 的可变带宽，能够保证对于紧急事件在平均 10 min 内获得 20 m 分辨率的图像，期望在 24~36 小时内得到毫米量级的三维形变测量精度。

2005 年，JPL 又以干涉 SAR 典型应用为基础，对 GEOSAR 系统进行了分析论证，给出了和低轨 SAR 相比 GEOSAR 的优缺点（表 13-6）。

表 13-6　美国 JPL 实验室对低轨 SAR 与 GEOSAR 的对比分析

项目	低轨 SAR	GEOSAR
轨道高度	800 km	35 800 km
幅宽	350 km	7 000 km
重访时间	8 天	1 天
分辨率	30 m	30 m
能力	断裂带动力学建模	地震预报、灾害响应

此外，JPL 受邀于 2005 年 IEEE 雷达年会上对 GEOSAR 的研究成果进行了系统阐述与强调，并指出大天线技术是 GEOSAR 实现中的核心技术。

2006 年，俄罗斯的 I. G. Osipov 等人提出了使用核燃料作为能源的 GEOSAR 系统。

基于 GEOSAR 的重大发展前景，越来越多的科研机构投入到 GEOSAR 的研究中，其中 Cranfield 大学的 S. E. Hobbs，D. Bruno 等人对 GEOSAR 展开了系统性研究，并取得一系列研究成果。

2006 年，相关文献系统地研究了 GEOSAR 的概念设计、性能以及应用前景。详细分析了 GEOSAR 的覆盖特性、轨道特性及在干涉、土壤湿度检测方面的应用。

2009 年，相关文献研究了空气中的水蒸气对 GEOSAR 系统设计的影响，指出 Ku 频段的 GEOSAR 系统可以每隔 5 min 以接近 300 m 的分辨率对 6 000 km² 区域的水蒸气情况进行监测。

2010 年，相关文献提出影响 GEOSAR 成像的三个至关重要因素：地球潮汐、对流层与电离层扰动问题，并指出电离层扰动是 GEOSAR 成像中的主要问题，提出使用自聚焦算法可以较好地解决电离层扰动问题。

2011 年，相关文献研究了 GEOSAR 的运动补偿问题，地球曲率问题和对流层延迟问题，对于运动补偿问题可以使用子孔径成像来缓解运动补偿的影响；对于地球曲率问题，可以通过计算成像区域散射的高度差来解决；对于对流层延迟问题，可以通过估计和移动每一个子图像的相位误差来解决。此外，还讨论了采用 Ku 频段的 GEOSAR 系统。

2013 年，英国工程技术学会（Institution of Engineering and Technology，IET）国际雷达会议设置了 GEOSAR 专场，会上就电离层对 GEOSAR 成像的影响展开了讨论。

GEOSAR 卫星具有全天候、全天时的观测能力，其动态性强、覆盖面积大、时间分辨率高。可以看出，对于常见的多种灾害，基本都可以通过 GEOSAR 卫星来实现预测预警、灾害防御、应急救援和次生、衍生灾害监测。其中，GEOSAR 卫星对地震、洪涝、干旱和地质等四种灾害在灾前、灾中和灾后的检测、评估都有显著的效果。除了常见的灾害，GEOSAR卫星对火山灾害监测、高铁形变监测、海冰与极地冰监测、陆地冰雪覆盖研究和海洋应用等领域也都能起到相应的作用。

13.3.2　GEOSAR特点、难点

（1）机理、轨道特点

为了实现合成孔径成像，要求SAR卫星与地表的观测目标之间存在相对运动，因此GEOSAR的轨道不能是静止轨道。GEOSAR是通过一定的轨道设计来实现卫星与观测场景之间的相对运动的。通过设计轨道倾角和偏心率GEOSAR即可获取所需的相对速度。

GEOSAR卫星特殊的轨道设计在使其获得独特优势的同时，也使得GEOSAR存在不同于低轨SAR的问题，如作用距离远需要大型空间可展开天线和上万瓦的大发射功率，长合成孔径时间且全轨变化、曲线运动轨迹、卫星速度低且变化范围大、大气传输过程影响大等都会对最终的成像造成影响。通过轨道参数的合理设计，一颗地球同步轨道合成孔径雷达卫星就可以保证对关注区域的准实时观测和大幅宽成像。

（2）SAR卫星系统设计

星地一体化指标作为影响图像质量等与用户应用直接相关的技术指标，是由天地各系统（包括卫星系统、地面接收系统、地面处理系统等）相关指标所决定和影响的。对影响星地一体化图像质量指标的因素进行分析，可以有针对性的进行系统设计，达到SAR卫星图像质量的目的。

GEOSAR卫星系统性能的关键是成像质量指标，影响图像质量的因素大多是由天线的误差引起。系统通过多种方式对天线产生影响，如太阳翼转动造成的遮挡影响、卫星结构的热变形导致天线基准发生变化等。由此看来，仅做好天线的设计并不能完全提高系统的性能，需要从系统的角度出发开展系统机电热一体化设计。

GEOSAR卫星成像幅宽大，对载荷设计提出了很高要求，由此带来的高功耗，重承载能力等需求，要求卫星平台具备相应的能力，因此需针对载荷要求，平台能力进行卫星系统综合设计。

卫星工程化实现也是卫星研制难点，从顶层设计、卫星研制、试验验证、工艺保证、发射到地面接收处理、应用等各个环节都与以往卫星有很大不同。

（3）载荷技术

1）GEOSAR系统特殊性研究。由于卫星运行轨道高，相对运动速度和轨迹等条件已不同于低轨道SAR情况，需要针对GEOSAR系统有别于低轨道SAR的特殊性进行分析和研究，例如：GEOSAR长合成孔径时间要求超高稳定的频率源，大发射功率需要大功率合成等。

2）GEOSAR系统参数设计。GEOSAR运行轨道高，卫星运行速度与雷达波束足迹运动速度差别大，相对运动速度低而且不断变化，相对运动轨迹为曲线，雷达系统参数需要合理设计才能满足成像要求。

3）大型可展开的环形桁架式网状抛物面天线技术。

4）天线结构、机构、高精度指向控制与保证。

5）大功率空间合成与发射技术。

（4）平台技术

①多体大挠性高精度、高稳定度姿态控制技术

卫星带有大型的太阳帆板和大型 SAR 天线，整星挠性特性突出，挠性振动对卫星的姿态稳定度影响较大，为满足有效载荷成像的要求，控制分系统必须达到高精度姿态确定性能、高稳定度姿态控制性能。

在卫星平台高精度高稳定度姿态控制方面，实现高精度高稳定度姿态控制主要困难是：控制精度受姿态确定精度的制约，控制系统所需的动力学模型难以精确建立，挠性模态与液体晃动参数存在不确定性，控制基准与有效载荷基准的不一致性以及平台姿态高稳定度控制与挠性振动的矛盾等。

②高热流散热技术

GEOSAR 天线工作热耗大、连续工作时间长，为散热带来巨大困难。SAR 天线的工作原理决定了其大部分功耗转换为热量，如卫星 SAR 载荷工作时整个载荷设备的热耗达到千瓦级。另外 GEOSAR 载荷要求连续工作时间远大于低轨卫星同类载荷，如 LEOSAR 载荷在一个轨道周期内最多工作仅 15 min，其余时间均待机或断电关机。而 GEOSAR 卫星的总体设计指标要求 SAR 天线在轨连续工作最多高达数小时，由此带来其长时间连续大热耗的模式工作，使依靠天线及载荷设备的热容来容纳短期大热耗的思路成为不可能，对天线的热量收集、输送和排散带来极大挑战。

此外，SAR 天线载荷对温度一致性的要求高。为保证天线的成像精度，必须对天线阵面的热变形进行严格控制，由此带来对天线阵面结构、天线展开锁定机构温度一致性提出很高要求。而 SAR 天线结构及其展开机构往往具有十几米甚至几十米的跨度，且由数块子阵组成，要保证其整个阵面的温度均匀性，难度非常大。

（5）曲线运动轨迹的 SAR 信号处理技术

GEOSAR 成像及干涉技术包括 GEOSAR 成像处理技术和 INSAR 测高处理技术以及 D－INSAR 测量形变技术。成像算法具体包括：曲线运动轨迹的 SAR 成像算法、长合成孔径时间大气扰动误差及平台摄动误差补偿技术、SAR 图像几何形变校正和拼接技术等。另外，为了实现 GEOSAR 上的干涉测高技术以及差分干涉测量形变技术，还需要对 GEOSAR 高保相性成像算法、大气传播延迟误差估计及校正算法、融合 DEM 及 GPS 信息的地球同步轨道差分干涉 SAR 形变检测技术、基于永久散射体/相干点目标信息的 GEOSAR 形变检测技术进行研究，具有较大的技术难度。

GEOSAR 卫星，受观测区域的需求，其离心率的设计远大于低轨 SAR，椭圆轨道效应明显，同时地球自转效应也明显，两者的综合作用使得 GEOSAR 系统中的卫星相对速度变化明显。变化的相对速度使得 GEOSAR 成像处理难度增加。

13.3.3　GEOSAR 影响图像质量因素分析

影响 GEOSAR 成像因素很多，很多因素与低轨 SAR 相似，下面仅对传输路径、卫星姿态等方面进行分析。

（1）电离层对 GEOSAR 成像的影响分析

对于 GEOSAR 来说，由于其轨道高度非常高，卫星速度又小于低轨 SAR，因此其合成孔径时间和合成孔径长度都远大于低轨 SAR。中等分辨率的 GEOSAR 合成孔径时间达到数百秒，合成孔径长度达到数百千米。因此，合成孔径时间内的外部环境变化难以忽略。可以看出，GEOSAR 合成孔径长度在电离层上投影长度达数十千米，测绘带宽在电离层上的投影长度达数百千米。而由于电离层分布的复杂性，电离层在不同纬度不同时间的电子总量总是在变化的，这意味着电离层在 GEOSAR 的合成孔径时间内和测绘带内的变化是不可忽略的。

由于 GEOSAR 的轨道在电离层之外，因此 GEOSAR 的信号需要两次穿过电离层，而且 GEOSAR 观测的中低纬地区是电离层变化频发地区，所以 GEOSAR 成像将面临复杂的电离层效应。许正文研究表明电离层对 GEOSAR 成像的影响主要体现为两类效应。

第一是与电离层电子总量（TEC）相关的积分效应，比如群时延、色散和 Faraday 旋转等，它们都依赖于传播路径上的 TEC，与背景电离层和很大尺度的电子密度结构相关。

第二是电离层闪烁效应。电离层可以导致低频段 SAR 信号的振幅、相位、到达角、极化状态和到达时间等起伏。电离层闪烁对星载 SAR 的性能极具威胁，尤其低频段和低仰角情况，电离层闪烁会带来严重损耗和降低雷达信号的空间和时间相干性，目前对这类效应无有效的解决途径。

下面拟从三个方面分析电离层 TEC 相关的积分效应：积分效应对 GEOSAR 单个脉冲信号的影响以及积分效应对 GEOSAR 距离向图像的影响以及积分效应对 GEOSAR 方位向合成孔径的影响。

①电离层折射率模型

电磁波信号穿越电离层的过程受到电离层带来的折射和衰减。通过对电离层折射率分析就可以进一步分析由此带来的 GEOSAR 信号的变化。因此首先对电离层折射率模型进行简单描述。

电离层对电磁波频率的影响可以用 Appleton 公式来描述，该公式从麦克斯韦方程推导而来，使用了很少的假设。精确的 Appleton 公式可以用下面的公式来近似

$$n \approx 1 - \frac{1}{2} X [1 \mp Y \cos \theta_B] - \frac{1}{8} X^2 + \cdots \qquad (13-13)$$

式中　　n——折射率；

$$X = \frac{f_N^2}{f^2} = \frac{N_e r_e c^2}{\pi f^2} ;$$

$$Y = \frac{f_H}{f} = \frac{e B_m}{2 \pi m f} ;$$

f_N——等离子频率；

N_e——每立方米自由电子数；

c——光速；

r_e——电子半径；

$m = 9.109\ 389\ 7 \times 10^{-31}\ \text{kg}$ 为电子的质量；

$e = 1.602\ 177\ 33 \times 10^{-12}\ \text{C}$ 为电荷量；

f_H——电子回转频率；

B_m——磁场；

θ_B——波法向与磁场夹角。

②电离层对相位的影响

电磁波在电离层中传播带来传播路径长度变化，主要由式 13-13 中的 X 决定，可以通过沿着传播路径对 N_e 进行积分获得

$$\Delta l_p = \int_s (n-1)\mathrm{d}l = -\int_s \Delta n \mathrm{d}l = -\frac{b}{\omega^2} \cdot \text{TEC} \tag{13-14}$$

式中　ω——角频率；

　　　TEC——路径 s 上的电子总量

$$b = \frac{e^2}{2\varepsilon_0 m} = 1.591 \times 10^3\ \text{m}^3/\text{s}^2 \tag{13-15}$$

式中　$\varepsilon_0 = 8.854\ 187\ 881\ 8 \times 10^{-12}\ \text{F/m}$ 是自由空间的介电常数。

因此，相应的由于路径长度变化引起的相位超前为

$$\Delta\phi = \frac{2\pi}{\lambda} \cdot |\Delta l_p| = \frac{b}{c\omega}\text{TEC} = \frac{8.44 \times 10^{-7}}{f}\text{TEC} \tag{13-16}$$

由于传播路径是双程的，相位的变化也是两倍，并且相位的变化可以在发射中心频率处进行泰勒展开为频率的多项式为

$$\phi(f) = 2\Delta\varphi(f) \approx -1.688 \times 10^{-6}\text{TEC}\left(\frac{1}{f_0} - \frac{f-f_0}{f_0^2} + \frac{(f-f_0)^2}{f_0^3} + \cdots\right)$$
$$= \varphi_0 + \alpha_r(f-f_0) + \beta_r(f-f_0)^2 \tag{13-17}$$

式（13-17）就表明了电离层效应对于 GEOSAR 信号的影响，其中，φ_0 在单个脉冲期间不发生变化，$\alpha_r(f-f_0)$ 对距离向聚焦结果产生一个移位，$\beta_r(f-f_0)^2$ 造成距离向的调频斜率发生变化，对距离向聚焦会产生影响。因此，为了消除电离层对单个脉冲的影响，需要满足 $\max(\beta_r(f-f_0)^2) < \frac{\pi}{4}$，可采用自聚焦方法消除。

③Faraday 旋转

当电波通过电离层的时候，线极化波受到地磁场和等离子介质各向异性的影响，被分解为波矢量与相速不相同的寻常波（O 波）和非寻常波（X 波），因两波的相位与幅度变化不一致而引起传播过程中合成波极化方向的偏转，并随电离层的变化而变化，就是法拉第旋转效应。

　　法拉第旋转将改变雷达信号的极化，使线极化的接收信号幅度发生衰落。对于利用极化信息提取和探测目标的雷达来说，通常要得到完全的散射矩阵。而法拉第旋转将破坏信号相位相干性、改变散射矩阵，从而影响雷达极化测量性能。通常单程传播的极化旋转角为

$$\Omega = \frac{\pi}{\lambda} \int_s (n_+ - n_-) \mathrm{d}l = \frac{b}{\omega^2} \cdot \frac{1}{c} \int_s N\omega_L \mathrm{d}l \tag{13-18}$$

式中　λ——信号波长；

　　　n_+——寻常波；

　　　n_-——非寻常波。

$\omega_L = \omega_H \cos\theta$，$\omega_H = eB_0/m$ 为电子回旋角频率，e 为电子电荷，m 为电子质量，c 为光速，B_0 为地磁场磁感应强度，θ 为波法向和地磁场夹角。

　　近似情况下，可以将传播路径上的地磁场视为一个平均值 $\overline{B}$，一般取平均值 0.5×10^{-4} T，那么双程 Faraday 旋转角可以表示为

$$\Omega = \frac{be\overline{B}}{cm\omega^2} \cdot \mathrm{TEC} = 4.72 \times 10^4 \frac{\overline{B}}{f^2} \mathrm{TEC} \tag{13-19}$$

　　可采用先估计 Faraday 旋转角，再将极化散射矩阵乘以补偿矩阵的补偿方法进行补偿。

　　④对距离向成像的影响

　　GEOSAR 的观测带宽度在电离层上的投影长度长达数百千米，在如此大的尺度上，电离层的 TEC 是存在着变化的，下面主要考察这种距离向的 TEC 变化对图像的位移影响，由式（13-20）可知，电离层带来的距离向图像位移可以表示为

$$\begin{aligned} r_b &= \frac{1.688 \times 10^{-6} \mathrm{TEC}}{2\pi f_0^2} \frac{c}{2} \\ &= \frac{40.298\mathrm{TEC}}{f_0^2} \end{aligned} \tag{13-20}$$

　　电离层的 TEC 沿着距离向的变化会导致不同的目标在图像上的位移不同，从而使得图像产生畸变，图像的畸变量可以用式（13-21）进行表述

$$\Delta r_b = = \frac{40.298}{f_0^2} \frac{\partial \mathrm{TEC}}{\partial R} \tag{13-21}$$

　　随着频率的降低和 TEC 变化的加剧，畸变量都变大。对于 L 频段，假如需要达到中等分辨率的话，需要满足图像的畸变量小于半个分辨单元，相应 TEC 变化量小于 10 TECU[①]。因为 GEOSAR 观测场景非常宽，而 TEC 在不同纬度的变化巨大，因此，可采用划分子场景的办法降低 TEC 变化带来的影响。子场景的划分原则是保证子场景内的 TEC 变化导致的图像畸变小于半个分辨单元。然后在子场景拼接之前，通过在距离向频域相位相乘将不同子场景的图像位移进行补偿。

---

　　① 　1 TECU$=1 \times 10^{16}$ e/m^2，是表示无线接收方向的电子积分总含量，TECU 是单位表示。

⑤对方位向成像的影响

GEOSAR 的合成孔径时间很长，达到了数十秒甚至上百秒，相应的合成孔径长度达到上百千米，而合成孔径长度在电离层的投影长度也达到了数十千米。因此在一个合成孔径时间之内，电离层可能会产生很大变化，由此会导致 GEOSAR 信号的多普勒中心频率和多普勒调频斜率发生变化，从而导致方位向聚焦变差。

在方位向成像处理时，划分子孔径进行处理，以降低 GEOSAR 长孔径带来的电离层变化的影响。在每个子孔径拟采用杂波锁定算法对 GEOSAR 回波信号的 f_{dc} 进行估计，采用自聚焦算法对 f_{dr} 进行估计，补偿电离层随着时间变化引起的 GEOSAR 信号多普勒特性变化。

图 13-10 以点阵目标为例，分析电离层对 GEOSAR 影响的成像结果，从图中可见，电离层会使图像散焦。

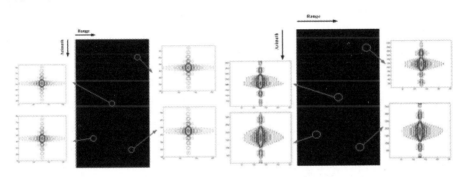

(a) 无电离层影响下 GEOSAR 成像结果　　　(b) 有电离层影响下 GEOSAR 成像结果

图 13-10　电离层影响仿真分析

（2）姿态导引

①偏航影响分析

从图 13-11 看出，地球自转和椭圆轨道对 GEOSAR 偏航的影响主要表现在：当下视角相同，卫星位于高纬度地区时，受地球自转影响较小；位于低纬度地区时，受地球自转和椭圆轨道影响较大。即在近地点或远地点时，距离徙动和多普勒中心频率都较小；在赤道地区时，距离徙动和多普勒中心频率都较大。

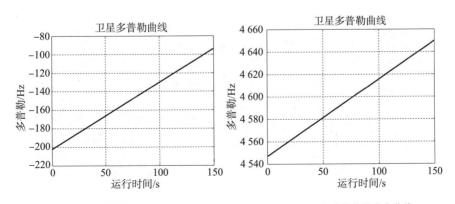

(a) 近地点多普勒变化曲线　　　　　　　　(b) 赤道多普勒变化曲线

图 13-11　GEOSAR 多普勒变化曲线

②二维姿态导引角

要使得多普勒中心频率为零，偏航角和俯仰角的表达式如式（13-22）和式（13-23）所示。

$$\theta_{\mathrm{yaw}} = \arctan\left(\frac{w_e\sin\alpha_i\cos\alpha}{\alpha - w_e\cos\alpha_i}\right) \tag{13-22}$$

$$\theta_{\mathrm{pitch}} =- \arctan\left[k\,\frac{v_s/R_s}{\sqrt{(w_e\sin\alpha_i\cos\alpha)^2 + (\alpha - w_e\cos\alpha_i)^2}}\right] \tag{13-23}$$

其中，$k = \mathrm{sgn}(\alpha - w_e\cos\alpha_i) = \begin{cases} 1 & \alpha - w_e\cos\alpha_i > 0 \\ 0 & \alpha - w_e\cos\alpha_i = 0 \\ -1 & \alpha - w_e\cos\alpha_i < 0 \end{cases}$，$w_e$ 为沿地球自转轴指向北极方向

的地球角速度，α_i 为轨道倾角，α 为纬度辐角，v_s 为卫星的速度，R_s 为卫星的位置。

③二维姿态导引方法

从上面的分析和计算结果，可以归纳出三种姿态导引方法。

如果天线偏航向和俯仰向都有相位扫描能力，那么可以通过相位的改变来实现波束扫描，在卫星轨道的任意位置都可以达到偏航控制的目的，即使在情况最严重的赤道上空，也可以满足要求，使得多普勒中心频率为零。由于波束指向角度的解析解较为复杂，可以通过数字搜索的方法获得，对于卫星在轨道每个位置需要的波束指向角度（为达到偏航控制目的），或者说对于特定照射区域的成像其最优卫星位置的确定，可以事先通过数字搜索的方法计算好，然后通过查表的方式获取。

如果天线的二维扫描能力受限，则可以先通过相位扫描来实现一维偏航控制，残留的多普勒中心用适当的成像算法来克服。这样在二维受限的扫描能力下，也能够满足成像的要求，达到偏航控制的目的，并且实现的方法与上面的类似，通过数字搜索和查表相结合的方法。

在没有进行偏航控制的情况下，可以通过选择成像算法来完全克服大的距离徙动进行成像，比如时域类成像算法，如 BP 算法。对于 BP 算法，没有偏航控制，从成像的角度来看，可以适用于不同分辨率的成像，需要付出的代价就是呈几何级数地增加运算量。

图 13-2 是无偏航控制和有偏航控制的成像结果对比，可以看出，无偏航控制时图像是散焦的，有偏航控制时目标被很好地聚焦。

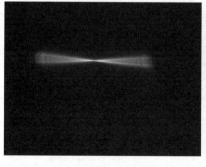

（a）无偏航控制　　　　　　　　　（b）有偏航控制

图 13-12　无偏航控制和有偏航控制的成像结果对比

（3）高精度波束指向

GEOSAR 通过对距离向和方位向上的线性调频信号进行匹配滤波来实现脉冲压缩，以获得两维高分辨率成像。在电磁波的传播过程中，由于存在误差，导致距离向接收到的和方位向形成的线性调频信号在幅度上和相位上都存在一定程度的畸变。根据成对回波理论，畸变的线性调频信号经过理想的匹配滤波器产生畸变的压缩波形，影响成像质量。

① 波束指向误差分析

通常利用偏航角、俯仰角和滚动角来表述姿态，但为了对图像质量的定量分析，通常使用方位向与距离向对图像质量参数进行表述。故而，姿态误差通常使用三轴误差进行表征，并在进行图像质量分析时转换到方位向与距离向。

姿态误差同天线波束误差角度之间存在固定的函数关系，在正侧视条件下，有如下关系

$$\begin{cases} \Delta\gamma \approx -\theta_r \\ \Delta\theta \approx \sin(\gamma) \cdot \theta_y + \cos(\gamma) \cdot \theta_p \end{cases} \qquad (13-24)$$

式中　θ_y——偏航向误差角；

　　　θ_p——俯仰向误差角；

　　　θ_r——滚动向误差角；

　　　γ——下视角；

　　　θ——斜视角；

　　　$\Delta\gamma$——距离向误差角；

　　　$\Delta\theta$——方位向误差角。

根据以上近似关系可知，影响方位向姿态的主要是偏航、俯仰向姿态误差；影响距离向姿态的主要为滚动向误差。

② 波束指向误差的影响

按照误差变化的规律划分，有确知性误差和随机性误差两种。确知性是指误差变化规律是确知函数；而随机性误差则指相位误差变化为随机函数。在确知性误差中又可分周期性误差和非周期性误差两种。周期性误差随时间成周期性变化。非周期误差大致可分成一次误差（误差与时间成正比）、二次误差（误差与时间的平方成正比）和高次误差等。图13-13 给出了不同阶次误差对脉冲压缩的影响，可以看出误差使得主瓣展宽，旁瓣升高。表 13-7 列出了各种误差对脉冲压缩的影响，其中 w_m 为波动角频率，T 为合成孔径时间。

表 13-7　各种误差对脉冲压缩的影响

误差分类		误差对脉冲压缩的影响
幅度误差	$w_m > \dfrac{2\pi}{T}$	成对回波位于主波形之外，以旁瓣的形式存在，如果此时成对回波幅度较大，则脉冲压缩波形会出现三个峰值
	$w_m < \dfrac{2\pi}{T}$	成对回波位于主波形之内，会影响主波的幅度和宽度，幅度增加，主瓣展宽

续表

误差分类		误差对脉冲压缩的影响
周期性相位误差	$w_m > \dfrac{2\pi}{T}$	造成虚假目标，积分旁瓣比下降
	$w_m < \dfrac{2\pi}{T}$	造成主瓣的展宽，分辨率下降
非周期性相位误差	1 次相位误差	影响冲激响应的位置，使主瓣偏移，但不影响其形状，因此不影响图像聚焦，但会带来畸变
	2 次相位误差	主瓣展宽，分辨率下降
	3 次相位误差	产生非对称性畸变，旁瓣电平升高
	4 次相位误差	旁瓣电平升高

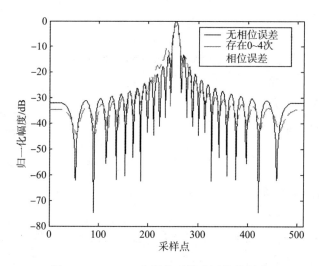

图 13 - 13　0～4 次误差对脉冲压缩的影响

③高精度波束指向保持方法

为了保持波束的高精度指向，需要提高姿态稳定性、降低结构振动和保证天线形面精度，这和姿态控制、热控和振动抑制系统的性能密切相关，可以采用下面三种方法来提高波束指向精度。

1）在卫星和天线结构之间设置隔振/减振装置，形成低通机械滤波器，隔离或抑制卫星本体高频结构振动和姿态抖动到天线的传递。

2）在天线结构上采取主动与被动一体化振动控制措施，并将主被动一体化振动控制作动器同时作为热变形控制作动器使用，即将天线结构的形变视为零频结构振动来进行控制，采用多功能作动器。

3）根据异位控制的控制系统性能需要设定隔振/减振装置的阻尼器参数，采用姿态控制系统与结构振动控制的一体化设计策略，设计以控制天线姿态为目标的姿态控制的自鲁棒稳定性控制器。

13.4　干涉合成孔径雷达

13.4.1　干涉合成孔径雷达技术研究情况

干涉合成孔径雷达（INSAR）技术是 SAR 应用领域的重要发展方向之一，与地面动目标指示（Ground Motive Target Indication，GMTI）技术、多频技术、高分辨率技术、宽幅技术、多成像模式技术、多极化技术等一样是未来 SAR 发展重点，以下简单介绍其技术特点。

合成孔径雷达干涉测量是在传统 SAR 的基础上，两副天线以不同角度对同一地面目标进行两次成像，形成复图像对，通过干涉处理得到两幅复图像的相位差，从中提取地球表面三维信息或地物变化信息的一种先进的遥感信息获取技术。干涉 SAR 卫星系统与光学遥感卫星相比不受光照和云层的影响，数据处理速度更快，能快速覆盖地球的广大区域。

美国航天飞机地形探测雷达（SRTM）项目使用双天线干涉 SAR 体制，在 2000 年实现了绝对高程精度 16m 的高程测量。美国首次利用航天飞机干涉雷达系统，仅用不到 10 天的时间就成功地获取了全球 80％陆地区域的高分辨率数字高程模型（DEM）数据，而利用常规技术要得到相当的数据，则需数十年的时间。就测绘本身来讲，此次航天测绘在技术上取得了跨越式的进步，并将从根本上改变传统的测绘手段。同时由于 DEM 数据在各个领域具有广泛而重要的应用价值，因此，该计划的顺利实施对整个国际社会地理空间信息发展战略将产生深远的影响。

2010 年德国基于双星 TanDEM－X 编队的干涉 SAR 系统高程测量精度进一步提高，采用了复杂的时间、空间、频率同步技术、轨道控制技术和数据处理技术，全轨段基线可变，可提供不同精度的干涉数据，标称精度预计在 2 m。

近来发射或计划中的星载 SAR 系统都考虑了 INSAR 的能力，如欧空局的 ENVI-SAT、日本 JAXA 的 ALOS PALSAR 和加拿大的 RADARSAT －2 等，其 RADARSAT －1 与 RADARSAT－2 构成 TanDEM 星对。由于普通 SAR 成像存在一个明显问题是对所有地物目标只能产生二维雷达图像，INSAR 技术解决了 SAR 对地物第三维信息（高程或形变信息）的提取。目前 INSAR 有以下 3 种形式：1）单通道干涉，将两副天线安装在同一个飞行平台上，在一次飞行中完成干涉测量，称为空间基线方式；2）双通道干涉，属于单天线结构，分时进行 2 次测量，要求两次轨道相互平行，称为时间基线方式；3）差分干涉，在航迹正交向安装双天线的单通道干涉与第 3 个测量相结合，能够测量微小起伏或位移的干涉。

利用星载干涉 SAR 技术进行高程测量主要有三种方式，重复轨道 INSAR，即 SAR 卫星以相同或相近且平行轨道在不同时间对同一区域多次成像；编队飞行 INSAR，多颗 SAR 卫星通过特殊的构型编队设计，同时对同一区域成像；单航过双天线 INSAR，单颗卫星承载两副天线以相近的视角同时对同一区域成像。这三种方式的基本原理相同，通过从相近的视角两次（不同时刻或同一时刻）对地面同一目标区域成像，利用两副图像的干涉相位、再结合成像几何参数计算出目标地形的高度。

基于星载双天线的 INSAR 测量体制和基于双星 TanDEM 编队的 INSAR 测量体制在系统设计和信号处理这两个方面都存在一些不同，总体来说采用双星 TanDEM 编队的 IN-SAR 测量体制在系统设计、卫星姿态和轨道控制以及信号处理方面都要比星载双天线 IN-SAR 测量体制复杂。但前者可以实现较高的精度，系统基线灵活，效率较低；后者测高精度稍弱，但基线固定，效率很高。虽然星载双天线 INSAR 系统相比于双星编队 INSAR 系统存在很多优势，但是它本身也存在一些限制因素，这些因素包括系统载荷、卫星姿态控制、系统功耗及数据存储问题等。表 13 - 8 给出了两者的主要区别。

表 13 - 8　星载双天线的 INSAR 测量体制和基于双星 TanDEM 编队的 INSAR 测量体制比对

干涉方式	优点	缺点	典型系统
单平台双天线干涉	同时获取； 测高效率高； 测高精度恒定	测高精度有限； 系统实现困难； 成本高	美国航天飞机地形探测雷达（SRTM）
编队干涉	同时获取； 测高效率高； 测高精度高	需要多颗卫星； 星座构型复杂； 信号处理复杂	TerraSAR/TanDEM－X

13.4.2　INSAR 原理与精度分析

图 13 - 14 给出了星载干涉几何示意图，其中 S_1 表示天线 1，S_2 表示天线 2，B 为两个天线间基线长度，α 为基线倾角，θ 为天线 1 下视角，r_1 和 r_2 分别为两个接收天线相位中心到目标点的斜距，R_e 为地球半径，H_s 为卫星平台高度，h 为目标点的高程值，即待求量。目标点高程可通过以下两式计算得到

$$\phi = -\frac{2\pi}{\lambda}B\sin(\theta - \alpha) \tag{13 - 25}$$

$$\cos\theta = \frac{(H_s + R_e)^2 + r_1^2 - (h + R_e)^2}{2r_1(H_s + R_e)}$$

式中　ϕ——干涉相位差；

　　　λ——波长。

又可写为

$$h = \sqrt{(H_s + R_e)^2 + r_1^2 - 2r_1(H_s + R_e)\cos\theta} - R_e \tag{13 - 26}$$

干涉 SAR 的高程误差受多个因素的影响：这里主要分析基线长度测量误差 ΔB、基线倾角测量误差 $\Delta\alpha$、干涉相位误差 $\Delta\phi$ 三个因素引起的高程误差，其中 ΔB 引起的高程误差

$$\Delta h_B(h,\theta) = \frac{r_1(H_5 + R_e)\sin\theta\tan(\theta - \alpha)}{(h + R_e)B}\Delta B \tag{13 - 27}$$

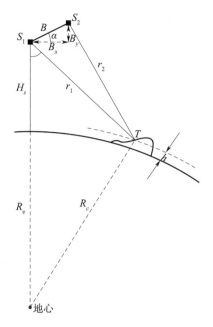

图 13 - 14　高程信息示意图

$\Delta\alpha$ 引起的高程测量误差

$$\Delta h_a(h,\theta) = \frac{r_1(H_s + R_e)\sin\theta}{h + R_e}\Delta\alpha \tag{13-28}$$

$\Delta\phi$ 引起的高程测量误差

$$\Delta h_\phi(h,\theta) = \frac{\lambda r_1(H_s + R_e)\sin\theta}{2\pi(h + R_e)B\cos(\theta - \alpha)}\Delta\varphi \tag{13-29}$$

在不考虑姿态测量误差、定轨误差等其他因素影响的情况下，基线长度测量误差 ΔB、基线倾角测量误差 $\Delta\alpha$、干涉相位误差 $\Delta\phi$ 三个因素引起的总的高程误差的表达式为

$$\Delta H = \sqrt{\Delta h_B^2 + \Delta h_\phi^2 + \Delta h_\alpha^2} \tag{13-30}$$

垂直航向基线是实现干涉处理的基础。垂直航向基线越长，基线误差引起的绝对和相对高程误差就越小。根据式可得因基线长度误差引起的相对测高误差为

$$\Delta h_B^{rel}(\Delta h, \Delta\theta) = \Delta h_B(h + \Delta h, \theta + \Delta\theta) - \Delta h_B(h,\theta) \tag{13-31}$$

式中　$\Delta\theta$——测绘带宽内最大下视角变化值；

　　　Δh——目标高程变化值。

根据式可得因基线倾角误差引起的相对测高误差为

$$\Delta h_\alpha^{rel}(\Delta h, \Delta\theta) = \Delta h_\alpha(h + \Delta h, \theta + \Delta\theta) - \Delta h_\alpha(h,\theta) \tag{13-32}$$

式中　$\Delta\theta$——测绘带宽内最大下视角变化值；

　　　Δh——目标高程变化值。

在 INSAR 数据处理中，用于干涉处理的 SAR 图像对之间的相干性直接决定了干涉相位误差。干涉相位误差的概率密度函数为

$$p_{\varphi}(\varphi)=\frac{\Gamma\left(L+\frac{1}{2}\right)(1-\mid\gamma\mid^2)^L\gamma\cos\varphi}{2\sqrt{\pi}\Gamma(L)(1-\gamma^2\cos^2\varphi)^{L+1/2}}+\frac{(1-\mid\gamma\mid^2)^L}{2\pi}F\left(L,1;\frac{1}{2};\gamma^2\cos^2\varphi\right)$$

$$(13-33)$$

式中　L——视数；

　　　γ——相干系数；

　　　Γ——gamma 函数；

　　　F——高斯超几何函数，其定义式为

$$F(a,b;c;x)=\sum_{m=0}^{\infty}\frac{(a,m)(b,m)}{(c,m)}\frac{x^m}{m!} \qquad (13-34)$$

　　其中，$(a,0)=1$，$(a,m)=a(a+1)\cdots(a+m-1)$，$m$ 为整数。由此可得干涉相位误差的标准差为

$$\sigma_{\varphi}=\sqrt{\int_{-\pi}^{\pi}\varphi^2 p_{\varphi}(\varphi)\cdot d\varphi} \qquad (13-35)$$

　　影响相干系数 γ 的因素很多，总的来说星载干涉处理去相干源可以分为几类，如图 13-15 所示。

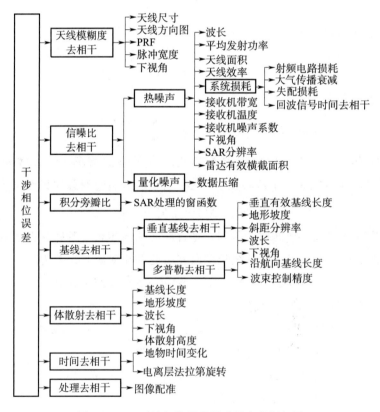

图 13-15　干涉相位误差影响因素分析框图

　　信噪比去相干 γ_{SNR}，天线模糊度去相干 γ_{Amb}，积分旁瓣比去相干 γ_{ISLR}，空间基线去

相干 γ_B ，体散射去相干 γ_{vol} ，时间去相干 γ_{temp} 和处理去相干 γ_{proc} 。最后，总的相干系数可表示为

$$\gamma_{\text{tol}} = \gamma_{\text{SNR}} \cdot \gamma_{\text{Amb}} \cdot \gamma_{\text{ISLR}} \cdot \gamma_B \cdot \gamma_{\text{vol}} \cdot \gamma_{\text{temp}} \cdot \gamma_{\text{proc}} \tag{13-36}$$

13.4.3　差分干涉测量

在干涉测量基础上发展了差分干涉测量，干涉相位反映了地形高度信息，不同时刻获取的干涉相位反映了不同时刻的地形高度信息。当地表发生形变，两个不同时刻获取的干涉相位之差将反映期间地表高度的变化信息，这就是差分干涉。差分干涉测量广泛应用于地表沉降、火山、滑坡、冰山、断层、和地震等地质灾害监测及城市地下工程、线性工程、建筑物等城市建设方面。

如图 13-16 所示，A1、A2 是卫星两次经过同一地区成像的位置。在地表发生形变前，A1 获得第一幅 SAR 图像，由观测点返回的信号为

$$s_1(R_1) = |s_1(R_1)| \exp\left(-\frac{4\pi}{\lambda}R_1\right) \tag{13-37}$$

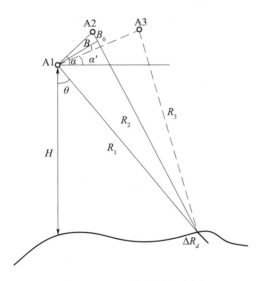

图 13-16　差分干涉示意图

在地形发生形变后，A2 获得第二幅 SAR 图像，此时观测点返回的信号为

$$s_2(R_2) = |s_2(R_2)| \exp\left[-\frac{4\pi}{\lambda}(R_2 + \Delta R_d)\right] \tag{13-38}$$

式中　ΔR_d——视线向形变量。

A1、A2 获得的两幅 SAR 图像所形成的干涉纹图的相位既包含了区域的地形信息，又包含了观测期间地表的形变信息

$$\phi \approx -\frac{4\pi}{\lambda}B\sin(\theta - \alpha) - \frac{4\pi}{\lambda}\Delta R_d \tag{13-39}$$

可见，为了获得地形形变，必须消除地形的高度信息。从上式可以看出，如果卫星两次经过同一地区的位置相同，即基线为 0 时，差分相位将与地形无关，仅仅反映了地表形

变信息，但工程中难以实现。

目前，差分干涉主要有两种方法：两轨法和三轨法。

两轨法：需借助外部数字高程模型。卫星重复飞行两次，获取同一地区的两幅图像形成一个干涉图像对，从中提取出的干涉相位图包含了地表高程信息和地表形变信息，根据已有的数字高程模型反演地形相位，并从干涉相位中去除，就可得到仅包含地表形变信息的干涉图。

三轨法：卫星重复飞行三次，获取同一地区的三幅 SAR 图像。其中两幅图像在地表发生形变前获取，形成的干涉相位仅与地形高度有关；另一幅为发生地表形变后获取，与发生地表形变前的一幅图像形成干涉图像对，同时包含了地形高度信息和地表形变信息。根据第一幅干涉相位图，从第二幅干涉相位图中直接扣除仅反映地面高程信息的相位数据，则可得到地表形变相位图。下面介绍三轨法测量原理。

假设在地表发生形变前，卫星在 A3 位置获得了一幅 SAR 图像

$$s_3(R_3) = |s_3(R_3)| \exp(-\frac{4\pi}{\lambda}R_3) \qquad (13-40)$$

则 A1、A3 获得的两幅 SAR 图像所形成的干涉相位图只包含了地形信息

$$\phi' \approx -\frac{4\pi}{\lambda}B'\sin(\theta'-\alpha') \qquad (13-41)$$

干涉相位图经去平地效应、降噪、相位解缠等处理后，可得由视线向形变量 ΔR_d 所引起的相位

$$\begin{aligned}\phi_d &= \phi - \frac{B_\parallel}{B'_\parallel}\phi' \\ &= \phi - \frac{B\sin(\theta-\alpha)}{B'\sin(\theta'-\alpha')}\phi' \\ &= -\frac{4\pi}{\lambda}\Delta R_d\end{aligned} \qquad (13-42)$$

可见，地表形变引起的差分相位与基线、视角均无关。

差分相位对地表形变的敏感度为

$$\frac{\phi_d}{\Delta R_d} = -\frac{4\pi}{\lambda} \qquad (13-43)$$

引起 2π 相位变化的视线向形变量为

$$\Delta R_d = \frac{\lambda}{2} \qquad (13-44)$$

显然，干涉系统对地表形变的灵敏度大于对地形高度的灵敏度。

（1）基线的选择

基线越长，对测高的灵敏度越高，形成的干涉相位图条纹越密，相关性会降低；基线越短，干涉相位图条纹较少，测高精度会下降，因此，需要选取一个合适的值，既保证相关性，又保证测量精度。

（2）观测时间间隔的要求

利用重复轨道干涉观测，两颗卫星经过同一地域的时间间隔内，地表可能会发生一些变化，如植被生长和土壤湿度变化等，会影响两次获得的雷达回波的相关性，造成时间去相关。因此，利用差分干涉测形变要选择合适的时间间隔。

时间相关损失主要取决于两幅 SAR 图像数据获取期间环境变化的因素，使得后向散射特性随时间变化。假定地表散射体的运动服从高斯分布，且平面运动与高度向的运动相互独立，则时间相干系数可近似表示为

$$\gamma_{\text{temporal}} = \exp\left\{-\frac{1}{2}\left(\frac{4\pi}{\lambda}\right)^2(\sigma_y^2\sin^2\theta + \sigma_z^2\cos^2\theta)\right\} \qquad (13-45)$$

式中　σ_y、σ_z ——垂直迹向和地表高度向的均方差运动；

　　　θ——入射角。

图 13 - 17 是 SEASAT 卫星测得的典型地表随时间变化相干系数曲线，地形分别是死亡谷的无植被的平地、俄勒冈的熔岩流地形和森林覆盖地区。显然森林覆盖地区的时间去相干最明显。为使相干系数达到 0.6 以上，重复观测允许的最大时间间隔约 12 天。如对地表形变不大的平地，观测时间间隔可达几个月以上。

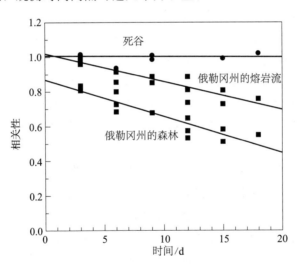

图 13 - 17　SEASAT 测得的三种地表随时间变化的时间去相关特性

（3）误差范围

由前面所述，地形形变与相位的关系为

$$\phi_d = -\frac{4\pi}{\lambda}\Delta R_d \qquad (13-46)$$

式中　ΔR_d ——视线向形变量。

根据卫星坐标和斜距的几何关系，由坐标变量误差引起的相位误差为

$$\delta_\phi = -\frac{4\pi}{\lambda}\sin\theta\,\delta X_S \qquad (13-47)$$

则坐标误差引起的高度误差为

$$\delta_h = -\frac{R_1}{B_\perp} \sin^2\theta \, \delta X_s \qquad (13-48)$$

当取卫星坐标误差为 1 cm 时、垂直基线为 200 m、入射角 30°时，造成约 0.26 rad 的相位误差，并产生约 9.01 m 的高程误差，对应的形变误差为 5 mm。

13.4.4　极化干涉应用前景

极化干涉 SAR（Polarization Interference Synthetic Aperture Radar，POL－INSAR）通过极化和干涉信息的有效组合，可以同时提取观测对象的空间三维结构特征信息和散射信息，为微波定量遥感、高精度数字高程信息和观测对象细微形变信息的提取提供可能。

2002 年发射的 ENVISAT ASAR，具有双极化获取能力，但其双极化通道的相位是不保全的，还不是真正意义上的双极化数据。2006 年 1 月发射的日本 ALOS PALSAR（L 频段）具有双极化和全极化数据获取能力，通过重复飞行可具有极化干涉测量能力；2007 年德国发射的 TerraSAR－X 具有双极化数据获取模式，特别是具有高分辨率聚束成像模式（双极化）；2007 年发射的 RADARSAT－2 具有双极化和全极化观测能力，由于波长较短，重复飞行获取极化干涉测量数据的能力较 L 频段差，但在适当条件下，仍然可以获取有效的极化干涉 SAR 数据。美国在其对地观测计划中特别强调 INSAR 系统，特别是强调 L 频段极化 INSAR 传感器卫星极化的重要性。

国内外已经形成了 SAR 处理、极化 SAR 影像的参数分解与特征提取、影像分类、三维信息提取方面的一些算法和专业软件。目前，将结构和纹理特征与极化、干涉特征融合在一起实现高精度解译、极化干涉植被高度提取是目前研究的热点。

（1）极化干涉植被高度提取

1998 年 Cloude 与 Papathanassiou 两位学者首次提出将全极化信息用于干涉 SAR 处理中，并通过极化干涉 SAR 技术成功获取了试验区清晰的三维影像。随后，越来越多的研究发现，极化干涉 SAR 技术除了提取地表高度，还可以有效地提取地表的众多物理参数，如粗糙度、湿度、介电系数等。随着技术的不断提高，极化干涉数据质量得到了不断的提高，同时，人们对极化干涉 SAR 技术的认识也在不断加深：2003 年 J. S. Lee 等人利用电子扫描相控阵雷达（Electronically Scanned Array Radar，ESAR）数据对森林进行极化干涉分类，得到了较好的效果；2003 年 Muhtar 等人成功对俄罗斯贝加尔湖附近的森林进行植被高度的反演。

（2）地物分类提取

国内外已经形成了全极化 SAR 影响的参数分解与特征提取、影像分类的一些算法。将结构和纹理特征与极化、干涉特征融合在一起实现高精度分类是重要的研究方向。散射特性库和 SAR 高可信地物解译的技术方法是下一步研究的重点。

国际上对于全极化雷达影像的分类方法主要可归结为三类。一类是将针对光学影像开发的先进影像处理技术应用于极化 SAR 影像分类，如神经网络方法，决策树方法和高斯－马尔科夫随机场纹理分析方法。第二类也是基于极化目标分解理论分析地物的极化散射机理，进而进行地物的分类。极化目标分解的本质就是将地物回波的复杂散射过程分解为几种单一的散射机制，而不同的地物往往具有不同的占优势的散射机制。典型的目标分解方法可归并为相干、非相干分解两类。第三种是直接基于极化数据统计模型的分类方法。这种方法根据协方差矩阵或相干矩阵统计特征，基于贝叶斯统计理论分类，包括 H－Alpha 非监督分类法、H－Alpha－Wishart 监督分类法、Freeman－监督分类法和多频、多极化 Wishart 分类方法等。极化干涉 SAR 技术利用全极化 SAR 系统进行干涉测量，对目标的极化散射矩阵进行干涉分析，它结合了干涉测量和极化测量的特点，同时把目标的精细结构特征（极化较为敏感）与空间分布特性（干涉较为敏感）结合起来，并提取它们之间的相互关系，可以更好地解释目标的极化散射机理，能对地物目标进行更细致的分类。

13.5　其他微波雷达

用于航天飞行器的微波雷达还包括交会对接雷达、月球着陆雷达、天基雷达、深空探测合成孔径雷达 SAR 等，严格意义上讲，这类载荷不属于对地遥感范畴，所以只做简单介绍。

1）空间交会对接是指两个或两个以上的航天器在空间轨道上按预定的位置和时间相会并完成机械结构的连接，是建立空间站的重要前提和关键技术之一。从控制论的观点看，空间交会对接属于航天器轨道控制和姿态控制范畴，轨道控制和姿态控制的前提是相应的轨道和姿态的精确测量，即准确确定两个航天器之间相对位置和姿态。空间交会对接测量雷达技术正是针对这一问题而逐步形成的。美、日和欧洲航天强国在测量雷达技术上均开展了大量的研究工作，尤其以美国双子星座号飞船计划中的交会对接微波雷达、日本的 ETS－7 激光雷达项目最具代表性。

2）在开展对地观测研究的同时，SAR 也成为研究其他星球的重要工具之一。1989 年 NASA 开展了一项星球雷达任务——麦哲伦号（Magellan）雷达观测金星计划。Magellan 于 1989 年 5 月 4 日由亚特兰蒂斯号航天飞机发射升空，1990 年 9 月 15 日开始测绘任务，1991 年 5 月 15 日终止。Magellan 雷达工作于 S 频段，HH 极化，距离向分辨率为 120～360 m，方位向分辨率为 120～150 m，入射角大于 30°。继 Magellan 宇宙飞船观测金星计划后，1996 年 NASA 开展了第二项星球雷达任务——观测土卫六（Titan）的卡西尼号（Cassini）任务，用于开展观测 Titan 表面的物理状态、地形和组成成分等多项任务，进而推测其内部构造。Cassini 上搭载的 SAR 工作于 Ku 频段，HH 极化，距离向分辨率 400～1 600 m，方位向 600～2 100 m。

3）天基雷达探测手段具有不受昼夜限制和气候影响的独特优势，并可借助电磁波的穿透能力探测伪装覆盖下、甚至地下数米深的目标，其军事用途越来越受到各国的重视。

天基雷达（Space－based Radar，SBR）的概念最早于 20 世纪 60 年代出现在美国。1972 年美国的阿波罗 17 号登月飞船在世界上第一次将天基合成孔径雷达（SB－SAR）应用于外层空间物体探测，从那以后天基雷达技术获得了迅速发展。天基雷达是以天基平台为依托，利用电磁波（包括激光）探测目标的电子装置。根据探测目标类型不同，天基雷达的技术体制、功能设计以及主要技术指标均有较大差别。如：观测地形地貌、海况变化、气象云雨及地面动目标对天基雷达的要求就有较大不同，而天基雷达的体制和技术性能也有所不同。从世界范围看，已投入使用或准备投入使用的天基雷达主要有星载合成孔径雷达、星载高度计和星载激光雷达。其中，星载合成孔径雷达和星载高度计在技术上更成熟，应用上更广泛。

目前，世界上有北美、欧洲和东亚地区近 10 个国家掌握了天基雷达技术。美国是天基雷达技术研究水平最高、实际应用最多的国家，至今整体技术水平仍比其他国家超前 10 年以上。例如：在天基雷达体制研究、关键设备和器件、大型天线、探测精度、航天器隐身和防护等方面均处于无可争议的领先地位，这也成为美国建立称霸太空战略的重要支柱。20 世纪 90 年代，美国的星载高分辨率合成孔径雷达、预警机、战场监视侦察机以及电子侦察机已经非常成熟。在合成孔径雷达方面，比较有代表性的有长曲棍球（Lacrosse）高分辨率合成孔径雷达卫星，在预警机、战场监视侦察机以及电子侦察机方面，有机载预警与控制系统（AWACS）E－3 空中预警机、联合监视与目标指示雷达系统（Joint STARS）E－8 战场监视侦察机以及铆接（Rivet Joint）RC－135 电子侦察机。其中 AWACS 具有空中动目标指示（Aero Motive Target Indication，AMTI）功能，能实时探测出覆盖空域区内飞行的飞机和巡航导弹，另外还具有敌我识别和指挥控制功能，被誉为美军的"空中指挥所"；Joint STARS 系统能够完成战场监视和地面动目标指示（GMTI）任务；而 Rivet Joint 系统主要任务是电子侦察和电子战。由于天基系统独特的优势和特点，使得美国军方开始计划将 AWACS、Joint STARS 和 Rivet Joint 飞机上的功能向天基转移，提出了天基雷达（SBR）计划。天基雷达计划不同于以往的合成孔径雷达侦察卫星，除了进行高分辨率成像侦察外，其最大的特点是从星载系统中引入了动目标指示（MTI）能力，对移动目标进行探测和跟踪，并能为其他系统指引目标，制作战场态势图。其主要的应用对象是战术用户，因此可以说它是天基领域内第一种面向战术的装备。另外它还能提供数字化地形高程数据（Digital Terrain Elevation Data，DTED），该信息产品能直接装定到精确制导武器中作为制导信息，对于美军实现战场数字化和武器信息化至关重要。

从目前和未来 20 年发展看，天基雷达主要用于对地球表面测绘、对地面和海面目标侦察监视、对空中目标探测观察、对空间目标探测跟踪以及用于高度测量和空间物体间交会定位等，其最终目标是把目前的空中雷达监视系统，如机载预警和监视系统和对地联合监视与瞄准雷达系统（Joint Surveillance Target Attuck，JSTARS）的任务转移到空间，利用天基雷达轨道自由、视野宽阔、不受气候限制的优势，实现对海、地、空、天一体化不间断的监视侦察。

第四部分　处理与定标篇

第 14 章　数据处理技术

本章节主要对典型的雷达高度计、微波散射计、微波辐射计、合成孔径雷达数据处理进行叙述和讨论，由于国内外对微波遥感器数据处理的方法有很多，同样一种载荷，比如散射计、合成孔径雷达，其数据处理算法也五花八门，每种算法各有优缺点，有的精度高但算法复杂计算量大，有的精度稍差但简单，各国研究者目前还在进行算法研究和优化设计，并不断提出新的算法。本书提出的是目前国内外用的较多，比较成熟，公认效果较好的一些算法，其他的算法读者可以查看其他相关资料。

14.1　处理内容和流程

微波遥感卫星的原始遥感数据由卫星地面站接收后，向数据处理中心提供原始数据，经解包等预处理后产生 0 级数据产品和其他辅助产品（轨道和姿态文件等）；在 0 级数据产品基础上，将其制作成 1 级数据产品，并进行产品存档与分发服务；同时负责在 1 级产品的基础上制作成 2 级数据产品，并进行产品存档与分发服务。

一般非成像数据处理过程如图 14-1 所示，一般成像数据处理过程如图 14-2 所示。

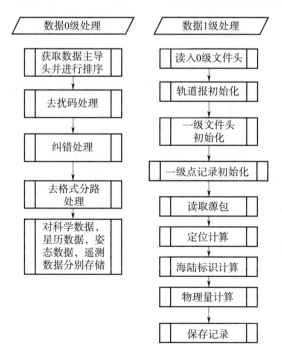

图 14-1　一般非成像数据处理过程

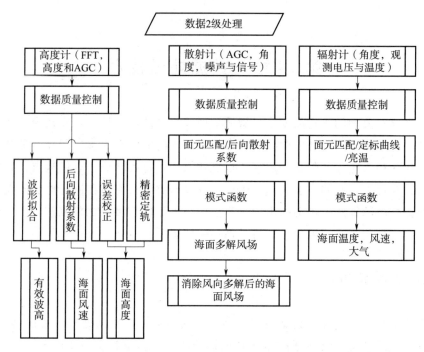

图 14 - 2　非成像数据处理流程（用于高度计、散射计、辐射计）

1）卫星高度计的主要应用目标是海洋，其遥感测量参数是海面后向散射系数，用以反演海面风速，回波波形反演有效波高和海面高度。

2）卫星散射计的主要应用目标是海洋，其遥感测量参数是海面后向散射系数，用以反演海面风场矢量。

3）卫星微波辐射计和校正辐射计的主要应用目标是海洋和大气，其遥感测量参数是微波亮温，用以反演海面温度、风速、大气水气等参数，通过反演出的大气水气和液态水为高度计和散射计提供校正参数。

4）合成孔径雷达应用于陆地、海洋等目标观测，其遥感测量参数是后向散射系数，可以进行高分辨率成像，目标分类、识别，还可以进一步反演风、浪等参数。图 14 - 3 为 SAR 数据处理流程。四种载荷的数据处理和产品等级如表 14 - 1 所示。

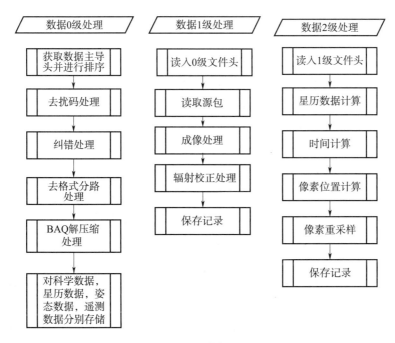

图 14 - 3　SAR 数据处理流程

表 14 - 1　不同载荷的三种数据等级

载荷/产品	0 级数据	1 级数据	2 级数据
高度计	产品包括主导头、副导头和源数据，由地面接收解调后去格式等处理得到	产品由文件头和数据组成，数据制作包括数据格式的转换、物理量的计算和扫描点的定位等	产品包括有效波高、海面高度和星下点海面风速。根据数据中提供的 FFT（傅里叶变换）数据反演有效波高，根据 AGC（自动增益控制）数据反演海面风速，根据跟踪高度数据反演海面高度
散射计	产品由接收预处理分系统预处理后生成的数据产品，主要包括：科学数据产品，工程源包数据产品，工程遥测数据产品，卫星参数产品等	利用卫星接收预处理分系统的数据产品，经过地理定位、海陆标识、物理量转换等预处理流程获得带有定位信息和相关描述信息的数据产品	数据产品经过数据质量控制以及面元匹配后，利用模式函数获得每一个风矢量单元的多解风场；然后通过消多解算法获得唯一的风矢量解
辐射计	数据产品包括主导头、副导头和源数据等	产品的是由文件头和产品数据组成，按每象元点上的参数排列存储，并经物理量转换和地理定位	数据各象元的多个面元已经进行匹配空间位置。由不同频率对应的不同地面足迹内的、空间一致的亮温组成。辐射计实际测量的亮温与海面的参数建立关系，进而形成反演算法
合成孔径雷达	去格式后的原始数据经过BAQ解压缩后进行 I、Q 数据形式存储	进行成像处理产生图像产品，进行辐射校正等处理	经过系统几何校正后图像数据（3级以后产品由用户处理、包括精处理、外定标后获得绝对 σ° 值，进行物理参数反演等）

14.2　非成像数据处理方法

以下重点介绍数据处理方法，0 级产品处理过程和方法同一般遥感卫星一样，不再赘述。

14.2.1　1 级数据处理

1 级数据处理重点是对与卫星总体指标和微波遥感器仪器直接相关的数据处理，主要包括定位计算、海陆标识计算和物理量计算。

定位计算目的是通过卫星在地心惯性坐标系的位置矢量以及姿态确定散射面元在地球表面的位置（经纬度）；高度计的地理定位只需计算瞬时星下点位置，而扫描工作模式的散射计和辐射计还要考虑仪器扫描参数带来的影响；定位计算一般采用传统的轨道预报联合哥达德轨道理论计算。在计算过程中，要进行星体坐标系、轨道坐标系、地心惯性坐标系、地球固连坐标系和大地坐标系等多个坐标系的转换。

海陆标识计算目的是利用详细的陆地地图确定遥感器 0 级产品的海陆标识；输入为经纬度，输出为标志位，陆地标志为 1，海洋标识为 0。

物理量计算目的是把载荷输出的数据通过不同进制和不同格式转换变成直接用于反演的物理量参数，主要包括高度计数据的 FFT 数据浮点数转换、高度字转换成高度、AGC 值转换成 σ°（后向散射系数）；散射计包括角度信息处理、接收机增益处理、噪声信号和通道信号测量值浮点数转换；辐射计主要包括角度信息处理、观测电压计算、温度计算，另外还要提供正样热真空定标曲线和热真空定标方程供用户使用，最后还要提供天线方向图给用户面元匹配用。

14.2.2　2 级数据反演方法

首先进行面元匹配处理，目的是将按照时间序列排序的海面散射数据转变成系数数据按照地理位置配准到分辨率单元，散射计可以使得每一个风矢量单元具有多个后向散射系数数据，为风矢量单元的风场反演作准备，而辐射计所有通道的数据按同样分辨率重采样为温度等参数反演作准备。

（1）高度计数据反演

对于高度计要完成的处理包括波形拟合，散射系数定标和误差去除。波形拟和处理如下。

为了实现稳健重新跟踪，Wingham 设计了一种叫做重心偏移的重新跟踪算法（Offset Center Of Gravity，OCOG）。

重心偏移重新跟踪算法的基本思想是找到每个波形的重心，如图 14-4 所示。波形振幅 A 通过计算矩形方框确定，该矩形的重心和面积与波形本身的重心和面积一样。振幅的大小是波形重心中心垂直高度的 2 倍。根据波形的振幅 A、重心的位置 P 和宽度 W，就

可以确定波形前沿的位置参数。其数学公式如下

$$P = \sum_{n=1}^{n=N} nR^2(n) / \sum_{n=1}^{n=N} R^2(n)$$

$$A = \sqrt{\sum_{n=1}^{n=N} R^4(n) / \sum_{n=1}^{n=N} R^2(n)} \qquad (14-1)$$

$$W = (\sum_{n=1}^{N} R^2(n))^2 / \sum_{n=1}^{N} R^4(n)$$

$$前沿位置 = P - 0.5W$$

式中　　$R(n)$——第 n 个采样的功率值；

　　　　N——采样的总数（例如欧洲资源卫星 ERS：64，二代雷达高度计 RA2：128）。

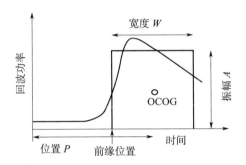

图 14-4　重心偏移重新跟踪算法示意图

　　实际计算过程中，在噪声值非常低的情况下有时可以将前面几个值忽略，不用作求和之用，比如说，可以从第 5 个采样值开始计算。

　　①海面高度反演

　　高度计仪器经过修正后，需要对高度计测得的高程进行大气折射修正和平均海面偏差的修正。对于通过高度计雷达脉冲往返时间测量的卫星到海面的距离 $h = ct/2$，经过大气折射修正后的距离才是雷达高度计测得的卫星到海面的真实距离，即

$$h' = h - \sum_j \Delta h_j - \sum_k \Delta h_k \qquad (14-2)$$

　　其中 $h = ct/2$ 是不考虑光传播折射情况下，通过雷达脉冲往返时间计算的卫星到海面的距离。Δh_j 是大气折射、平均电磁散射面与平均海面偏差的修正，这些修正量都是正值，将导致高程的过高估计；在实际计算中，还要去除工程研制带来的偏差 Δh_k，即卫星机械安装偏差、在轨形变偏差、精密轨道偏差和姿态控制偏差等。

　　对于实际上海洋应用而言，需要的是海面高度 SSH 和海面动力高度 h_d。

　　海面高度 SSH 是相对于参考椭球面的卫星高度 H 与卫星高度计测得的卫星到海面距离 h 之差，即

$$SSH = H - h \qquad (14-3)$$

　　海面动力高度 h_d 的计算通过海面高度 SSH、大地水准面高度 h_g、洋潮高度 h_T 和大气压负载 h_a 可以得到。即

$$h_d = SSH - h_g - h_T - h_a = H - h + \sum_j \Delta h_j + \sum_k \Delta h_k - h_g - h_T - h_a \quad (14-4)$$

从式 (14-4) 中可以看到，海面高度和海面动力高度是通过卫星轨道高度和高度计测量高度计算并进行相关参数修正后得到的。

②海面风速反演

海面在风的作用下产生的波浪，从而引起海面粗糙度（海面均方斜率）的变化。根据散射理论，雷达后向散射截面 (σ_0) 与海面均方斜率 ($\overline{s^2}$) 之间有下列关系

$$\sigma_0(\theta) = \frac{|R(0)^2|}{\overline{s^2}} \sec^4\theta \exp\left(\frac{\tan^2\theta}{\overline{s^2}}\right) \quad (14-5)$$

式中　$|R(0)^2|$——菲涅耳反射系数；

　　　θ——雷达波束入射角。

而海面均方斜率 $\overline{s^2}$ 与海面风速 U 近似满足线性关系

$$\overline{s^2} \propto U \quad (14-6)$$

也就是说，当高度计入射角 $\theta = 0$ 时，后向散射系数和海面风速之间存在一种反比关系。

③有效波高反演

根据物理学有关原理，拟和出的后向散射的平均强度随时间的变化关系为

$$P(t) = K \frac{\chi_w}{\overline{s^2} H^3} \left[1 + \mathrm{erf}\left(\frac{t}{t_p}\right)\right] \exp\left(-\frac{2t}{t_s}\right) \quad (14-7)$$

式中 $\chi_w = c\tau/[4(\ln 2)]^{\frac{1}{2}}$，$c = 30 \mathrm{cm/ns}$，$H$ 为卫星高度，τ 为发射脉冲的半功率宽度，$t_p = (2/c)(\chi_2^2 + 2\sigma_h^2)^{1/2}$，$\sigma_h$ 为海面的均方根波高（与有效波高的关系：$SWH = 4\sigma_h$），$t_s = 2H\Psi_e^2/c$，$1/\Psi_e^2 = (8\ln 2)/\Psi_e^2 + \{[1 + (H/a_3)]/s\}^2$，$a_3$ 为地球半径，Ψ_e 为天线的半功率宽度，$\mathrm{erf}(X)$ 为 X 的误差函数，K 为与天线、传输路径和反射界面有关的常数。

(2) 散射计数据反演

后向散射系数处理公式如下

$$\sigma^0 = \frac{(E_n - \alpha\beta E_e) L_w^2 (4\pi)^3 L_f L_a^2}{(\beta - \alpha\beta)\lambda^2 I} \quad (14-8)$$

式中　λ——波长；

　　　L_a——大气损耗；

　　　L_w——系统损耗；

　　　L_f——定标测量中内定标回路的插损；

　　　β——定义接收机噪声通道的增益和信号通道的增益之比；

　　　α——由信号通道中的噪声能量和噪声通道中的噪声能量决定；

　　　α、β——通过系统工作在内定标模式下和噪声测量模式下测得的；

　　　E_n 与 E_e——信号处理通道与噪声通道接收的信号功率

$$I = \int \frac{G(\theta,\varphi)G(\theta,\theta+\varphi)}{R^4} \mathrm{d}A$$

式中　A——天线波束在地面某一分辨单元小块的面积；

G——天线增益；

R——斜距；

θ——入射角；

ϕ——方位角。

①风矢量反演

卫星散射计风矢量反演一般应用最大似然估计作为目标函数，目标函数的形式为

$$J = -\sum_{i=1}^{N} \frac{\left[\sigma_{oi} - \sigma_m(w,\varphi_i)\right]^2}{Var\left(\sigma_m\right)_i} + \ln\left[Var\left(\sigma_m\right)_i\right] \qquad (14-9)$$

式中　σ_{oi}——后向散射系数的测量值；

$\sigma_m(w,\varphi_i)$——后向散射系数的模式结果；

N——后向散射系数的测量次数。

$Var\left(\sigma_m\right)_i = \alpha\sigma_m^2 + \beta\sigma_m + \gamma = (K_P^2)_i$ 为测量偏差。负号表示目标函数的局部极大值所对应的风速和风向为可能的风矢量解。风场反演实际上就是要寻找使目标函数得局部最大值的风矢量，即模糊解，并将模糊解按其对应的最大似然值大小排序，目标函数值最大者作为第一似然解，目标函数值第二大者作为第二似然解，依次类推。

②模糊解消除

利用上述目标函数求极值的方法可以得到多个海面风矢量解，为了得到唯一的风矢量解，需要采用风向多解消除算法。风向多解消除算法利用矢量中值滤波技术从一系列的多解风矢量中选择唯一的风矢量解

$$E_{ij}^{\ k} = \frac{1}{(L_{ij}^{\ k})^p} \sum_{m=i-h}^{i+h} \sum_{n=j-h}^{j+h} W_{m'n'} \left| A_{ij}^{\ k} - U_{mn} \right| \qquad (14-10)$$

矢量中值滤波的滑动窗口大小为 $N \times N$（N 为奇数），窗口中心的网格点坐标为（i，j），其多解风矢量为 $A_{ij}^{\ k}$，例如 $A_{ij}^{\ 1}$ 表示最可能的风矢量解。U_{mn} 为窗口内网格点（m，n）上最大似然估计值所对应的最可能风矢量解，即 $U_{ij} = A_{ij}^{\ 1}$，$h = N/2 - 1$，$W_{m'n'}$ 为窗口权重函数（$m' = m - i, n' = n - j$），$(L_{ij}^{\ k})^p$ 表示网格点（i，j）上第 k 个风矢量解所对应的最大似然估计值，p 为权重系数。对于每一个窗口计算窗口中心（i，j）的滤波函数值 $E_{ij}^{\ k}$，用最小的 $E_{ij}^{\ k}$ 所对应的风矢量解 $U_{ij}^{\ *}$ 代替 U_{ij}，这样重复计算滑动窗口，直到 $U_{ij}^{\ *} = U_{ij}$。这里滑动窗口的大小为 7×7。关于初始场的选择，可以采用两种方法：1）以最可能的风矢量解作为初始场；2）在目标函数值列前两位的风矢量解中，选择与中期天气预报模式风场最为接近者作为初始场。

在阈值范围以上，在一定范围内，位于平顶的风向具有与风向反演结果相近的似然值。利用这个结果，对给定的概率阈值，对每个反演得到的风向解，都可以找出对应的具有较高可能的"最大可能风向范围"。这样在经过模糊解消除程序的矢量中值滤波后，可利用这个风向范围再进行中值滤波处理。即计算 7×7 窗口内算出的风矢量中值，再与位于窗口中心处风矢量解的"最大可能风向范围"比较。如果风矢量中值的风向在这个范围内，则风矢量中值被保存并作为 DIR 程序的最终结果。若不在该范围内，则取该范围边界中与风矢量中值最为接近的风矢量为最终结果。

（3）辐射计数据反演

无论是进行海洋探测要素反演还是大气观测数据测量，都要用到地面真空定标数据和曲线。一般真空定标得到辐射计输出电压与观测亮温关系由式（14-11）描述

$$V = aT + b \qquad (14-11)$$

式中　T——观测亮温；

　　　a，b——定标参数。

各参数反演算法如下。

①海面风速反演

$$W = -139.61 + 0.050\,8TB_{6.9V} - 0.345TB_{6.9H} + 0.937TB_{10.7H} - 1.363\ln(290 - TB_{18.7H})$$
$$+ 1.969\ln(290 - TB_{23.8H}) - 65.29\ln(290 - TB_{36.5V}) + 39.12\ln(290 - TB_{36.5H})$$

$$(14-12)$$

②海面温度反演

$$T_s = -207.83 + 2.837TB_{6.9V} - 1.245TB_{6.9H} - 0.814TB_{10.7V} + 2.442\ln(290 - TB_{23.8V})$$
$$- 1.148\ln(290 - TB_{36.5V})$$

$$(14-13)$$

③大气水气含量反演

$$V = 0.0028 - 0.023\ln(290 - TB_{18.7V}) - 0.026\ln(290 - TB_{18.7H}) + 0.045\ln(290 - TB_{23.8V})$$
$$- 0.049\ln(290 - TB_{23.8H}) + 1.058\ln(290 - TB_{36.5V}) - 0.045\ln(290 - TB_{36.5H})$$

$$(14-14)$$

④大气液态水含量反演

$$L = 0.814 + 1.231\ln(290 - TB_{18.7V}) - 1.681\ln(290 - TB_{18.7H}) - 0.690\ln(290 - TB_{23.8V})$$
$$+ 0.479\ln(290 - TB_{23.8H}) + 0.202\ln(290 - TB_{36.5V}) + 0.715\ln(290 - TB_{36.5H})$$

$$(14-15)$$

⑤大气校正数据反演

根据亮度数据求解水液厚度 L_z 和风速 W 的经验公式为

$$L_z = L_o + \sum Lv T_b(v) \qquad v = 18.7, 23.8, 37$$
$$W = \omega_0 + \sum W_I T_b(v) \qquad v = 18.7, 23.8, 37$$

$$(14-16)$$

再根据上式相应的风速值，求得由于水汽部分造成的路径延迟 h_w^g

$$h_w^{(g)} = B_o^{(g)} + \sum B_v^{(g)} \ln[(180 - T_b(v))] = 18.7, 23.8, 37 \qquad (14-17)$$

其中，上式的系数 B 要根据不同的风速来估算。

对路径延迟中层化边界的非连续性进行消除后，得到修正后的路径延迟 h_w^f 最后路径延迟加上由水液厚度造成的路径延迟，即为整个大气湿度路径延迟校正量，即

$$h_w = h_w^f + 1.6L_z \qquad (14-18)$$

在以上几组公式中，T_b 是不同频率通道的观测亮温，V 和 H 表示各通道的极化方式。

14.3 成像数据处理方法（SAR）

以下重点介绍数据处理方法，0 级产品处理过程和方法同一般遥感卫星一样，不再赘述，主要区别是要进行块自适应量化（Block Adaptive Quantifiation，BAQ）解压缩处理，处理方法是 BAQ 压缩逆过程，详见书中前面内容。

14.3.1 1 级数据处理

1 级数据处理主要包括成像处理、辐射校正，辐射校正主要是用卫星 SAR 载荷天线实测的各波位方向图对数据进行校正、改善距离衰减的校正和使用内定标数据对幅度相位校正等；SAR 成像处理是 1 级数据处理的核心，SAR 成像处理是理论与工程相结合的问题，常用的成像算法有 R－D、ω－k、C－S、极坐标格式（Polar Format，P－F）、SPE-CAN 等多种 SAR 成像算法，各种成像算法在成像精度、处理功能、计算量和算法实现的难易程度上不尽相同，因此采用何种成像算法对卫星 SAR 载荷不同工作模式下获得的原始数据进行处理很大程度上影响着最终得到的 SAR 图像质量。

（1）成像算法发展历程和趋势

李春升在《星载 SAR 成像处理算法综述》一文中对典型的成像算法进行了汇总，对各处理算法发展历史、优缺点和适用范围进行了描述。

20 世纪 70 年代，随着数字处理器的发展，SAR 回波信号普遍采用数字化的存储和处理方式，按是否进行多普勒相位校正可分为聚焦型和非聚焦型。非聚焦型处理算法完全忽略多普勒相位校正这一步骤，适用于低分辨率 SAR 回波信号处理，如平均滤波器方法等。非聚焦型成像处理算法能达到的方位向分辨率为 $\lambda R /2$，分辨率随作用距离增加而恶化。由于作用距离远，星载 SAR 回波信号处理一般不用非聚焦型处理算法。聚焦型处理算法包括：时域处理算法、距离频域方位时域处理算法、距离多普勒域处理算法、多变换频域算法（以 CS 和 FS 算法为代表）、二维频域算法（ωk 算法和 CZT 算法为代表）和极坐标域算法等，各自的详情可查阅相关文献。

随着星载 SAR 发展趋势可知 SAR 成像处理算法的发展趋势主要有两个方向。第一是基于新理论的星载 SAR 成像处理算法，其中以压缩感知理论在 SAR 成像处理中的应用为代表。第二是基于新模式的星载 SAR 成像处理算法，其中以面向中高轨 SAR 的成像算法、面向参数捷变 SAR 的成像算法以及面向 0.1～0.3 m 高分辨率星载 SAR 成像处理算法为代表。图 14-5 为星载 SAR 成像处理算法发展历史及趋势图。

（2）几种典型的成像算法处理流程

SAR 回波信号是由天线波束照射区内目标的后向散射系数通过一个二维线性系统所构成的，SAR 成像处理的实质就是从回波中提取后向散射特性的过程。在处理过程中，各种 SAR 成像算法的区别在于如何定义雷达与目标的距离模型以及如何解决距离—方位耦合问题，这个问题直接导致了各种算法在成像质量和运算量方面的差异。比较经典的高

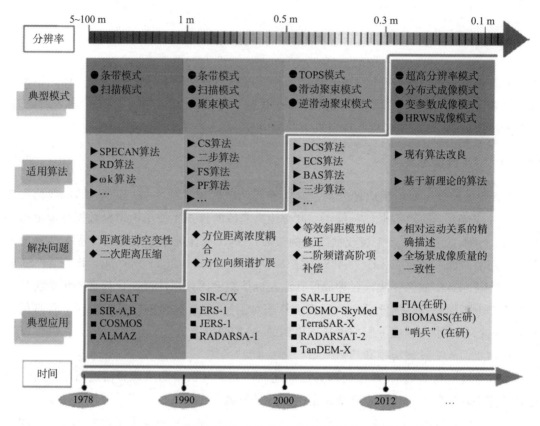

图 14 - 5　星载 SAR 成像处理算法发展历史及趋势图

精度 SAR 成像处理算法有距离多普勒（RD）算法、波束域（ω－k）算法和调频比例（Chirp Scaling，CS）算法。

RD 算法是一种经典的 SAR 成像算法，在距离徙动不大的情况下，是一种优秀的 SAR 成像算法，但是随着距离徙动的增加，计算量会急剧增大，另外 RD 算法需要插值运算，在增加计算量的同时，还会引入误差；而改进 Chirp Scaling 和波数域算法成像性能接近，均能对大距离徙动条件下星载 SAR 进行精确成像，图像质量均能满足指标要求，ω－k 成像处理算法需要 stolt 插值，增加了算法实现的复杂性，而改进 Chirp Scaling 算法结构简单，只需要傅里叶变换（FFT）和逆傅里叶变换（Inverse Fast Fourier Transform，IFFT）以及复数乘法就能够完成成像过程。图 14 - 6 为经典的高精度 SAR 成像处理算法。

14.3.2　2 级数据处理

2 级数据处理主要在 1 级数据的基础上进行系统几何校正，包括利用星历数据和时间信息对图像定位计算、每个像素的位置计算和重采样。

（1）系统几何校正

SAR 图像系统几何校正主要针对 SAR 单视复图像，结合惯导数据以及成像多普勒参数，通过目标定位和地图投影两个主要步骤，得到几何校正后的 SAR 图像和图像上点的

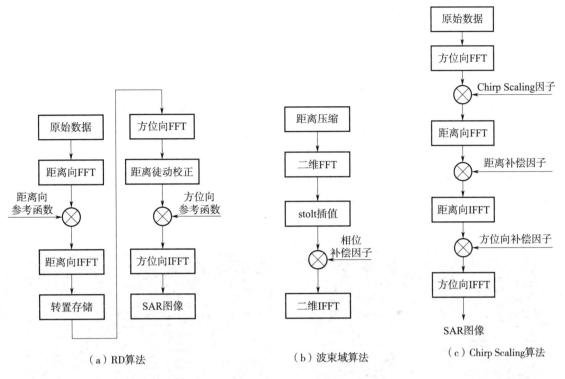

（a）RD算法　　　　　　　　（b）波束域算法　　　　　　（c）Chirp Scaling算法

图 14 - 6　经典的高精度 SAR 成像处理算法

定位坐标信息。

　　SAR 成像时，刘秀芳等人认为像素点的空间定位由两方面决定：一是根据雷达在目标上的回波时间长短来确定像素点与雷达间的距离，二是根据回波的多普勒特性。目标的位置应当满足以下三个方程。

　　①地球模型方程

　　在惯性坐标系中，坐标原点选为地球椭球的球心，X 轴指向春分点的方向，Z 轴指向地球极轴的方向，Y 轴与 X 轴、Z 轴成右手螺旋关系，地球通常用扁椭球体方程来描述

$$\frac{x^2 + y^2}{R_e^{\ 2}} + \frac{z^2}{\left[(1-e)R_e\right]^2} = 1 \tag{14 - 19}$$

$R_e = 6\ 378.138$ km 为平均赤道半径；e 为扁率，(x_T, y_T, z_T) 表示任一像素点所对应的地球目标点在惯性坐标系下的坐标。

　　②斜距方程

　　SAR 到地面目标的斜距 R 为

$$R = |\boldsymbol{R}_S - \boldsymbol{R}_T| = \frac{c\tau}{2} \tag{14 - 20}$$

式中　c ——光速；

　　　τ ——SAR 所接收的目标回波相对于发射脉冲的时间延迟。

　　③多普勒方程

天线波束通过该目标点时的多普勒频移为 f_D

$$f_D = -\frac{2}{\lambda}\frac{(V_S - V_T)\cdot(R_S - R_T)}{|R_S\cdot R_T|} = -\frac{2}{\lambda R}\boldsymbol{R}\cdot\boldsymbol{V} \qquad (14-21)$$

式中　$\boldsymbol{V} = \boldsymbol{V}_S - \boldsymbol{V}_T$ 为 SAR 与目标间相对速度矢量；

λ ——SAR 所发送的电磁波波长。

不难看出，由多普勒中心频率方程和地球模型方程在地面的交线确定的等多普勒曲线，与给定斜距方程的交点决定了具有相应 R 和 f_D 值的目标点的地面位置 $R_T = (X_T, Y_T, Z_T)$。

图 14-7 和图 14-8 分别为 SAR 一级图像和二级处理后的图像，可见系统几何校正后图像并未降低图像的分辨效果，并提供了像素点的真实经纬度信息，对于特征点的提取有着至关重要的作用。

图 14-7　原始 SAR 图像图　　　　　　图 14-8　系统几何校正后图像

（2）多极化图像伪彩色合成

对于多极化图像，由于同单极化图像相比，信息量更丰富，是提取信息的基础，因此多极化图像伪彩色合成处理往往也是二级图像处理的内容，以下简单进行介绍。

通常 SAR 图像仅能提供回波信号的强度信息而并不包含相位信息，因此我们必须通过多幅不同极化通道的图像，才能更加准确地描述由多极化合成孔径雷达所测量到的更加丰富的信息。对于多极化 SAR 数据，我们可以通过彩色合成的方法来获得在某种组合下的合成图像，这样可以更加直观地分析各种参量对回波功率的影响。由于人眼对彩色图像的敏感程度比灰度图像的敏感程度要高得多，因此我们常常将灰度图像转化为彩色图像，以增强图像的识别效果。这种图像处理方法称为伪彩色合成处理。

单一频段四种基本极化组合下的每一幅图像都表现出不同的极化特征，并且不同图像中的差异是非常微小的，通常很难清楚地辨别出来。然而，如果我们将各种极化图像设为不同颜色，然后将各极化图像合成为一幅伪彩色图像，通过分析图像中像素的颜色，我们不但可以更清楚地分辨图像中的微小差异，还可以更加容易地分析每一个分辨单元地物之间极化散射特性的差别。

试验发现，HV 对于森林区域（主要为树枝、树干和树叶等随机分布的散射体）其散射功率比 HH 和 VV 的要强得多，可设为绿色。HH 和 VV 图像对低矮植被区（山地）和裸土区有明显的反应，同时对于包含建筑的数据，由建筑形成的二面角去极化效应较弱，其在交叉极化的散射功率远弱于在 HH 极化的功率，所以可以将 HH 极化设为红色，VV 极化设为蓝色进行图像合成。

图像合成的步骤如下：

1）将 HH、HV 和 VV 进行图像配准；

2）将 HH、HV 和 VV 的回波功率归一化处理；

3）根据各种极化方式的像素归一化值分别计算对应的伪彩色 RGB 图 R、G、B 三原色分量，分别得到各自的颜色矩阵；

4）然后对图像的每一个元素三原色分量对应相加，得到一个合成的颜色矩阵，然后将颜色矩阵写入"bmp"文件，最终产生一幅伪彩色合成图像（图 14-9）。

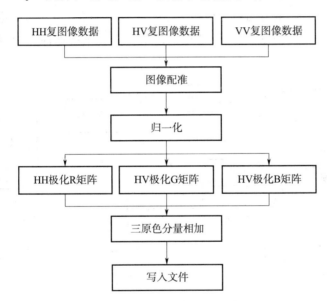

图 14-9　伪彩色图像的生成

刘玲等人采用归一化方法进行伪彩色合成，一般同极化目标回波功率要比交叉极化目标回波功率大 10 dB 左右，若对 3 个通道采用同样归一化因子会造成三原色数值的分布不均匀，合成后的图像会以某一种或某几种颜色为主，不能提高对目标的识别能力。

归一化因子计算步骤为：

1）先求出各通道的概率密度函数，将累计概率为 0.99 的灰度值作为该通道的归一化因子，记为 A；

2）然后将所有灰度值大于 A 的像素灰度置为 A，目的是归一化过程中，不让极少数大灰度值像素，如斑点噪声，影响图像的整体效果；

3）再对新的场景数据对 A 作归一化处理。0.99 是经验值，处理时，在 0.98～1 范围选取，对极少数大灰度值像素置 A，对图像的处理效果影响不大，因为 3 个通道都要进行归一化处理。结果表明该方法能很好地保留场景的细节与纹理信息。

14.3.3　3级以上数据处理方法

3级以上数据处理主要由最终用户来处理，各用户具体使用领域不一样会按自己实际情况来处理，比如利用地面控制点的精确定位处理、利用DEM纠正地势起伏高程校正处理、基于外定标后精确σ°的后续风浪反演、舰船检测、灾害监测和评估、GMTI检测以及DinSAR地表下沉检测等。这些都是定量化应用的典型。中国空间技术研究院与国家海洋局、中科院遥感所、电子所联合进行了研究。下面对风浪反演、海上目标检测、灾害监测和GMTI检测作详细介绍。

（1）风浪反演

①星载SAR风、浪仿真分析

仿真算法是反演的基础，不同风速下SAR海浪成像的仿真流程如图14-10所示，具体流程用给定风速进行海浪方向谱的构建、用短波谱模型进行海浪短波谱的构建、用仿真的海浪现实和非线性成像关系进行SAR谱的生成、用二维海面高度和海面散射特性生成仿真SAR图像。

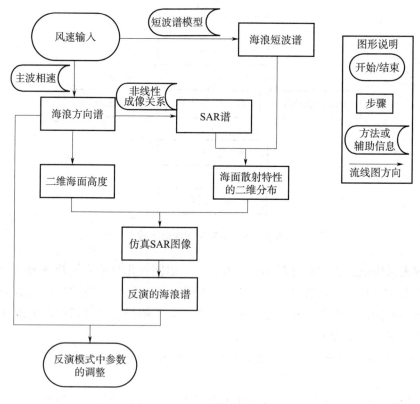

图14-10　风浪仿真分析流程

②SAR数据海浪要素反演技术

波浪要素提取流程如图14-11所示。首先对SAR图像作二维FFT变换并作低通滤波处理，得到SAR谱。如果该SAR图像显示了清晰的海浪条纹，就用风速（6m/s）作为区分该地区是风浪或涌浪的标准。风浪和涌浪采取不同的反演方法来处理。对于风浪,通过风速来构建初猜谱,然后采用迭代的方法得到反演的海浪谱;对于涌浪,对成像的准线性模型求逆,直接得到涌浪谱。不管是风浪谱还是涌浪谱,都可以进一步计算得到衡量海浪统计性质的海浪要素,例如波长、波高、波向等。

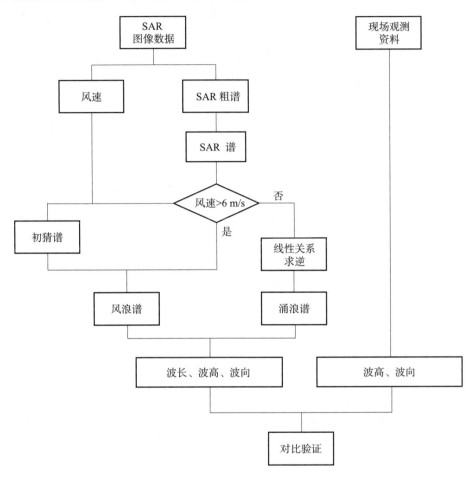

图 14-11 海浪要素反演流程

③SAR 海面风场反演

CMOD 模型系列中 CMOD4、CMOD－IFR2、CMOD5 三种模型最为广泛,CMOD4 与 CMOD－IFR2 是在不同的实测资料下拟合而成的经验模型函数,两者较为相似,而 CMOD5 模型在 CMOD4 模型基础上不仅对数据源加以改善并对函数参数及其形式进行了改进。得益于 CMOD5 模型的发展,本文采用的反演方法的基本思想就是联合两种不同 CMOD 经验模型求解风场的两个要素——风速和风向。由于两个模型均为非线性且较为复杂,为了简化求解过程,采用与真实风向接近的外部风向(如散射计风向,数值模拟(NCEP、ECMWF)风向等)作为初始风向输入值,并采用牛顿迭代法求解。

采用相对应 SAR 图像区域的星载散射计风向作为初始风向输入值,散射计初始风向输入值有两种方法可以获得:1)采用对应 SAR 图像区域的散射计风向;2)把对应 SAR

图像区域的散射计风向插值到 SAR 图像中心点。下面采用第一种方法，即将平均散射计风向作为初始风向输入值。

反演风速的两个 CMOD 模型为 CMOD5 与 CMOD－IFR2，由于两个函数为非线性的（风速与后向散射系数呈线性关系，风向与后向散射系数呈非线性关系）且较为复杂，可采用牛顿迭代法求解——即第一步：使用初始风向输入值与 SAR 的后向散射系数，然后采用牛顿迭代法利用 CMOD5 求得风速。第二步：根据上一步求得的风速与 SAR 的后向散射系数，利用 CMOD－IFR2，再次使用牛顿迭代法求得第二次的风速。然后依照第一步与第二步循环，最后得出收敛效果较好的风场。

对于反演 C 频段 HH 极化模式成像的 SAR 图像，由于 CMOD 模型只适用于 VV 极化，因此需要采用极化率模型来实现 HH 极化到 VV 极化后向散射系数的转换，使得可以利用 VV 极化模式的 SAR 图像进行海面风场反演。

通常所用的风速反演的方法，是基于 CMOD－IFR2 和 CMOD5 模型，通过联立两个经验风速反演模型，在没有风条纹的条件下，仍然可以通过迭代求解的方法获得风速和风向信息。该技术是风场反演的关键，同时，提高初始风向的准确度、增加牛顿迭代法的次数也间接影响反演结果。

（2）海上目标检测

采用目前成熟的单/多极化海上目标检测算法作为海上目标检测算法。目前成熟的单/多极化海上目标检测算法，包括如下 5 种。

①单极化双参数恒虚警检测

双参数恒虚警（2P－CFAR）假设杂波符合高斯分布，即杂波概率密度函数如下

$$p(x) = \frac{1}{\sigma\sqrt{2\pi}}\exp\left(-\frac{(x-\mu)^2}{2\sigma^2}\right) \tag{14-22}$$

其中，$\mu = E(x)$ 表示分布的期望，$\sigma^2 = Var(x)$ 表示分布的方差。若令 y 为检验统计量，当 $y \geqslant T$ 时认为是目标，$y < T$ 时认为是杂波，T 是由虚警率确定的判别门限，一旦 T 固定则虚警率也固定。

2P－CFAR 实际使用时 μ 与 σ 通常是未知，因此需要选定适当的杂波样本计算其均值与标准差分别替代 μ 和 σ，相应的判别式变为

$$\frac{x - \text{mean}(x)}{\text{std}(x)} \geqslant T \tag{14-23}$$

式中　mean（·）——估计的方差；

　　　std（·）——估计的标准差。

②单极化单元平均恒虚警检测

单元平均恒虚警（CA－CFAR）假设杂波分布符合 Gamma 分布，概率密度函数如下

$$p(x) = \frac{L^L}{\mu^L} \cdot \frac{x^{L-1}}{\Gamma(L)}\exp\left(-\frac{L}{\mu}x\right) \tag{14-24}$$

式中　$\mu = E(x)$ ——分布的期望；

　　　L ——数据视数；

Γ（·）——Gamma 函数。

若令 $y = x/\mu$ 则概率密度函数变为

$$p(y) = \frac{L^L \cdot y^{L-1}}{\Gamma(L)} \exp(-Ly) \tag{14-25}$$

由式（14-25）可知，变为 y 后的概率密度分布只与数据视数 L 有关，而与杂波的统计特性无关，对于一景 SAR 图像视数 L 是固定已知的，因此如采用固定门限 T 对检验统计量 y 进行判别则可以实现恒虚警。因此对于假设服从 Gamma 分布的海杂波，恒虚警检验判别式为

$$\frac{x}{\mu} \geqslant T \tag{14-26}$$

③双极化单元平均恒虚警检测

假设共极化和交叉极化通道的后向散射系数 x_C 与 x_X 分别服从如下概率密度函数的 Gamma 分布

$$p(x_C) = \frac{L_C^{L_C}}{\mu_C^{L_C}} \cdot \frac{x_C^{L_C-1}}{\Gamma(L_C)} \exp\left(-\frac{L_C}{\mu_C} x_C\right)$$
$$p(x_X) = \frac{L_X^{L_X}}{\mu_X^{L_X}} \cdot \frac{x_X^{L_X-1}}{\Gamma(L_X)} \exp\left(-\frac{L_X}{\mu_X} x_X\right) \tag{14-27}$$

式中　Γ（·）表示 Gamma 函数；

μ_C、μ_X——共极化通道和交叉极化通道后向散射系数的期望；

L_C、L_X——共极化通道和交叉极化通道后项散射系数的视数。

双极化单元平均恒虚警检测器，具体形式如下

$$y_{dual} = x^H \begin{bmatrix} a & 0 \\ 0 & b \end{bmatrix} x = a|x_C|^2 + b|x_X|^2 > T_{dual} \tag{14-28}$$

其中，a 和 b 为两个任意正数。从理论上来说，只要合理地选取参数 a 和 b，式（14-28）的新双极化检测器的性能一定会优于双极化张量检测器。

双极化单元平均恒虚警检测器 a 和 b 的具体取值如下

$$a = \frac{\text{mean}(x_C)}{\text{std}^2(x_C)} = \frac{(n-1) \cdot \langle x_C \rangle}{n(\langle x_C^2 \rangle - \langle x_C \rangle^2)}$$
$$b = \frac{\text{mean}(x_X)}{\text{std}^2(x_X)} = \frac{(n-1) \cdot \langle x_X \rangle}{n(\langle x_X^2 \rangle - \langle x_X \rangle^2)} \tag{14-29}$$

④双极化白化滤波检测器

双极化白化滤波检测器的形式如下

$$y_{PWF} = x^H \sum_{c}^{-1} x > T_{PWF} \tag{14-30}$$

式中　$x = \begin{bmatrix} x_C \\ x_X \end{bmatrix}$，$x_C$、$x_X$——共极化通道和交叉极化通道的复数据；

$\sum c = E(xx^H)$——杂波的双极化协方差矩阵；

上标 H——共轭转置；

y——检验统计量，T——判别门限。

⑤全极化白化滤波器检测器

全极化 SAR 图像每个像素点对应的数据为一个极化散射矢量 x，x 为 3×1 复矢量，表示如下

$$x = \begin{bmatrix} S_{\text{HH}} & S_{\text{VV}} & \sqrt{2}S_{\text{HV}} \end{bmatrix}^{\text{T}} \tag{14-31}$$

式中　T——转置；

S_{HH}，S_{VV} 和 S_{HV} 是在水平垂直极化基下极化散射矩阵中的元素。

将极化 SAR 的 3 幅图像合成一幅，使得合成后图像标准差与均值的比最小即为极化白化滤波。极化白化滤波检测器具体形式如下

$$Y_{\text{PWF}} = x^{\text{H}} \sum_0^{-1} x > Z_{\text{PWF}} \tag{14-32}$$

式中　Σ_0——杂波的极化相关矩阵。

由上式可知 PWF 检测器需要知道杂波的相关矩阵 Σ_0，不需要知道目标的统计信息。

（3）灾害监测

SAR 灾害监测主要包括对洪涝、滑坡、泥石流、干旱、地震和积雪等方面信息提取。以下对洪涝灾害特征信息的提取方法进行介绍。

洪涝淹没区（泛洪区）范围的确定，有利于快速、准确地提取洪水淹没的范围及面积和淹没土地类型，有利于宏观灾情监测和进行灾情评估并及时掌握洪水灾情的发展和趋势，为防洪救灾提供信息支持。

沈国状等人用多极化 SAR 图像对地表淹没程度自动探测技术进行了研究。认为利用 SAR 分析洪涝灾害范围的主要方法包括目视解译方法、基于像元的分类等方法。由于这些分类方法在 SAR 图像分类中的应用存在着一定的局限性。目前面向对象的方法在遥感图像分类中得到了广泛的应用。

面向对象方法以图像对象为基础，研究对象的属性和对象间的相互关系，并利用这些属性和关系对图像进行分类。面向对象方法以图像分割为前提，利用模糊方法对图像对象进行分类和信息提取。

面向对象提取法的技术流程图如图 14-12 所示。

根据 SAR 成像原理，不同淹没程度的地表在图像上具有不同的后向散射特征，一般来说完全被淹没的水域呈镜面反射，植被覆盖的半淹没区呈双向散射，而未被淹没的区域则呈漫散射。由于地物本身在地理空间中有着一定的分布规律，有着空间自相关特性，这种特性在 SAR 图像的表现就是图像灰度值（Digital Number，DN）之间的空间自相关性和图像的纹理特征。不同淹没程度地表在图像中表现出不同的空间自相关性和纹理特征，而半变异函数能充分反映图像数据的随机性和结构性，因此可以利用半变异函数来进行图像分类。

半变异函数理论是统计学理论的关键，由应用数学专家 G. Matheron 创立于 1962 年。统计学理论认为，许多地物都有着区域化的分布特征，这种特征在空间上表现为一种空间自相关性，依赖于地物的本身特征和分布特征。如果将这种特征看作是数学变量，变量可以称作区域化变量。区域化变量考虑的是被任一间距分开的位置上某一特性成对数据间的

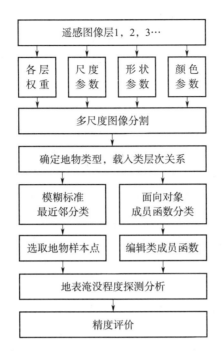

图 14 - 12　面向对象洪涝淹没范围信息提取方法流程图

差异变量的方向性，假定数据 $z(x)$ 与 $z(x+h)$ 分别位于 x 和 $x+h$ 点上（这里 x 与 $x+h$ 是坐标的位置，h 是既有距离又有方向的向量，一般称为位差，用以分开距离和方向），则这对数据每一位置的方差为

$$s^2 = [z(x) - \bar{z}]^2 + [z(x+h) - \bar{z}]^2 \tag{14-33}$$

式中　$\bar{z}$——数据的平均值。

如果随机函数 $z(x)$ 的增量 $[z(x+h) - z(x)]^2$ 为方差的一半，函数就称为半变异函数。半变异函数描述了变量的空间变异结构，即

$$r(h) = \frac{1}{2N(h)} \sum_{i=1}^{N(h)} [z(x_i) - z(x_i + h)]^2 \tag{14-34}$$

式中　$r(h)$——半变异函数；

h——样本间距；

$N(h)$——间距为 h 的样本对数；

$z(x)$——变量在 x 处的值。

半变异函数是一条单调递增的曲线，表示区域化变量随着空间距离的增加而不相关程度逐渐增大并趋于一定值。

（4）GMTI 检测

SAR 的一般应用无法在一幅成像场景中检测运动目标的能力，运动目标是以模糊目标形式叠加在 SAR 图像中，难以对静止的地面场景定位，传统的成像方法对于运动目标不再适用。根据刘亚东、康雪艳、郑明洁、宋琳等的研究成果，SAR 运动目标检测和成

像的主要步骤：1）通过杂波抑制技术来提取运动目标的回波信号实现运动目标和静止目标的分离；2）分析杂波抑制后的动目标回波来确定运动目标，估计其运动和多普勒参数；3）根据参数估计来建立运动目标聚焦函数，对运动目标回波进行运动补偿，获取运动目标高分辨率图像。

　　杂波抑制是运动目标检测的首要问题，也是较困难的问题，在进行运动目标多普勒参数估计之前，只有很好地解决这个问题才能提高参数估计的精度。由地杂波抑制方法，SAR运动目标检测主要有两类：单通道方法和多通道方法。对单通道SAR系统，假定运动目标频谱落在杂波谱之外，再对回波信号进行一定滤波处理，就可将运动目标频谱从杂波谱中分离出来。单通道雷达系统一般检测不到频谱杂波带内的慢速动目标，只有增加雷达系统空间维的信息，将SAR系统由单通道变为多通道，通过空间和时间两维信息，才能有效地抑制杂波来检测出动目标。当前多通道杂波抑制技术有：沿航迹干涉（Along Track Interferometry，ATI）、相位中心偏置天线（Displaced Phase Center Antenna，DPCA）和空时自适应信号处理（Space Time Adaptive Processing，STAP）三种。

　　DPCA技术是通过两个以上相位中心，移位相位中心，补偿掉由于平台运动带来的多普勒展宽，使得杂波多普勒频谱带宽变窄，进而检测出运动目标，尤其是慢运动目标。在天线间距d、卫星速度v_a、脉冲重复频率prf满足下式的条件下，第二个天线接收数据与一定脉冲后的第一个天线接收数据有相同的相位中心

$$d = 2m \cdot v_a / prf \,(\,m\text{ 为正整数})\tag{14-35}$$

　　DPCA是沿飞行方向放置两副天线，天线2发射信号，两副天线同时接收回波信号。接收第1个回波信号时，天线2相位中心在O_2点，天线一相位中心在O点。图14-13为DPCA原理图。

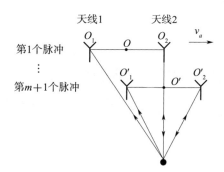

图14-13　DPCA原理图

　　发射m个脉冲后，天线2相位中心移到O'_2处，天线1相位中心在O'，而O'和O_2位于相同的方位位置，因此天线2接收的第一个回波与天线1接收的第$m+1$个回波都含相同的静止目标信息，但运动目标由于自身的运动而产生了额外的信息，包含的动目标信息就不同。将两个回波信号相减，就能消除静止目标信息，留下动目标信息。

　　DPCA优点是原理简单、易实现，缺点是杂波抑制的性能很难保证，在系统参数d和v_a存在较大测量误差、飞行速度向量明显偏离卫星航向或几个天线方向图和通道特性不一

致的情况下，杂波相消就会产生较大的残余，对动目标检测造成影响，通过用多个接收孔径和通道可以得到改善。

ATI 方法检测需要沿飞行轨迹上两路相位中心天线来同时接收回波信号。ATI 不是对两个通道的数据差进行处理，而是通过计算同一场景的两幅图像的干涉相位进行动目标检测，检测流程图如图 14 - 14 所示。

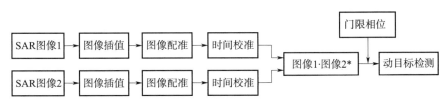

图 14 - 14　ATI 检测流程图

先对两路回波信号进行 SAR 成像，分别进行距离向和方位向压缩，然后对两幅复图像进行插值和配准。配准后，对二者进行时间校准，然后将两幅复图像数据共轭相乘，由于静止目标的乘积相位为零，而动目标不为零，通过设置一定的门限相位，对干涉相位进行检测，就能确定动目标。获得两幅 SAR 图像的相位差后，再用该相位差与干涉 SAR 系统参数和目标运动参数的关系即可导出目标距离向速度的表达式。

影响干涉 SAR 系统性能的一个重要因素是确定基线。基线长度的增加会导致两幅图像的相干性降低，当基线长度达到某一极值时，图像就完全不相干，这一极值称为临界基线长度，所以基线长度必须小于临界基线长度。下面分析一下 ATI 工作原理。

如图 14 - 15 所示，卫星沿水平方向飞行，飞行速度为 v_a，将一副天线沿飞行方向分成等间隔排列的两个子孔径，两子孔径中心间隔为 $2B$，全孔径发射，两个子孔径同时接收。假设地面上有一个点运动目标，在斜距平面内距离向运动速度分量为 v_r，目标方位向速度对两幅图像的影响相同。初始时刻（$t=0$）目标方位位置为 x_0，目标到卫星飞行方向的距离为 R_c。两个子孔径接收的信号可得到两幅复图像分别为 $S_1(t)$ 和 $S_2(t)$。

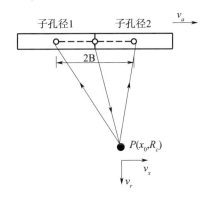

图 14 - 15　全孔径发射、两个子孔径接收工作模式

如果 B、v_a 和 prf 之间满足式（14 - 36）

$$B = m \cdot v_a / prf \qquad\qquad (14-36)$$

其中 m 是整数且不为 0，则两幅复图像不需要插值和配准，直接进行时间校准。将 $S_1(t)$ 时移 τ（$\tau = m/prf$），即时移 m 个脉冲后，取共轭与 $S_2(t)$ 相乘可得

$$I(t) = S_1(t+\tau)^* \cdot S_2(t) = k'^2 \cdot \exp(j\frac{2\pi}{\lambda} \cdot 2v_r \cdot \frac{B}{v_a}) \cdot$$

$$(\mathrm{sinc}(\frac{2\pi}{\lambda}(v_a{}^2(t - \frac{x_0 - B/2}{v_a})/R_c + v_r)T_s) \cdot T_s)^2 \qquad (14-37)$$

式中　　$*$ ——共轭；

　　　　λ ——波长；

　　　　k' ——与后向散射系数相关的常数；

　　　　T_s ——合成孔径时间。

由此可知目标距离向速度不等于零，则共轭相乘后，相位差也不等于零。而静止目标相位差为零，根据相位信息，就可以消除地杂波而保留动目标信息。

实际上 B、v_a 和 prf 往往不满足 $B = m \cdot v_a / prf$，即两幅图像之间的时间延迟不满足 $\tau = m/prf$，就需要对其中的一幅图像进行插值。插值方法可以根据实际情况而定，如果要求计算量较小，而精度要求不高，就可以选择线性插值。相反，如果对精度要求较高，就应该选择高次插值甚至样条插值等。插值后，对两幅图像先配准再时间校准，就可以进行干涉处理。

根据式（14-37），共轭相乘后的干涉相位为

$$\Delta\phi = \frac{2\pi}{\lambda} \cdot 2v_r \cdot \frac{B}{v_a} \qquad\qquad (14-38)$$

可求得目标的距离向速度为

$$v_r = \frac{\Delta\phi \cdot \lambda \cdot v_a}{4\pi \cdot B} \qquad\qquad (14-39)$$

一般情况下干涉相位可能存在 2π 模糊，还需经过相位展开处理。为了避免相位模糊应规定最大可检测速度。

第 15 章　定标和验证

定标和验证是指对遥感器的辐射测量进行精确的标定和对遥感反演产品进行有效的检验。定标验证（Calibration/Validation，C/V）已经成为当今遥感领域所面临的重大课题，微波载荷的探测目的最终主要是为了定量反演大气、陆地和海洋环境参数，过大的辐射观测误差不仅会使反演产品毫无意义，有时还会由于观测误差的引入对某些定量应用，特别是数值模式应用产生负面影响。因此，保证微波遥感数据具有足够的辐射观测精度（即具有足够的定标精度）将对微波遥感应用产生决定性影响。作为星上定标的补充和完善，建立地面微波辐射校正场，通过地面观测与同步卫星观测结果的比对，进行遥感仪器的辐射定标就更加重要。开展地面微波辐射校正的另一个重要目的就是进行反演产品的真实性检验。为了确保仪器测量精度，微波遥感器在发射之前都需要进行严格的定标，即所谓实验室定标。卫星发射之后，星上参考源本身发生的变化，太空环境的变化以及遥感仪器参数的变化都会改变发射前的定标关系，需要进行地面校正。

微波辐射校正观测场由陆地微波辐射观测场、海上微波辐射观测与高度测量共用场、陆地散射测量观测场组成，同时还包括亚马逊雨林主被动微波辐射综合校正备用场。亚马逊热带雨林不仅可以作为微波辐射计高端定标辐射校正场辅助场区，也可以用于微波辐射计的相对定标，同时也是主动微波辐射校正的优选目标场。

交叉定标是指在卫星发射之后，通过分析不同卫星同类遥感仪器对某一目标相近时刻的观测结果，进行相互辐射校正的方法。

真实性检验工作是辐射校正工作中最为重要的环节之一。我国将通过引进国外标准微波遥感数据以及建立具有自主产权的仿真数据开展辐射校正的真实性检验工作。

主动微波遥感仪器是通过微波散射回波信号与发射信号的对比进行目标散射特性的测量，其定标可以分为点目标法和分布目标法两大类。点目标又分为有源目标和无源目标，它们通常都是人造目标，而分布目标则以天然目标为主。

15.1　雷达高度计定标与检验方法

对高度计定标来说，必须精确标定海面散射系数 σ°，距离测量值及海面回波波形。海面回波波形的精确与仪器增益有关，必须保证各级增益为常值，或对增益进行标定。高度计观测的一级产品，必须对其真实性进行检验。这种真实性检验的目的是为了验证各种参数反演模型的准确性，或以此为基础发展更高精度的参数模型。

利用设在海上的激光雷达观测结果与雷达高度计测量结果的对比进行高度计的定标/真实性检验是完成高度计定标与真实性检验的有效方法。通过这个方法可以得到高度计的测高偏差，从而修正定标系数，实现高度计在轨外定标。

（1）海面有效波高真实性检验方法

对海面有效波高的真实性检验的方法有两种：1）利用从卫星高度计回波信号中提取的有效波高（Significance Wave Height，SWH）与在海面的实测有效波高值进行对比，开展误差分析完成校验；2）与在轨的性能稳定的星载高度计（如美国海洋地形卫星 JASON）海面有效波高产品进行交叉比对。

海平面高度是星载高度计最重要的遥感产品，简而言之，它是星载高度计精确测定海面回波信号与发射脉冲之间的时延，再经计算确定测量时卫星的高度位置并经一系列大气校正而得到的。因此，对星载高度计测量海平面高度的定标和性能的检验途径有两种：一种是基于对星载高度计时延产品的真实性检验，这也称为星载高度计海上现场定标。它是利用独立的地面（海面）测距网络（激光测距系统）精确测定卫星天线与瞬态海平面之间的距离以及有关的大气参数来实现的。另一种是针对星载高度计海平面高度产品的真实性检验。它是利用相对独立的方法（如海面实测、其他同类卫星遥感产品等）获得海平面高度的"真值"，并与目标卫星遥感相应产品比对来实现的，如图 15 - 1 所示。

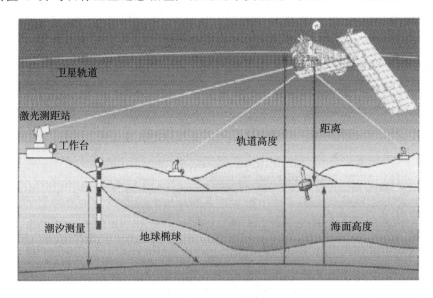

图 15 - 1　校准示意图

根据张有广等人关于卫星高度计海上定标场及定标方法的研究成果，海面高度的绝对定标是在卫星过境时验潮站同时进行测量，根据两者得到的海面高度数据，采用图 15 - 2 中的几何关系就可得到卫星高度计和验潮站测量数据的偏差。

验潮站测量的同步期间的海面高度 H'_{ss}，图为海面高度绝对定标的示意图，可以表示为

$$H'_{ss} = h_{TGBM} - \Delta H_{lev} + (h'_g - h_{gtg}) + (H'_{tide} - H_{tidetg}) + H_{st} + H_{zero} \qquad (15-1)$$

用卫星高度计观测到的海面高度为 H_{ss}，对 H_{ss} 进行各项误差校正后，就可以得到卫星高度计实测海面高度的偏差

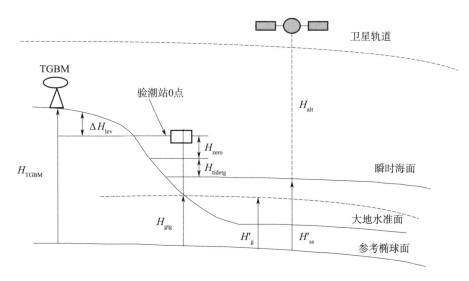

图 15 - 2　海面高度绝对定标几何示意图

$$H_{bias} = H'_{ss} - H_{ss} \tag{15-2}$$

其中，TGBM 为验潮站基准，H_{TGBM} 为 TGBM 相对参考椭球的高度，ΔH_{lev} 为 TGBM 与验潮站 0 点的高度差，H'_g 和 H_{gtg} 为卫星沿迹处和验潮站处大地水准面高度，H'_{tide} 和 $H_{tid\,et\,g}$ 为卫星星下点处和验潮站处潮汐高度，H_{st} 为固体地球潮高度，H_{zero} 为由验潮站 0 点到潮汐校正点的补偿量。

（2）后向散射系数/海面风速真实性检验方法

海面风速产品由卫星高度计回波信号的后向散射系数反演得到，其反演原理与星载散射计反演风速产品相似。因此，对海面风速产品的真实性检验技术途径与散射计后向散射系数的真实性检验及对风速产品的真实性检验途径相同。

绝对定标就是由仪器获取目标的独立测量值，也就是利用仪器观测事先已知的目标。这个观测值必须要有高的精度，并且也需要进行校正，因为独立观测值的精度将会限制着整个定标的精度。因此，独立观测值要不断的进行校正。通过比较已知目标物的理论值和仪器的观测值，可以得到仪器的误差。如果这个误差为常数，那么就可以确定仪器的误差；如果观测具有重复周期，通过测量就可确定仪器的飘移。

后向散射系数的绝对定标需与硬件研制单位配合完成。后向散射系数绝对定标的目的是要确定 σ° 的测量绝对值。σ° 定标是选择多种 σ° 标准反射板，进行试验测量，在现场海面观测时，可选择标定过的散射计和高度计对同一海面目标进行测量，散射计观测值可校准定标高度计测量值。

另外，还有专门为高度计 σ° 绝对定标的脉冲转发器（Transponder），该仪器通过输入和输出信号之间的关系，来对高度计进行标定。Transponder 的定标方法如下。

跟据雷达方程得到高度计回波的功率可以表示为

$$P_r = \frac{P_t \cdot G^2 \cdot \lambda^2}{(4\pi)^3 \cdot h^4 \cdot L} \pi hc \cdot \tau_c \cdot \sigma^\circ \tag{15-3}$$

式中　P_r——高度计接收到的回波功率；

　　　P_t——发射脉冲功率；

　　　G——雷达天线传输和接收增益；

　　　λ——波长；

　　　h——卫星到照射区域的距离；

　　　L——信号传输过程中损耗；

　　　τ_c——脉冲宽度；

　　　c——光速；

　　　σ°——高度计照射区域的海面后向散射系数。

将上述方程应用于 Transponder，得到 Transponder 的回波方程

$$P_r = \frac{P_t \cdot G^2 \cdot \lambda^2}{(4\pi)^3 \cdot h^4 \cdot L} \frac{\lambda^2}{4\pi} G_R \cdot G_{\text{elec}} \cdot G_T \tag{15-4}$$

式中　G_R——Transponder 接收天线增益；

　　　G_T——Transponder 发射天线增益；

　　　G_{elec}——Transponder 电子器件增益。

由以上两式可以看出，高度计和 Transponder 回波功率中共有 $\dfrac{P_t \cdot G^2 \cdot \lambda^2}{(4\pi)^3 \cdot h^4 \cdot L}$ 项，因此只要准确测得 Transponder 回波功率中的 $\dfrac{\lambda^2}{4\pi} G_R \cdot G_{elec} \cdot G_T$ 项，就可以为高度计回波功率中的后向散射系数 σ° 进行标定。

（3）重点试验场大地水准面模型及潮汐模型

通过对国内外大地水准面模式及潮汐模式的收集及分析，确定较适宜于我国高度计数据真实性检验场区的基本模式，并通过现场测试对选定模式予以验证与完善，最终成为真实性检验所应用的大地水准面模式及潮汐模式。此项工作是定标/真实性检验的基础，其精度直接影响检验的效果。

15.2　散射计定标与检验方法

（1）大气微波衰减补偿方法

所谓大气微波衰减补偿方法是指利用微波辐射计探测的大气参数，通过对微波辐射传输方程计算散射计受到的大气衰减，得到后向散射系数 σ° 的衰减，即用微波辐射计亮温计算大气中的水汽含量，云中液态水含量及降雨强度等参数，再由这些参数计算散射计的衰减系数，通过沿微波传播路径上对衰减系数的积分，得到后向散射系数 σ° 的衰减量。

①大气对散射计测量的后向散射系数的影响

根据冯倩相关人员研究，在没有降雨的情况下，引起大气衰减组成要素为：氧气、水汽和液态水。在晴空时，大气对后向散射系数的影响比较小，后向散射系数变化主要是海面粗糙度变化引起的；当大气中的氧气、水汽和液态水含量增加时，大气衰减增加，因此

大气衰减的修正十分必要。大气对微波散射计信号的衰减作用包括：氧气和水汽的吸收以及液态水对雷达信号的吸收和散射作用。

大气对微波雷达信号的衰减可以用微波辐射计来测定。如果使微波散射计和微波辐射计测量海面同一面元，就可以通过微波辐射计的剩余亮温计算出微波散射计后向散射系数的大气衰减。

假设 $\sigma°$ 表示卫星散射计测量的后向散射系数，则 $\sigma°$ 与风引起的没有经过衰减的后向散射系数 σ_w 的关系可表示为：$\sigma° = \sigma_w - 2 \times \alpha_{13.4}$ 其中 $\alpha_{13.4}$ 表示大气对 Ku 频段散射计雷达信号的衰减作用。为了利用微波辐射计测量的亮温数据计算大气衰减系数，这里采用如下公式计算剩余亮温与大气衰减的关系

$$T_{exc} = T_b - T_s$$
$$T_s = 153.7 + 0.435 \times W \qquad\qquad (15-5)$$
$$\alpha = c_1 T_{exc} + c_2 T_{exc}^2 + c_3 T_{exc}^3$$

式中　T_b ——辐射计测量的亮温值；

　　　T_s ——海面辐射贡献；

　　　T_{exc} ——剩余亮温；

　　　W ——海面风速；

　　　α ——辐射计工作频率的大气衰减值；

　　　c_1 ，c_2 ，c_3 ——系数。

系数 c_1 ，c_2 ，c_3 可以通过辐射传递模型获得。为了得到散射计工作频率的大气衰减值，利用下列公式计算得出卫星散射计的大气衰减值 $\alpha_{13.4}$

$$\alpha_{13.4} = \alpha \frac{f_{scat}^2}{f_{ra}^2} \qquad\qquad (15-6)$$

式中　f_{scat} ——卫星散射计的工作频率；

　　　f_{ra} ——微波辐射计的工作频率；

　　　$\alpha_{13.4}$ ——散射计工作频率的大气衰减值；

　　　α ——辐射计工作频率的大气衰减值。

②降雨对散射计测量的后向散射系数的影响

降雨对后向散射系数的影响主要表现在：1) 对雷达信号具有衰减作用；2) 空气中雨滴的体积散射作用；3) 雨滴改变海洋表面粗糙度，从而影响海洋表面的后向散射系数。另外，在有降雨存在的条件下，后向散射系数随着风向方位角的调制作用减弱。为了消除降雨对后向散射系数的影响，这里采用如下的简化模型获得在没有降雨影响时海面的后向散射系数

$$\sigma°(u,p,\chi,r) = \sigma°_{rain}(r,p) + \alpha(r,p)\sigma°_s(u,p,\chi)$$
$$\sigma°_{rain}(r,p) = k_b(p)r^{n_b(p)} \qquad\qquad (15-7)$$
$$\alpha(r,p) = e^{-k_a(p)r^{n_a(p)}}$$

式中　$\sigma°(u,p,\chi,r)$ ——散射计测量的后向散射系数；

　　　$\sigma°_{rain}(r,p)$ ——降雨引起的后向散射系数；

$\alpha(r,p)$——衰减系数；

$\sigma^\circ_s(u,p,\chi)$——仅由海面风引起的后向散射系数；

u——风速；

p——极化方式；

χ——风向的相对方位角；

r——降雨率。

式中的 $\sigma^\circ_{rain}(r,p)$，$\alpha(r,p)$ 可以利用式（15-7）表示，$k_b(p)$，$n_b(p)$，$k_a(p)$，$n_a(p)$ 为待定的系数。

卫星散射计具有两根不同极化的天线，天线有一定入射角。系数 $k_b(p)$，$n_b(p)$，$k_a(p)$，$n_a(p)$ 只与天线的极化方式有关。为了获得待定的系数，这里利用时间—空间三维插值算法建立卫星散射计、辐射计和 NCEP 模式风场之间的配对数据集，卫星散射计主要提供实测的后向散射系数数据，辐射计主要提供降雨率数据，而 NCEP 模式风场主要提供海面的风速和风向数据。然后利用最小二乘拟合求出上式中待定的系数。

利用降雨率对散射计测量的后向散射系数进行修正，提高降雨存在时散射计反演海面风场的精度。

（2）散射计的后向散射系数校正方法

散射计定标主要是通过测量卫星散射计观测区域内具有确定的、稳定的后向散射系数的标准设备，建立起测量参数与归一化雷达后向散射系数的定量关系，以达到定标的目的。后向散射系数的定标校正方法的技术途径是在消除轨道等几何因素之后，利用高性能机载散射计测得的 σ_0 值作为现场定标的散射标准，经过机载散射系数真值的面元的匹配和插值处理以及现场测量误差修正，消除了大气衰减的影响，可得到散射计的定标系数。

①有源定标器定标

有源定标器可以分为主动有源定标器和被动有源定标器。主动有源定标器向散射计发射功率一定的信号，作为散射计接收系统的已知输入信号，然后看它的输出信号，以确定散射计接收系统的性能并确定定标参数；而被动有源定标器只是接收散射计发射的信号，有源定标器接收的每一个脉冲都含有与散射计仪器的运行情况有关的信息。从有源定标器接收的数据获取定标参数主要包括以下几个步骤：有源定标器接收散射计的信号；将有源定标器接收的数据预处理成比较容易解读的格式；分析预处理后的数据；定标参数的估计。

有源定标器通过星历表预测散射计过境时间以及卫星天线的位置。对于有源定标器，我们必须精确地知道其雷达后向散射系数以及在地球表面的位置。另外，具有稳定的雷达后向散射系数和响应延迟。卫星散射计定标所用的有源定标器数量为 3～5 个，其布置的位置需要考虑卫星的轨道因素。有源定标器的布置方法包括：

1）间距为几百千米，东西方向排列，并且有源定标器能够被散射计的刈幅尽可能多次的同时覆盖；

2）在南北半球各放置 1～2 个有源定标器。

另外，有源定标器的布置还要考虑环境因素的影响。布置在极地地区的有源定标器被散射计覆盖的几率增加，但其环境因素所造成的建造成本以及维护费用的增加却使该方法不具有实用性。

②陆地目标定标

卫星散射计的空间分辨率一般在几千米至几十千米，选择陆地目标作为定标源可以很好地满足散射计外定标的要求。

理想的定标区域需满足的条件如下。

1）在固定的频率、极化方式以及入射角条件下，后向散射系数已知；

2）定标区域足够大；

3）定标区域内，后向散射系数随时间、空间的变化小；

4）定标区域内的后向散射系数随着方位角的变化小，即为各向同性；

5）在定标的时间范围内，定标区域的环境因素基本恒定。

图 15 - 3 表示 QuikSCAT 散射计测量的不同极化方式全球月平均后向散射系数分布。研究表明：亚马逊热带雨林地区的归一化雷达后向散射系数在几千米到几十千米的分辨率上，呈现出均匀、各向同性、随时间变化小等特点，是国际上公认的散射计外定标区域。

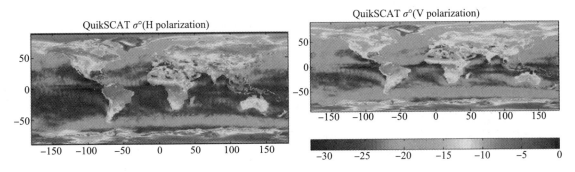

图 15 - 3　QuikSCAT 散射计测量的全球月平均后向散射系数分布（2000 年 1 月）

尽管热带雨林后向散射系数分布均匀，并且随季节的变化不明显，但是仍然表现为一定的时间、空间变化，这种变化将对散射计的定标结果产生负面的影响，因此需要从中选择空间分布均匀，并且在定标时间内后向散射系数的标准偏差比较小的区域。另外，热带雨林中的河流的后向散射系数与热带雨林中树木的后向散射系数具有明显的差异，因此需要从定标数据集中剔除这部分数据。图 15 - 4 表示 QuikSCAT 散射计测量的 2000 年 1 月不同极化方式后向散射系数的标准偏差。我们选择亚马逊热带雨林地区，在定标时间范围内后向散射系数的标准偏差小于 0.3 dB 的区域作为散射计外定标的理想区域。

卫星散射计具有两种极化天线，采用圆锥形扫描笔形波束天线测量地球表面的后向散射系数，天线入射角为设计值。由于卫星姿态等不确定因素的影响，卫星散射计测量的后向散射系数所对应的入射角并不完全等于设计值，而是存在一定的偏差，因此要对测量的后向散射系数进行入射角的修正。这里我们采用一个简化的一阶多项式模型定标卫星散射计测量的后向散射系数

$$\sigma_b^\circ = A + B(\overline{\Theta_b} - \theta_b) \tag{15-8}$$

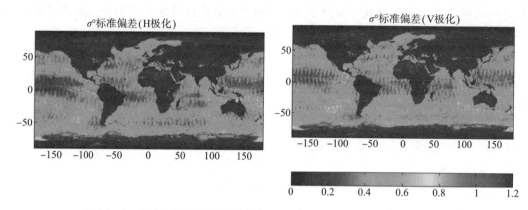

图 15-4　QuikSCAT 散射计测量的 2000 年 1 月后向散射系数标准偏差

式中　σ_b°——天线波束观测的后向散射系数，dB；

　　　$\overline{\Theta_b}$——波束的入射角；

　　　θ_b——波束入射角的实际观测值；

　　　A——修正后的后向散射系数，dB；

　　　B——描述后向散射系数随入射角的变化，dB/degree。

③海洋定标

海洋定标可以对有源定标器外定标的质量进行独立的评估。海洋定标的主要思路是：首先利用时间、空间插值算法获得与散射计测量的后向散射系数配准的模式风场数据（风速和风向）；然后将模式风场数据以及其他辅助数据代入到地球物理模式函数获得后向散射系数的模拟值；将散射计测量的后向散射系数与模拟值进行对比，获得后向散射系数的修正值。

海洋定标方法与上述两种方法相比，一个比较明显的优点是：在短时期内能够取得比较好的定标效果。例如在 6 个小时内，海洋定标方法就能够检测到散射计仪器设备的工作异常，这对于散射计数据的实时处理应用是至关重要的。

海洋定标场要选择在没有海冰覆盖的区域。海洋定标的数据源包括：

1）散射计测量的后向散射系数数据；

2）与散射计测量数据时间、空间配对的模式风场数据（例如，欧洲中期天气预报 ECMWF 以及美国国家环境预报中心 NCEP 的业务化的全球海面风场产品）；

3）地球物理模式函数。

由于卫星散射计工作于 Ku 频段，因此这里可采用国际上公认的卫星散射计海面风场反演模式函数（NSCAT－2 和 QSCAT－1 等）模拟计算散射计测量的后向散射系数。

（3）后向散射系数/海面风速真实性检验方法

海面风矢量产品是卫星散射计获得的地球物理参数，其产品质量与反演算法直接相关。对海面风场的真实性检验即对风矢量场产品的真实性检验。其技术途径为利用海面外定标场的常规气象观测得到的海面风速"真值"与通过卫星遥感测得的散射系数反演出的海面风场进行比较，作出真实性检验和评价；也可以把卫星遥感得到的海面风场产品与在轨的其他相应的卫星风场遥感产品进行比对。如美国笔形波束散射计 QuikSCAT 等，特别是同一载体上的散射计的风场产品进行比对。

15.3　辐射计定标与检验方法

从空间对地遥感的角度看，星载微波辐射计观测的亮温 TB_p 由式（15-9）决定

$$TB_p = T_u + \exp(-\tau_a)[Tb_p + r_p \{T_d + T_{sky} \exp(-\tau_a)\}]$$ （15-9）

式中　T_u、T_d——上行和下行大气辐射；

T_{sky}——宇宙背景亮温（$T_{sky} = 2.7$ K）；

τ_a——大气不透明度；

r_p——表面的反射率；

Tb_p——表面亮温。

因此，在进行微波辐射反演时，确定以地表和海表发射率的计算方法及计算大气的透过率便成为核心技术问题。一般使用两种方法建立反演算法：一是用全球海洋浮标的海面温度、风速与辐射计亮温之间建立关系；另一种方法是利用先进微波扫描辐射计 AMSR-E 产品，即海面温度、风速、水汽含量、液水含量，与辐射计亮温之间建立关系。

影响海洋背景微波辐射的主要参数包括海洋表面目标和传播路径的大气。从微波辐射校正场区特性考虑，主要包括海面的温度、风速、风向、盐度等海洋参数，以及海面上大气水汽、液态水和降水的分布等。如果我们选择没有云雨的大气条件，那么大气参数主要就是前两个参数的贡献。这部分利用微波辐射传输模式进行海洋和大气参数的灵敏度分析。微波辐射计海洋观测的主要参数包括海面温度和海面风（风速和风向）。此外低频率（L 频段）的微波辐射计还可以获得海面盐度的分布信息。考虑到我们进行微波辐射计辐射校正的需要，这里不考虑海面的海冰等参数的影响。

（1）海面风场

科学家研究表明，风对海面的作用导致微波辐射亮温的显著变化。王振占总结认为实际海水的发射率与把海水看作有介电常数的平面发射率有所不同。这个不同主要是由风引起的表面粗糙度和泡沫产生的。因此用微波辐射计遥感海面风速成为可能。严格来讲，微波亮温是唯一能被看成风速的间接迹象，它是风压或摩擦速度的直接反映。摩擦速度不但取决于风速，而且还与表面层大气混合的稳定程度、海面流的速度等有关系。辐射计所直接反映的粗糙度和泡沫覆盖率也可能随风压之外其他变量的函数，诸如风区，风时、涌浪、海水粘度（其依赖温度）和表面张力等的改变而改变。因此就要确定微波辐射计测量亮温与海面风速的定量关系。这就是常规微波辐射计测量海面风速的主要机理。

微波辐射计用于海面风速的测量已经有很长的历史。早期的星载微波辐射计对地观测主要是进行海面风速的测量，包括美国天空实验室的 S-194 试验中使用的微波辐射计和海洋卫星（SEASAT）的多通道扫描微波辐射计（SMMR）。传统的海面被动微波遥感，通常使用水平和垂直两种基本极化方式，如 SMMR、SSM/I（特种微波成像仪）和大多数

机载微波辐射计。在遥感海面风场时，认为风场海面的微波辐射是各向同性的。从测量的亮温中反演海面风速的准确度约为 2 m/s。微波辐射计测量海面风速的基本原理是粗糙海面的电磁散射强度与粗糙度相关，从而海面的辐射功率和辐射亮温也与粗糙度有关；由于海面风速的大小决定了海面风场驱动下所形成的毛细波的幅度，从而决定了风场作用下的海面粗糙度，所以风场作用下粗糙海面的辐射亮温与海面风速的大小具有一定的相关关系，可以通过对海面亮温的测量反演海面风速的大小。图 15 - 5 给出 0°、55°入射角下正交通道（垂直极化和水平极化）亮温随风速的变化比较。

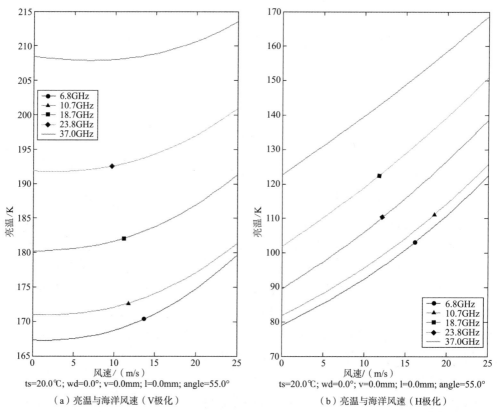

（a）亮温与海洋风速（V 极化）　　　　　　　　（b）亮温与海洋风速（H 极化）

图 15 - 5　没有大气情况下正交通道亮温随着风速的变化（前入射角 55°，后入射角 0°）

（2）海面温度

海面温度是海洋环境预报中的另一个重要参数。在微波频段，海面温度决定着海面的微波发射率和海面辐射，对最终的卫星微波遥感器接收亮温的贡献很大，尤其在低频频段，如在 6.8 GHz 频率，亮温和海面温度几乎呈线性关系。这为海面温度测量提供了重要手段。

图 15 - 6 至图 15 - 8 给出 55°入射角下正交通道（垂直极化和水平极化）亮温随海面温度的变化比较。

（3）风向

随着微波辐射计灵敏度和定标精度的提高，人们对微波辐射测量结果的分析发现，在同样的风速条件下，随着极化方向与风向之间夹角（简称相对风向）的变化，辐射亮温也

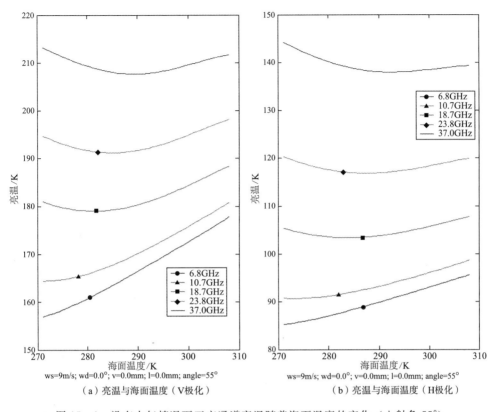

（a）亮温与海面温度（V极化）　　　　　　　　　（b）亮温与海面温度（H极化）

图 15-6　没有大气情况下正交通道亮温随着海面温度的变化（入射角 55°）

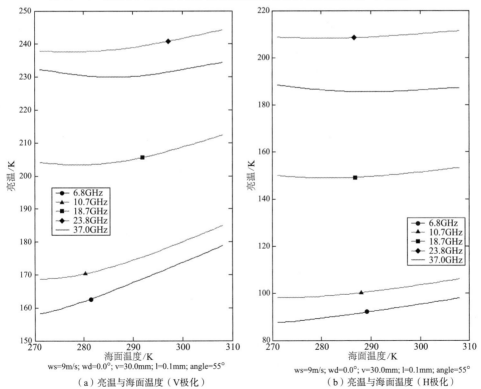

（a）亮温与海面温度（V极化）　　　　　　　　　（b）亮温与海面温度（H极化）

图 15-7　中等大气情况下正交通道亮温随着海面温度的变化（入射角 55°）

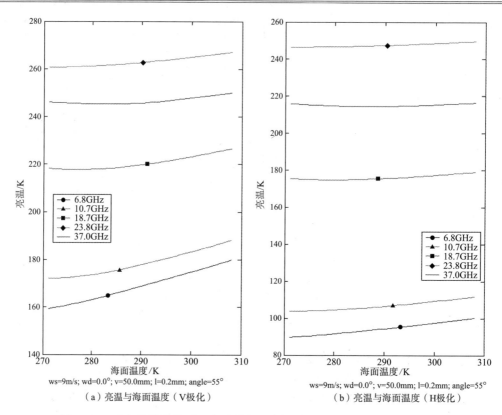

ws=9m/s; wd=0.0°; v=50.0mm; l=0.2mm; angle=55°
（a）亮温与海面温度（V极化）　　　　　（b）亮温与海面温度（H极化）

图 15-8　大气情况很差下正交通道亮温随着海面温度的变化（入射角 55°）

有 0.5 K（风速小于 3 m/s）～5 K（风速大于 15 m/s）的变化，并且这种变化在很大的入射角的范围内都存在。

图 15-9 给出 0°、55°入射角下正交通道（垂直极化和水平极化）亮温随着风向的变化比较。

（4）盐度

海水盐度是海洋环境的一个重要参数。它对于海洋生态和海洋环境有重要的影响。在卫星和飞机高度，它是唯一一个只能用微波辐射计遥感的海洋参数。遥感海面盐度的最佳频率是 L 频段，频率一般小于 2 GHz。在 C 频段以上的频率，盐度对于最终遥感亮温的贡献很小。特别是在大气情况逐渐变差时，盐度的贡献几乎被掩盖。

图 15-10 至图 15-12 给出 55°入射角下正交通道（垂直极化和水平极化）亮温随海水盐度的变化比较。

（5）大气水汽含量

海洋上空的大气水汽含量是海洋环境预报的重要输入参数。大气水汽含量对于亮温的影响与水汽的吸收谱线有关，在微波频段，在 22.2 GHz 附近有一个水汽吸收峰，因此在这个频率附近水汽对于亮温的贡献最大，反映到不同频率之间的亮温差异上，这个吸收峰附近的亮温随着水汽增大的梯度比其他频率明显偏大。这就是在多数情况下，卫星遥感测量的 22.235 GHz 亮温比 37.0 GHz 对应极化亮温大的原因。

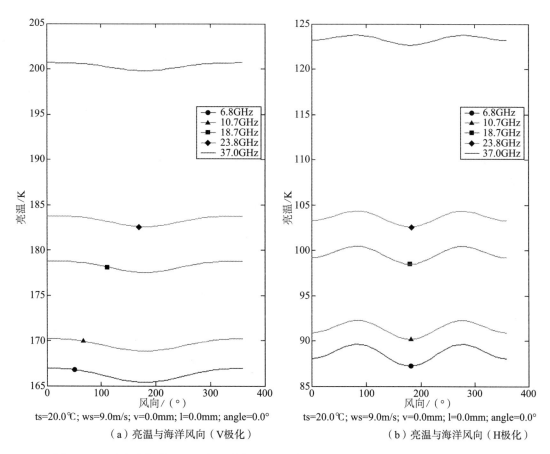

ts=20.0℃; ws=9.0m/s; v=0.0mm; l=0.0mm; angle=0.0°

（a）亮温与海洋风向（V极化）

ts=20.0℃; ws=9.0m/s; v=0.0mm; l=0.0mm; angle=0.0°

（b）亮温与海洋风向（H极化）

图 15－9　没有大气情况下正交通道亮温随着风向的变化（前入射角 0°，后入射角 55°）

图 15－13 给出 0°和 55°入射角下正交通道（垂直极化和水平极化）亮温随着大气水汽含量变化的比较。

（6）云中液态水含量

当忽略散射贡献，由于液态水的吸收导致液态水含量与最终亮温之间的关系近似为线性关系。

图 15－14 给出 0°、55°入射角下正交通道亮温随着液态水含量变化的比较。

（7）交叉定标方法的原理和实现方法

下面我们介绍不同星载微波辐射计的交叉定标方法的原理和实现方法，分析入射角、频率等差异的影响。我们这里利用双尺度模式 TSM 来分析海洋表面微波辐射在不同频率、入射角之间的变化，据此说明建立交叉定标基准的方法。

我们这里简单地用双尺度模式（TSM，也称 2－Smodel）模拟海面微波辐射随着频率和入射角的变化。假设海面 SST[①]＝15℃，SSS[②]＝35‰（psu），风速 ws＝9 m/s，相对风

①　海表温度，Sea Surface Temperature，简称 SST。
②　海表盐度，Sea Surface Salinity，简称 SSS。

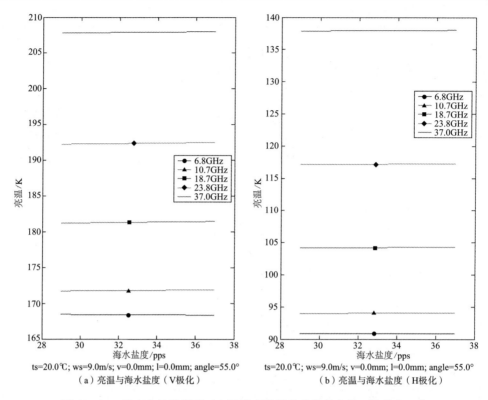

ts=20.0℃; ws=9.0m/s; v=0.0mm; l=0.0mm; angle=55.0°

（a）亮温与海水盐度（V极化）

ts=20.0℃; ws=9.0m/s; v=0.0mm; l=0.0mm; angle=55.0°

（b）亮温与海水盐度（H极化）

图 15 - 10　没有大气情况下正交通道亮温随着盐度的变化（入射角 55°）

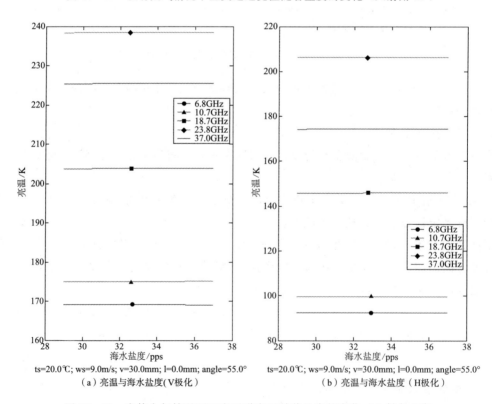

ts=20.0℃; ws=9.0m/s; v=30.0mm; l=0.0mm; angle=55.0°

（a）亮温与海水盐度(V极化)

ts=20.0℃; ws=9.0m/s; v=30.0mm; l=0.0mm; angle=55.0°

（b）亮温与海水盐度（H极化）

图 15 - 11　中等大气情况下正交通道亮温随着盐度的变化（入射角 55°）

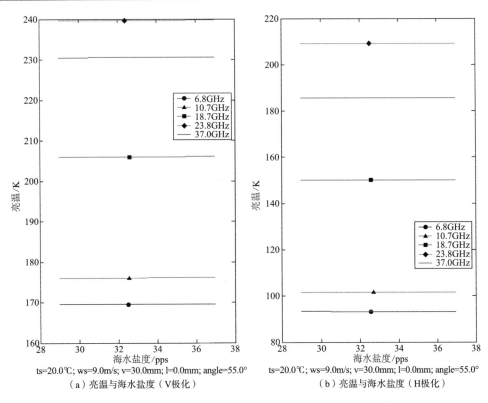

图 15 - 12　大气情况很差下正交通道亮温随着盐度的变化（入射角 55°）

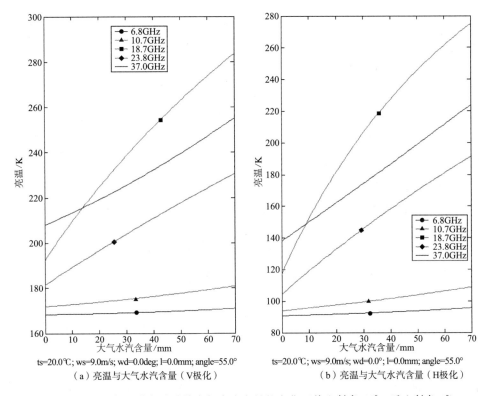

图 15 - 13　正交通道亮温随着大气水汽含量的变化（前入射角 55°，后入射角 0°）

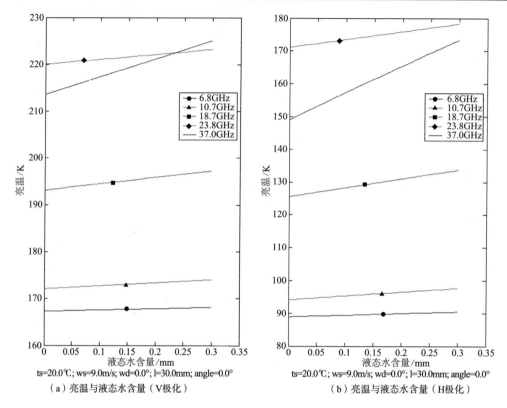

ts=20.0℃; ws=9.0m/s; wd=0.0°; l=30.0mm; angle=0.0° ts=20.0℃; ws=9.0m/s; wd=0.0°; l=30.0mm; angle=0.0°

（a）亮温与液态水含量（V极化） （b）亮温与液态水含量（H极化）

图 15-14　正交通道亮温随着液态水含量的变化（前入射角 0°，后入射角 55°）

向 wd=0°。图是理论计算的 10.7 GHz 和 37.0 GHz 亮温随着入射角在 0~60°的变化规律。我们发现，这个变化规律可以用简单的三次多项式拟合

$$TB_{10.7H} = 0.657\ 34e - 5\theta^3 - 0.013\ 15\theta^2 + 0.007\ 85\theta + 111.366\ 32$$

$$TB_{10.7V} = 0.000\ 21\theta^3 + 0.003\ 66\theta^2 + 0.112\ 27\theta + 111.779\ 75$$

$$TB_{37.0H} = -0.482\ 51e - 5\theta^3 - 0.014\ 49\theta^2 + 0.005\ 34\theta + 137.260\ 58 \qquad (15-10)$$

$$TB_{10.7V} = 0.000\ 13\theta^3 + 0.009\ 80\theta^2 + 0.040\ 13\theta + 138.035\ 80$$

θ 为入射角，e 为发射率，这个拟合结果除了在 0°入射角下存在微小的误差以外，在其他的入射角下，拟合误差基本可以忽略。图 15-15 为理论计算的 10.7 GHz 亮温随着入射角在 0~60°的变化规律，图 15-16 为理论计算的 37.0 GHz 亮温随着入射角在 0~60°的变化。

另外，图 15-17 给出垂直极化和水平极化亮温随着频率在 1~37 GHz 的变化。我们发现，除了 1 GHz，3 GHz 以上的亮温和频率之间的关系可以用简单的线性关系表示为

$$TB_H = 0.743\ 9F + 65.225\ 3$$

$$TB_V = 1.056\ 3F + 152.293\ 7 \qquad (15-11)$$

其中　F——频率。

这样海面的不同频率和不同入射角之间的关系就可以通过上述规律进行转化。当然，不同海况下这些规律的系数不会完全相同，在进行交叉定标的时候要进行相应的转换。

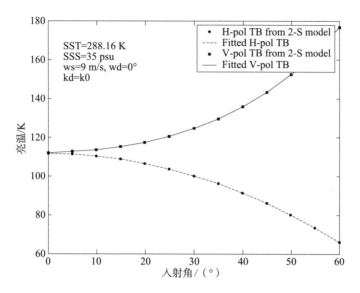

图 15 - 15　理论计算的 10.7 GHz 亮温随着入射角在 0～60°的变化规律

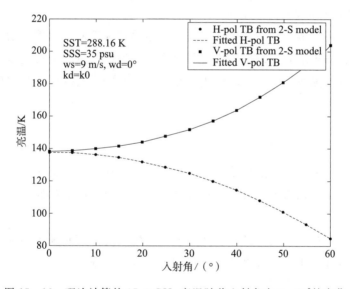

图 15 - 16　理论计算的 37.0 GHz 亮温随着入射角在 0～60°的变化

15.4　合成孔径雷达定标与检验方法

　　SAR 图像早期应用由于技术水平仅限于看图说话，定量化应用不明显。随着定量化的要求以及雷达技术的发展例如多极化的出现，相应的，定标显得尤为重要，定标技术迅速发展起来，并由单通道的定标技术逐渐向多通道多极化的定标技术演化。下面是席育孝对定标一些基本概念的定义。

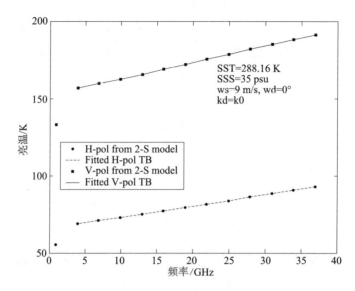

图 15 - 17　垂直极化和水平极化亮温随着频率在 1～37 GHz 的变化

（1）辐射定标

辐射定标即利用合成孔径雷达系统本身测量地物目标后向散射信号的幅度与相位的能力，描述从发射机输出端到处理器输出端的整个系统性能的过程。目的就是要在合成孔径雷达系统获取的地表随机场景的平均输出信号与该场景的平均散射系数之间建立一一对应关系。

（2）内定标和外定标

①内定标

向雷达系统数据流中注入定标信号，来描述合成孔径雷达系统性能的过程。

内定标主要测量几何参数、发射脉冲性能参数和接收机性能参数。

②外定标

使用地面有源目标产生的，或无源目标反射产生的定标信号来描述合成孔径雷达系统性能的过程。外定标用来确定被测地物目标的绝对散射系数。

（3）相对定标和绝对定标

①绝对定标

合成孔径雷达实际测量得到的地物目标的散射截面积（散射系数）值，与其实际值之间进行比较，获得相应的系统误差参数，并用这些误差参数来校正系统获取的随机地物目标的雷达截面积（散射系数）值的过程就称为绝对定标。

②相对定标

相对定标一般按照互相比较的两组数据获取的时间间隔分为短期相对定标和长期相对定标两类，因为系统通常可以按照其短期性能和长期性能来描述。

（4）极化定标

对于多极化合成孔径雷达，除了上述定标外，还要对极化通道隔离度、极化通道平衡度和不同极化通道信号之间的相对相位关系进行定标。

（5）辐射定标误差源

误差源及误差产生原因主要有以下几个方面。

1）待测地物目标：几何不确定性、传播损耗；

2）天线：天线方向图不确定性、指向误差、串扰；

3）发射机和接收机：发射功率变化、极化通道或者不同频率通道的增益不平衡性、极化通道相位差；

4）数字记录处理系统：增益不确定性、噪声、数字化、非线性；

5）图像形成处理器：噪声、内插误差；

6）后向散射系数计算：测量误差。

合成孔径雷达定标与检验主要含天线方向图在轨测量、辐射定标常数测量、几何定标、线性动态范围测量、雷达脉冲特性测量、定标精度检验和图像质量评估等。

15.4.1 辐射定标原理及方法

雷达图像的信号强度不仅与目标的雷达截面积有关，还与雷达系统自身参数有关，这些参数的不确定性及随机变化，使得 SAR 对目标回波的传递具有不确定性，造成雷达图像测量的重复性差和不能正确反映实际目标的回波特性，因此需对雷达图像中每个像素的灰度值或数字所代表的该分辨率单元的雷达截面积进行精确和正确的测定。

图 15-18 为 SAR 系统的框图，卢有春在 SAR 在轨测试技术的方案论证与评价中列出了系统各部分的不确定性，这些不确定性对 σ 或 σ° 的测量产生直接影响。

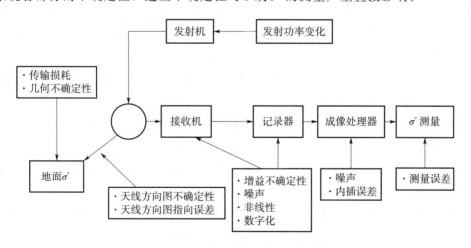

图 15-18 SAR 系统的不确定性因素

雷达图像像素的功率可表示为

$$P_I = \frac{P_t G^2(\theta)\lambda^2}{L_n (4\pi)^3 R^4}\sigma \tag{15-12}$$

表达为传递函数

$$P_I = K_p \frac{G^2(\theta)}{R^4} H_R \sigma \qquad (15-13)$$

其中 $K_p = \dfrac{P_t \lambda^2}{L_n (4\pi)^3}$ ，假定系统总传递函数为 H_s ，则

$$P_I = H_s \sigma$$

$$H_s = K_p \frac{G^2(\theta)}{R^4} H_R \qquad (15-14)$$

于是

$$\sigma = H_S^{-1} P_I$$

或

$$\sigma^\circ = H_S^{-1} \frac{P_I}{A_C} \qquad (15-15)$$

当形成雷达图像，获得了图像中每个像素的 P_I 值后，要求给出其相应的 σ 或 σ° 值的关键，就是要确定 H_S。H_S 中的中间一项是与像素的空间位置有关的量，根据天线方向图 $G^2(\theta)$ 和像素的斜距位置 R，对各像素的 P_I 值进行校正，使得该像素的取值与 θ 和 R 无关（通常称为距离向校正），同时，监视 K_p 和 H_R 的变化，根据这些变化对 P_I 值进行补偿（通常称为方位向校正），这样就完成了相对定标的工作。要完成绝对定标的工作，则必须确定 K_p 和 H_R 的值。

H_R 包括了雷达接收、记录和成像处理等各部分的传递函数，为了确定 H_R，一种办法是分别确定各部分的传递函数，然后相乘得到 H_R，即

$$H_R = G_1 \cdot G_2 \qquad (15-16)$$

其中，G_1 表示接收、记录系统增益，G_2 表示成像处理器增益。但这种办法产生误差的机会多，特别是考虑到它们之间的级联，误差较大而且要经常中断测量次序，所以，采用端—端的测量方法。

所谓端—端的测量方法，是在地面上设置 n 个已知 σ_n 或 σ°_n 的目标，σ_n 或 σ°_n 的取值范围要覆盖整个雷达的线性动态范围，然后使雷达对其成像，从图像中测定其相应的 P_{In} 值，做出 $P_{In} \sim \sigma_n$ 的关系曲线，这一曲线的形状即代表了 H_S，由于 K_p 和 $G^2(\theta)$、R 是可单独测量获得的量，因此，H_R 亦可确定。在线性动态范围内，$P_{In} \sim \sigma_n$ 的曲线应为一直线，其斜率即为 H_S。这种端—端测定 H_S 的方法，并不需要分别求出雷达系统各部分的传递函数。

这里需要提醒的是：地面设置的 n 个标准雷达截面积的目标，位于雷达成像几何关系中确定的空间位置，即 $\theta = \theta_1$，$R = R_1$。这样求得的 H_S 为

$$H_S = H_{S1}(\theta_1, R_1) \qquad (15-17)$$

当 $\theta \neq \theta_1$，$R \neq R_1$ 时，σ 或 σ° 的计算需对 H_{S1} 归一化，即

$$\sigma = \frac{H_S^{-1}}{H_{S1}^{-1}} P_I \qquad (15-18)$$

相对定标除了天线方向图之外，主要是依靠星上的一个高度稳定的信号源，通过需要监视的回路，对 H_R 进行监视，称为内定标。通常这一高度稳定信号来自发射功率取样。

因此，内定标监视 $P_t H_R$ 的乘积。绝对定标中天线方向图以及总体传递函数的测定则是依靠外定标技术来实现的，即依靠外部的标准反射器提供的标准输入信号，通过整个雷达系统直到形成雷达图像和地面设置标准接收机来接收雷达发射信号来实现。

综上所述，我们可以把测定总体传递函数的方法总结为图 15 - 19 所示。

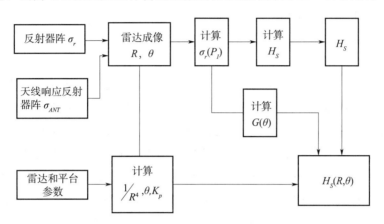

图 15 - 19　总体传递函数的测定方法

如果星载 SAR 的标准信号发生器能够成像，则可附加测得 H_{RC}

$$P_{IC} = H_{RC} P_C \qquad (15-19)$$

其中，P_{IC} 为标准信号产生的图像强度，P_C 为标准信号的强度。这样，我们就可以计算出另一个 H_{SC} 值

$$H_{SC} = K_p \frac{G^2(\theta)}{R^4} H_{RC} \qquad (15-20)$$

这一数值可用来与 $H_S(R,\theta)$ 值互相检验，提供了一种校验的办法。

由于欲求的 σ 或 $\sigma°$ 与图像强度 P_I 之间可简单表示成 $P_I = H_S\sigma$，所以 H_S 又称为校正系数。

基于以上原理，考虑雷达本身噪声的影响，则

$$P_I = H_S\sigma + P_n \qquad (15-21)$$

其中 P_n 为噪声功率。故定标方程的总体形式为

$$\sigma = \frac{P_I - P_n}{H_S} \qquad (15-22)$$

考虑到地面分辨单元面积的 A_C 表达式 $A_C = \rho_a\rho_r \approx \rho_a\dfrac{\Delta r_s}{\sin\eta}$，$H_S$ 的表达式可表示为

$$H_S = \frac{P_t G^2(\theta)\lambda^2 \rho_a \Delta r_s}{L_n (4\pi)^3 R^4 \cos\theta_i} H_R \qquad (15-23)$$

雷达方程中的各物理量也可以有其他的表示方式（Ulaby，1982），因此，提供了可测定不同方程中的物理量的方法来测定 H_S。

对于分布目标

$$P_{Id} = \frac{P_{av} G^2(\theta)\lambda^3 \sigma_d \Delta r_s}{2L_n (4\pi)^3 R^3 V_g \tau_p \cos\theta} H_R + P_n \qquad (15-24)$$

对于点目标

$$P_{Ip} = \frac{P_{av}G^2(\theta)\lambda^3\sigma_p}{2L_n(4\pi)^3R^3V_g\tau_p\rho_a}H_R + P_n \qquad (15-25)$$

式中 P_{av} ——平均发射功率；

τ_p ——发射脉冲宽度；

V_g ——地速；

σ_d、σ_p ——分布目标和点目标的雷达截面积。

发射功率 P_t 与接收通道的增益 G_1，作为 P_tG_1 由内定标系统根据内定标复制信号进行检测，并用来对回波信号进行校正。噪声功率 P_n 的确定可以利用雷达图像中无回波信号区的图像强度来获得，这种无回波区可以是图像中的阴影区或平静的水面。也可以暂时关闭发射机时获得的图像数据。通常在雷达信噪比较高时，可以不考虑 P_n 的影响。

天线方向图 $G(\theta)$，由外定标方法测定天线方向图和距离向天线方向图和增益。成像处理器增益 G_2，G_2 是 H_R 的一部分，在成像算法的处理器中，成像处理器的增益可表示成方位压缩功率增益 g_1、距离压缩功率增益 g_2、方位向窗函数增益 g_3 和距离向窗函数增益 g_4 的积，即

$$G_2 = g_1 \times g_2 \times g_3 \times g_4 \qquad (15-26)$$

g_1 由多普勒调频率与合成孔径时间的积决定，g_2 由线性调频脉冲信号的时带积决定。因此，作为对 H_R 的检测与监视应包括对 G_2 中各参数的检测和监视，在成像处理过程中完成。

15.4.2　几何定标方法和流程

SAR 几何定标测量系统方位向和距离向绝对偏移量（几何定标常数），对于没有地面控制点的测绘区域非常重要。在多数情况下（如海洋、荒漠区域），无法获得 GCP 或难以识别 GCP。

几何定标常数测量依靠定标场内设置的定标器作为参考点目标来完成，参考目标的地理位置被精确测定（GPS）。从图像上实际测量参考目标的图像坐标，并与标准参考坐标进行比较测量方位向和距离向的位置偏移量（即几何定标常数）。

从定标场图像上测量参考目标脉冲响应的峰值位置作为其图像坐标，为了去除离散数据的影响，须进行插值。设图像坐标分别为距离向 R 和方位向 X，则距离向几何偏移量 $\Delta R = R - R_0$，方位向几何偏移量 $\Delta X = X - X_0$。(R_0, X_0) 为参考图像坐标。

为了提高测量精度，需要多个参考点目标统计测量，则

$$\Delta R = \frac{1}{n}\sum\Delta R_i$$

$$\Delta X = \frac{1}{n}\sum\Delta X_i \qquad (15-27)$$

样本数至少多于 3 个。

测试流程如图 15-20 所示。

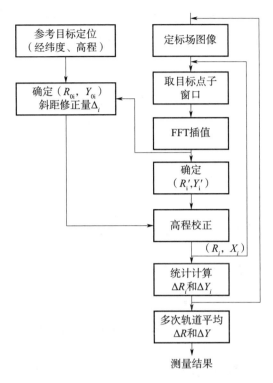

图 15 - 20　几何定标常数测试流程

15. 4. 3　极化定标原理及方法

在水平极化和垂直极化中，测量矩阵 $\boldsymbol{M}$ 可以用表示为

$$
\begin{bmatrix} \boldsymbol{M}_{HH} & \boldsymbol{M}_{VH} \\ \boldsymbol{M}_{HV} & \boldsymbol{M}_{VV} \end{bmatrix} = A(r,\theta)\mathrm{e}^{j\varphi} \begin{bmatrix} 1 & \delta_2 \\ \delta_1 & 1 \end{bmatrix} \begin{bmatrix} 1 & 0 \\ 0 & f_1 \end{bmatrix} \begin{bmatrix} \cos\Omega & \sin\Omega \\ -\sin\Omega & \cos\Omega \end{bmatrix} \begin{bmatrix} \boldsymbol{S}_{HH} & \boldsymbol{S}_{VH} \\ \boldsymbol{S}_{HV} & \boldsymbol{S}_{VV} \end{bmatrix} \times
$$

$$
\begin{bmatrix} \cos\Omega & \sin\Omega \\ -\sin\Omega & \cos\Omega \end{bmatrix} \begin{bmatrix} 1 & 0 \\ 0 & f_2 \end{bmatrix} \begin{bmatrix} 1 & \delta_3 \\ \delta_4 & 1 \end{bmatrix} + \begin{bmatrix} \boldsymbol{N}_{HH} & \boldsymbol{N}_{VH} \\ \boldsymbol{N}_{HV} & \boldsymbol{N}_{VV} \end{bmatrix}
$$

$$(15-28)$$

式中　$\boldsymbol{S}$——散射矩阵；

$\boldsymbol{N}$——在每次观测时的噪声矩阵；

f——通道的幅度和相位不平衡度；

Ω——旋转角度。

极化测量数据产品一般用 Stokes 矩阵的格式表示。这是通过先对散射矩阵进行对称化处理得到的，对称化过程如下：给定的 4 个经过辐射定标的图像，代表两个同极化目标后向散射测量和两个交叉极化测量，那么对称化过程是对交叉极化项逐像素求平均

$$
Z'_{HV} = (Z_{HV} + Z_{VH})/2 \qquad\qquad (15-29)
$$

这一过程的内在假设是对所有自然目标有 $S_{HV} = S_{VH}$，因此，Z_{HV} 和 Z_{VH} 之间的任何不同必然来自雷达系统误差。

　　实际上，在进行交叉极化通道平衡之前，必须对由于通路长度不同或一个通道相对于另一个通道的延迟不同而造成的系统相位误差进行补偿。例如，考虑一个 C 频段的双极化 SAR 系统，具有两个接收链路，H 通道和 V 通道各一个。如果一个通道的电信号路径长度比另外一个长 2.8 cm，则两个通道的相位差为 180°。因此上式中的交叉极化通道平衡会有效地消除交叉极化回波（不存在其他系统误差和噪声时），使 Z'_{HV} 为零，与目标散射特性无关。为补偿系统的相位偏差，在进行交叉极化通道平衡之前，必须进行两通道数据的相位差校正。平均相位差由式（15 - 30）给出

$$\phi_x = \sum_{i=1}^{N} \arg(Z_{HV} Z^*_{VH})/N \qquad (15 - 30)$$

　　其中，求和是对整帧图像中那些有代表性的数据样本进行的。由于为补偿这一相位误差只需校正其中一个交叉极化通道，因此上式变为

$$Z'_{HV} = [Z_{HV} \exp(-j\phi_x) + Z_{VH}]/2 \qquad (15 - 31)$$

　　同极化项的相位校正需要进行类似的分析。同极化通道的平均相位误差由下式计算

$$\phi_I = \sum_{i=1}^{N} \arg(Z_{HH} Z^*_{VV})/N \qquad (15 - 32)$$

　　然后将这一校正应用于一个同极化图像中的所有像素，即

$$Z'_{HH} = Z_{HH} \exp(-j\phi_I) \qquad (15 - 33)$$

　　这一过程有效的一个必要条件是所有目标在 S_{HH} 和 S_{VV} 之间的相位漂移是零。然而，只有当该散射体是单次反射（即布拉格散射）时，相对相位才是零。因此，相位校正过程需要识别单次反射目标，例如海洋，或粗糙程度小且具有相对高的介电常数的地表。上述过程的另一个假设是相位差异分布是对称的和单峰的。对于非对称分布，相位差的均匀估计将由分布的中值所代替。如果概率分布函数是双峰的，就应该用较小的样本块来估计相位校正因子。

　　一般情况下不需要对每幅图像都进行同极化和交叉极化相位校正。通常，根据系统设备的稳定性，决定应用于一组图像的一个校正因子的有效时间长短。如果雷达的性能对于轻微的温度变化非常敏感，会引起一个接收链路相对于另一个接收链路的电长度变化，那么可能每帧图像就需要一个校正因子。由于 S_{HH}/S_{VV} 比值完全依赖于目标且不能预测，因此，不能用分布目标进行同极化通道的幅度不平衡校正。由于定标器的散射矩阵是精确已知的（$S_{HH}/S_{VV} = 1$），所以利用对这个目标的回波进行分析，以校正这一回波区域的同极化通道幅度失衡。H、V 方向图错开有可能引起通道幅度不平衡，这就需要利用成像带上的多个点来进行校正，通过在距离向上设置一个反射器阵就可以做到这一点。另外，目前还未测试过的一个方法是，在成像带内的单个点上（用一个定标器）进行绝对的同极化幅度平衡，然后利用海洋等分布目标在成像带内的其他各点进行相对平衡校正。这一方法要求 $S_{HH}/S_{VV} = $ 距离向常数。对于星载 SAR 系统，由于其入射角变化范围不大，这一方法是可行的。

15.4.4　基于海洋场的辐射定标技术

　　海洋应用是 SAR 的主要应用方向，而海面是一个动态变化的低散射场景，海洋成像

过程、成像处理方法与陆地成像有很大区别。海洋定标场主要用于开展面向海洋应用工作模式的定标工作，同时配合开展海洋产品精度真实性检验。

早期的合成孔径雷达大多没有提供经过定标的 SAR 图像，当时并不优先考虑对 SAR 图像数据进行定标。但是随着越来越多新型的 SAR 升空服役，它的应用范围也迅速的扩展到多个领域，例如风场反演、水下地形探测、舰船识别、海冰监测、行星探测、农业和林业等多个领域。这些促使 SAR 从定性遥感向定量遥感发展，辐射定标也就成为 SAR 数据处理的重要一环。对 SAR 进行辐射定标处理的主要目的就是在 SAR 图像能量与目标的雷达截面积之间建立定量的关系，即对像素灰度和分辨单元的后向散射系数进行精准测量。

合成孔径雷达系统的总体传递函数对 SAR 定标而言至关重要，它包括雷达系统的各项参数变化，如天线方向图的变化，发射功率和接收处理系统参数的变化，卫星姿态、轨道的变化以及地形几何关系等因素对后向散射系数的影响。SAR 定标首要的问题就是使得传递函数保持稳定。利用以上数据进行辐射定标、几何定标使得传递函数 H 保持稳定，即在线性范围内，传递函数可以看作一个常数 K，称之为定标常数。

在大多数情况下，需要准确的知道目标雷达截面的大小，故而需要解决前面提到的第二个问题。为了满足这个要求，必须准确的知道定标常数 K 的大小。通常的解决方法是利用地面上已知雷达截面积为 σ_{ref} 的目标作为标准参考目标，从图像上提取该目标的响应输出 P_{ref}，则定标常数为

$$K = \frac{P_{\text{ref}}}{\sigma_{\text{ref}}} \tag{15-34}$$

综上所述 SAR 系统定标包括绝对定标和相对定标两部分。相对定标指的是校正处理各种误差，从而保证系统总体传递函数稳定。绝对定标指的是利用地面雷达截面积精确已知的标准参考目标，来测定系统总体传递函数 H。H 是一个不稳定的随机变量，它随着空间、时间的变化发生变化。SAR 系统的整个流程中存在着许多误差源，这些误差源中，雷达系统的天线方向图对传递函数的影响最大。因此定标常数测量和天线方向图测量是 SAR 在轨测试的两个主要内容。

定标常数的测量通常采用端-端的方法，利用地面已知散射特性的目标来得到雷达系统的传递函数。通常使用两种类型的目标：1) 已知雷达截面积（Radar Cross Section, RCS）的点目标或镜面散射体；2) 已知散射特性（σ°）且相对稳定的大面积均匀分布目标。

点目标通常是一种人造设备，如角反射器、转发器等。这些定标器的几何面积远远小于 SAR 图像的分辨单元，但其雷达截面积远远大于分辨单元内定标器周围背景区域的总散射功率。为了减小来自背景区域的定标误差，点目标 RCS 应至少比 SAR 图像分辨单元总散射功率高 20 dB。由于定标器雷达截面积的方向性很强，所以必须精确测量定标器相对于雷达的指向角。定标时首先在地面定标场中设置一系列已知雷达截面积的点目标或者分布目标。雷达先对该定标场成像并获得该场的雷达图像，从而可以得到标准雷达截面积与对应的图像功率之间的关系。

　　SAR 利用分布目标测量定标常数是指使用具有均匀后向散射特性的大面积自然目标来进行定标工作。分布目标定标的一个基本假设是分布目标区域的散射特性是稳定的，或者其散射特性的变化精确已知，这可以使得与目标散射特性相关的图像特征能与传感器性能分离开来。利用分布目标定标的优点是可以在系统动态范围内不同点测量雷达的性能，而在前述的点目标定标中，要求点目标雷达截面积高于周围背景，以减小背景估计误差。因此点目标定标只能测量系统线性动态范围的高端的系统性能，而分布目标展现了很大范围的后向散射系数 $\sigma°$，可以在系统线性动态范围内许多点上估计系统性能。利用分布目标定标的时候，通过计算已知雷达截面积的分布目标的脉冲响应能量，就可以计算出系统的总传递函数，即定标常数。

　　丁岩等人研究表明海面风场遥感模型将风场与海面后向散射系数联系起来，为利用海面风场测量定标常数提供了理论基础。

　　CMOD4 模型海面风场遥感模型中的一个典型代表。它是欧洲中长期预报中心（EC-MWF）针对 ERS—1 上的 C 频段 VV 极化散射计提出的 $\sigma°$ 与风速、风向和入射角关系的经验公式，其形式如下

$$\sigma° = b_0 (1 + b_1 \cos\phi + b_3 \tanh b_2 \cos 2\phi)^{1.6}$$

这里
$$b_0 = b_r \times 10^{\alpha + \gamma f_1 (V+\beta)}$$

$$f_1(y) = \begin{cases} -10 (y \leqslant 10^{-10}) \\ \log_{10} y (10^{-10} < y \leqslant 5) \\ \sqrt{y}/3.2 (y > 5) \end{cases} \tag{15-35}$$

　　$\alpha, \beta, \gamma, b_1, b_2, b_3$ 可以展开为 18 个系数的 Legendre 多项式。b_r 是 b_0 的剩余修正系数，是一个入射角的函数。

　　CMOD4 模型提出后，在利用散射计、合成孔径雷达反演海面风场等领域获得了广泛的应用，并取得了较好的效果。因此采用 CMOD4 模型来描述的海面 SAR 后向散射系数与 SAR 图像强度的关系，来计算定标常数。

　　利用海面风场测量定标常数的方法是基于海面的后向散射系数与海面的风场之间的依赖关系而提出的。海面的后向散射系数和海面风场的关系可以通过 CMOD4 来描述。CMOD4 是一个经过检验的半经验模型。只要给出一幅 SAR 图像上的风场，那么 CMOD4 就可以给出 SAR 照射区域的后向散射系数。这一方法可以有效的测量出 SAR 定标常数，并且可以监测、估计由于增益变化等因素引起的定标常数的变化，表达式如下

$$P = K \frac{G^2(\theta_i)/G^2(\theta_0)}{(R_i^3 \sin\theta)/(R_0^3 \sin\theta_0)} \sigma \tag{15-36}$$

对其进行距离扩散校正后，可以得到

$$I_{ij} = K \frac{G^2(\theta_i)/G^2(\theta_0)}{\sin\theta_i/\sin\theta_0} \sigma_{ij} \tag{15-37}$$

　　下标 i、j 分别表示距离向和方位向的元素。θ_0 是参考入射角。上式的参数中天线方向图和 $\sin\theta$ 项都是依赖于入射角的，但是如果入射角的变化较小，比如入射角范围为 $22.7°\sim 23.4°$ 时，则可以认为天线方向图和 $\sin\theta$ 只产生了微小的变化，那么就可以忽略这

两个参数，可以得到

$$\langle I \rangle = K\sigma° \tag{15-38}$$

式中　$\langle \cdot \rangle$——对 SAR 图像进行强度平均；

　　　K——定标常数。

为了求出定标常数，需要知道 $\sigma°$。而 $\sigma°$ 可以通过风场遥感模型 CMOD4 得到。CMOD4 准确的描述了风速、风向、SAR 入射角和 $\sigma°$ 的关系。如果知道 SAR 成像区域的风向、风速和 SAR 的入射角，那么就可以求出 $\sigma°$，从而可以得到定标常数。因此将成像区域的风速、风向和 SAR 入射角作为 CMOD4 模型的输入，计算 CMOD4 模型输出的海面后向散射系数与 SAR 图像强度的差，就可以得到定标常数的估计。

根据上述原理即可计算定标常数，利用风场测量定标常数方法的流程如图 15 - 21 所示。

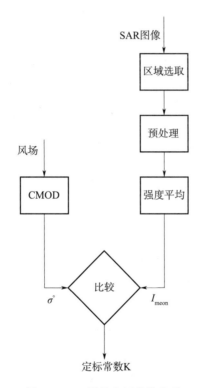

图 15 - 21　测量定标常数流程

（1）选择区域

在近岸的海区，海面的后向散射系数不仅仅受到海面风场的影响，还会受到海底地形等因素的影响，使得使用 CMOD4 计算的结果与实际的海面后向散射系数出现较大误差，无法应用 CMOD4 海面风场遥感模型；在极地附近海洋上会出现海冰，油井、油轮所在的海域如果发生溢油，都会对海面后向散射系数产生影响，因此选择海面时大多选取远离陆地、没有海冰、没有发生海面溢油的海域，可以应用 CMOD4 模型的海域来测量定标常数。

（2）获取风场数据

风场数据可以由浮标得到，但是此种方法受到浮标分布位置和成本的限制。风场数据可以通过 QuikSCAT 获得。QuikSCAT 卫星可以提供给用户全球范围的中等分辨率的海面风场数据，空间分辨率为 0.25 经度×0.25 纬度。目前 QuikSCAT 数据已经被广泛应用于国防和民用各个领域，研究数据表明，QuikSCAT 提供的风场数据有较高的可信度。

（3）计算后向散射系数

得到风场数据后，将风向、风速和 SAR 图像的中心入射角代入到 CMOD4 中，按照给出的公式，可以计算出海面的后向散射系数 σ°。

（4）预处理

①天线方向图和入射角的校正

天线方向图的校正实质上是去除距离向双程天线方向图对雷达图像幅度调制的影响，实现天线方向图增益的归一化。包括两个步骤：图像数据与天线方向图的对准，天线方向图增益的归一化校正。其中的关键是实现雷达数据与方向图的对准，因为对准的误差将会导致辐射校正误差。若卫星姿态测量精度和天线波束指向误差能够达到辐射校正精度的要求，可以利用卫星轨道参数、姿态参数、雷达参数和成像处理参数直接计算出雷达图像每个像素点与天线方向图的对应关系。根据这一关系就可以校正天线方向图和 $\sin\theta$ 项。

②距离扩散损耗的校正

距离扩散损耗校正的步骤如下：

1）计算平均地球半径 R_T；

2）计算近距点的入射角 α_1；

3）计算距离向第 i 个像素的斜距 R_i。

由距离向每个像素的斜距即可对 R 项进行校正。

在入射角变化较大时，需要完整的进行各项校正，如果入射角变化较小（例如大约0.7°），那么就可以只进行距离扩散的校正。

（5）强度平均

在对 SAR 图像预处理后，将所得结果进行平均，就可以得到这幅 SAR 图像的平均强度

$$I_{\text{mean}} = \frac{1}{MN}\sum_{r_x=1}^{M}\sum_{r_y=1}^{N}I'(r_x, r_y) \tag{15-39}$$

（6）计算定标常数

利用步骤（3）得到的海面后向散射系数和步骤（5）得到的 SAR 图像平均强度，对二者进行比较，就可以得到定标常数

$$K(\text{dB}) = 10\log\left(\frac{I_{\text{mean}}}{\sigma^{\circ}}\right) = 10\log(I_{\text{mean}}) - 10\log(\sigma^{\circ}) \tag{15-40}$$

（7）误差分析

定标过程受到了多种因素的影响，这些影响将要使结果产生误差。如图 15-22 所示。

如果天线方向图、入射角、星地距离产生误差，将会导致 SAR 图像强度产生误差；如果风速、风向、图像中心入射角产生误差，将会导致由 CMOD4 计算得到的海面后向散射系数产生误差。SAR 图像强度的误差和海面后向散射系数的误差又将最终导致最后计算出来的定标常数产生误差。

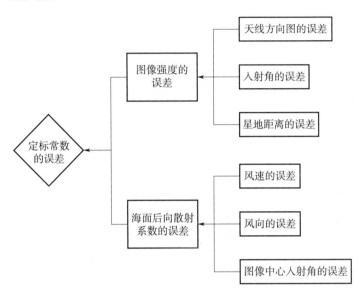

图 15 - 22　定标常数的误差传递

根据

$$K = \frac{I_{\mathrm{mean}}}{\sigma^{\circ}(v, \phi, \theta_0)}$$

得到误差可以表示为

$$
\begin{aligned}
\partial K = & \frac{1}{\sigma^{\circ}(v, \phi, \theta_0)} \partial I_{\mathrm{mean}} - \frac{I_{\mathrm{mean}}}{\sigma^{\circ}(v, \phi, \theta_0)^2} \frac{\partial \sigma^{\circ}(v, \phi, \theta_0)}{\partial v} \partial v - \\
& \frac{I_{\mathrm{mean}}}{\sigma^{\circ}(v, \phi, \theta_0)^2} \frac{\partial \sigma^{\circ}(v, \phi, \theta_0)}{\partial \phi} \partial \phi - \frac{I_{\mathrm{mean}}}{\sigma^{\circ}(v, \phi, \theta_0)^2} \frac{\partial \sigma^{\circ}(v, \phi, \theta_0)}{\partial \theta_0} \partial \theta_0
\end{aligned}
$$

$$(15 - 41)$$

σ° 的误差与风向的关系近似于余弦函数。

σ° 的误差与图像中心入射角的关系则是随着中心入射角的增大，σ° 的误差受到中心入射角误差的影响逐渐减小。

第五部分　应用与展望篇

第 16 章　极化数据应用

16.1　概述

　　高分辨率成像和全极化测量是目前和未来微波遥感领域将着重发展的技术，它们从不同层面描述了目标特性。高分辨率成像技术注重目标的几何结构，它与常规分辨率图像相比，能够更强的刻画目标几何尺寸，显著提高目标在距离、高度和方位三维方向的分辨率，使目标空间分辨更为明晰，对目标细微特征的刻画具有重要作用；全极化测量技术注重目标的特性信息，与常规的单极化技术相比，全极化在获取目标属性信息方面具备独特优势，比如目标的粗糙度、目标取向信息、目标的对称特性信息等，因此将高分辨与多极化相结合是微波遥感领域最具应用价值的研究方向之一，目前的高分辨和多极化的结合领域主要体现在 SAR 领域，微波辐射计和微波散射计技术领域也正在积极发展多极化技术。

　　微波遥感应用广泛，本章节分别选取不同体制的微波遥感卫星的典型应用进行阐述。

16.2　合成孔径雷达微波遥感应用

　　星载 SAR 数据应用领域广泛，由中国空间技术研究院联合用户、高校、中科院遥感所在减灾、海洋、气象、水利等领域应用进行了研究，以下从卫星设计角度对典型的减灾和海洋两个应用方面进行描述。

16.2.1　星载合成孔径雷达减灾应用

　　在减灾领域，星载 SAR 能够提供多种应用方式，如表 16 - 1 所示，其中主要包括对洪涝、干旱、滑坡及泥石流灾害的监测。

　　（1）洪涝灾害

　　SAR 影像中地物表面的穿透力与波长长度成正比，而地物表面粗糙度敏感性与波长成反比。C 频段可以更好地展现洪灾表面的散射及纹理特征，但是水陆边界的确定用 L 频段较为有效。L 频段适于研究植被覆盖密集的洪区，C 频段对植被高度的变化反应不敏感，更适于裸地和稀疏、低生物量植被覆盖下的洪灾区域。增加更多的极化方式，更多的工作模式对 C 频段进行洪涝灾害现象的划分会有很大的帮助。

表 16 - 1　SAR 数据在灾害领域的应用（供参考）

	灾害类型	单极化	极化	干涉	极化干涉
灾前预警	干旱预警	✓	✓		✓
	土地利用分类		✓	✓	✓
	积雪密度及融雪性洪水预报		✓		✓
	高精度数字高程			✓	✓
	地震、滑坡、泥石流等地质灾害预警			✓	✓
	冰川冰流运动监测预警			✓	✓
	植被生物量异常信息提取				✓
灾中监测	洪涝灾害范围及次生灾害监测	✓	✓	✓	✓
	地震及次生灾害监测	✓	✓	✓	
	滑坡、泥石流及次生灾害监测	✓	✓	✓	
	旱灾持续监测	✓	✓	✓	✓
	海洋灾害中海冰、溢油监测	✓	✓	✓	✓
	冰凌监测	✓	✓	✓	✓
	积雪范围监测	✓	✓	✓	✓
	农作物面积及长势监测		✓		✓
	雪盖深度和密度监测		✓		✓
	植被损失监测				✓
灾区评估	洪涝灾害损失范围评估	✓	✓	✓	✓
	旱灾损失评估	✓	✓		✓
	农作物产量损失评估		✓		✓
	雪灾范围评估	✓	✓	✓	✓
	震区倒房精细评估			✓	✓
	地震形变场评估、地震损失程度			✓	
	地震、滑坡、泥石流等地质灾害损失评估			✓	✓
	植被损失评估				✓

　　洪涝灾害发生时，需要在第一时间内了解洪涝淹没范围，从而对灾情进行有效评估，因此重复观测周期从几个小时到几天可以按需要设定。对于中等尺度的洪涝灾害，如江河、湖泊等的洪涝灾害，需要中等分辨率，有一定成像覆盖范围的图像进行监测。对于城区或堤坝受损的洪涝监测，则需要分辨率较高的图像才能监测，因而高分辨率将是最佳的选择。

　　对于极化的选择，李震等人根据 RADARSAT SAR 卫星图像在森林冠层下洪涝制图的应用性研究，利用对 C 频段 SAR 数据中森林结构与森林覆盖下的湿地洪涝淹没范围探测所作的分析，得到的结果是 RADARSAT C-HH 组合可以用来很好地检测森林覆盖区

洪涝淹没范围，而 ERS－1 C－VV 组合可以用来区分森林但是不能用来精确制图
（Townsend，P et al.，2002）。后续的研究表明 HH 极化比 HV、VV 极化方式更能有效地
判别淹没范围（如图 16－1 所示），但是 HV 极化方式对于洪涝探测的贡献也必须加以考
虑，VV 极化方式受表层粗糙度影响严重，包含同极化和交叉极化的交替极化模式更有利
于洪涝制图（如图 16－2 所示）（Henry，J. B et al.，2006）。因此，如果只有单极化可供
选择，则在洪涝监测中，HH 极化是首选，如果可以获取同时成像的双极化，则 HH、
HV 极化组合将是最佳选择，VV 极化由于对水体表面有漂浮物或有风吹动时，会在表面
形成一定的粗糙度，从而不易将水陆边界检测出来，故在洪涝灾害监测中，VV 极化通常
不被选择。

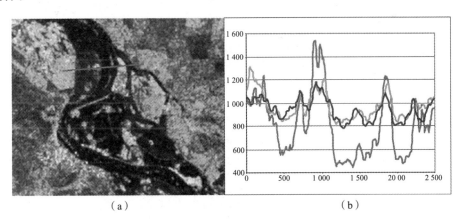

（a）　　　　　　　　　　　　　　　（b）

图 16－1　不同极化后向散射系数

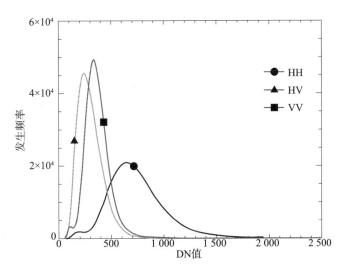

图 16－2　不同极化的 DN 值图

　　图 16－3 和图 16－4 进一步证明了 VV 极化波对水表面物质的强响应。图 16－3 显示
了中间有田埂相隔的四个水塘，其中三个水塘是养鱼的水塘，左边的水塘是种植水生植物
芡实的水塘。从 C－HH 图像上清楚看到水塘水面的后向散射系数很低，而田埂的后向散

射系数很高；在 C—VV 图像上却很不相同，由于芡实叶片表面的小凸起形成了微粗糙面散射，VV 极化对这种微粗糙表面的衰减比 HH 极化弱，所以 VV 极化上芡实的后向散射比水面高，而 HH 极化上看不出两者的区别。图 16-4 显示了洪水区域的 C 频段不同极化图像，可以看出 HH 极化比 VV 极化更容易识别淹没范围，VV 极化的模糊现象可能是由于水面的漂浮物、气泡等微粗糙面产生的。

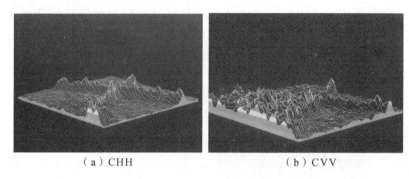

（a）CHH　　　　　　　　　　　　　（b）CVV

图 16-3　水生植物对 VV 极化波产生的影响

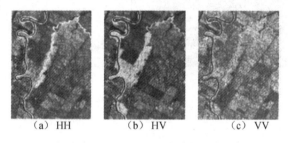

（a）HH　　　　（b）HV　　　　（c）VV

图 16-4　洪水地区的 C 频段多极化影像（引自 NRCAN 网站）

对于入射角的选择，如果淹没区域较平坦，20°～40°的入射角范围将是最佳选择。如果洪涝淹没区是山区，为了尽量减少雷达的阴影对水体提取的影响，选择小入射角将较为有效。

此外，针对海面上的溢油，模拟了平静水面和溢油水面的后向散射系数差异，如图 16-5 所示。表明海面溢油除了在粗糙度上使后向散射发生变化外，溢油的介电常数也会与水面有明显的差异。

（2）干旱灾害

微波的穿透深度与土壤湿度、微波波长及土壤的类型有关。无论对哪类土壤，湿度越大，穿透性越小。C 频段波长较 L 频段短，穿透性不如 L 频段，可以较好地监测 0～5 cm 下的裸露地表，也可对稀疏和低矮植被覆盖下的地表土壤湿度进行探测；密集植被下土壤水分的探测需要更长频段的微波信号进行探测。另一方面，也可以通过对植被含水量的变化探测，进行旱灾的灾情分析。

图 16-6 给出了均方根高度为 0.6 cm、相关长度为 7 cm、土壤含水量为 35%，表面自相关函数为指数自相关函数，入射频率分别为 1.25 GHz（L 频段）、5.33（C 频段）、9.25（X 频段）三种情况下水平极化后向散射系数对雷达入射角的响应关系曲线。

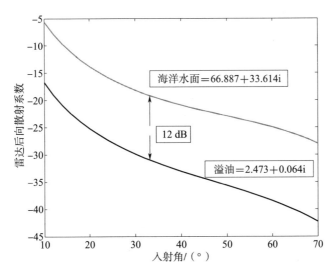

图 16 - 5　水面和溢油后向散射对比

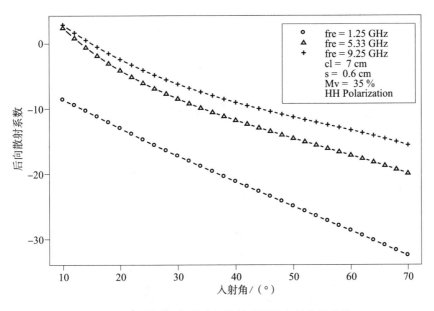

图 16 - 6　不同频率下后向散射系数随入射角的变化

从图 16 - 6 中可以看出，对于给定的一个雷达入射角，入射频率越高水平极化雷达后向散射系数越大；在低频区频率对后向散射系数的影响比中频区和高频区显著的多；另外还可以看出，对于 C 频段、X 频段，频率对后向散射系数的影响随入射角的增加而增大，在入射角较小的情况下（＜20°），垂直极化、水平极化后向散射系数在这两种频率下变化不大。对于垂直极化、交叉极化方式也有类似的结论。其他条件下频率对后向散射系数及入射角的响应的影响，可以通过类似的分析得出。

以下分析了土壤湿度反演中一个常用的裸露地表模型对不同频段数据的适用性分析情况，曲线越容易被简单形式的曲线进行拟合，表明模型的适用性越好。由图 16 - 7 可见，

L 频段的数据的关系最好，S 频段次之，C 频段并不太好，Ku 频段比较差。

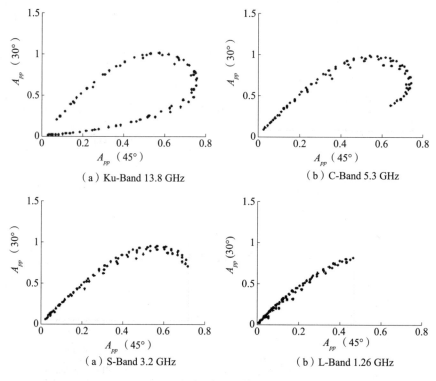

（a）Ku-Band 13.8 GHz　　　　　　　（b）C-Band 5.3 GHz

（a）S-Band 3.2 GHz　　　　　　　（b）L-Band 1.26 GHz

图 16-7　不同频段下的适用性分析

从图 16-8 中，每一个点数据代表了地表的不同粗糙度情况，把 D 轴两侧的数据进一步分析得到图 16-8。表明 C 频段下很多"弯曲"的模拟点是粗糙度比较极端情况的值，它们在自然地表中并不常见。

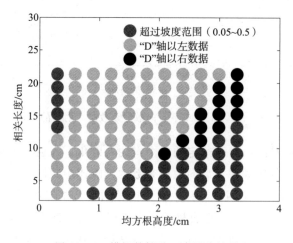

图 16-8　模拟数据进一步跟踪结果

干旱灾害发生时，卫星主要是通过监测地表的土壤湿度来评估旱灾的影响范围和程度，从而对灾情进行监测和评估。对于范围较大的旱灾，需要覆盖范围较大的图像进行监测，应选择 50 m 和 100 m 分辨率进行监测，如果范围不太大，可选择 25 m 分辨率进行监测。对于 C 频段而言，只能监测裸露地表和低矮植被覆盖下的地表土壤湿度，如果地表植被过于高大，则利用 C—SAR 进行监测将有一定困难。以下是模拟的 L 频段 SAR 数据在植被覆盖区不同角度下对土壤水分的敏感性，表明随着入射角的增加，SAR 数据对土壤水分的敏感性在降低（图 16－9）。表 16－2 为不同极化、不同角度 L 频段数据对土壤水分的敏感性。

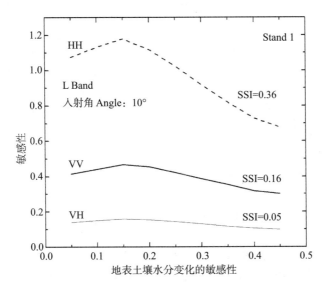

图 16－9　10°，20°，30°，40°入射角 L 频段 HH，VV，VH 极化总的雷达后向散射系数对地表土壤水分变化的敏感性曲线

表 16－2　不同极化、不同角度 L 频段数据对土壤水分的敏感性

雷达频段	L 频段		
植被入射角	VV	HH	VH
10°	0.16	0.36	0.05
20°	0.02	0.07	0.02
30°	0.02	0.08	0.01
40°	0.002	0.05	0.005
50°	0.000 4	0.01	0.000 9

以上分析可以得出的结论是：

1）相对于 C 频段，L 频段雷达后向散射系数对地表土壤水分敏感性更高；

2）不论同极化或交叉极化，土壤水分的敏感性随入射角的增大而降低；

3）HH 极化对土壤水分的敏感性要高于 VV 极化和 VH 极化，其原因是 HH 极化受植被衰减最小，能包含更多的地表土壤水分信息。

在利用 Dobson 模型计算土壤水分与介电常数的关系时，不同频率数据的误差不同，图 16－10 分别是四个频率下的近似结果。由此可见，C 频段的近似结果与更低频率的 S

和 L 频段误差相类似，好于 X 频段（9.6 GHz）数据。

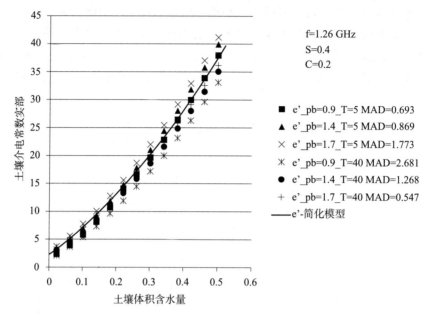

图 16 - 10　Dobson 模型进行土壤水分转换时的近似结果

　　研究表明，植被类型、覆盖度、几何结构（包括高度、枝条和叶的形状、分布、密度等）、含水量等都会对雷达后向散射产生影响，从而影响不同频率、极化、入射角雷达波对植被层的透过率。在 C 频段探测森林覆盖地表时，只有 HH 极化波在入射角小于 30°时有一定敏感性，且敏感性随植被高度、覆盖度等参数的变化而变化（如表 16 - 3 所示）（Wang，Y et al.，1998）。因此，对于入射角选择，如果地表有植被覆盖，需要选择小于30°的入射角，如果为裸露地表，则对入射角的选择可适当放宽。

表 16 - 3　不同入射角、极化对土壤后向散射的影响

Stand	θ_0	土壤容积 湿度容量		土壤表面 RMS 高度		土壤表面 相关长度	
		C－HH	C－VV	C－HH	C－VV	C－HH	C－VV
S1	20°	2.3	2.3	4.7	5.3	4.7	5.3
	30°	1.6	1.6	2.6	3.1	2.6	3.0
	40°	1.4	1.5	1.8	2.4	1.8	2.4
	50°	0.8	0.8	0.8	1.1	0.8	1.1
	60°	0.6	0.6	0.4	0.6	0.4	0.6
S2	20°	1.5	1.4	2.5	2.6	2.5	2.6
	30°	0.9	0.7	1.1	1.2	1.1	1.2
	40°	0.7	0.7	0.6	0.9	0.6	0.9
S3	20°	1.2	1.2	1.6	2.2	1.6	2.2

　　此外，针对农作物覆盖地表，利用 MIMICS 模型可以得到一个半经验植被覆盖地表雷达后向散射前向模型，模型模拟结果表明，对大豆覆盖地表来说 L 频段 VV 极化和 C 频段

VV 极化雷达波对地表土壤水分最敏感，C 频段 HV 极化波对植被含水量最敏感。因此，对于极化的选择，由于条带模式和扫描模式均可选双极化模式，因此选择 HH、HV 和 VV、VH 两种极化组合中的一种均可，但由于在 C 频段，HH 受植被衰减较小，且 HV 或 VH 对植被含水量更为敏感，故推荐选择 HH、HV 极化组合。

（3）滑坡与泥石流

滑坡、泥石流灾害的影响范围一般不太大，因此需要用高分辨率的遥感图像加以识别和探测。如果对于更小的滑坡（影响范围小于 10 平方公里），则需要选择更高分辨率图像监测。

图像的分辨率和入射角是滑坡、泥石流监测中两个重要的因素，图 16 - 11 表示不同分辨率下进行监测的效果。可见，机载 SAR 0.5 m 分辨率下几处滑坡泥石流很明显，而 3 m 和 10 m 分辨率下，滑坡已经不易清楚地识别出来。图 16 - 12 为不同入射角下，同一个地区滑坡的影像，左边较大入射角下产生的阴影较右边图像少。

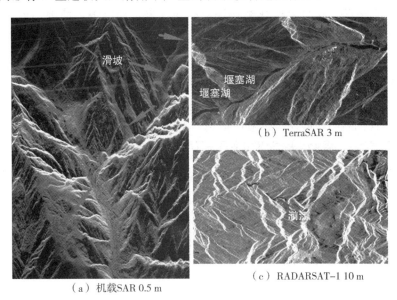

（a）机载SAR 0.5 m　　（b）TerraSAR 3 m　　（c）RADARSAT-1 10 m

图 16 - 11　不同分辨率 SAR 图像监测滑坡的效果

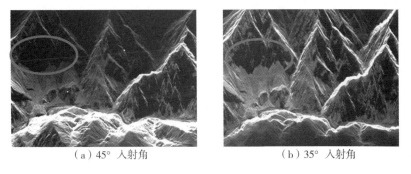

（a）45° 入射角　　　　　　　（b）35° 入射角

图 16 - 12　滑坡体不同入射角 SAR 图像

对于极化，如果只能选择单极化，则 HH 极化是首选。如果可以选择双极化，则 HH、HV 和 VV、VH 极化组合均可。

对于入射角，40°～59°范围最佳。

如果进行干涉测量，则可以对滑坡的运动进行监测，双极化组合均可。

16.2.2　星载 SAR 海洋应用

（1）星载 SAR 海洋应用原理

合成孔径雷达可对海洋信息进行收集，在海洋观测应用研究领域发挥着越来越重要的作用。首先 SAR 可以全天候、全天时地对海面进行高分辨的成像观测，获取连续的海洋环境数据。SAR 图像对海面结构非常灵敏，可据此对风场、波浪和海流及其相互作用的行为、机制和结果进行定量分析。雷达对粗糙表面的后向散射的敏感性，使得 SAR 可用于中尺度海洋特征监测、大尺度海洋特征识别，如水团、锋面等。曲秀凤等人大量应用结果表明，SAR 能够直接或间接地观测到许多海洋现象，如海浪、涌浪、内波、大洋水团边界、海气相互作用形成的锋面等。在一定条件下，SAR 图像信息还与水下地形、波高及能量谱等有间接的相关性。在各类传感器中，SAR 含有最为丰富的海洋表面信息，可以说所有能够改变海面粗糙结构的因素都能够在 SAR 图像上反映出来。

（2）SAR 海洋目标观测的适合情况

表 16 - 4 列出了 SAR 海洋目标观测的适合情况

表 16 - 4　SAR 海洋目标观测的适合情况（供参考）

海洋观测目标 ＼ 雷达参数	极化				工作频段				入射角				
	VV	HH	VH	HV	L	S	C	X	20	25	30	40	50
返回能量（σ°大小）	√	×	×	×					√	√		×	×
对风速的响应	√	×	×	×			√	√					
对海浪条纹的响应	√	√	×	×					√	√			√
对内波条纹的响应	√		×	×		√	√		√	√			×
对溢油的监测	√		×	×									
对海面船只的监测		√					√						
对海冰的监测		√											

注：√表示很合适；×表示不合适。

（3）SAR 海洋应用范围

①海浪反演

图 16 - 13 和图 16 - 14 分别是 2009 年 3 月 9 日的观测区域与放大的 2 m 分辨率与 5 m 分辨率的机载 SAR 影像。其中大的黑框代表了星载 SAR 影像观测的区域，小的黑线代表

了机载 SAR 在此时的观测区域，右侧的 SAR 图像为放大的机载 SAR 影像。图 16-15 为 2009 年 3 月 9 日 RADARSAT2 SAR 图片，浅色条纹为海浪条纹中等波峰线的近似方向。把星载 SAR 图像进行放大，可以看到清楚的海浪条纹如图 16-16 所示。分别对机载 SAR 图像进行处理，得到表征后向散射截面的子图像以及子图像所对应的海浪谱如图 16-17 至图 16-22 所示。图 16-23 是波浪骑士浮标与星载 SAR 的反演结果图用以对比。

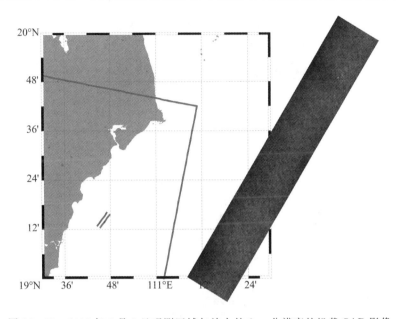

图 16-13　2009 年 3 月 9 日观测区域与放大的 2 m 分辨率的机载 SAR 影像

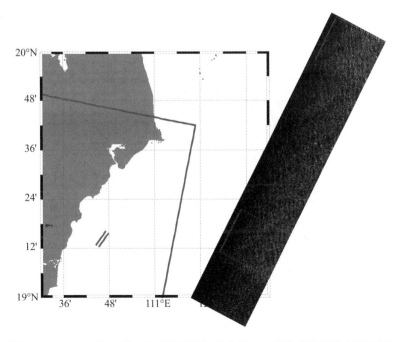

图 16-14　2009 年 3 月 9 日观测区域与放大的 5 m 分辨率的机载 SAR 影像

图 16 - 15　2009 年 3 月 9 日 RADARSAT2 SAR 图片，浅色条纹为海浪条纹中等波峰线的大体方向

图 16 - 16　2009 年 3 月 9 日 RADARSAT2 SAR 图片的放大图片，可以看到海浪条纹

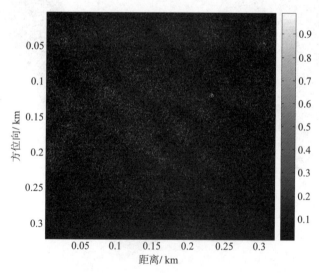

图 16 - 17　2009 年 3 月 9 日机载 SAR 2 m 分辨率子图像

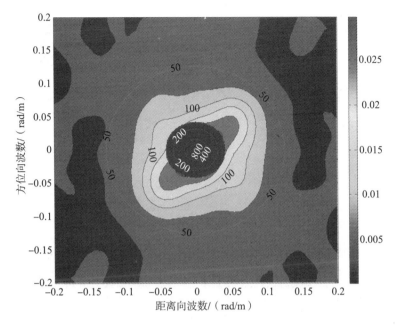

图 16-18　图 16-17 所对应的 SAR 谱

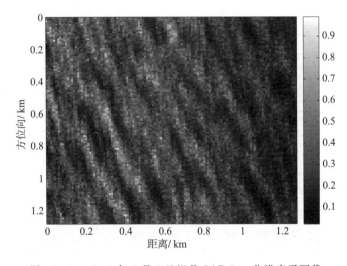

图 16-19　2009 年 3 月 9 日机载 SAR 5 m 分辨率子图像

②风场反演

在 ESA 发射 ERS 卫星之前，通过机载 C-band SAR 数据与浮标资料，建立起反演海面 10m 处的地球物理模型 CMOD2 (Hunt, 1986)。但是随着 ERS-1 于 1991 年发射，发现 CMOD2 并不能很好的反演出海面风场。因此，在 ERS-1 C-band SAR 图像与欧洲中长期天气预报的基础上提出适用更为广泛的模型 CMOD4 (Stoffelen et al., 1992; 1997a; 1997b)，与此同时根据不同的数据来源发展出 CMOD-IFR2 (IFREMER, 1996; Quilfen et al., 1998)。CMOD4 与 CMOD-IFR2 的基本形式很类似，只是细节上有稍许

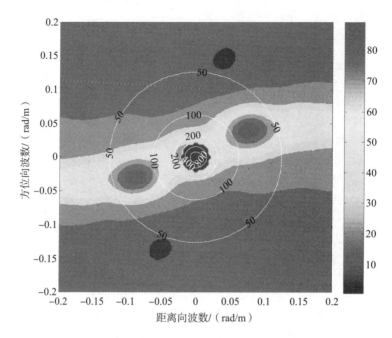

图 16-20 图 16-19 所对应的 SAR 谱

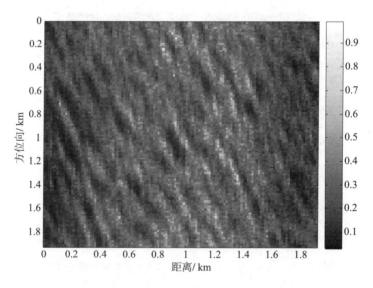

图 16-21 2009 年 3 月 9 日机载 SAR 7.5 m 分辨率子图像

不同，两者反演风速的上限为 22 m/s。随着 ERS－2 投入使用，CMOD5（Hersbach，2003；Hersbach et al.，2007）修正了 CMOD4 的一些不足之处（Yang et al.，2011），比如 CMOD4 过于高估高风速时的风速，反演风速的上限为 33 m/s，甚至可以反演台风的风场（Horstmann et al.，2005；Shen et al.，2006；Shen et al.，2009；Reppucci et al.，2008；Reppucci et al.，2010）。

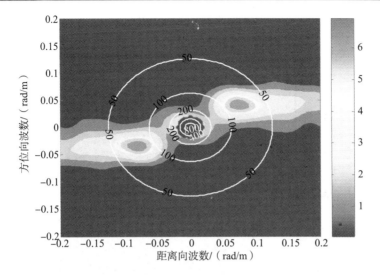

图 16-22　图 16-21 所对应的 SAR 谱

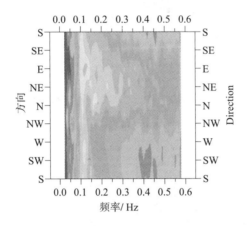

图 16-23　波浪骑士观测的频率方向谱

（a）VV 极化风场反演结果

图 16-24（a）为 2009 年 3 月 17 日当地时间 5 时，中国海南岛地区拍摄的 VV 极化的 RADARSAT2－SAR 的风场反演结果；图 16-24（b）为当地时间 0 时 ECMWF 的风场，风向作为反演的外部风向数据；图 16-24（c）为当地时间 6 时 QuikSCAT 的风场。在图 16-24（b）和图 16-24（c）中，黑色区域对应整个 SAR 图像，风速在 $3\sim6$ m/s，风向在 $135°$。从图 16-24（a）可以很清楚的看出，反演结果与 QuikSCAT 的风场很接近，尤其在远海区误差比近海区小的多。QuikSCAT 的空间分辨率只有 25 km，无法观测到近岸地区的风场，而 SAR 所反演得到的海面风场空间分辨率最高可达 3 km，也能观测到近岸区的风场，为近海石油勘探、桥梁建设等提供资料。因此，SAR 具有比散射计更实用的前景，也是各个国家相继研制搭载 SAR 传感器卫星的动力所在。

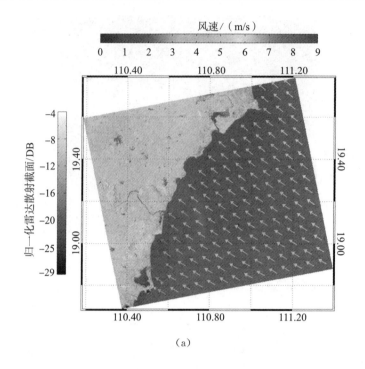

(a)

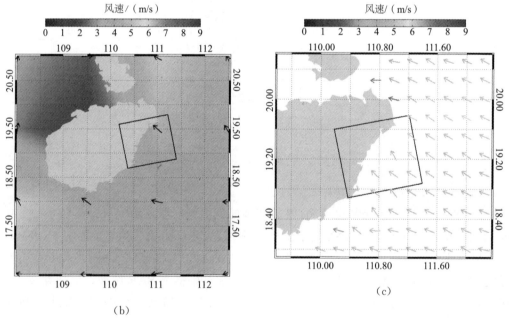

(b)　　　　　　　　　　　　　　　　　　(c)

图 16-24　(a) 2009 年 3 月 17 日当地时间 5 时，中国海南岛地区拍摄的 VV 极化的 RADARSAT 2-SAR
的风场反演结果；(b) 当地时间 0 点 ECMWF 的风场；(c) 当地时间 6 时 QuikSCAT 的风场

　　总共 5 幅 C-band VV 极化 RADARSAT2-SAR 的风场反演结果与 QuikSCAT 的风场做了对比，如图 16-25 所示，风速的均方根误差为 0.75 m/s，相关系数为 0.84。发现 QuikSCAT 的风场比采用联合反演算法反演结果要大。

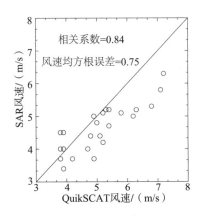

图 16 - 25　5 幅 C—band VV 极化 RADARSAT2—SAR 的风场反演结果与 QuikSCAT 的风场的对比

（b）HH 极化风场反演结果

图 16 - 26 为 6 种极化率模型随入射角的变化形式（风向取 45°），从图中可以发现所有极化率都随入射角增大而增大，并且六种极化率都大于 1，这说明 VV 极化的后向散射截面大于 HH 极化的后向散射截面。但是理论模型与实际观测说明，当入射角小于 20°时，HH 极化的后向散射截面大于 VV 极化的后向散射截面（Kudryavstev et al.，2003，2005）。因此，6 种模型仅适于范围为入射角大于 20°的情况。

Kirchhoff—PR 位于所有模型的中间，这也说明 Kirchhoff—PR+CMOD4 比较合适 HH 极化的风场反演。从 Mouche 的两个模型可以看出，在小入射角的情况下（<30°），两者的区别不是很大。随着入射角增大，两者之间的差别也逐渐变大。6 种极化率模型，除了 Mouche Model—PR 考虑了风向对极化率影响，其他 5 种都没有考虑其他因素对极化率的影响。近年来，一些研究表明，风速对极化率也有一定的影响，并且极化率与风速之间有较强的线性关系（Zhang et al.，2011）。本文通过实例探讨风速对反演结果的影响。

图 16 - 27 为联合 6 种极化率模型与本文介绍的 VV 极化反演算法（PR+GMF）的海面风场反演结果。该 HH 极化 RADARSAT2—SAR 图像拍摄于 2009 年 3 月 7 日 10 点 37 分，中国海南岛地区，入射角从近距到远距的范围为 21°～28°。为 12 时的 DWD 风场与 5 时的 QuikSCAT 风场，黑框则对应整幅 RADARSAR2—SAR 图像的地理坐标。DWD 模式风场只有 0.75°×0.75°的空间分辨率，因此近岸没有风场数据；QuikSCAT 空间分辨率为 25 km×25 km，也只能观测到最近离海岸 30km 的风场。从图 16 - 28 可以看出 SAR 图像对应的风速应该为 10 m/s，特别需要指出的是，DWD 模式风场与 QuikSCAT 风场在近距都说明风速也应该在 10 m/s。

图 16 - 27 中，6 种反演模型的反演结果都与 QuikSCAT 风场有较大的误差。在远距方向，Bragg—PR+GMF 的风场反演结果与 QuikSCAT 风场最为接近，而在远距方向，反演结果的绝对误差最高可达 6 m/s。六种反演模型都没有考虑风速对极化率的影响，而最近的研究表明风速对极化率也有影响（Horstmann et al. 2000，Mouche et al. 2005，Zhang et al. 2011）。从 DWD 和 QuikSCAT 的风场中都可以看出，该 RADARSAR2—SAR 风向趋向一致，并没有很明显的变化，远离海岸地区从近距到远距风速也很接近。图 16 -

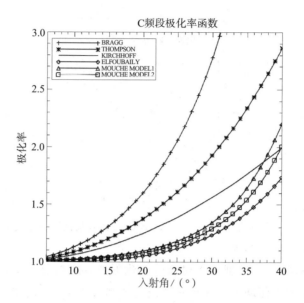

图 16-26　6 种极化率模型随入射角的变化形式（风向取 45°）

29 为 12 时 DWD 在海南岛的有效波高图。同样可以看出，远离海岸地区从近距到远距波高没有明显的变化。

从图 16-30 中可以看出，相比于没有考虑风速的极化率，Zhang-PR+GMF 的风场反演结果与 QuikSCAT 的风场较为接近，但是，在远离海岸的近距，风速仍然较低。因此，即使考虑了风速对极化率的影响，极化率模型在低入射角时仍然不是很准确，未来还有研究和发展更为准确的极化率模型的必要。图 16-31 为波浪骑士观测的波数谱图，图 16-32 为星载 SAR 影像所对应的 SAR 谱。

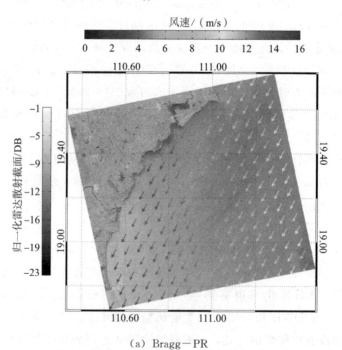

（a）Bragg-PR

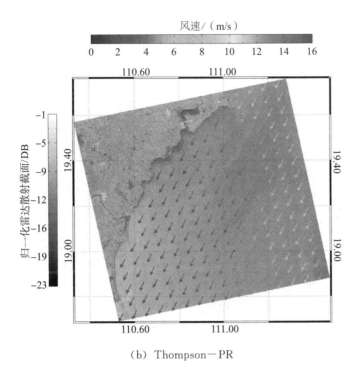

（b）Thompson－PR

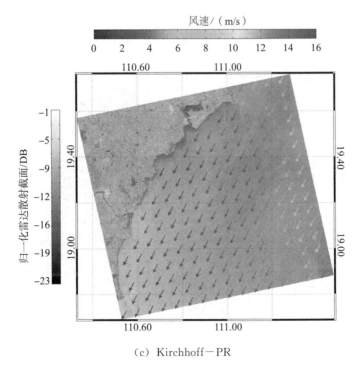

（c）Kirchhoff－PR

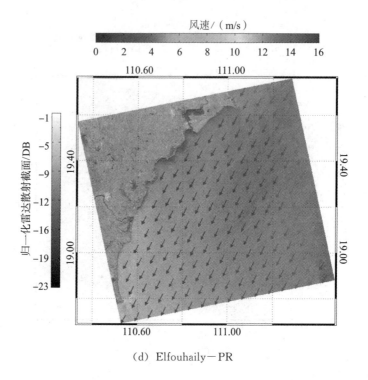

(d) Elfouhaily－PR

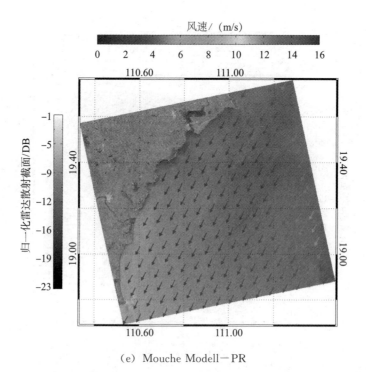

(e) Mouche Modell－PR

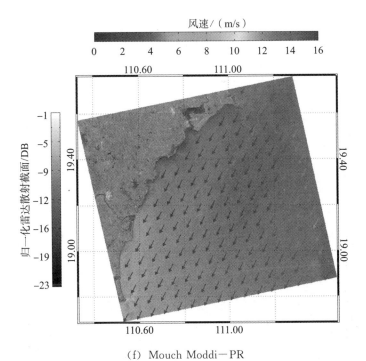

（f）Mouch Moddi－PR

图 16 - 27 为 PR＋GMF 的海面风场反演结果

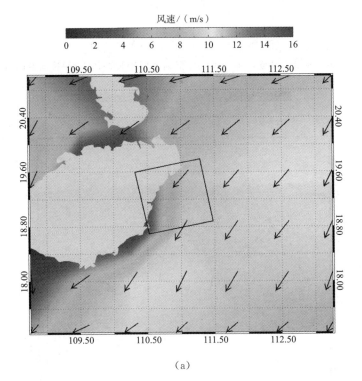

（a）

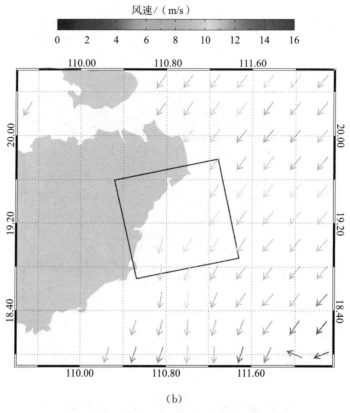

(b)

图 16 - 28　(a) 12 时的 DWD 风场
(b) 5 时的 QuikSCAT 风场，黑框则对应整幅 RADARSAR2－SAR 图像的地理坐标

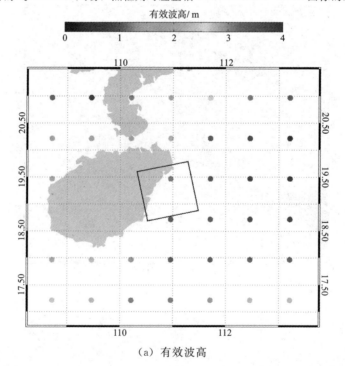

(a) 有效波高

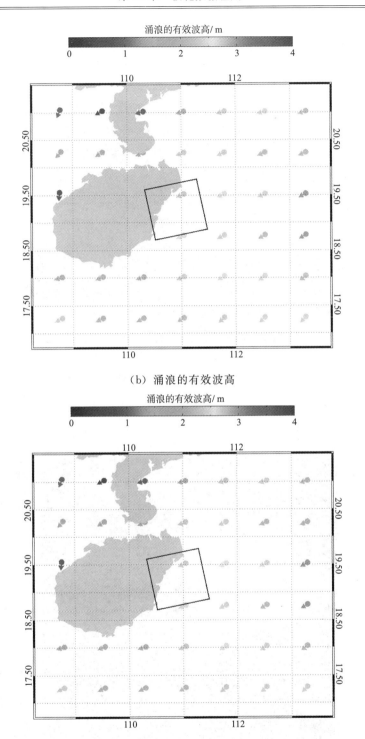

（b）涌浪的有效波高

（c）风浪的有效波高，黑框则对应整幅 RADARSAR2－SAR 图像的地理坐标

图 16 - 29　12 时 DWD 在海南岛的有效波高图

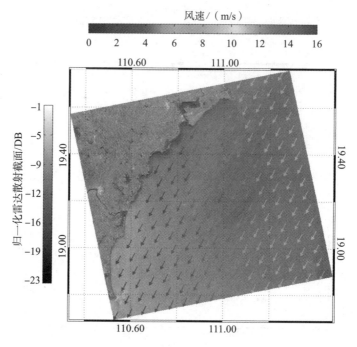

图 16-30　Zhang-PR+GMF 的风场反演结果

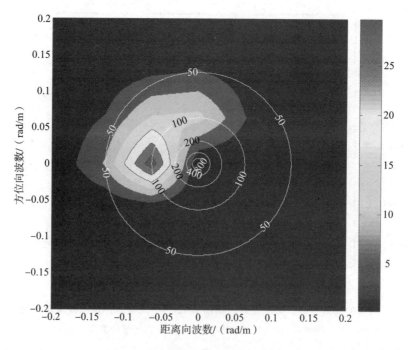

图 16-31　波浪骑士观测的波数谱图

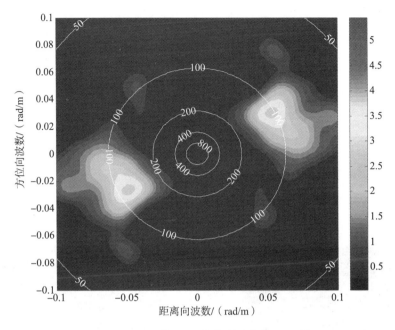

图 16－32　星载 SAR 影像所对应的 SAR 谱

③海面溢油检测

利用各种随机地表散射模型，极化 SAR 目前已经成功的应用在了地表参数的反演中，但目前为止几乎没有利用极化 SAR 对海洋表面参数进行反演的研究。受到不同海况以及表面生物膜的影响，海洋表面的后向散射特性更加复杂。但极化 SAR 遥感应用的基本原理是一致的，所以本研究致力于探求极化 SAR 各通道雷达波后向散射系数与海面油膜参数之间的联系，以实现对海面油污的检测。

在实际的物理散射中，海洋油膜表面由于比较平滑，使得后向散射的雷达波能量减少。因此，反映在 SAR 图像中油膜是相对于海洋表面的较暗区域。但是，在海洋中的其他现象也能产生类似的低能量区域，例如：生物薄膜的覆盖，低风速区域等。因此，海洋油膜的检测仍是急待解决的问题之一。依据随机粗糙表面散射模型，各极化通道的雷达后向散射系数是随机表面的几何特性与介电特性的函数。海水的相对介电常数一般被认为是 70（L 频段），而有机物的介电常数一般较小，石油的相对介电常数一般在 10 以内（油膜相对介电常数一般被认为 2，L 频段与 C 频段内相对介电常数的变化不大）。因此，利用随机表面散射模型以及参数反演的方法研究海洋表面油膜的介电特性及其衰减特性是可行。

清华大学杨健选用的测试数据是 2011 年 8 月 19 日 RADARSAT－2 的全极化数据，数据采集于渤海湾蓬莱 19－3 油田附近。图 16－33 为海面金属目标检测结果，图 16－34 极化基架高度是该区域部分数据的图像，图像大小为 1 194×841，经过了 9×9 精细 Lee 滤波的处理。图 16－34 中包含了一个长条弯型的油膜区域，若干强金属目标反射体，方位向模糊明显，金属旁瓣效应较强，有明显的光点旁瓣和"十字叉拖影"现象。

先利用与二面角散射有关的两个参量对金属目标进行检测，之后利用最大共极化通道

接收功率以及极化基架高度对油膜区域进行检测。海面上金属目标 $|E \times F|$ 的值很大，其他散射体此值几乎为 0。以此测试数据为例，金属目标 $|E \times F|$ 的值大约为 0.045 左右，而海面目标的值为 10^{-6} 量级，用 4×10^{-5} 为阈值进行分割，得到的此海面金属目标的检测结果如图 16-33 所示。对比图 16-33 和图 16-35，可以验证此方法能够去除由方位向模糊产生的"鬼影"现象。有文献提出了一种基于反射对称性的海面金属目标检测方法，利用与本文相似的定义，考察 $\mathrm{Re}\langle S_{HH} S_{HV}^{*} \rangle \times \mathrm{Im}\langle S_{HH} S_{HV}^{*} \rangle$ 在海面与金属目标中的统计均值。在海面目标中，$\mathrm{Re}\langle S_{HH} S_{HV}^{*} \rangle \times \mathrm{Im}\langle S_{HH} S_{HV}^{*} \rangle$ 和 $|E \times F|$ 的均值都几乎为 0；在金属目标中，$\mathrm{Re}\langle S_{HH} S_{HV}^{*} \rangle \times \mathrm{Im}\langle S_{HH} S_{HV}^{*} \rangle$ 和 $|E \times F|$ 的均值分别为 0.002 9 和 0.003 6。可见，相比于基于反射对称性的金属目标检验方法，基于目标旋转特性的参量更适合于海面金属目标的检测。

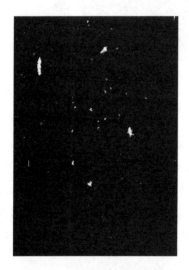

图 16-33　海面金属目标检测结果

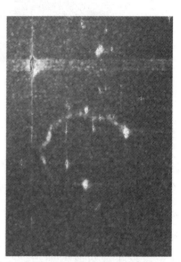

图 16-34　极化基架高度

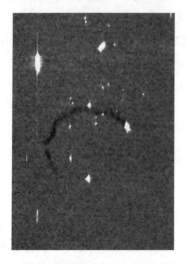

图 16-35　共极化接收方式下，测试
区域的最大接收功率

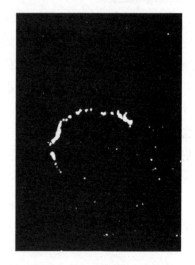

图 16-36　油膜的检测结果

在对海面油膜的检测中，仅利用极化基架高度不能实现油膜区域的正确提取，测试区域的极化基架高度见图 16-35 所示。从图 16-33 可以看出在有金属目标存在时，极化基架高度受到金属旁瓣的影响较大。共极化通道最大接收功率见图 16-34 所示，油膜区域的最大接收功率较低，并且共极化方式接收可以抑制金属的旁瓣效应。结合表征极化特性的极化基架高度以及表征油膜衰减特性的共极化通道接收功率，可以得到最终油膜检测的结果，见图 16-38。一般认为，海洋区域的极化基架高度小于 0.1，最大接收功率的阈值可以通过选取一块海洋区域计算得到。

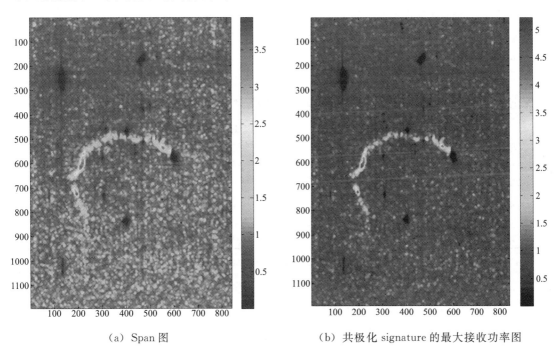

（a）Span 图　　　　　　　　　　　　（b）共极化 signature 的最大接收功率图

图 16-37　后向散射总功率衰减比

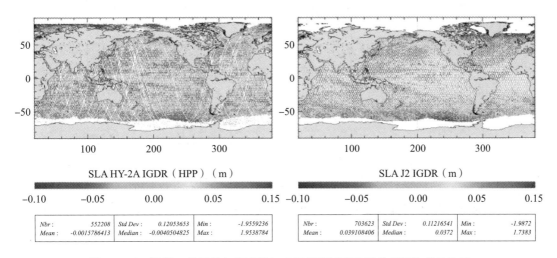

SLA HY-2A IGDR（HPP）（m）	SLA J2 IGDR（m）

Nbr:	552208	Std Dev:	0.12053653	Min:	-1.9559236	Nbr:	703623	Std Dev:	0.11216541	Min:	-1.9872
Mean:	-0.0015786413	Median:	-0.0040504825	Max:	1.9538784	Mean:	0.039108406	Median:	0.0372	Max:	1.7383

图 16-38　海洋二号卫星与 JASON-2 卫星海面高度异常 IGDR 产品比较

　　分析检测结果中各检测量的均值与方差，以考察不同目标在极化特性以及后向散射回波能量中的差异，比较结果见表 16-5 各检测参量在海面、油膜以及金属目标中的均值与标准差，其中，$_{hp}$表示极化基架高度，max（p）表示共极化收发方式下最大的回波功率。可以看出，利用与旋转特性有关的两个参量 E 和 F 可以将二面角目标很好地从海面中检测出来；利用表征极化特性的 h_p 和表征衰减特性的共极化通道最大接收功率 max（p）可以将油膜与其他非 Bragg 散射成分区分开。在基于目标衰减特的油膜检测方法中，油膜的理论衰减特性与雷达波束入射角、频率、风向和风速有关，在实际计算中，通常考察在相同入射角下海面目标与油膜的后向散射系数之比。极化总功率可以抑制斑点噪声，若选用总功率图的衰减比对海面溢油进行检测，可以得到油膜的平均衰减比为 3.05 dB；而共极化最大接收功率图中油膜的平均衰减比为 3.66 dB，两者的衰减比见图 16-38 所示。从图中可以看出，最大共极化接收功率图中油膜和海面的对比度较高，相较于总功率图有益于对油膜信息的提取，且最大共极化接收功率在计算极化基架高度时可同时获得，不会增加运算量。

表 16-5　　各检测参量在海面、油膜、以及金属目标中的均值与标准差

	海面		油膜		金属目标		金属目标的旁瓣	
	均值	标准差	均值	标准差	均值	标准差	均值	标准差
$\lvert E \times F \rvert$	0	0	0	0	0.003 6	0.014 0	0	0
h_p	0.103	0.039 3	0.218 3	0.066 3	0.325 2	0.154 6	0.214 5	0.102 6
max（p）	0.104	0.003 4	0.004 7	0.001 1	0.658 3	0.585 7	0.023 7	0.047 0

　　注：h_p表示极化基架高度，max（p）表示共极化收发方式下最大的回波功率。

16.3　星载雷达高度计应用

　　雷达高度计的应用以海洋二号卫星为例进行说明。

　　海洋二号卫星的海面高度数据产品质量受到国际广泛认可，国际上认为我国首颗海洋动力环境卫星就能够获得如此高精度、高质量、业务化的海面高度测量数据是个非常了不起的成就。CNES 认为海洋二号卫星海面高度数据产品精度与 JASON-2 卫星产品精度相当，对海洋二号卫星的表现十分关注，并于 2013 年 10 月正式将海洋二号卫星数据纳入到多任务系统（DUACS）中，为全球海洋高度异常监测提供数据支持。

表 16-6　　海洋二号卫星与 JASON-2 卫星海面高度测量数据的均方根误差统计对比表

	海洋二号卫星统计点数	海洋二号卫星的海面高度数据均方根误差	JASON-2 卫星统计点数	JASON-2 卫星的海面高度数据均方根误差
全球	5 485	8.9 cm	10 123	7.0 cm
区域	2 635	6.2 cm	4 647	5.5 cm

　　与同时期的国家资料浮标中心（NDBC）浮标数据比较，海洋二号卫星有效波高产品精度达到 0.41cm，已经纳入我国海洋环境预报体系中。

　　海洋二号卫星的数据输入国际上广泛用于海面风场预报的美国 NOAA 的 SDP（seawinds data processor）模型获得海面风场产品，与欧洲 ASCAT 散射计的产品相比较，风速均方根误差约为 1.5 m/s，风向均方根误差接近 10°，具备为海洋风场反演提供高质量数据源的能力。同时海洋二号卫星每天可覆盖全球 90％以上的海域，与同类在轨卫星相比，在风场观测中具有很大优势，在国内外海洋风场观测和预报中表现优异。

海洋二号卫星具备海面高度和有效波高监测能力，可为海啸监测提供观测数据。

以印度尼西亚地震前后全球海域有效波高监测为例，据中国地震台网测定，北京时间 2012 年 4 月 11 日 16 时 38 分，印尼苏门答腊北部附近海域（北纬 2.3°，东经 93.1°）发生里氏 8.5 级地震，震源深度为 20 千米。11 日当天再次发生里氏 8.2 级强震。

国家卫星海洋应用中心利用我国海洋二号卫星对印度尼西亚地震前后全球海域有效波高分布进行了监测分析。图 16-39 和图 16-40 分别为地震前（北京时间：2012 年 4 月 11 日 02 时 39 分 31 秒至 2012 年 4 月 11 日 16 时 35 分 02 秒）全球海域有效波高与印度洋海域有效波高分布。

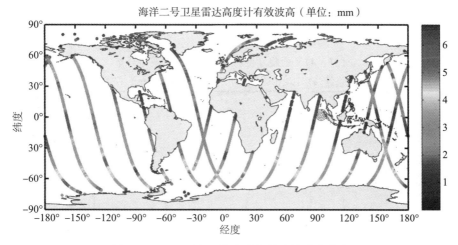

图 16-39　地震发生前全球海域有效波高分布

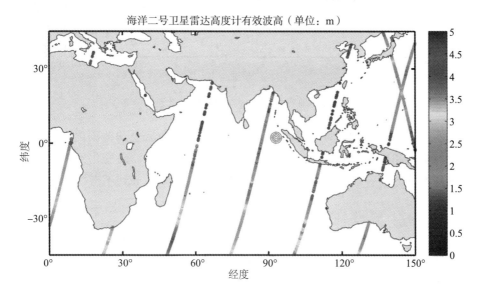

图 16-40　地震发生前印度洋海域有效波高分布

图 16-41 与图 16-42 为地震后（北京时间：2012 年 4 月 11 日 16 时 39 分 09 秒至 2012 年 4 月 12 日 5 时 38 分 32 秒）全球海域有效波高与印度洋海域有效波高分布。

海洋二号卫星雷达高度计有效波高（单位：m）

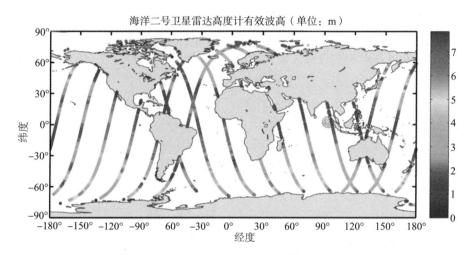

图 16-41　地震发生后全球海域有效波高分布

海洋二号卫星雷达高度计有效波高（单位：m）

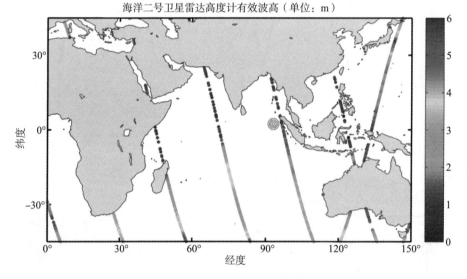

图 16-42　地震发生后印度洋海域有效波高分布

从图 16-41 与图 16-42 两幅图比较可以确定，地震前后全球范围内，特别是地震最有可能引发海啸的印度洋海域有效波高变化不大，印度洋有效波高变化不超过 1 m。

因此最终海啸的预警取消，海洋二号卫星数据也在决策中起到了支撑的作用。

16.4　星载微波散射计和辐射计应用

星载微波散射计和辐射计应用以海洋二号卫星为例说明。

海洋二号卫星散射计每天可以观测全球 90% 的海域，风场观测具有大尺度、全天时、全天候、全球观测的特点，并可在西北太平洋提供台风实时监测数据。利用海洋二号卫星获得的海面风场和有效波高数据，可确定海上风暴的强度、位置、方向、结构和海浪强度，该成果已应用到风暴潮、海浪灾害的预报和评估会商工作中。

在台风到来时，其他观测手段难以施展，卫星观测资料弥足珍贵。海洋二号卫星获取海表面风场的空间分布，风速、风向等信息直接反映海面的真实情况，因此不管是在台风行进的过程中还是在台风登陆的前夕，海洋二号卫星提供的观测资料对台风强度及其破坏性的判断都是直观而有效的依据，使我国的台风监测能力得到极大加强。

2012 年影响我国的 25 次台风和 2013 年的 30 次台风均被有效捕捉，同时也为国际上几次重大灾害提供了有利的数据支援。图 16-43 为海洋二号卫星对台风台风的监测，图16-44 为海洋二号卫星观测的海面风场与 ASCAT 风场。通过对比图 16-44（a）与图 16-44（b）可以发现海洋二号卫星观测的海面风场与 ASCAT 风场结构一致，但海洋二号卫星的观测刈幅远远大于 ASCAT，使其在海面风场观测中的优势十分明显。

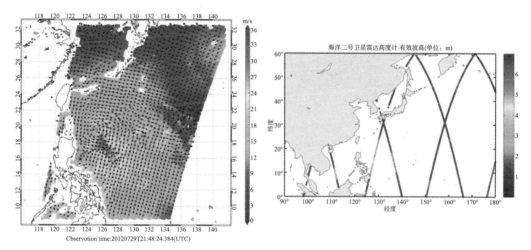

（2012年7月29日海洋二号监测到的台风"苏拉"风场与浪高）

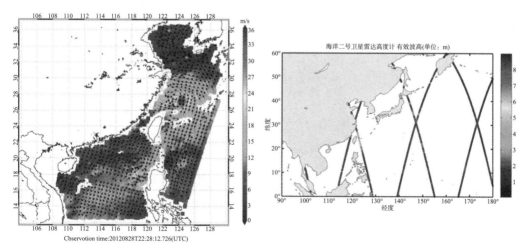

（2012年8月28日海洋二号监测到的台风"天秤"风场与浪高）

图 16-43　海洋二号卫星对台风台风的监测

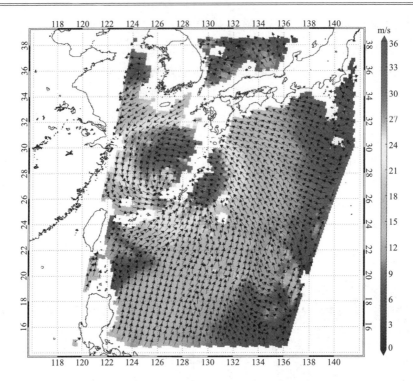

（a）海洋二号卫星微波散射计对布拉万台风的监测，
观测时间：2012 年 8 月 26 日 21：42：52（世界时）

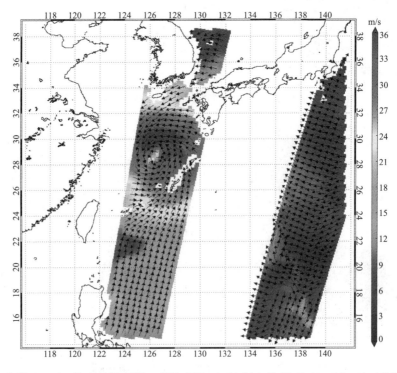

（b）欧洲 ASCAT 海面风场观测，观测时间：2012 年 8 月 27 日 00：12：01（世界时）

图 16-44　海洋二号卫星观测的海面风场与 ASCAT 风场

　　基于海洋二号卫星数据制作的西北太平洋海面温度数据、融合风场数据、浪高数据在海洋环境预报中发挥了重要作用。

　　其中，海面温度数据在 2011 年 11 月 26 日已正式纳入国家海洋环境预报中心对外发布海洋环境信息的海洋环境预报系统中，每周通过 CCTV13 频道对外发布，目前已发布 100 余期，为海洋环境的预报提供了重要的遥感观测数据。海洋浪高数据目前也加入到了海洋环境预报体系中。

　　同时，西北太平洋融合风场数据也已比较完善，随时可以加入到预报系统中对外发布。图 16-45 为海洋二号卫星海面温度产品在中央电视台发布，图 16-46 为基于海洋二号卫星数据制作的 2011 年 10 月 11 日西北太融合风场产品。

图 16-45　海洋二号卫星海面温度产品在中央电视台发布

　　海洋二号卫星可在全球提供海面温度、海面风场、有效波高、海面高度、海流、中尺度涡等渔场环境信息，为大洋捕鱼提供全球重点渔场环境和渔情信息，指导我国的渔场作业。图 16-47 为基于海洋二号卫星，结合其他海洋遥感卫星获取的中大西洋大眼金枪鱼渔场海面高度、有效波高、海面温度和海面风场等产品。

　　基于海洋二号卫星数据和其他数据源开展的"卫星遥感大洋渔业高技术产业化示范工程"项目，建立了我国大洋渔业环境监测与信息服务技术平台，该项目已在 100 余艘渔船上进行了推广应用，并与远洋渔业公司合作，开展在线渔情预报工作的试点，在上海金优远洋渔业有限公司、舟山宁泰远洋渔业有限公司、浙江丰汇远洋渔业有限公司、烟台远洋渔业有限公司等远洋渔业企业，选择了多艘鱿钓船和金枪鱼延绳钓渔船进行了在线渔情预报的试验。

　　经过试用，捕鱼作业在节省燃油和提高渔获量方面取得了很好的效果。根据试用渔业公司反馈的应用证明，全年可节省燃油 2‰～5‰，渔获量提高约 3‰～4‰。按此估算，以西北太平洋柔鱼作业为例，全年可提高经济效益合计 3 585 万元，成果十分可观。

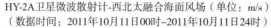

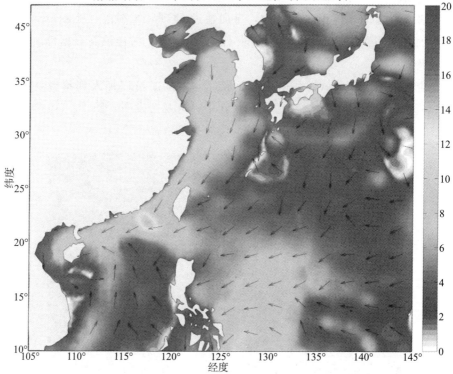

图 16 - 46　基于海洋二号卫星数据制作的 2011 年 10 月 11 日西北太融合风场产品

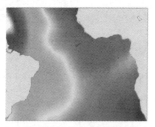 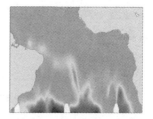

（a）海洋二号卫星融合海面高度　（b）海洋二号卫星融合有效波高

（c）海洋二号卫星融合海面温度　（d）海洋二号卫星融合海面风场

图 16 - 47　基于海洋二号卫星数据制作的大洋渔场环境信息产品

第17章 新技术展望

微波遥感技术的快速发展引领了一系列新体制的微波应用，包括多维度合成孔径雷达成像、稀疏多输入多输出（MIMO）雷达成像、视频 SAR 成像、数字波速形成（Dagital Beam Forming，DBF）技术、圆迹 SAR 技术、紧致极化技术、连续变重频技术、GMTI、Pol－InSAR、GEO－SAR、Agile－SAR、DDR、宽幅高度计、波谱仪、极化散射计、极化辐射计、盐度计、湿度计、气象雷达等，其中 GMTI、Pol－InSAR、GEO－SAR、Agile－SAR、DDR、干涉高度计、波谱仪、极化散射计、极化辐射计、盐度计、湿度计、气象雷达在前面章节进行了介绍，不再赘述，以下对多维度合成孔径雷达成像、稀疏 MIMO 雷达成像、视频 SAR 成像、DBF 技术、圆迹 SAR 技术、紧致极化技术、连续变重频技术进行概念介绍。

17.1 多维度合成孔径雷达成像

随着 SAR 成像技术的发展及其应用需求的推动，数据获取方式日臻多样化，逐步由单极化、单角度和单频段发展到多极化、多频率、多角度和多时相等不同观测方式的组合。多维度 SAR（Multidimensional Space JointobservationSAR，MSJosSAR）是在一定约束条件下，以 SAR 的基本观测方式在极化、频率、角度和时相空间中的至少两个空间内，分别获得多个观测量集合的联合观测技术手段。与之相对的是，在单一空间内获取单/多个观测量集合的探测手段是单维度 SAR。多维度 SAR 通过信号与信息综合处理，有可能更准确地区分被观测对象的不同散射机理，进而更准确地获得其几何特征和物理特征。针对特定应用，分别从数据域、信号域和特征域对观测对象进行客观描述，以观测对象与电磁波之间的相互作用规律为基础，发展成像机制优化方法、成像处理技术和信息提取方法，并最终实现对观测对象各类特征的精细刻画和定量反演。

17.2 稀疏多输入多输出雷达成像

MIMO 雷达是近年来提出的一种新体制雷达，该雷达可以利用其多发多收体制形成的虚拟天线阵元替代实际天线阵元，有效减少了系统成本。实时处理 MIMO 雷达信号必须采用阵列处理方法，传统的多基地雷达系统的阵列信号处理方法，如经典的多重信号分类（Multiple Signal Classifieation，MUSIC）、旋转不变技术估计信号参数（Estimation of Signal Parameters via Rotational Invariance Techniques，ESPRIT）等方法，是一种基于接收回波的观测数据协方差矩阵特征分解的子空间方法，其关键是利用噪声子空间和信号子空间的正交性，这些方法良好地解决了数量众多且遵循严格构型排布的阵列雷达（或阵列天线）的参数估计和成像问题，但这一特点也限制了它们在空间遥感卫星领域中目标实时探测的应用。

空间分布的遥感卫星具有稀疏分布的典型特点，布局数量众多且严格的组网构型需要耗费极大资源，这在目前和未来相当长一段时间内是无法实现的，需要寻求新型的成像方法和成像系统匹配此需求，有关稀疏构型下的目标探测研究正是伴随着新兴的压缩感知数学理论的产生而兴起的。2006 年起兴起的压缩感知理论以随机采样理论为基础，其独特优势在于即使信号的投影测量数据量远远小于传统采样方法所获的数据量，也能完整重构目标图像，稀疏分布的卫星数量因素能够作为目标重构数学模型的关键参数，在稀疏构型下高概率的重构目标，该特点赋予了压缩感知理论应用到 MIMO 体制的微波遥感卫星成像中时具有潜在的优势，将新体制 MIMO 系统与新兴的压缩感知理论相结合就有可能发挥出最大化效应。

在稀疏 MIMO 雷达目标探测领域，国内外研究人员对压缩感知理论做了大量的研究，这些研究集中公布于 2008 年以后，且主要应用于分布式的地基雷达，取得了显著的成果，包括多基地 SAR 成像、分布式探地雷达成像、穿墙探测雷达成像，Herman M A 等还进一步对基于压缩感知理论的高分辨雷达成像进行了实验演示。Chun Yang Chen 等人将 Herman 的思想扩展到 MIMO 雷达中，并介绍了一种降低目标响应间相关性的波形设计方法。美国 Drexel 大学的 Yao Yu 等人对压缩感知理论在 MIMO 雷达中的应用展开了较为深入的研究，提出了一个通过小型随机分布无线网络来实现的分布式 MIMO 雷达系统。在国内，多篇文章和多项国家自然科学基金涉及到了以压缩感知理论为基础的成像方法研究，包括自然科学基金"基于非合作空间辐射源的分布式成像技术"等，它们关于稀疏 MIMO 雷达成像的研究局限于对成像方法及成像性能的探讨，基本不涉及成像方法对系统配置影响的讨论，基于压缩感知理论的成像方法对系统设计的若干影响的研究也因此十分有限。但对于卫星系统不同，遥感卫星领域更关注采用压缩感知方法对卫星配置的影响，这直接关系到遥感卫星系统的设计，涉及到卫星载荷体制的选取、卫星机电热等，该方面的研究工作还需深入进行。

17.3　星载视频合成孔径雷达（VI−SAR）

目前，低轨星载 SAR 成像已经取得了广泛的成功，但在地面动目标指示（GMTI）、重点区域的不间断观测、快重访需求、大幅宽覆盖方面存在缺陷，这些应用在热点地区探测、态势评估、区域监视等方面却存在迫切需求。能够同时实现宽覆盖照射区域下对重点区域进行动态连续的 GMTI 的卫星遥感设计，对用户来说将是一种极具性价比且能够显著提升卫星使用效能的实现途径，以此为基本出发点，相关学者综合考虑上述多项用户需求，提出了星载视频 SAR 的基本概念，能够从基本原理层面探索该体制所涉及的多项关键技术、系统参数构架和工作模式，并提出初步设想，为进一步深入论证该体制的视频

GEOSAR 成像提供先期的技术储备。

低轨遥感存在覆盖面积小、重访周期长、实时性差等问题，这些问题已经限制了 LEOSAR 的应用范围，特别是针对特定区域的不间断观测和地面动目标指示方面存在缺陷，需要分布式低轨遥感卫星组网才能实现。但组网又会带来多基同步机制、组网编队构型控制等一系列新问题，这些问题本身极难解决。然而地球同步轨道合成孔径雷达卫星是运行在 36 000 km 高度地球同步轨道上的 SAR 卫星；这种地球同步轨道并非地球静止轨道，它具有一定的倾斜角度，其星下点轨迹为"8"字形或水滴字形，由此可获得与地面目标的相对运动，实现二维 SAR 成像，且构型的特点结合卫星姿态的控制，可以实现对局部区域的不间断观测。因此，在覆盖面积大，重访时间短、追求实时性方面，GEO 卫星成像具备潜在的优势，对比如表 17-1 所示。

表 17-1　三种类别遥感卫星功能比较

功能	低轨 SAR	高轨视频 SAR	高轨视频光学卫星
全天侯全天时	●	●	
宽幅盖、快重访		●	●
GMTI		●	●
重点区域连续成像		●	●
高分辨率	●		●

GEOSAR 的相关研究也应运而生，并引起了世界范围内的广泛关注，NASA 和 ESA 等航天机构均对 GEOSAR 进行了发射规划，我国多家研究机构，目前已经解决了多项关键技术攻关。面对良好的研究基础，充分挖掘 GEOSAR 与用户的衔接及需求是提高卫星价值的重要途径。用户在卫星实现局部照射区域的动态观测方面存在着迫切需求，若卫星能够实现动态连续的视频 SAR 影像，将会显著提升卫星的使用效能，且结合微波体制的遥感感知，可实现全天侯、全天时的动态遥感感知，必将成为动目标监测和微波成像等应用领域的重要目标，美国国防部高级研究计划局（DARPA）已授予诺·格公司一份价值 480 万美元的研究合同（项目号：DARPA-BAA-12-41，如图 17-1 所示），以支持"视频合成孔径雷达"（VISAR）项目初始阶段。该项目将开发成像雷达，透过云层跟踪运动目标，VISAR 系统预计能够以更高的帧速率创建背景的 SAR 图像，机载的 VISAR 系统已经成功开发出来。

17.4　基于数字波束形成星载合成孔径雷达（DBF-SAR）

数字阵列雷达是相控阵雷达的最新发展，其体系构架简单、数字化程度高、处理方式灵活，带来了雷达性能的大幅提升和重大变革。国际著名雷达专家 Eli Brookner 曾在 "Phased-Array and Radar Astounding Breakthroughs——An Update"报告中指出"摩尔定律的进步使得数字波束形成（DBF）及其众多的先进能力变得切实可行。现在可以在 2 500 个单元阵列上实现单元级的 DBF，这是一项重大突破！"。数字阵列主要优点包括：幅

Broad Agency Announcement
Video Synthetic Aperture Radar (VISAR)
STRATEGIC TECHNOLOGY OFFICE
DARPA-BAA-12-41
5/1/2012

图 17 - 1　DARPA VISAR 研究计划

度、相位控制精度高，能够实现低副瓣；数字阵列雷达所有单元的信号都进入处理机，处理方式灵活，处理方式子阵划分可以是均匀、非均匀、一维、二维、滑动波束、同时多波束等，使得更好算法得以实现；通过数字域的收发波束幅相精确控制，实现灵活的同时或分时多波束工作能力，支撑各种工作方式的组合应用，具备灵活、方便的模式编辑能力。

　　合成孔径雷达作为一种成像雷达，空间分辨率和测绘带宽是其最为重要的两个性能指标。然而传统的星载 SAR 系统都受制于最小天线面积的约束，空间分辨率和测绘带宽不能同时提升。后续提出的各种新的成像模式，包括聚束模式（Spotlight）、扫描模式（ScanSAR）、马赛克模式（Mosaic）等，只是针对不同应用需求在二者之间进行一定折中，并没有从本质上解决上述固有矛盾。为了实现更广泛的应用需求，获得更高的 SAR 图像性能，新一代星载 SAR 系统必须突破高分辨率宽测绘带（High Resolution Wide Swath，HRWS）这个传统瓶颈。基于数字波束形成技术的新型星载 SAR 成像体制，能够从真正意义上解决分辨率与测绘带之间的矛盾，实现高分辨率宽测绘带成像。国内对于 DBF SAR 系统的研究起步较晚，但也取得一些理论和实践成果。

　　根据在不同应用场合下对分辨率和测绘带宽的不同需求，可以将 HRWS 星载 SAR 系统分为超高分辨率、中等分辨率和超宽测绘带，如图 17 - 2 所示。本节主要针对这三类应用场合分别介绍其适用的新体制 SAR 系统的工作原理。这些系统基于新一代智能化多孔径天线技术（SMART），有效克服了传统高分辨率与宽测绘带之间的矛盾，在未来的遥感领域具有重要的应用价值。

17.5　圆迹合成孔径雷达

　　近年来曲线 SAR 成为一个研究的热点，其中圆轨迹 SAR 是曲线 SAR 的一种典型特例，其载体沿以目标区域中心为圆心、以雷达在目标平面的垂足到目标中心的距离为半径

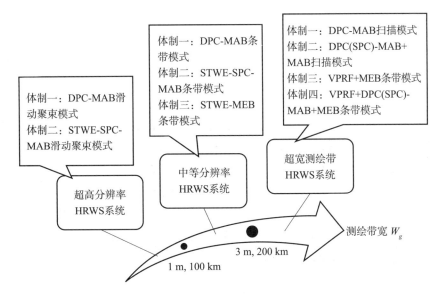

图 17 - 2　针对不同应用要求的新体制 HRWS 星载 SAR 系统

注：STWE 为方位向空时编码，SPC 为单相位中心，MEB 为距离向多波束，VPRF 为变脉冲重复频率

作圆周运动。随着应用领域的扩大，除了经典的条带模式之外，聚束模式、扫描模式等新模式相继出现。圆迹 SAR 可以提供一种高分辨三维成像模式，通过传感器平台的曲线运动，获取被观测目标多方位乃至 360°全向观测信息，以满足越来越高的精细观测需求。2011 年 8 月，中国科学院电子学研究所微波成像技术国家级重点实验室利用自行研制的 P 频段全极化 SAR 系统开展了国内首次机载圆迹 SAR 飞行实验，成功获取了全方位高分辨圆迹 SAR 图像，试验结果初步展示了圆迹 SAR 成像技术在高精度测绘、灾害评估和精细资源管理等领域的应用潜力。

17.6　紧致极化合成孔径雷达

紧致极化技术（Compact Polarimetry，CP）是在简化全极化 SAR 系统设计基础上发展和提出的一种新概念。该技术与全极化 SAR 系统先交替发射两路交叉极化脉冲，然后用两路相互正交的极化通道对回波信号进行接收的工作方式不同。紧致极化 SAR 只发射具有特定极化状态的单一极化脉冲，用两路相互正交的极化通道接收信号。这种方式与全极化 SAR 系统相比，紧致极化 SAR 不仅较全面保持了极化 SAR 信息，将极化状态与全极化状态进行了等效，而且有效降低了对 SAR 系统复杂度及数据下传速率的要求，因此对星载 SAR 应用具有巨大潜力。同时与紧致极化 SAR 发展而兴起的还有紧致极化干涉（Compact Polarimetric SAR Interferometry，C－PolInSAR），它是将紧致极化与干涉结合在一起的新技术，紧致极化干涉 SAR 的信息处理是近几年的研究热点。与全极化干涉 SAR（Full Polarimetric SAR Interferometry，F－PolInSAR）类似，紧致极化干涉能够实现与全极化干涉 SAR 类似的目标反演效果，比如紧致极化 SAR 能够有效提取植被的垂直结构信息，研究植被覆盖条件下的地面参数反演是紧致极化干涉 SAR 信息提取的重要研究方向之一。

17.7　连续变重频技术

　　传统星载 SAR 条带模式工作时，由于发射脉冲干扰限制，难于实现宽测绘带成像。以 ScanSAR 和 TOPSAR 等为代表的 Burst 工作模式可以有效提高测绘带宽度，但这是以牺牲分辨率为代价的。而距离向多波束（MEB）体制可以在不牺牲分辨率的情况下提高测绘带宽度，但由于固定的发射脉冲干扰的存在，导致测绘盲区的存在，不能实现连续宽测绘带成像。连续变重频技术突破发射脉冲干扰对测绘带宽度的限制，该技术利用脉冲发射周期的连续变化改变测绘盲区的位置，使得整个测绘带内目标回波均能被接收到，从而克服了测绘盲区固定不变的问题，在不损失方位向分辨率的条件下，实现距离向连续宽测绘带成像。

附　录

1　条带模式

条带模式是星载 SAR 的标准工作模式，在成像过程中卫星的波束指向始终不变，通过卫星运动来实现地面波束足印前进，因此，条带模式的相位信息是始终连续的。它的方位向分辨率由雷达天线的方位向尺寸决定，通过减小天线的方位向尺寸，可提高方位向分辨率。但根据最小天线面积原理，减小方位向尺寸的同时，必须增加俯仰向尺寸，这会导致测绘带宽度变窄。在条带模式中，分辨率和测绘带宽度是一对矛盾，不能同时提高，条带模式的工作原理示意图如附图 1 所示。

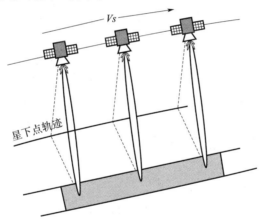

附图 1　条带模式工作原理示意图

（1）几何模型

附图 2 为条带模式 SAR 成像基本几何关系，卫星的飞行方向为方位向，与之垂直的方向为距离向。假设卫星以速度 v_a 沿 x 轴作匀速直线运动，$t=0$ 时，卫星位于 $x=0$，$y=0$ 处，t 时刻卫星位置为 $x=v_a t$，垂直斜距为 R_0；方位向坐标为 x_0 的地面点目标 P 与雷达之间的距离为

$$R=\sqrt{R_0^2+(x-x_0)^2}\approx R_0\left[1+\frac{(x-x_0)^2}{2R_0^2}\right] \tag{1}$$

（2）信号模型

设雷达发射信号为线性调频脉冲

$$s(t)=\mu(t)\mathrm{e}^{\mathrm{j}\omega_c t} \tag{2}$$

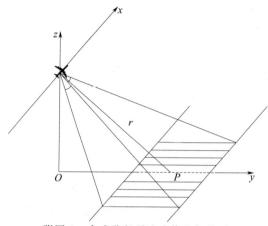

附图 2　合成孔径雷达成像几何关系

其中 $\mu(t) = \mathrm{rect}(t/T)\,\mathrm{e}^{jKt^2}$，$K$ 为调频率，则接收到的 P 点回波为

$$r(t) = A\mu(t-\alpha)\,\mathrm{e}^{j\omega_c(t-a)} \tag{3}$$

回波延迟为

$$\alpha = \frac{2R}{c} \approx \frac{2R_0}{c}\left[1 + \frac{(x-x_0)^2}{2R_0^2}\right] \tag{4}$$

将信号表示为时间 t 和卫星位置 x 的二元函数，得到

$$r(t,x) = A\mu\left(t - \frac{2R_0}{c}\left[1 + \frac{(x-x_0)^2}{2R_0^2}\right]\right)\exp\left(j\omega_c\left\{t - \frac{2R_0}{c}\left[1 + \frac{(x-x_0)^2}{2R_0^2}\right]\right\}\right) \tag{5}$$

由上式可知回波表达式中 x 与 t 之间存在耦合，它造成方位向和距离向的耦合。在一定条件下，$\mu(t)$ 中的耦合项 $\dfrac{(x-x_0)^2}{2R_0^2}$ 可忽略。

（3）方位向分辨率

SAR 是通过合成孔径原理来提高其方位向的空间分辨率。对于真实孔径雷达，假设天线孔径尺寸为 D，则其半功率波束宽度大约为

$$\beta = 0.88\frac{\lambda}{D} \tag{6}$$

其中，λ 为发射电磁波的波长。假设目标到雷达的距离为 R，则雷达的方位向分辨率可以表示为

$$\rho_a = \beta \times R = 0.88\frac{\lambda}{D} \times R \tag{7}$$

可见，天线的尺寸越大，雷达的分辨率越高。实际天线的尺寸不可能无限大，因而真实孔径雷达的分辨率有限。

合成孔径雷达随着卫星的飞行周期性的发射信号，从而可以认为雷达发射信号的空间位置在方位向排成一个线阵，阵元为雷达真实天线。假设卫星飞行速度为 v，雷达发射信号的重复频率为 PRF，则发射信号的空间位置间距为

$$\Delta x = \frac{v}{\mathrm{PRF}} \tag{8}$$

合成孔径长度为

$$L = \frac{\lambda R}{D} \tag{9}$$

合成孔径的长度取决于雷达运动过程中所能接收到的来自同一个目标的回波信号的最大作用范围，它等于真实天线波束所能覆盖的方位向最大范围。相应的合成孔径时间为

$$T = \frac{L}{v} \tag{10}$$

考虑信号在雷达和目标间双程传输，忽略天线方向图因子的影响，则得到合成孔径雷达方位向的空间分辨率为

$$\rho_a = \frac{1}{2}\beta \times R = \frac{1}{2} \times \frac{\lambda}{L} \times R = \frac{D}{2} \tag{11}$$

以上分辨率计算公式是理想状态下推导的，实际工程中要考虑各种因素的影响来得到。

2　扫描模式

ScanSAR 模式是为了提高测绘带宽度而提出的，通过天线波束在距离向不同子测绘带之间循环切换，将合成孔径的时间分配到不同的距离子测绘带，实现宽测绘带成像，由于一个合成孔径时间被分配给不同的子测绘带，导致方位向分辨率相应降低，ScanSAR 模式工作原理如附图 3 所示。由于不连续的工作方式，导致不同方位位置目标被天线方向图的不同部分加权，ScanSAR 模式会产生"扇贝效应"等方位向不均匀现象，因此有效的辐射校正方法对 ScanSAR 模式至关重要。

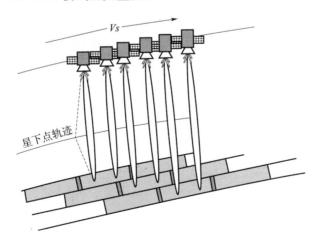

附图 3　ScanSAR 工作原理示意图

(1) 几何模型

扫描模式的波束照射关系如附图 4 所示。

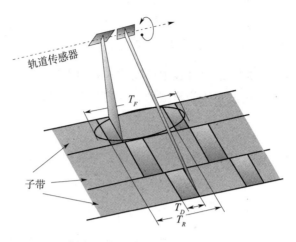

附图 4　扫描模式波束照射模型

扫描模式中，天线在一个子带内连续照射的时间称为驻留时间，记为 T_d。驻留时间内采集的数据称为驻留数据，同一子带内连续获得的驻留数据称为驻留数据块，即 burst。天线在各子带间循环一次的时间记为回归周期 T_r。T_s 或 T_f 为合成孔径时间。对于方位向单视的扫描模式，时序关系与几何关系如附图 5 所示。

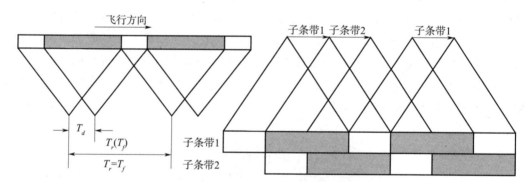

附图 5　扫描模式几何关系与时序关系

考虑转换时间 T_n，则扫描模式的时序关系满足

$$\begin{cases} T_S = T_r \\ T_r = \sum_{N_s} (T_d + T_n) \end{cases} \tag{12}$$

通常可以认为

$$T_S = (N_s + 1) T_d \tag{13}$$

扫描模式的距离向覆盖宽度可以表示为

$$W_a = \sum_{N_s} W_{ai} \tag{14}$$

其中 W_{ai} 为距离向子条带宽度。

（2）信号模型

条带 SAR 的回波信号可表示为

$$s_r(t,\tau;R_0) = G(t)\,\mathrm{rect}\left[\frac{\tau}{\tau_p} - \frac{2R(t,R_0)}{\tau_p c}\right] \times$$

$$\exp\left(-j\frac{4\pi R(t,R_0)}{\lambda}\right)\exp\left[-j\pi K_r\left(\tau - \frac{2R(t,R_0)}{c}\right)^2\right] \tag{15}$$

式中　R_0——目标与航线的垂直斜距；

　　　$R(t,R_0)$——斜距；

　　　K_r——发射线性调频信号的调频斜率；

　　　τ_p——脉冲宽度；

　　　λ——工作波长；

　　　c——光速。

条带 SAR 信号的发射接收是连续进行的，而 ScanSAR 中雷达信号的发射接收与波束切换交替进行，各子测绘带之间的回波信号不连续，同一子测绘带内的信号也呈现"分块不连续"的特点。通常研究的 ScanSAR 回波信号都是指同一子测绘带内的回波信号，忽略天线方向图加权，其表达式可以表示为

$$s_{\mathrm{scan}}(t,\tau;R_0) = \sum_n \mathrm{rect}\left[\frac{t-nT_p}{T_d}\right]\mathrm{rect}\left(\frac{\tau}{\tau_p} - \frac{2R(t,R_0)}{\tau_p c}\right) \times$$

$$\exp\left(-j\frac{4\pi R(t,R_0)}{\lambda}\right)\exp\left[-j\pi K_r\left(\tau - \frac{2R(t,R_0)}{c}\right)^2\right] \tag{16}$$

由上式可知：ScanSAR 一个子测绘带内的回波数据可以看成是截断的条带 SAR 回波数据，它由不连续的驻留数据组成。

（3）方位向分辨率

若子条带数为 N_s，且不考虑条带间重叠，则扫描模式的距离向测绘带宽较条带模式扩大了 N_s 倍，但扫描模式方位向分辨率比条带模式下降了至少 N_s+1 倍。扫描模式系统参数设计时需在距离向测绘带宽和方位向分辨率之间进行折中考虑。

若不考虑星载 SAR 几何关系对方位向分辨率的改善，扫描模式子条带分辨率可以表示为

$$\rho_{ai} = \frac{D_a}{2}(N_s+1) \tag{17}$$

式中　D_a——方位向天线尺寸。

3　聚束模式

聚束模式作为合成孔径雷达的一种重要的高分辨率成像模式，最初是由对旋转物体的成像研究，如转台成像和医用层析照相技术发展而来的。它通过雷达波束转动，使要成像

的区域始终处于雷达波束的照射之下，从而延长了合成孔径时间，得到很高的方位分辨率。但是，这种波束旋转导致方位向成像区域缩小，失去了方位向连续成像能力，聚束模式的成像区域不会超过天线波束的照射范围，工作原理如附图 6 所示。

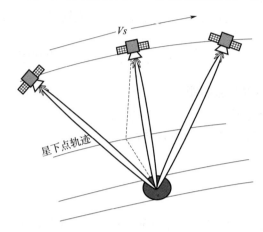

附图 6　聚束模式成像原理示意图

（1）几何模型

聚束 SAR 是通过控制天线的指向恒定来增加方位向相干累积的时间从而提高 SAR 系统的方位向分辨率的。由于在聚束 SAR 工作模式中，方位向相干累积的时间并不是用天线的波束宽度来决定，因此，在使用相同天线的情况下，聚束 SAR 可以达到更高的分辨率。聚束 SAR 系统的示意图如附图 7 所示。

（2）信号模型

在附图 7 中 β_a 为天线的波束宽度，假设发射信号为调频斜率 K_r 的调频信号，信号的载频为 f_c 天线的波束中心指向 (X_c, Y_c) 处，在 $(X_c + x_n, Y_c + y_n)$ 处有一个点目标，当飞行器位于 u 时，接收到的回波为

$$S_{\text{spotlight}} = \exp\left[j \times Kr \times (t - t_0)^2\right]\text{rect}\left(\frac{t - t_0}{T_r}\right) \times \exp(-j \times 2\pi f_c t_0) \qquad (18)$$

式（18）中 $t_0 = \dfrac{2\sqrt{(X_c + x_n - u)^2 + (Y_c + y_n)^2}}{c}$，$T_r$ 是发射脉冲持续时间。聚束 SAR 的相干累积时间与天线方位向尺寸没有关系，即与 L_s 无关。这暗示着聚束 SAR 模式在使用相同天线的条件下可以得到比条带 SAR 更高方位向分辨率的 SAR 图像。

（3）方位向分辨率

在聚束 SAR 模式中，天线恒定照射在地面的固定区域内，因而方位向相干累积的时间要比普通条带 SAR 要大的多，所以聚束 SAR 模式可以获得更高方位向的分辨率。

聚束 SAR 模式回波的瞬时多普勒频率是卫星沿径向速度分量除以波长的两倍。然而

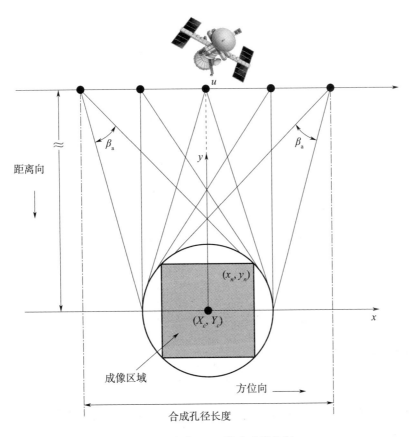

附图 7　聚束 SAR 模式成像几何

在每个回波中，回波的多普勒频率在每个回波内是随信号波长变化的，假定回波中心处的波长为 λ_c。回波信号的多普勒频率表示发射信号相位与接收信号相位之差的时间变化率。回波信号的多普勒频率示意图如附图 8 所示

在合成孔径起始处，有 $\alpha_d = \alpha_{dc} - \dfrac{\Delta\theta}{2}$，因此回波信号的多普勒频率 f_{d1} 可以表示为

$$f_{d1} = \frac{2v_a \cos\left(\alpha_{dc} - \dfrac{\Delta\theta}{2}\right)}{\lambda_c} \tag{19}$$

在合成孔径结束处，有 $\alpha_d = \alpha_{dc} + \dfrac{\Delta\theta}{2}$，因此回波信号的多普勒频率 f_{d2} 可以表示为

$$f_{d2} = \frac{2v_a \cos\left(\alpha_{dc} + \dfrac{\Delta\theta}{2}\right)}{\lambda_c} \tag{20}$$

因此，聚束 SAR 回波信号的多普勒信号带宽 B_d 可以表示为

$$B_d = f_{d2} - f_{d1} \tag{21}$$

于是可得

$$B_d = \frac{4v_a \sin\left(\dfrac{\Delta\theta}{2}\right) \cdot \sin(\alpha_{dc})}{\lambda_c} \tag{22}$$

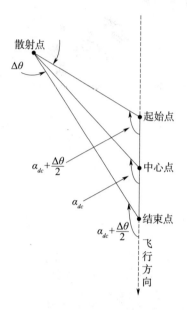

附图 8　聚束 SAR 多普勒频率示意图

回波信号的多普勒中心频率为

$$f_{do} = \frac{2v_a \cos(\alpha_{dc})}{\lambda_c} \tag{23}$$

因此，聚束 SAR 模式多普勒频率的变化率 k_a 可以表示为回波信号的多普勒信号带宽除以相干累积时间，即

$$k_a = \frac{B_d}{T_s} = \frac{2v_a^2 \sin^2(\alpha_{dc})}{\lambda_c R_c} \tag{24}$$

方位向多普勒带宽 B_d 在方位向的时间分辨率为 $\Delta t = 1/B_d$，卫星在 Δt 时间内运动为

$$\Delta X = v_a \cdot \Delta t$$

因此，聚束模式 SAR 的方位向分辨率为

$$\rho_a = K_a v_a \Delta t \cdot \sin(\alpha_{dc}) = \frac{K_a v_a \sin(\alpha_{dc})}{B_d} = \frac{\lambda_c K_a}{4\sin\left(\dfrac{\Delta\theta}{2}\right)} \tag{25}$$

式中　　K_a——方位向的展宽系数。

式（25）给出了一种提高 SAR 方位向分辨率的方法，通过增加天线的旋转角度范围来提高方位向的分辨率。然而，并不能任意增加方位向的旋转角度范围来达到任意高的分辨率，当 $\Delta\theta$ 较小时，增加天线扫描范围可以显著增加聚束 SAR 的方位向分辨率，然而当 $\Delta\theta$ 比较大时，再增加天线扫描范围对聚束 SAR 的方位向分辨率影响就不大了。上式指出合成孔径雷达的极限分辨率是发射波长的四分之一。

为了使在聚束 SAR 成像过程中，天线始终照射同一个区域，天线扫描的角速度必须满足如下关系

$$\omega_s \approx \frac{v_a}{R_c} \tag{26}$$

尽管聚束 SAR 可以达到很高的方位向分辨率，但是其成像大小仅仅是一个天线辐照区的大小。然而在实际应用中，总希望获得高分辨率大面积的 SAR 图像，考虑能否天线在扫描过程中辐照区不固定，而是以一定速度在地面上移动，这样在增加了方位向相干累加时间的同时，也可以获得相对较大面积的 SAR 图像。

4　滑动聚束模式

滑动聚束模式是一种新颖的 SAR 工作模式，它通过控制天线波束扫描速度，使天线波束始终指向远离测绘带的虚拟旋转中心。它的方位向成像范围大于聚束模式而分辨率低于聚束模式，滑动聚束模式通过控制波束扫描速度来实现方位向分辨率与成像范围之间的折中权衡。在滑动聚束模式中所有目标进入、离开波束时间、多普勒频率范围均随方位坐标的不同发生变化，回波数据的方位向带宽主要取决于成像时间，它的工作原理如附图 9 所示。

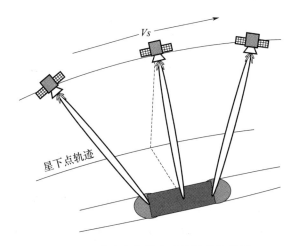

附图 9　滑动聚束模式成像原理示意图

（1）几何模型

在分析中，只考虑斜平面成像，设卫星的飞行方向为 x 轴，与 x 轴垂直的为 r 轴，在起始时刻，卫星位于原点，天线的波束中心指向 (x_0, r_0)，如附图 10 所示。

（2）信号模型

假设发射调频斜率为 K_r 的调频信号，其载频为 f_c，T_s 是发射信号的持续时间。则当卫星位于 x 点时，(X, R) 处点目标的回波为

$$S_{re}(t,x) = \exp(j \times K_r \times (t-t_0)^2) \operatorname{rect}\left(\frac{t-t_0}{T_s}\right) \cdot \exp(-j \cdot 2\pi f_c t_0) \operatorname{rect}\left[\frac{X - \dfrac{v_f}{v_a}x - x_0}{L_s}\right]$$

$$\tag{27}$$

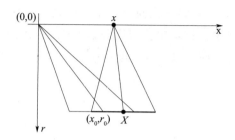

附图 10　滑动聚束 SAR 回波模型

其中 $t_0 = \dfrac{2\sqrt{(x-X)^2+R^2}}{c}$ ，$L_s = r_0 \cdot \dfrac{\lambda}{D}$ ，v_f 为天线辐照区移动的速度，v_a 为卫星飞行的速度。由于 $x \ll R$ ，在上式中忽略了在天线移动过程中 L_s 的变化。将 $2\pi f_c t_0$ 在 $x=0$ 处用泰勒级数展开，可以得到滑动聚束 SAR 的方位向调频斜率为

$$k_a = \frac{2{v_a}^2}{\lambda \times R} \tag{28}$$

则滑动聚束 SAR 的方位向多普勒带宽为

$$B_{aw} = k_a \times T_s = \frac{2{v_a}^2}{\lambda R} \times \frac{\lambda R}{D \times v_f} = \frac{2 \times {v_a}^2}{D \times v_f} \tag{29}$$

由式（29）可知，滑动聚束 SAR 的方位向多普勒带宽是条带 SAR 多普勒带宽的 $\dfrac{v_a}{v_f}$ 倍。

（3）方位向分辨率

由 SAR 的分辨理论可知，距离向频谱带宽越大，距离向分辨率越高；方位向频谱带宽越大，方位向分辨率越高。由此可知，滑动 SAR 的多普勒带宽为 $\dfrac{2 \times {v_a}^2}{D \times v_f}$ ，它是条带模式多普勒带宽的 $\dfrac{v_a}{v_f}$ 倍，因此滑动 SAR 模式的方位向分辨率是条带模式 $\dfrac{v_a}{v_f}$ 倍。

$$\rho_a = \frac{v_a}{B_{aw}} = \frac{v_a}{\dfrac{2{v_a}^2}{D \times v_f}} = \frac{D \times v_f}{2 \times v_a} \tag{30}$$

式（30）表明，滑动聚束 SAR 的分辨率不仅与天线的方位向尺寸有关，而且与卫星速度和辐照区移动的速度有关，可以通过控制 v_f 的大小，根据需要调整滑动聚束 SAR 的分辨率。当 $v_f < v_a$ 时，滑动 SAR 的分辨率比条带 SAR 要高；当 $v_f > v_a$ 时，滑动 SAR 的分辨率比条带 SAR 要低；当 $v_f = v_a$ 时，滑动 SAR 的方位向的分辨率为 $\dfrac{D}{2}$ ，即为条带模式的情况；当 $v_f = 0$ 时，此时滑动聚束 SAR 就是聚束 SAR，但此时方位向的分辨率并不是无穷小，而是受到天线扫描范围的限制，为 $\dfrac{\lambda}{4 \times \sin\left(\dfrac{\Delta\theta_0}{2}\right)}$ （$\Delta\theta_0$ 为天线扫描的范围）。

条带 SAR 的方位向分辨率只由天线尺寸所决定，而与卫星飞行状态无关；聚束 SAR 的方位向分辨率只由天线扫描速度和范围决定，而与天线尺寸无关；滑动 SAR 方位向分辨率不仅和天线尺寸有关，而且与天线辐照区在地面移动的速度有关。

5　TOPSAR 模式

TOPSAR 模式通过天线波束方位向正向扫描，实现短时间大场景覆盖，然后将波束切换到其他子测绘带进行成像，它的工作原理如附图 11 所示。TOPSAR 模式可以实现同 ScanSAR 模式相同的测绘带宽度，但它的波束扫描和时间分配方式等效压缩了天线方向图，使方位向不同位置的目标被完整的天线方向图加权，克服了 ScanSAR 模式的方位向非均匀现象，得到了方位向辐射强度大体均匀的图像产品，有利于后续的 SAR 图像应用。

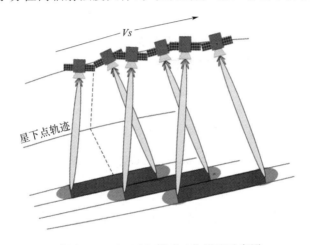

附图 11　TOPSAR 模式工作原理示意图

（1）几何模型

为了简化星载 TOPSAR 回波信号模型，这里采用等效平面成像几何模型。在星载 TOPSAR 模式下，与聚束模式相反方向的方位波束扫描方向加快了雷达获取地面信息的速度，其在某条子测绘带上的平面几何模型如附图 12 所示。图中 P 表示一个点目标，O 表示 Burst 中心时刻，T_b 和 T_d 分别对应 Burst 长度和主波束在目标上的驻留时间，v 和 v_f 分别表示在平面模型下卫星的有效速度和波束在地面的移动速度。

根据附图 12 的平面几何关系，可以容易得到下面的关系

$$A(r) = \frac{-r_{\text{rot}} + r}{-r_{\text{rot}}} = \frac{v_f}{v} = \frac{\omega_r r \times \cos\theta + v}{v} \tag{31}$$

式中　A——方位向分辨率改变因子；

$\quad r$ 和 r_{rot} 分别表示目标和旋转中心到卫星飞行航迹的最短斜距；

$\quad \theta$——方位波束扫描时的瞬时斜视角。

由式（31）可得

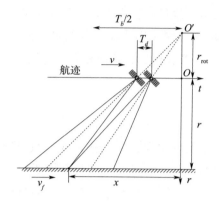

附图 12　TOPSAR 平面几何模型

$$r_{rot} = -\frac{v}{\omega_r \cos\theta} = -\frac{r}{A-1} \approx -\frac{v}{\omega_r} \tag{32}$$

根据式（32）可得，当 TOPSAR 模式方位波束扫描角 θ 较小时，对于同一 Burst 数据块，方位波束扫描存在着一个近似固定的虚拟扫描中心 O'，它的位置与目标在测绘带的位置无关。

（2）信号模型

雷达在一个 Burst 数据块内获得的基带回波数据可以表示为

$$s_r(t,\tau) = \iint\limits_{\text{scene}} \sigma(x,r) ss(t,\tau;x,r) \mathrm{d}x \mathrm{d}r \tag{33}$$

其中

$$ss(t,\tau;x,r) = G_a\left[\frac{v_f t - x}{X}\right]\exp\left[-j\frac{4\pi}{\lambda}R(t;r,x)\right]\text{rect}\left[\frac{\tau - 2R(t;r,x)/c}{\tau_p}\right]\times$$

$$\exp\left\{-j\pi k_r\left[\tau - \frac{2R(t;r,x)}{c}\right]^2\right\}\text{rect}\left[\frac{t}{T_b}\right] \tag{34}$$

$$R(t;r,x) = \sqrt{r^2 + (vt - x)^2} \tag{35}$$

式中　$\sigma(x,r)$——地面 (x,r) 处的后向散射系数；

$G_a(\bullet)$——方位向天线方向图；

t 和 τ 分别对应"慢时间"（方位向）和"快时间"（距离向）；

X——波束"足印"在地面的长度；

τ_p——发射脉冲宽度；

k_r——发射脉冲的调频率；

λ——波长。

（3）方位向分辨率

星载 TOPSAR 模式和 ScanSAR 模式相同，都是通过牺牲方位向分辨率来换取宽幅测绘能力，随着子测绘带数量的增加，方位分辨率随之降低。对于具有 N_{look} 次多视由 N_s 条子测绘带组成的 ScanSAR 模式来说，其能获得的最优方位向分辨率 $\rho_{\text{a,scan}}$ 可表示为

$$\rho_{a,scan} > (N_{look}N_s + 1) \cdot \rho_{a,strip} \approx \frac{(N_{look}N_s + 1)L_a}{2} \tag{36}$$

式中　$\rho_{a,strip}$ ——相同条件下条带模式的方位分辨率。

在星载 TOPSAR 模式下，为了在每条子测绘带上都能获得连续的图像，根据式（36）可得（这里忽略距离向波束切换时间 T_g）

$$T_s = A(T_b - T_d) \geqslant N_{looks}\sum_{i=1}^{N_s} T_{b\_i} + T_d \approx N_{looks}N_sT_b + T_d \tag{37}$$

在星载 TOPSAR 模式下，$T_b \gg T_d$，则 TOPSAR 模式能获得最优的方位分辨率可以表示为

$$\rho_{a,tops} \approx \frac{A \cdot L_a}{2} \geqslant \frac{N_{looks}N_sT_b + T_d}{T_b - T_d} \cdot \frac{L_a}{2} \approx N_{looks}N_s \cdot \frac{L_a}{2} \tag{38}$$

在相同条件下，星载 TOPSAR 模式能获得比 ScanSAR 模式更好的方位分辨率。

6　马赛克模式

Mosaic 模式是一种新型的 SAR 工作体制，距离向通过天线波束不同子测绘带之间切换实现宽测绘带成像，方位向通过波束反向扫描实现高分辨率成像，它的工作原理如附图 13 所示。Mosaic 模式结合了 ScanSAR 模式宽测绘带和聚束模式高分辨率的特点，所以 Mosaic 模式也被称为聚束版的 ScanSAR。Mosaic 模式扩展了星载 SAR 的应用范围，特别是在侦察和灾害监测中，需要对重点区域进行整体高分辨率成像，其他模式难于满足此类需求，而 Mosaic 模式能很好地满足这种需求，在此类应用中具有明显优势。

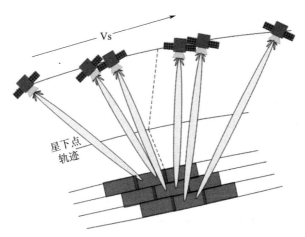

附图 13　Mosaic 模式的工作原理示意图

（1）几何模型

Mosaic 模式方位向波束连续扫描，通过波束足印在地面上慢速移动推动方位向条带线前进，扩展方位向成像范围。距离向波束在不同子测绘带之间循环切换，扩展距离向成

像范围。方位向波束扫描减缓了波束地面足印的移动速度，使地面目标被照射时间加长，实现高分辨率成像。附图 14 为滑动 Mosaic 模式原理示意图。

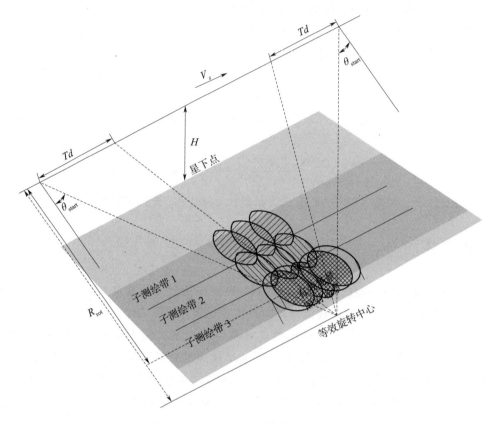

附图 14　滑动 Mosaic 模式原理示意图

（2）信号模型

Mosaic 模式信号处理通常是对单个 Burst 回波信号独立进行的，因此研究 Mosaic 模式回波信号通常是指单个 Burst 的回波信号，其表达式可以表示为

$$
\begin{aligned}
s_{\text{Mosaic}}(t,\tau;R_0) = {}& \text{rect}\!\left(\frac{t-T_c}{T_d}\right)\text{rect}\!\left[\frac{\tau}{\tau_p}-\frac{2R(t,R_0)}{\tau_p C}\right]\times \\
& \exp\!\left(-j\,\frac{4\pi R(t,R_0)}{\lambda}\right)\exp\!\left[-j\pi K_r\left(\tau-\frac{2R(t,R_0)}{C}\right)^2\right]
\end{aligned}
\tag{39}
$$

式中　T_c——此 Burst 的成像中心时刻；

　　　T_d——此 Burst 的驻留时间。

由上式可知，Mosaic 模式单个 Burst 的回波数据可以看成一个截断的滑动聚束模式回波信号。

（3）方位向分辨率

由于每个 Burst 可以看成一个截断的滑动聚束模式，可以引入一个模式因子 A 来反映

Mosaic 模式的方位向扫描情况，它可以看成是方位向成像范围和分辨率之间折中的度量，可通过下式计算得到

$$A = \frac{R_{rot} - R_0}{R_{rot}} \approx 1 - \frac{R_0 k_w}{V_g} \tag{40}$$

式中　R_{rot}——旋转中心斜距；

$\quad\quad R_0$——最近斜距；

$\quad\quad V_g$——卫星的地面速度；

$\quad\quad k_w$——波束旋转角速度，与 TOPSAR 模式相反，k_w 为正值。

在距离向，通过改变子测绘带数 N_B 实现距离向成像宽度和方位向分辨率之间的折中。如果忽略波束切换时间和不同子测绘带之间的斜距变化，Mosaic 模式的理论分辨率可以近似为

$$\rho_a \approx \frac{L_a}{2}(N_B + 1)A \tag{41}$$

式中　L_a——天线物理长度。

由式（41）可知，Mosaic 模式的理论分辨率相比于 ScanSAR 模式优化了 $1/A$ 倍，相比于滑动聚束模式恶化了 $N_B + 1$ 倍。

7　多相位中心多波束模式（DPC）

多相位中心多波束模式下，SAR 天线沿航迹方向划分为多个具有偏置相位中心的子孔径，发射端采用全天线展宽或直接采用单个子孔径产生一个较宽的发射波束，接收端多个子孔径同时工作，形成多个接收数字通路，每个接收通路具有单独的混频器和 A/D 采样，其工作原理如附图 15 所示。这种宽发宽收的工作方式能够保证较高的方位向多普勒带宽从而获得方位向高分辨率，而多个等效相位中心则增加了一个脉冲重复间隔内获得的方位采样点数，从而降低了对系统 PRF 的要求进而扩展测绘带。

（1）几何模型

在附图 15 中，发射天线（孔径）到点目标的斜距为 $R(t)$，第 i 个接收子孔径到点目标的斜距为 $R_i(t)$。

（2）信号模型

第 i 个子孔径接收到的方位向信号 $s_i(t)$ 为

$$s_i = a_i(t)\sigma_i(t)\exp\left\{-j\frac{2\pi}{\lambda}[R(t) + R_i(t)]\right\} \tag{42}$$

式中　$a_i(t)$——首发双程天线方向图；

$\quad\quad \sigma_i(t)$——目标后向散射系数；

$\quad\quad \lambda$——波长。

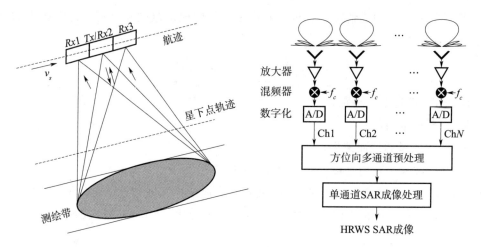

附图 15　多相位中心多波束模式工作原理示意图

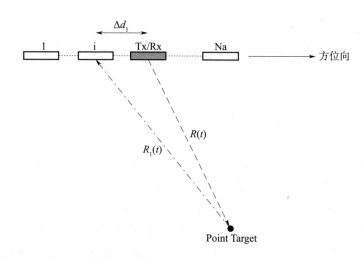

附图 16　方位向多通道发射/接收点目标回波示意图

设第 i 个子孔径与发射孔径间隔为 Δd_i，则 $R_i(t)$ 可表示成

$$R_i(t) = R\left(t - \frac{\Delta d_i}{v}\right) \tag{43}$$

式中　v——卫星飞行速度。

利用 Taylor 级数将 $R(t)$ 与 $R_i(t)$ 展开并代入到式(42)，可得到 $s_i(t)$ 的近似表达式为

$$s \approx a_i(t)\sigma_i(t)\exp\left[-j\frac{4\pi}{\lambda}R(t - \Delta d_i/2v)\right]\exp\left(-j\frac{\pi}{\lambda}\frac{\Delta d_i{}^2}{2R_0}\right) \tag{44}$$

（3）方位向分辨率

多相位中心多波束模式并不改变 SAR 系统的方位向理论分辨率，其分辨率取决于与之配合的 SAR 工作体制，这里不做详细分析。

参 考 文 献

[1] Fawwaz T. Ulaby，MICROWAVE REMOTE SENSING Vol. 1－3[M]. Wesley Publishing，1981.

[2] Harold Mott. 极化雷达遥感[M]. 北京：国防工业出版社，2008.

[3] Jong－Sen Lee，Eric Pottier. 极化雷达成像基础与应用[M]. 北京：电子工业出版社. 2013.

[4] Seelye Martin. 海洋遥感导论[M]. 北京：海洋出版社. 2008.

[5] 保铮，刑孟道，王彤. 雷达成像技术[M]. 北京：电子工业出版社，2005.

[6] 郭华东，等. 雷达对地观测理论与应用[M]. 北京：科学出版社，2000.

[7] 杨士中. 合成孔径雷达[M]. 北京：国防工业出版社，1981.

[8] 杨汝良，等 . 高分辨率微波成像[M]. 北京：国防工业出版社. 2013.

[9] 杨劲松. 合成孔径雷达海面风场、海浪和内波遥感技术[M]. 北京：海洋出版社. 2005.

[10] 魏钟铨. 合成孔径雷达卫星[M]. 北京：科学出版社，2001.

[11] 袁孝康. 星载合成孔径雷达导论(第 1 版)[M]. 北京：国防工业出版社，2005.1.

[12] 肖顺平，王雪松，代大海，等 . 极化雷达成像处理及应用[M]. 北京：科学出版社，2013.

[13] 吴乐南. 数据压缩的原理与应用北京[M]. 北京：电子工业出版社，1996.

[14] 王广运. 卫星测高原理[M]. 北京：科学出版社，1995.

[15] 胡明春，等 . 相控阵雷达收发组件技术[M]. 北京：国防工业出版社，2010.

[16] Michael W. Spencer Advanced design concepts for a seawinds scatterometer follow－on mission[C].
Aerospace conference，Vol. 4，2001.

[17] Simon H. Yueh. Polarimetric Radar remote sensing of ocean surface wind[C]. IEEE 2001 international
Geoscience and Remote Sensing Symposium. Sydney. 2001. Vol. 3，PP：1557－1559.

[18] WITTEX：An Innovative Three－Satellite Radar Altimeter Concept. R. Keith Raney，David L. Por-
ter. 0－7803－6359－0/00/ $ 10.00 ⓒ2000 IEEE.

[19] Delay/Doppler Radar Altimeter：Better Measurement Precision. J. Robert Jensen，R. Keith Raney.
0－7803－4403－0/98/ $ 10.00 ⓒ1998 IEEE.

[20] ESA2000－2012. Satellites mission[EB/OL]. 2013. 4. 12.

[21] Alexander Loew，Heike Bach，Wolfram Mauser，5 YEARS OF ENVISAT ASAR SOIL MOISTURE
OBSERVATIONS IN SOUTHERN GERMAN[C]. Proc. Envisat Symposium 2007，Montreux，
Switzerland 23 － 27 April 2007 (ESA SP－636，July 2007).

[22] A. T. Joseph，R. van der Velde，P. E. O′Neill et al.，Effects of corn on C－ and L－band radar back-
scatter：A correction method for soil moisture retrieval[J]. Remote Sensing of Environment，114
(11) 2417 － 2430，2010.

[23] F. Galland，P. Réfrégier，and O. Germain. Synthetic aperature radar oil spill segmentation by stochas-
tic complexity minimization[J]. IEEE Geosci. Remote Sens. Letters，2004，Vol. 1，No. 4，PP.
295－299.

[24]　M. Migliaccio, M. Tranfaglia, S. A. Ermakov. A physical approach for the observation of oil spills in SAR images, 2005, Vol. 30, No. 3, PP. 496−507.

[25]　D V Donoho. Compressed sensing[J], IEEE Trans. on Information Theory, Vol. 52, No. 4, 2006: 1289−1306.

[26]　G Peyre. Best Basis Compressed sensing[J]. IEEE Trans. on Signal Processing. Vol. 58, No. 5, 2010: 2613−2622.

[27]　Zhang L, Xing M, Qiu C, et al. Achieving higher resolution isar imaging with limited pulses via compressed sampling[J]. Geoscience and Remote Sensing Letters, Vol. 6, No. 3, 2009:567−571.

[28]　I Stojanovic, W C Karl, M Cetin. Compressed sensing of monostatic and multi−static SAR[J]. Proc. of SPIE, Vol. 7337, No. 5, 2009:1−12.

[29]　Q Huang, Q Lele, W Bingheng. UWB Through−Wall Imaging Based on Compressive Sensing[J]. IEEE Trans. on Geoscience and Remote Sensing, Vol. 48, No. 3, 2009:1408−1415.

[30]　VM Patel, G R Easley, D M Healy, etc. Compressed synthetic aperture radar[J]. IEEE Journal of Selected Topics in Signal Processing, Vol. 4, No. 2, 2010:244−254.

[31]　Herman M A, Strohmer T. High−resolution radar via compressed sensing[J]. IEEE Trans on Signal Processing, Vol. 57, No. 6,2009: 2275−2284.

[32]　Lawrence Carin. On the Relationship Between Compressive Sensing and Random Sensor Arrays[J]. IEEE Antennas and Propagation Magazine, Vol. 51, No. 5,2009: 73−81.

[33]　Lawrence Carin, Dehong Liu, Bin Guo. Coherence, Compressive Sensing, and Random Sensor Arrays[J]. IEEE Antennas and Propagation Magazine, Vol. 53, No. 4,2011: 28−39.

[34]　Kuoye Han, Yanping Wang, Bo Kou, et al. Parameters Estimation using a Random Linear Array and Compressed Sensing [C]. 2010 3rd International Congress on Image and Signal Processing, 3950−3954.

[35]　Max Hugel, Holger Rauhut, Thomas Strohmer. Remote sensing via l1 minimization. Http://rauhut. ins. uni−bonn. de/radarcs. pdf.

[36]　Elad M. Optimized projections for compressed sensing[J]. IEEE Trans. on Signal Processing, Vol. 55, No. 12, 2007: 5695−5702.

[37]　J. Miller, E. Bishop, A. Doerry. An Application of Backprojection for Video SAR Image Formation Exploiting a Subaperture Circular Shift Register[J]. Proc. of SPIE. Vol. 8746, No. 09, 2012:1−14.

[38]　R. K. Moore, J. P. Claasssen, Y. H. Lin. Scanning spaceborne synthetic aperture radar with integrated radiometer. IEEE Transaction on Aerospace and Electronic Sytems, Vol. AES−17, PP. 410 − 421, May. 1981.

[39]　K. Tomiyasu. Conceptual performance of a satellite borne, wide swath synthetic aperture radar. Transactions, on Geoscience and Remote Sensing, Vol. GE−19, PP. 108−116, April. 1981.

[40]　W. Carrara, R. Goodman, R. Majewski. Spotlight Synthetic Aperture Radar: Signal Processing Algorithm. Boston: Artech House, 1995.

[41]　R. Lanari, S. Zoffoli, E. Sansosti, et al. New approach for hybrid strip−map/spotlight SAR data focusing. Proc. IEE Proceedings − Radar, Sonar and Navigation. Vol. 148, No. 6, PP. 363 − 372, Dec. 2001.

[42]　D. P. Belcher, C. J. Baker. Hybrid strip−map/spotlight SAR. In Proceeding of IEE Colloquium on

Radar and Microwave Imaging. UK，London，Nov 16，1994：2/1－2/7.

[43] F. De. Zen，A. M. Guarnieri. TOPSAR：Terrain Observation by Progressive Scans. IEEE Transactions，on Geoscience and Remote Sensing，Vol. 44，PP. 2352－2360，Sept. 2006.

[44] A. Meta，J. Mittermayer，P. Prats，et al.. TOPS imaging with terraSAR－X：Mode Design and performance analysis. IEEE Transactions，on Geoscience and Remote Sensing，Vol. 48，PP. 759－769，Feb. 2010.

[45] U. Naftaly，R. Levy－Nathansohn. Overview of the TECSAR satellite hardware and Mosaic mode. IEEE Geoscience and Remote Sensing Letters，Vol. 5，No. 3，PP. 423－426，2008.

[46] Y. Sharay，U. Naftaly. TECSAR：design considerations and programme status. IEE Proceedings －Radar，Sonar and Navigation，Vol. 153，No. 2，PP. 117－121，2006.

[47] Cumming I G，Wong F H. Digital Processing of Synthetic Radar：Algorithms and Implementation [M]. Norwood：Artech House，2005.

[48] Bamler R. Optimum look weighting for burst－mode and ScanSAR processing[J]. IEEE Trans. on Geosciences and Remote Sensing，1995，33(3)：722－725.

[49] D. P. Belcher，C. J. Baker. Hybrid strip－map/spotlight SAR. In Proceeding of IEE Colloquium on Radar and Microwave Imaging. UK，London，Nov 16，1994：2/1－2/7.

[50] M. Suess，S. Riegger，W. Pitz，R. Werninghaus. TerraSAR－X design and performance.

[51] Application potential of RADARSAT－2 MDA(http：//radarsat. mda. ca/).

[52] http：//directory. eoportal. org/web/eoportal/directory.

[53] http：//wenku. baidu. com/view/4de843f6f90f76c661371a.

[54] 赵良波. SAR 卫星总体设计特点[C]. 2013 年卫星总体技术年会，北京，2013.

[55] 于海峰. 干涉 SAR 卫星系统 DEM 测量精度分析[C]. 2013 年卫星总体技术年会，北京，2013.

[56] 朱宇，倪崇. 电离层对 GEOSAR 成像影响分析[C]. 2013 年卫星总体技术年会，北京，2013.

[57] 边明明. 星载 SAR 在轨成像实时处理算法研究[J]. 航天器工程. 22(6)：97－103，2013.

[58] 唐治华. 国外海洋盐度与土壤湿度探测卫星的发展[J]. 航天器工程. 22 (3)：83－89，2013.

[59] 唐治华，张庆君. 海洋动力环境卫星数据处理方法[J]. 航天器工程. 19 (3)：114－120，2010.

[60] 唐治华，杜辉. 国外气象雷达技术[J]. 航天器工程. 17 (5)：88－94. 2008.

[61] 许可. 小型延时多普勒雷达高度计[C]. 2006 年五院微波遥感新技术论坛，北京，2006.

[62] 张有广，林明森. 卫星高度计海上定标场及定标方法研究进展[J]. 海洋通报，26(3)，36－41，2007.

[63] 解学通，方裕，陈克海，等. SeaWinds 散射计海面风场模糊去除方法研究[J]. 北京大学报，2005，41 (6)，882－889.

[64] 姜景山，等. 微波遥感若干前沿技术及新一代空间遥感方法探讨[J]. 中国工程科学，2000 年 8 期.

[65] 陈文新. 用于静止气象卫星的亚毫米波探测器初探[J]. 空间电子技术，2003 年 3 期.

[66] 吴季等. 综合孔径微波辐射计的技术发展及其应用展望[J]. 遥感技术与应用，2005 年 1 期.

[67] 王振占，李芸. 利用星载微波辐射计 AMSR－E 数据反演地球物理参数[J]. 遥感学报，2009，13(3)，355－370.

[68] 吴一戎. 多维度合成孔径雷达成像概念[J]. 雷达学报，Vol. 2，No. 2，2013：135－142.

[69] 刘亚东，陈倩. 基于 DBF 技术的高分辨率宽测绘带星载 SAR 系统研究. 航天器工程 22(4)：23－29.

[70] 谈璐璐，杨立波，杨汝良. 合成孔径雷达简缩极化干涉数据的植被高度反演技术研究[J]. 电子信息学报，Vol. 32，No. 12，2012：2814－2819.

[71] 洪文.圆迹 SAR 成像技术研究进展[J].雷达学报.Vol.2,2012:143-148.

[72] 刘燕,吴元,孙光才,邢孟道.圆轨迹环视 SAR 成像处理[J].系统工程与电子技术.Vol.35,No.4,2013:730-734.

[73] 代大海,等.PolSAR 系统与技术的发展趋势[J].雷达科学与技术..Vol.6,No.1,2008:15-22.

[74] 李叶飞,等.星载微波辐射计定标及误差分析[J].信息技术.Vol.10,2008:31-35.

[75] 殷晓斌.海面风矢量、温度和盐度的被动微波遥感及风对温盐遥感的影响研究[D].学位论文.中国海洋大学.2007.

[76] 曲长文,等.空载 SAR 发展状况[J].遥感技术与应用.Vol.16,No.4,2001:242-247.

[77] 王晓海.国外星载微波辐射计应用现状及未来发展趋势[J].中国航天.Vol.4.2005:16-20.

[78] 王峨峨,等.星载合成孔径雷达模糊特性研究.上海航天.Vol.4,2002:13-17.

[79] 黄云仙,等.多光谱图像的无损压缩方法[J].计算机工程与科学.Vol.32,No.4,2010:62-66.

[80] 曾湧等.遥感图像受控有失真压缩技术研究[J].中国空间科学技术.Vol.1,2005:23-27.

[81] 蔡玉林,等.星载雷达高度计的发展及应用现状[J].遥感信息.Vol.4,2006:74-78.

[82] 郭伟,等.星载雷达高度计系统设计及测高精度分析[J].遥感学报.Vol.3,No.1,1999:1-13.

[83] 林珲,等.利用 TOPEX 卫星高度计观测全球海面风速和有效波高的季节变化[J].科学通报.Vol.45,No.4,2000:412-416.

[84] 林文明,等.不同增益天线旋转扫描扇形波束散射计的风场反演仿真[J].电子学报.Vol.37,No.3,2009:494-499.

[85] 田栋轩,等.星载极化散射计系统设计研究[J].空间电子技术.Vol.3,2009:22-26.

[86] 黄岩,等.星载 SAR 天线指向稳定度对成像质量的影响[J].北京航空航天大学学报.Vol.26.No.3,2000:282-285.

[87] 王睿,等.椭圆轨道下雷达多普勒特性估计[J].电子与信息学报.Vol.26.No.1,2004:107-111.

[88] 张永俊,等.椭圆轨道全零多普勒导引律研究[J].电子与信息学报.Vol.32.No.4,2010:937-940.

[89] 李团结,等.大型空间可展开天线技术研究[J].空间电子技术.Vol.3.2012:35-38.

[90] 王振占,等.全极化微波辐射计遥感海面风场的关键技术和科学问题[J].中国工程科学.Vol.10.No.6,2008:75-79.

[91] 袁金国,等.TRMM 卫星和全球降雨观测计划 GPM 及其应用[J].安徽农业科学.Vol.34.No.9,2006:1754-1757.

[92] 刘丽霞,等.国外星载降水测量雷达概述[J].空间电子技术.Vol.3.2008:44-47.

[93] 黄芳,等.37 GHz 和 94 GHz 的大气微波衰减比较分析[J].遥感技术与应用.Vol.18.No.5,2003:269-275.

[94] 沈国状,等.面向对象技术用于多极化 SAR 图像地表淹没程度自动探测分析[J].遥感技术与应用.Vol.22.No.1,2007:79-83.

[95] 丁岩,等.利用海面风场测量定标常数方法实验研究[J].国外电子测量技术.Vol.29.No.6,2010:68-71.

[96] 李震,等.C 波段星载 SAR 系统在减灾应用中的工作模式选取[J].遥感信息.Vol.27.No.6,2012:103-109.

[97] 裴磊,等.基于相位扫描的 GEOSAR 多普勒中心频率高精度补偿方法[J].北京理工大学学报.

[98] 张强,等.两种观测技术综合精密定轨的探讨[J].天文学报.Vol.41.No.4,2000:348-353.

[99] 李春升,等.星载 SAR 成像处理算法综述[J].雷达学报.Vol.2.No.1,2013:111-122.

[100] 刘玲,等. 多极化 SAR 图像伪彩色增强算法研究[J]. 现代雷达. Vol. 30. No. 8, 2008;61－66.

[101] 沈国状. 基于半变异函数的多极化 SAR 图像地表淹没程度分析[J]. 遥感技术与应用. Vol. 20, No. 6.

[102] J. R. Huynen, 雷达目标唯象学理论[D]. 博士论文, 1970.

[103] 姜卫平. 卫星测高技术在大地测量学中的应用[D]. 武汉大学, 博士论文, 2001.

[104] 陆建兵. 毫米波测云雷达的设计与应用[D], 南京理工大学, 硕士论文, 2010.

[105] 肖疆. 合成孔径雷达天线技术的若干关键问题研究[D], 中国科学院电子学研究所, 硕士论文, 2006.

[106] 王振占. 海面风场全极化微波辐射测量[D]. 中国科学院空间科学与应用研究中心. 博士论文, 2006.

[107] 赵宁. 低轨遥感卫星数据传输中的极化复用技术[D]. 中国空间技术研究院, 硕士论文, 2009.

[108] 褚永海, 李建成. 卫星测高波形处理理论与技术[D]. 武汉大学测绘遥感信息工程国家重点实验室, 武汉大学硕士论文, 2004.

[109] 杨虎. 植被覆盖地表土壤水分变化雷达探测模型和应用研究[D]. 博士学位论文, 中国科学院遥感应用研究所, 2003.

[110] 罗佳. 天线空域极化特性及应用[D]. 硕士论文, 国防科学技术大学出版社, 2008.

[111] 尹雅磊. 多通道 SAR 运动目标检测聚焦定位方法研究[D]. 学位论文. 西安电子科技大学. 2007.

[112] 燕辉. 合成孔径雷达动目标检测与参数估计方法研究[D]. 学位论文. 西安电子科技大学. 2006.

[113] 郑明洁. 合成孔径雷达动目标检测和成像研究[D]. 学位论文. 中国科学院电子学研究所. 2003.

[114] 许忠良. 低频多通道 SAR/GMTI 系统通道误差校正及杂波抑制方法研究 [D]. 学位论文. 国防科学技术大学, 2010.

[115] 于海锋. 基于单/多通道的 SAR 运动目标检测和成像技术研究[D]. 学位论文. 中国科学院电子学研究所, 2005.

[116] 张绪锦. 多相位中心接收 SAR/GMTI 技术研究[D]. 学位论文. 南京航空航天大学. 2009.

[117] 彭曙蓉. 高分辨率合成孔径雷达干涉测量技术及其应用研究[D]. 学位论文. 湖南大学. 2009.

[118] 热波海提. 基于 RS 和 GIS 的阿克苏绿洲近 20 年土地利用景观格局动态变化分析[D]. 学位论文. 新疆师范大学. 2011.

[119] 陈媚春. 基于信息图谱的 SeaWinds 散射计海面风场反演研究[D]. 学位论文. 中山大学. 2007.

[120] 冯倩. 卫星散射计数据处理及其应用[D]. 学位论文. 青岛海洋大学. 2001.

[121] 陈志愿. 多波束高分辨率星载 SAR 的成像处理方法研究[D]. 学位论文. 中国科学院电子学研究所. 2005.

[122] 陈彭. 基于宽带机载 SAR 的微带阵列天线的研究[D]. 学位论文. 哈尔滨工程大学. 2007.

[123] 王海江. 极化 SAR 图像分类方法研究[D]. 学位论文. 电子科技大学. 2008.

[124] 王青松. 星载干涉合成孔径雷达高效高精度处理技术研究[D]. 学位论文. 国防科学技术大学. 2011.

[125] 莫苏苏. 基于成像的 SAR 原始数据压缩算法研究[D]. 学位论文. 西安电子科技大学. 2009.

[126] 李芸. "嫦娥一号"卫星微波探测仪探测月壤微波特性的方法研究[D]. 学位论文. 中国科学院空间科学与应用研究中心. 2010.

[127] 冯凯. 全极化微波辐射计系统设计与测温精度分析[D]. 学位论文. 西安电子科技大学. 2011.

[128] 赵江华. 星载合成孔径雷达天线结构的有限元分析[D]. 学位论文. 哈尔滨工业大学. 2008.

[129]　孟明霞.平面天线的双频和双极化研究[D].学位论文.电子科技大学.2009.

[130]　蒋斌.星载海洋宽幅 SAR 机载试验系统技术研究[D].学位论文.南京理工大学.2012.

[131]　邢松.双频相控阵天线研究[D].学位论文.南京理工大学.2009.

[132]　郭语,等.星载 RFSCAT 观测数目分析[J].空间电子技术.Vol.2.2009:18－22.

[133]　李莉莉.基于 BG 算法的微波辐射计图像处理技术的研究[D].学位论文.大连海事大学.2010.

[134]　许正文.电离层对卫星信号传播及其性能影响的研究[D].学位论文.西安电子科技大学.2005.

[135]　王睿.星载合成孔径雷达系统设计与模拟软件研究[D].学位论文.中国科学院电子学研究所.2003.

[136]　郭睿.极化 SAR 处理中若干问题的研究[D].学位论文.西安电子科技大学.2012.

[137]　黄家典.机载合成孔径雷达动目标检测技术研究[D].学位论文.西安电子科技大学.2006.

[138]　周雷.多天线合成孔径雷达动目标检测方法研究[D].学位论文.西安电子科技大学.2006.

[139]　行坤.合成孔径雷达动目标检测与定位方法研究[D].学位论文.西安电子科技大学.2006.

[140]　冯倩.多传感器卫星海面风场遥感研究[D].学位论文.中国海洋大学.2004.

[141]　王振占.海面风场全极化微波辐射测量——原理、系统设计与模拟研究[D].学位论文.中国科学院空间科学与应用研究中心.2005.

[142]　席育孝.多极化合成孔径雷达定标技术研究[D].学位论文.中国科学院研究生院(电子学研究所).2002.

[143]　雷声.星载 SAR 有源定标器编码技术研究[D].学位论文.中国科学院电子学研究所.2006.

[144]　祁海明.星载合成孔径雷达原始数据压缩技术研究[D].学位论文.中国科学院电子学研究所.2008.

[145]　黄玉琴.基于 SAR 图像的城市形态时空变化的研究——以北京市为例[D].学位论文.中国科学院遥感应用研究所.2006.

[146]　辛培泉.星载有源相控阵体制 SAR 参数设计及性能分析[D].学位论文.南京理工大学.2005.

[147]　康雪艳.机载 SAR 地面运动目标检测成像技术研究[D].学位论文.中国科学院电子学研究所.2004.

[148]　曲秀凤.基于合成孔径雷达的海洋降雨研究[D].学位论文.中国科学技术大学.2009.

[149]　陈倩.新体制高分宽测星载 SAR 技术研究[D].博士论文,中国科学院电子学研究所,2013.

[150]　刘继帮.星载合成孔径雷达成像算法研究[D].博士论文,中国科学院电子学研究所,2007.

[151]　杨志强.机载合成孔径雷达回波模拟方法研究[D].博士论文,中国科学院电子学研究所,2005.

[152]　唐禹.高分辨率 SAR 成像算法及实时处理技术的研究[D].博士论文,中国科学院电子学研究所,2006.

[153]　徐伟.星载 TOPSAR 模式研究[D].博士论文,中国科学院电子学研究所,2011.

[154]　徐浩.基于空间谱理论和时空两维随机辐射场的雷达成像研究[D].博士论文.中国科技大学.2011.

[155]　韩晓磊.星载 SAR Mosaic 模式及斜视聚束技术研究[D].博士论文,中国科学院电子学研究所,2013.

[156]　邹秀芳.星载 ScanSAR 系统参数设计与成像技术研究[D].硕士论文,中国科学院电子学研究所,2008.

[157]　刘亚东.合成孔径雷达地面动目标检测及参数估计研究[D].博士论文,中国科学院电子学研究所,2010.